Springer-Lehrbuch

T0220034

Michael Reisch

Halbleiter-Bauelemente

Zweite bearbeitete Auflage

Mit 299 Abbildungen

 Springer

Professor Dr. Michael Reisch
Hochschule für Technik und Wirtschaft
Fachhochschule Kempten
Bahnhofstraße 61–63
D-87435 Kempten / Allgäu
E-mail: Reisch@fh-kempten.de

Extras im Web unter www.springer.com/978-3-540-73199-3

Bibliografische Information der Deutschen Nationalbibliothek

Die Deutsche Nationalbibliothek verzeichnet diese Publikation in der Deutschen Nationalbibliografie; detaillierte bibliografische Daten sind im Internet über http://dnb.d-nb.de abrufbar.

ISSN 0937-7433

ISBN 978-3-540-73199-3 Springer Berlin Heidelberg New York
ISBN 978-3-540-21384-0 1. Aufl. Springer Berlin Heidelberg New York

Springer ist ein Unternehmen von Springer Science+Business Media

springer.de

© Springer-Verlag Berlin Heidelberg 2005 und 2007

Die Wiedergabe von Gebrauchsnamen, Handelsnamen, Warenbezeichnungen usw. in diesem Werk berechtigt auch ohne besondere Kennzeichnung nicht zu der Annahme, dass solche Namen im Sinne der Warenzeichen- und Markenschutz-Gesetzgebung als frei zu betrachten wären und daher von jedermann benutzt werden dürften.

Sollte in diesem Werk direkt oder indirekt auf Gesetze, Vorschriften oder Richtlinien (z. B. DIN, VDI, VDE) Bezug genommen oder aus ihnen zitiert worden sein, so kann der Verlag keine Gewähr für die Richtigkeit, Vollständigkeit oder Aktualität übernehmen. Es empfiehlt sich, gegebenenfalls für die eigenen Arbeiten die vollständigen Vorschriften oder Richtlinien in der jeweils gültigen Fassung hinzuziehen.

Satz: Digitale Druckvorlage des Autors
Herstellung: LE-TeX Jelonek, Schmidt & Vöckler GbR, Leipzig
Umschlaggestaltung: WMXDesign GmbH, Heidelberg

SPIN 11830993   7/3180/YL - 5 4 3 2 1 0   Gedruckt auf säurefreiem Papier

Vorwort zur 2. Auflage

Erfreulicherweise wurde das Buch „Halbleiter-Bauelemente" vom Markt sehr positiv aufgenommen. Ich habe die nun erforderlich gewordene zweite Auflage benutzt, um einzelne Punkte zu überarbeiten und hoffe, daß das Buch nun noch besser für den Einstieg in das Studium der Elektronik geeignet ist. Um es weiterhin zu einem günstigen Preis anbieten zu können, werden Musterlösungen und beispielhafte Datenblätter nun im Internet bereitgestellt (www.springer.com/978-3-540-73199-3). Für weiterführende Studien liegt mittlerweile die von Grund auf neu bearbeitete 2. Auflage meines Buches „Elektronische Bauelemente" vor.

Kempten im Juni 2007
Michael Reisch

Aus dem Vorwort zur 1. Auflage

Dieses Buch bietet einen Auszug aus meinem Buch „Elektronische Bauelemente", angereichert um Übungsaufgaben [...] mit Musterlösungen. Es soll den typischen Vorlesungsstoff einer einsemestrigen Einführung in das Gebiet der elektronischen Halbleiterbauelemente für Studenten der Elektrotechnik abdecken. Besonderer Wert wurde dabei auf die Darstellung der grundlegenden Wirkungsweisen und die daraus resultierenden Ersatzschaltungen gelegt. Ein besonderer Praxisbezug wurde durch das Einbinden von Datenblättern und zahlreichen Beispielaufgaben hergestellt. Zu sämtlichen Übungsaufgaben wird eine ausführliche Lösung mitgeliefert.

Die Intention dieses Buchs ist nicht, das Werk „Elektronische Bauelemente" zu ersetzen, sondern vielmehr ein Lehrbuch zu einem „studentenfreundlichen" Preis bereitzustellen, das eine solide und ausbaufähige Einführung in das Gebiet der Halbleiterbauelemente bietet. Deshalb mußte eine strenge Auswahl des vorgestellten Stoffs getroffen werden.

Aus dem Vorwort zur 1. Auflage des Buchs „Elektronische Bauelemente"

Eine zeitgemäße Einführung in das Gebiet der elektronischen Bauelemente, und damit in die Grundlagen der Elektronik, muß meiner Meinung nach, neben einer Darstellung der physikalischen Grundlagen und der Anwendungen, einen Bezug zu den heutzutage in der praktischen Arbeit eingesetzten CAD-Hilfsmitteln herstellen. Ein in der Elektronik tätiger Ingenieur muß die Wirkungsweise elektronischer Bauelemente verstanden und eine Vorstellung von der Größenordnung ihrer Kenngrößen haben, um sie kreativ einsetzen zu können. Er muß mit den Kenngrößen und sonstigen Datenblattangaben so weit vertraut sein, daß er aus Herstellerunterlagen die für die jeweilige Anwendung optimalen Bauteile auswählen kann. Er sollte über Kenntnisse der Modellierung der Bauelemente in SPICE verfügen, um die modernen Verfahren des CAD möglichst effizient nutzen zu können. Daneben muß er die analytische Rechnung mit vereinfachten Modellen zur Grobdimensionierung beherrschen – diese steht schließlich am Beginn einer jeden Schaltungsauslegung und ist auch für das Verständnis der Schaltung unverzichtbar.

Dieses Buch ist aus Vorlesungen entstanden, die ich in den Lehrgebieten „Werkstofftechnik", „Elektronische Bauelemente" sowie „Optoelektronik" vor Studenten der Elektrotechnik an der FH Kempten gehalten habe, und richtet sich in erster Linie an angehende Ingenieure. Es soll einer praxisorientierten Ausbildung dienen, was nicht bedeutet, daß für theoretische Betrachtungen hier kein Raum wäre. Theorie und Praxis ergänzen sich und sind keine Gegensätze – schließlich ist das Gegenteil von „praktisch" nicht „theoretisch", sondern „unpraktisch". Erst durch das theoretische Verständnis lassen sich Zusammenhänge erkennen, kann die ungeheure Vielfalt von Bauteilen und Effekten geordnet und der Wissensstoff zusammenfassend strukturiert werden. Ein Schwerpunkt der Ausbildung muß deshalb dem Aufbau einer *breiten* Grundlage dienen; Ingenieure sollten zumindest über Grundkenntnisse auf dem Gebiet der Bauelementephysik, der Halbleitertechnologie und der Schaltungstechnik verfügen – auch um mit Partnern aus benachbarten Gebieten zusammenarbeiten zu können.

Das Buch soll eine solide Grundlage für die Elektronikausbildung (Schaltungstechnik, Mikroelektronik, Leistungselektronik, Optoelektronik) darstellen und als begleitende Lektüre bereits im Grundstudium von Nutzen sein. Behandelt werden aber auch weiterführende Themen, die Studierende an aktuelle Entwicklungen der angewandten Halbleiterelektronik heranführen. Durch das umfangreiche Stichwortverzeichnis [...] sollen die Studierenden beim raschen Auffinden gesuchter Informationen unterstützt werden. Die mathematischen Voraussetzungen wurden bewußt gering gehalten: Für das Verständnis der durchgeführten Rechnungen sollten Grundkenntnisse in komplexer Rechnung, linearer Algebra, Differential- und Integralrechnung ausreichen. Zahlreiche Beispielrechnungen demonstrieren Lösungsansätze und zeigen Größenordnungen auf. Häufig wird der in der Praxis gegangene Weg der Schaltungsdimensionierung durch analytische Rechnung und die Verifikation mittels Simulation durch explizites Gegenüberstellen der Ergebnisse beschritten. Ein wichtiges Ziel ist dabei, Zusammenhänge zu erkennen sowie Lösungsansätze und -methoden einzustudieren – fertige „Kochrezepte" werden nicht geboten.

Schreibweise, Formelzeichen

Die in diesem Buch verwendete Schreibweise versucht, den üblichen Bezeichnungen sowie internationalen Standards (IEEE) weitestgehend zu entsprechen. Leider werden in der deutschsprachigen Lehrbuchliteratur für manche Größen andere Symbole verwendet als im „Rest der Welt". Dies gilt insbesondere für die Bezeichnung von Spannungen – diese wurden in den deutschsprachigen Lehrbüchern traditionell (DIN 1304) mit dem Symbol U bezeichnet, andernorts aber mit V. Da nach den neuen Normen ISO 31-5 und IEC 27-1 auch hierzulande das international gebräuchliche Symbol V verwendet werden darf und da mittlerweile auch die im deutschsprachigen Raum ansässigen Hersteller in ihren Datenbüchern elektrische Spannungen mit V bezeichnen, habe ich mich hier ebenfalls zu dieser Bezeichnung entschlossen.[1] Von wenigen Ausnahmen abgesehen, besitzen die Buchstaben B, C, d, E, F, I, P, R, V, W, x die in der folgenden Tabelle aufgeführte Bedeutung. Eine ausführliche Liste verwendeter Formelzeichen findet sich im Anschluß.

Tabelle Häufig verwendete Symbole

Kurzzeichen für Größen		Kurzzeichen für Indices	
C	Kapazität	B, b	Basis
d	Abstand	C, c	Kollektor
E	Elektrische Feldstärke	D, d	Drain
f	Frequenz	E, e	Emitter
I, i	Strom	eff	Effektivwert
G	Leitwert	F, f	Vorwärtsrichtung (Diode)
L	Induktivität	G, g	Gate
P, p	Leistung	R, r	Rückwärtsrichtung (Diode)
R	Widerstand	S, s	Source
T	Temperatur (absolut)	th	thermisch
t	Zeit		
V,v	Spannung		
W	Energie		
x	Ortskoordinate		

Wird eine bestimmte Kenngröße, wie der in deutschsprachigen Lehrbüchern häufig mit m bezeichnete Emissionskoeffizient einer Diode, in SPICE mit einem anderen Symbol bezeichnet (im Beispiel N), so wird die SPICE-

---

[1]Volumina und Geschwindigkeiten werden zwar ebenfalls mit dem Symbol v bezeichnet, Formeln, in denen Spannungen und Volumina bzw. Spannungen und Geschwindigkeiten gleichzeitig vorkommen, sind jedoch vergleichsweise selten; außerdem sollte der Leser in den Fällen, in denen beide Größen gleichzeitig vorkommen, die unterschiedliche Bedeutung leicht aus dem Zusammenhang erkennen können. Diesbezügliche Einschränkungen gelten ohnehin für nahezu sämtliche Symbole: Das Zeichen T kann beispielsweise die (absolute) Temperatur bezeichnen, aber auch die Periodendauer; mit W wird sowohl eine Weite als auch die Energie bezeichnet ...

Notation verwendet. Der leichteren Lesbarkeit in Formeln wegen werden SPICE-Parameter, die durch mehrere aufeinanderfolgende Großbuchstaben dargestellt werden, in Formeln als ein Großbuchstabe mit entsprechendem Index dargestellt (z.B. steht X_{CJC} für den Parameter XCJC). Hinsichtlich der Klein- und Großschreibung von Symbolen und Indizes werden ansonsten die folgenden Regeln angewandt:

1. Für *Augenblickswerte* zeitlich veränderlicher Größen werden kleine Buchstaben verwendet. Die Größen i, v und p bezeichnen nach dieser Konvention zeitabhängige Strom-, Spannungs- bzw. Leistungswerte.

2. Für zeitlich *konstante Größen* werden große Buchstaben verwendet. Die Größen I, V und P bezeichnen demnach konstante Strom-, Spannungs- bzw. Leistungswerte – oder aber Effektivwerte zeitlich veränderlicher Größen.

3. Indizes für *Großsignalgrößen* – das sind Größen, die „vom Wert Null an" gezählt werden – werden groß geschrieben (z.B. i_C, I_C, v_{BE}, V_{BE}).

4. Indizes für *Kleinsignalgrößen* – das sind Größen deren Wert vom Arbeitspunkt aus gerechnet wird – werden klein geschrieben (z.B. v_{be}, i_c).

Diese Schreibweise wird auch auf die Knoten und Elemente von Ersatzschaltungen übertragen: Knotennamen in Großsignalersatzschaltungen werden mit großen Buchstaben gekennzeichnet (z.B. E, S), Knotennamen in Kleinsignalersatzschaltungen mit kleinen Buchstaben (z.B. e, s). Elemente einer Großsignalersatzschaltung werden mit großen Buchstaben gekennzeichnet (z.B. R), die Elemente einer Kleinsignalersatzschaltung entsprechend mit kleinen Buchstaben (z.B. r). Mit $r_{bb'}$ wird demzufolge der zwischen den Knoten b und b' einer Kleinsignalersatzschaltung liegende Widerstand bezeichnet (Kleinsignalbasisbahnwiderstand, vgl. Kap.4). Bei einigen sehr häufig vorkommenden Elementen wird zur Vereinfachung der Schreibweise von dieser Konvention abgewichen; statt $g_{b'e'}$ wird beispielsweise g_π geschrieben, statt $g_{c'e'}$ die Abkürzung g_o.

Für den *zeitlichen Mittelwert* einer zeitabhängigen, mit T periodischen Größe $v(t)$ wird üblicherweise die Abkürzung

$$\overline{v} \;=\; \frac{1}{T} \int_0^T v(t)\,\mathrm{d}t$$

verwendet. Der *Effektivwert* $V_{eff} = V_{rms}$ von $v(t)$ ist definiert durch

$$V_{eff} \;=\; \sqrt{\frac{1}{T} \int_0^T v^2(t)\,\mathrm{d}t} = \sqrt{\overline{v^2}}\;.$$

Falls aus dem Zusammenhang ersichtlich ist, daß ein Effektivwert vorliegt, wird der Index „eff" nicht angeschrieben.

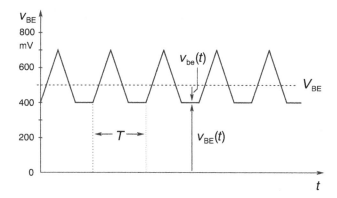

Abb. 1. Zur Erläuterung der verwendeten Notation

Beispiel Zur Erläuterung der Zusammenhänge wird Abb. 1 betrachtet. Diese zeigt den zeitabhängigen Verlauf der Basis-Emitter-Spannung $v_{BE}(t)$ eines Bipolartransistors. Der Großsignalwert v_{BE} nimmt dabei Werte zwischen 400 mV und 700 mV an; aus dem Diagramm entnimmt man für die Zeitabhängigkeit von $v_{BE}(t)$:

Zeit t	$0 < t \leq T/3$	$T/3 < t \leq 2T/3$	$2T/3 < t \leq T$
v_{BE}/mV	$400 + 900\,\dfrac{t}{T}$	$400 + 900\left(\dfrac{2}{3} - \dfrac{t}{T}\right)$	400
v_{be}/mV	$-100 + 900\,\dfrac{t}{T}$	$-100 + 900\left(\dfrac{2}{3} - \dfrac{t}{T}\right)$	-100

Der zeitliche Mittelwert der Spannung ist

$$\frac{\overline{v_{BE}}}{mV} = \frac{1}{T}\left[400\int_0^T dt + 900\int_0^{T/3}\frac{t}{T}\,dt + 900\int_{T/3}^{2T/3}\left(\frac{2}{3} - \frac{t}{T}\right)dt\right]$$

$$= \frac{1}{T}\left(400\,T + 300\,\frac{T}{3}\right) = 500\,.$$

Vom Gleichanteil der Basis-Emitter-Spannung $V_{BE} = \overline{v_{BE}}$ aus wird der Wechselanteil $v_{be}(t)$ gemessen: Die zeitabhängige Basis-Emitter-Spannung $v_{BE}(t)$ setzt sich aus dem Gleichanteil V_{BE} und dem Wechselanteil $v_{be}(t)$ zusammen:

$$v_{BE}(t) = V_{BE} + v_{be}(t)\,.$$

Der Wechselanteil variiert im Beispiel zwischen -100 mV und 200 mV, sein Mittelwert ist Null. Wegen $\overline{v_{be}} = 0$ folgt

$$\overline{v_{BE}^2} = \overline{(V_{BE} + v_{be})^2} = \overline{V_{BE}^2 + 2V_{BE}v_{be} + v_{be}^2} = V_{BE}^2 + \overline{v_{be}^2}\,,$$

d.h. der Effektivwert $V_{BE,\text{eff}}$ der Spannung v_{BE} ergibt sich aus dem Gleichanteil V_{BE} und dem Wechselanteil v_{be} gemäß

$$V_{BE,\text{eff}} = \sqrt{V_{BE}^2 + \overline{v_{be}^2}} = \sqrt{V_{BE}^2 + V_{be}^2}\,,$$

wobei $V_{\mathrm{be}} = \sqrt{\overline{v_{\mathrm{be}}^2}}$ den Effektivwert des Wechselanteils bezeichnet. Der Effektivwert des Wechselanteils im Beispiel folgt aus

$$
\frac{V_{\mathrm{be}}^2}{\mathrm{mV}^2} = \frac{1}{T}\int_0^{T/3}\left(900\,\frac{t}{T}-100\right)^2 \mathrm{d}t + \frac{1}{T}\int_{T/3}^{2T/3}\left(1000-900\,\frac{t}{T}\right)^2 \mathrm{d}t
$$

$$
+\frac{1}{T}\int_{2T/3}^{T}(100)^2\,\mathrm{d}t = 10^4
$$

zu $V_{\mathrm{be}} = 100\,\mathrm{mV}$. Der Effektivwert des Großsignalwerts der Basis-Emitter-Spannung ist demnach

$$
V_{\mathrm{BE,eff}} = \sqrt{V_{\mathrm{BE}}^2 + V_{\mathrm{be}}^2} = \sqrt{(500\,\mathrm{mV})^2 + (100\,\mathrm{mV})^2} = 509.9\,\mathrm{mV}\,.
$$

Er ist größer als der Gleichanteil.

Sinusförmige Wechselgrößen werden in komplexer Schreibweise ausgedrückt in der Form

$$
v(t) = \mathrm{Re}[\underline{v}(t)] = \mathrm{Re}\left(\hat{\underline{v}}\,\mathrm{e}^{\mathrm{j}\omega t}\right)
$$

mit der komplexen Amplitude $\hat{\underline{v}}$. Der Betrag der Amplitude wird angegeben als $\hat{v} = |\hat{\underline{v}}|$. Diese Größe gibt den Scheitelwert und nicht den Effektivwert der Größe an. Letzterer ergibt sich für sinusförmige Verläufe als

$$
V = \hat{v}/\sqrt{2}\,.
$$

Die ebenfalls häufig anzutreffende Rechnung mit komplexen Effektivwerten

$$
\underline{V} = \hat{\underline{v}}/\sqrt{2}
$$

wird in diesem Buch nicht verwendet. In Ersatzschaltungen für die Wechselstromanalyse werden zeitabhängige komplexe Zeiger für Spannung und Strom durch Unterstreichen angegeben; $\underline{v}$ bzw. $\underline{i}$ entsprechen demzufolge die Ausdrücke

$$
\underline{v} = \hat{\underline{v}}\,\mathrm{e}^{\mathrm{j}\omega t} \quad \text{und} \quad \underline{i} = \hat{\underline{i}}\,\mathrm{e}^{\mathrm{j}\omega t}\,.
$$

Die Beziehungen für Übertragungsfaktoren, Impedanzen, Admittanzen etc. sind Verhältnisse und unabhängig von der angewandten Schreibweise; beispielsweise gilt

$$
\underline{Z} = \frac{\underline{V}}{\underline{I}} = \frac{\hat{\underline{v}}}{\hat{\underline{i}}} = \frac{\underline{v}}{\underline{i}}\,.
$$

Werden mehrere Impedanzen $\underline{Z}_i$ parallel geschaltet, so lassen sich diese zu einer Impedanz

$$
\underline{Z} = \underline{Z}_1\,\|\,\underline{Z}_2\,\|\cdots\|\,\underline{Z}_n = \left(\frac{1}{\underline{Z}_1}+\frac{1}{\underline{Z}_2}+\cdots+\frac{1}{\underline{Z}_n}\right)^{-1}
$$

zusammenfassen. Das Zeichen „$\|$" entspricht dabei einem Rechenoperator, der die Addition der Kehrwerte der verknüpften Ausdrücke mit anschließender Kehrwertbildung bewirkt. Die Rechenoperation „$\|$" wird vor den „Strich-Operationen" („+", „−") aber nach den „Punkt-Operationen" („$\cdot$", „$:$") ausgeführt.

Formelzeichen

Symbol	Bedeutung	Seite
a_v	Verstärkungsmaß ($20\,\mathrm{dB}\cdot\log(A_v)$)	9
A^*	Richardson-Konstante	89
A_D	Differenzspannungsverstärkung	208
A_j	Sperrschichtfläche	54
A_je	Emitterfläche	151
A_GL	Gleichtaktverstärkung	208
A_npn	Stromverstärkung in Basischaltung (npn)	344
A_pnp	Stromverstärkung in Basischaltung (pnp)	344
A_v	Spannungsverstärkung ($|\underline{H}_v|$)	8
B_F, BF	Ideale Vorwärtsstromverstärkung	155
B_R, BR	ideale Rückwärtsstromverstärkung	155
B_I	Rückwärtsstromverstärkung	146
B_N	(Vorwärts-)Stromverstärkung (Emitterschaltung)	146
c	Vakuumlichtgeschwindigkeit	288
c_π	Kleinsignalkapazität der EB-Diode	174
c_μ	Kleinsignalkapazität der BC-Diode	174
c_d	Kleinsignaldiodenkapazität	85
c_iss	Eingangskapazität (Sourceschaltung)	237
c_j	Sperrschichtkapazität (Diode, Schottky-Diode)	73, 90
c_jc	BC-Sperrschichtkapazität	174
c_je	EB-Sperrschichtkapazität	174
c_oss	Ausgangskapazität (Sourceschaltung)	237
c'_ox	flächenspezifische Oxidkapazität	102
c_ox	Oxidkapazität ($c_\mathrm{ox} = c'_\mathrm{ox} W L$)	102
c_rss	Rückwirkungskapazität (Sourceschaltung)	237
c_T	Diffusionskapazität	78
C_J0, CJ0	$c_\mathrm{j}(V = 0)$	73
C_JC, CJC	$c_\mathrm{jc}(V_\mathrm{BC} = 0)$	174
C_JE, CJE	$c_\mathrm{je}(V_\mathrm{BE} = 0)$	174
C_th	Wärmekapazität	13
CMRR	Gleichtaktunterdrückung	208
d_B	Basisweite	150
d_j	Sperrschichtweite	51
D_e	Strahlungsflußdichte	292
D_n	Diffusionskoeffizient für Elektronen	36
D_p	Diffusionskoeffizient für Löcher	36
D_v	Lichtstromdichte	295
e	Elementarladung ($1.602 \cdot 10^{-19}\,\mathrm{cm}^{-3}$)	–
E	elektrische Feldstärke	–
E_e	Bestrahlungsstärke	292
E_max	max. Feldstärke im pn-Übergang	52
E_G, EG	Bandabstandsspannung	162
E_v	Beleuchtungsstärke	295
f_β	β-Grenzfrequenz	175
F_C	c_j-Koeffizient	76

Symbol	Bedeutung	Seite
f_G	Grenzfrequenz (Kapazitätsdiode)	127
f_T	Transitfrequenz (BJT, MOSFET)	176, 238
f_y	Steilheitsgrenzfrequenz	177
FF	Füllfaktor	314
g_μ	Rückwirkungsleitwert	170
g_π	Eingangsleitwert (BJT)	166
g_d	Kleinsignalleitwert (Diode)	84
g_m	Übertragungsleitwert (BJT, MOSFET)	166, 234
g_{mb}	Substratsteilheit	234
g_o	Ausgangsleitwert (BJT, MOSFET)	166, 234
$\mathcal{G}$	Generationsrate	37
G_{th}	Wärmeleitwert	12
h	Plancksche Konstante	288
H_e	Bestrahlung	292
$\underline{H}_v$	Spannungsübertragungsfaktor	8
H_v	Belichtung	296
I_{BB}	Basisstromanteil (Rekombination im Basisgebiet)	150
I_{BC}	Basisstromanteil (Injektion in Kollektor)	150
I_{BE}	Basisstromanteil (Injektion in Emitter)	150
I_{CE}	von V_{BE} gesteuerter Transferstromanteil ($q_B = 1$)	154
I_{EC}	von V_{BC} gesteuerter Transferstromanteil ($q_B = 1$)	154
I_{CBO}	Kollektorreststrom	178
I_{CEO}	Kollektor-Emitter-Reststrom ($I_B = 0$)	178
I_{CES}	Kollektor-Emitter-Reststrom ($V_{BE} = 0$)	179
I_{DE}	Strom der idealen EB-Diode	155
I_{DSS}	Drainreststrom	265
I_{DC}	Strom der idealen BC-Diode	155
I_e	Strahlstärke	291
I_{EBO}	Emitterreststrom	178
I_{FM}	Maximal zulässiger Spitzenstrom (Diode)	115
I_{GT}	Zündstrom (Thyristor)	348
I_H	Haltestrom	343
$I_{h\nu}$	Fotostrom	300
I_P	Gipfelstrom (Tunneldiode)	137
I_S, IS	Sättigungsstrom (Diode,Schottky-Diode)	57, 89
I_S, IS	Transfersättigungsstrom (BJT)	153
I_S	Kippstrom (Thyristor)	342
I_{sc}	Kurzschlußstrom (Solarzelle)	313
I_T	Transferstrom	145
I_{th}	Schwellstrom (Laserdiode)	330
I_v	Lichtstärke	294
I_V	Talstrom (Tunneldiode)	137
I_Z	Strom durch Z-Diode (Sperrpolung)	118
J_n	Elektronenstromdichte	33, 36
J_p	Löcherstromdichte	33, 36
K	Fotometrisches Strahlungsäquivalent	296
K_m	Fotometrisches Strahlungsäquivalent (Maximalwert)	294

Symbol	Bedeutung	Seite
K_P, KP	Übertragungsleitwertparameter	224
L	Kanallänge (MOSFET)	223
L_e	Strahldichte	291
L_n	Diffusionslänge für Elektronen ($\sqrt{D_n \tau_n}$)	56
L_p	Diffusionslänge für Löcher ($\sqrt{D_p \tau_p}$)	57
L_v	Leuchtdichte	295
L_D	Debye-Länge	43
M, M	Gradationsexponent der Diode	73
M_{JC}, MJC	Gradationsexponent der BC-Diode	174
M_{JE}, MJE	Gradationsexponent der EB-Diode	174
M_e	spezifische Ausstrahlung	291
M_n	Multiplikationsfaktor für injizierte Elektronen	181
M_p	Multiplikationsfaktor für injizierte Löcher	344
M_v	spezifische Lichtausstrahlung	295
n	Elektronendichte	25
n_0	Elektronendichte im thermischen Gleichgewicht	25
n_i	Intrinsische Dichte	26
n_{p0}	Elektronendichte im Gleichgewicht (p-Typ)	30
n_{n0}	Elektronendichte im Gleichgewicht (n-Typ)	30
N	Emissionskoeffizient der Diode (SPICE)	63
N_A	Akzeptorkonzentration	31
N_A^-	Dichte ionisierter Akzeptoren	29
N_D	Donatorkonzentration	31
N_D^+	Dichte ionisierter Donatoren	29
N_C	Effektive Zustandsdichte im Leitungsband	26
N_V	Effektive Zustandsdichte im Valenzband	26
p	Löcherdichte	26
p_0	Löcherdichte im thermischen Gleichgewicht	26
p_{n0}	Löcherdichte im Gleichgewicht (n-Typ)	30
p_{p0}	Löcherdichte im Gleichgewicht (p-Typ)	30
p_{th}	abgeführte Wärmeleistung	12
P_N	Nennbelastbarkeit	15
P_{zul}	zulässige Verlustleistung	15
q_B	normierte „Basisladung" des BJT	153
Q	Güte	127
Q_B	„Basisladung" des BJT	153
Q_B	Bulkladung (MOSFET)	228
Q_j	Sperrschichtladung	73
Q_n'	flächenspezifische Inversionsladung	103
Q_T	Diffusionsladung	78
Q_{TC}	Diffusionsladung der BC-Diode	174
Q_{TE}	Diffusionsladung der EB-Diode	174
$\mathcal{R}$	Rekombinationsrate	37
$r_{bb'}$	Kleinsignalbasisbahnwiderstand	169
r_s	(Kleinsignal-)Bahnwiderstand (Diode)	85
r_{th}	transienter Wärmewiderstand	20
r_Z	Kleinsignalwiderstand der Z-Diode ($T = \text{const.}$)	119

Symbol	Bedeutung	Seite
r_Z^*	Kleinsignalwiderstand der Z-Diode ($T = T_A + R_{th}P$)	120
$R_{BB'}$	Basisbahnwiderstand	156, 168
$R_{CC'}$	Kollektorbahnwiderstand	156
R_{DSon}	Einschaltwiderstand (MOSFET)	224
$R_{EE'}$	Emitterbahnwiderstand	156
$R_{GG'}$	Gatebahnwiderstand	273
R_K	Kontaktwiderstand	91
R_S, RS	(Großsignal-)Bahnwiderstand (Diode)	63
R_S	Substratwiderstand (MOSFET)	267
R_{th}	Wärmewiderstand	12
$R_{th,JC}$	Wärmewiderstand zwischen Bauteil u. Gehäuse	16
$R_{th,CA}$	Wärmewiderstand zwischen Gehäuse und Umgebung	16
$R_{th,CK}$	Wärmekontaktwiderstand	18
$R_{th,KA}$	Wärmewiderstand des Kühlkörpers	18
R_W	Wannenwiderstand (MOSFET)	267
S	Gate voltage swing	264
S	Empfindlichkeit (Fotodiode, Solarzelle)	300, 314
t_c	Schonzeit (Thyristor)	352
t_{fr}	Vorwärtserholzeit (Diode)	115
t_{gd}	Zündverzugszeit (Thyristor)	349
t_{gr}	Durchschaltzeit (Thyristor)	349
t_{gs}	Zündausbreitungszeit (Thyristor)	349
t_{gt}	Zündzeit (Thyristor)	349
t_q	Freiwerdezeit (Thyristor)	352
t_{PDH}	Anstiegsverzögerungszeit	204
t_{PDL}	Abfallverzögerungszeit	204
t_{rr}	Rückwärtserholzeit (Diode)	82
t_s	Speicherzeit (Diode, BJT)	82, 206
T_A	Umgebungstemperatur in K	12
T_F, TF	ideale Vorwärtstransitzeit	174
T_R, TR	ideale Rückwärtstransitzeit	174
T_T, T	Transitzeit (Diode)	78
V'	Spannung am pn-Übergang	64
V_{AF}	(Vorwärts-)Early-Spannung	156
V_{BF0}	Nullkippspannung	342
V_{BR}	Durchbruchspannung (Diode)	59
V_{BR}	Rückwärtsdurchbruchspannung (Thyristor)	342
V_{BRCBO}	Kollektor-Basis-Grenzspannung	179
V_{BRCEO}	Kollektor-Emitter-Grenzspannung ($I_B = 0$)	180
V_{BREBO}	Emitter-Basis-Grenzspannung	179
V_{CEsat}	CE-Spannung bei Sättigung	203
V_D	Differenzeingangsspannung	207
V_{Dsat}	Sättigungsspannung (MOSFET)	225
V_{FB}	Flachbandspannung	101
V_{F0}	Schleusenspannung (Diode)	66
V_g	Bandabstandsspannung	69
V_{GL}	Gleichtakteingangsspannung	208

Symbol	Bedeutung	Seite
V_{H}	Haltespannung	343
V_{J}, VJ	Diffusionsspannung (Diode, Schottky-Diode)	49, 87
V_{JC}, VJC	Diffusionsspannung der BC-Diode	174
V_{JE}, VJE	Diffusionsspannung der EB-Diode	174
v_{n}	Driftgeschwindigkeit (Elektronen)	33
v_{p}	Driftgeschwindigkeit (Löcher)	33
V_{O}	Eingangsoffsetspannung	207
V_{oc}	Leerlaufspannung (Solarzelle)	313
V_{ox}	Spannungsabfall über Oxid	104
V_{P}	Gipfelspannung (Tunneldiode)	137
V_{RRM}	höchstzulässige Spitzensperrspannung (Diode)	115
V_{S}	maximaler Spannungshub	207
V_{T}	Temperaturspannung ($k_{\mathrm{B}}T/e$)	36
V_{TO}, VTO	Einsatzspannung (MOSFET mit $V_{\mathrm{SB}} = 0$)	103, 229
V_{TH}	Einsatzspannung (MOSFET, beliebiges V_{SB})	229
V_{V}	Talspannung (Tunneldiode)	137
V_{Z}	Spannungsabfall an Z-Diode (Sperrpolung)	118
V_{ZN}	Nenn-Z-Spannung (i.allg. bei $I_{\mathrm{Z}} = 5\,\mathrm{mA}$)	118
W	Kanalweite (MOSFET)	223
W_{χ}	Elektronenaffinität	99
W_0	Vakuumenergie (Oberkante Potentialtopf)	99
W_{A}	Austrittsarbeit	99
W_{Bn}	Barrierenhöhe des Schottky-Kontakts (n-Typ)	88
W_{C}	Leitungsbandkante	24
W_{F}	Fermi-Energie	25
W_{Fi}	Fermi-Energie im undotierten Halbleiter	27
W_{g}	Energielücke	24
$W_{h\nu}$	Energie eines Photons	288
W_{th}	Wärmeenergie	13
W_{V}	Valenzbandkante	24
X_{TI}	Temperaturexponent des Dättigungsstroms I_S	68
x_{bc}	Kollektorseitiger Sperrschichtrand der Basis	150
x_{be}	Emitterseitiger Sperrschichtrand der Basis	150
x_{cb}	Kollektorsperrschichtrand	150
x_{eb}	Emittersperrschichtrand	150
x_{j}	metallurgischer Übergang	47
x_{n}	n-seitiger Sperrschichtrand	49
x_{p}	p-seitiger Sperrschichtrand	49
$\underline{Y}$	Admittanz	7
$\underline{Z}$	Impedanz	7

Griechische Buchstaben:

Symbol	Bedeutung	Seite
α	Absorptionskoeffizient	297
α_n, α_p	Ionisationskoeffizienten	41
α_Z	Temperaturkoeffizient der Z-Spannung	120
β	NF-Kleinsignalstromverstärkung $(\partial I_C/\partial I_B)_{V_{CE}}$	171
β_n	Übertragungsleitwertfaktor (n-Kanal MOSFET)	226
β_p	Übertragungsleitwertfaktor (p-Kanal MOSFET)	245
γ, GAMMA	Substratsteuerungsfaktor	104, 229
γ_{th}	spezifischer Wärmekontaktwiderstand	18
κ	Modulationssteilheit	323
λ, LAMBDA	Kanallängenmodulationsparameter (SPICE)	231
λ_G	Grenzwellenlänge	298
μ_n	Elektronenbeweglichkeit	33
μ_p	Löcherbeweglichkeit	33
μ_s	Beweglichkeit im Inversionskanal	223
η_e	Strahlungsausbeute	292
η_q	Kleinsignal-Quantenausbeute (Laserdiode)	330
η_Q	Quantenwirkungsgrad (Fotodiode)	300
η_Q	Quantenausbeute (LED)	320
η_v	Lichtausbeute	295
ϕ_F	Dotierungspotential	102
Φ	Oberflächenpotential bei starker Inversion	228
Φ_e	Strahlungsleistung	291
Φ_v	Lichtstrom	295
ρ	spezifischer Widerstand	33
ρ	Ladungsdichte	41
ψ	Elektrostatisches Potential	42
ψ_s	Oberflächenpotential	102
σ	Leitfähigkeit	33
τ_B	Basistransitzeit	152
τ_ϵ	Dielektrische Relaxationszeit	42
τ_K	Transitzeit (MOSFET)	223
τ_n	Lebensdauer für Elektronen	37
τ_p	Lebensdauer für Löcher	37
τ_{th}	thermische Zeitkonstante	13
θ	Stromflußwinkel	353
ϑ_A	Umgebungstemperatur in °C	12
Ω	Raumwinkel	290

Inhaltsverzeichnis

6. Optoelektronische Bauelemente 287
    6.1 Grundlagen 287
         6.1.1 Licht 287
         6.1.2 Strahlungsgrößen 290
         6.1.3 Absorption und Dämpfung 297
    6.2 Fotodioden und Fototransistoren 299
         6.2.1 pin-Fotodioden 299
         6.2.2 Fototransistoren 306
    6.3 Solarzellen 311
         6.3.1 Kenngrößen und Ersatzschaltung 312
         6.3.2 Einkristalline Solarzellen 315
         6.3.3 Polykristalline Siliziumsolarzellen 317
         6.3.4 Dünnschichtsolarzellen 318
    6.4 Lichtemittierende Dioden 319
         6.4.1 Leuchtdioden (LEDs) 319
         6.4.2 Laserdioden 328
    6.5 Optokoppler 334
    6.6 Aufgaben 336
    6.7 Literaturverzeichnis 339

1 Grundlagen

Dieses Kapitel bietet in Abschnitt 1.1 bis 1.3 eine Zusammenfassung[1] wichtiger Grundlagen aus der Theorie der elektrischen Netzwerke; Kap. 1.4 bringt eine kurz gehaltene Darstellung der Eigenerwärmung und Kühlung, Kap. 1.5 faßt Grundtatsachen der Halbleiterphysik zusammen.

1.1 Elektrische Netzwerke, CAD-Werkzeuge

Elektronische Schaltungen werden üblicherweise mit einem *Schaltplan* beschrieben – dieser liefert eine symbolische Darstellung der Schaltung, legt die Verknüpfung der elektronischen Bauelemente in der Schaltung fest und spezifiziert die eingesetzten Bauelemente (vgl. Abb. 1.1). Das wichtigste Werkzeug

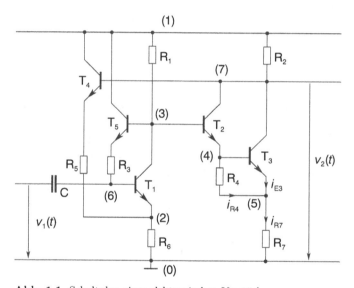

Abb. 1.1. Schaltplan eines elektronischen Verstärkers

zur Berechnung der Eigenschaften einer solchen Schaltung sind die *Kirchhoffschen Sätze* für Schaltungen aus konzentrierten Elementen. Ihre Anwendung setzt voraus, daß die Wellenlänge λ der relevanten Signale groß ist im Vergleich zur Ausdehnung d der Schaltung

$$\lambda \gg d . \tag{1.1}$$

---

[1]Die in diesen Abschnitten dargestellten Sachverhalte sollten dem Leser im wesentlichen bekannt sein. Als empfehlenswerte Literatur zu diesen Themen kann z. B. [1], [2], [3], [4], [5], [6] genannt werden.

Andernfalls ist der Wert des Potentials auf einer Leiterbahn der Länge d in nicht mehr vernachlässigbarer Weise vom Ort abhängig. Gilt die *Konzentriert-heitsannahme* (1.1), so besitzt jeder Punkt einer Verbindung zwischen zwei Bauelementen annähernd dasselbe Potential. Die Verbindungsleitung läßt sich dann als *Knoten* idealisieren. Jedem dieser Knoten kann ein Name α und ein Knotenpotential v_α (oder $v(\alpha)$) zugeordnet werden. Die *Spannung* $v_{\alpha\beta}$ (oder $v_{\alpha,\beta}$) zwischen zwei Knoten α und β wird durch die Differenz der entsprechenden Knotenpotentiale bestimmt $v_{\alpha\beta} = v_\alpha - v_\beta$.

Für die Analyse einer Schaltung stehen uns die Kirchhoffschen Sätze (Knotensatz und Maschensatz) zur Verfügung. Zusätzlich erforderlich ist die Kenntnis der *Strom-Spannungs-Beziehungen* der Bauelemente. Die Gesamtheit dieser Gleichungen wird in der Folge als *Netzwerkgleichungen* der Schaltung bezeichnet. Die Lösung der Netzwerkgleichungen ermöglicht die Berechnung der Eigenschaften einer elektronischen Schaltung.

Die Klemmenströme realer elektronischer Bauelemente zeigen gewöhnlich komplizierte Abhängigkeiten von der Temperatur sowie von der Frequenz und Amplitude der angelegten Spannung. Für die Berechnung ihres Verhaltens in elektronischen Schaltungen werden deshalb *Ersatzschaltungen* aus idealen Netzwerkelementen verwendet. Für jedes derartige Netzwerkelement sind Beziehungen *definiert*, die seine Klemmenströme zeitabhängig als Funktion der Klemmenspannungen beschreiben.

Die Berechnung der Schaltungseigenschaften mit „Bleistift und Papier" erfordert Näherungsannahmen, die zu einer oft erheblichen Ungenauigkeit [2] des Ergebnisses führen. Wegen dieser Ungenauigkeit werden analytische Rechnungen nur für eine „Grobdimensionierung" der Schaltung eingesetzt. Für genauere Berechnungen der Eigenschaften elektronischer Schaltungen stehen dem Ingenieur heute leistungsfähige CAD-Werkzeuge zur Verfügung. Diese lösen das zur Schaltung gehörige System von Netzwerkgleichungen auf numerischem Weg. Die Schaltungssimulation ist dabei als *Ergänzung* der analytischen Rechnung zu verstehen. Ein guter Schaltungsentwickler muß *beide* Werkzeuge beherrschen, um schnell ans Ziel zu kommen.

Das dominierende Programm für die Analyse analoger elektronischer Schaltungen ist das an der Universität Berkeley entwickelte Programm SPICE [3]. Die in diesem Buch vorgestellten Modelle stimmen mit der Beschreibung in SPICE überein.

---

[2] Über deren Höhe ist zudem meist wenig bekannt, da die Vereinfachung vorzugsweise zu Beginn der Untersuchung vorgenommen wird, ihre Auswirkung auf das Ergebnis demzufolge also nicht bestimmt werden kann.

[3] Abkürzend für <u>s</u>imulation <u>p</u>rogramme with <u>i</u>ntegrated <u>c</u>ircuit <u>e</u>mphasis.

1.2 Ideale Netzwerkelemente

Reale Bauteile werden durch Ersatzschaltungen aus idealen Netzwerkelementen beschrieben. Für unsere Belange sind dies Zweipole mit genau definierten Strom-Spannungs-Beziehungen sowie gesteuerte Quellen. Abbildung 1.2 zeigt die für die wichtigsten Zweipole verwendeten Symbole.

Symbol	Bedeutung
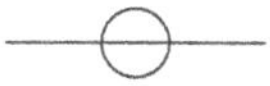	unabhängige Spannungsquelle
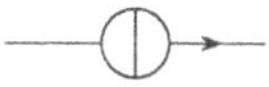	unabhängige Stromquelle
	(linearer) Widerstand
	(lineare) Kapazität
	(lineare) Induktivität
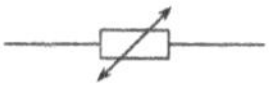	arbeitspunktabhängiger Widerstand
	arbeitspunktabhängige Kapazität
	arbeitspunktabhängige Induktivität
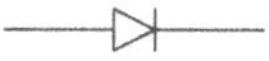	ideale Diode

Abb. 1.2. Symbole der wichtigsten zweipoligen Netzwerkelemente

1.2.1 Widerstände

Ein Zweipol heißt *Widerstand*, falls die zwischen seinen Klemmen auftretende Spannung $v(t) = v[i(t)]$ zu jedem Zeitpunkt durch den Klemmenstrom $i(t)$ bestimmt ist. Der Widerstand heißt *linear* oder *ohmsch*, falls Spannung und Strom zueinander proportional sind. Wird der durch einen ohmschen Widerstand fließende Strom als Funktion der Spannung aufgetragen, so ergibt sich eine *Gerade* (Abb. 1.3).

Bei einem nichtlinearen Widerstand ist das ohmsche Gesetz nicht erfüllt. Die Kennlinie eines solchen Bauelements ist nichtlinear, ein Widerstandswert ist nicht definiert. Ist ein *Arbeitspunkt* (V_0, I_0) auf der Kennlinie vorgegeben, so kann jedoch – für geringe Abweichungen der anliegenden Spannung von V_0 – die Kennlinie im Arbeitspunkt *linearisiert* werden. Dabei wird die exakte $I(V)$-Kennlinie des nichtlinearen Widerstands durch die Taylor-Entwicklung

bis zur ersten Ordnung ersetzt. Dies entspricht einer Näherung der Kennlinie
durch die Tangente im Arbeitspunkt (vgl. Abb. 1.3).

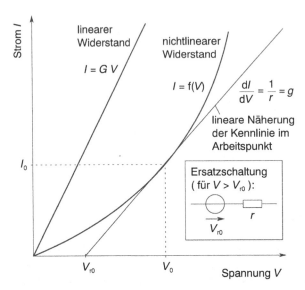

Abb. 1.3. Kennlinie für einen linearen und einen nichtlinearen Widerstand

Für die Abweichung ΔI des Stroms von seinem Wert $I_0 = I(V_0)$ als Folge
einer Spannungsänderung ΔV gilt dann

$$\Delta I = I(V_0 + \Delta V) - I_0 \approx g(V_0)\,\Delta V \;, \tag{1.2}$$

mit dem *Kleinsignalleitwert* (bzw. *Kleinsignalwiderstand* r)

$$g(V_0) = \left.\frac{\mathrm{d}I}{\mathrm{d}V}\right|_{V_0} = \frac{1}{r(V_0)} \;. \tag{1.3}$$

Hinsichtlich der durch die (kleine) Spannungsänderung ΔV hervorgerufenen
Stromänderung ΔI darf der nichtlineare Widerstand demzufolge wie ein ohmscher Leitwert $g = g(V_0)$ behandelt werden.

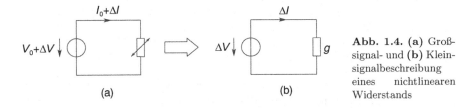

Abb. 1.4. (a) Groß-
signal- und **(b)** Kleinsignalbeschreibung
eines nichtlinearen
Widerstands

Die in Abb. 1.4b dargestellte *Kleinsignalersatzschaltung* erlaubt die Berechnung des Zusammenhangs zwischen den Kleinsignalgrößen ΔI und ΔV. Der
Kleinsignalleitwert $g(V_0)$ ist abhängig vom Arbeitspunkt V_0.

Beispiel 1.2.1 Ein wichtiges Beispiel für einen nichtlinearen Widerstand ist die *ideale Gleichstromdiode*, für die ein eigenes Netzwerksymbol (Abb. 1.2) existiert. Die $I(V)$-Kennlinie dieses Zweipols ist *definiert* durch

$$I = I_S \left[\exp\left(\frac{V}{NV_T} \right) - 1 \right] ,$$

wobei I_S, N, V_T von der angelegten Spannung V unabhängige Parameter sind. Der Parameter I_S wird als *Sättigungsstrom* bezeichnet; für $V \ll 0$ folgt $I \to -I_S$, d.h. I_S ist von der Größenordnung des Sperrstroms der Diode und damit sehr klein. Der Parameter N heißt *Emissionskoeffizient*, ist dimensionslos und besitzt üblicherweise Werte zwischen eins und zwei. Die Größe V_T schließlich bezeichnet die, von der absoluten Temperatur T abhängige, *Temperaturspannung*. Bei Raumtemperatur gilt näherungsweise $V_T \approx 25$ mV. Der Kleinsignalleitwert der idealen Gleichstromdiode im Arbeitspunkt V_0 folgt durch Ableiten

$$g(V_0) = \left. \frac{\mathrm{d}I}{\mathrm{d}V} \right|_{V_0} = \frac{I_S}{NV_T} \exp\left(\frac{V_0}{NV_T} \right) = \frac{I(V_0) + I_S}{NV_T} .$$

Bei Flußpolung der Diode mit $I_0 = I(V_0) \gg I_S$ gilt

$$g(V_0) = \frac{I_0}{NV_T} ,$$

d.h. der Kleinsginalleitwert der idealen Gleichstromdiode steigt proportional zu dem durch die Diode fließenden Strom an. Δ

1.2.2 Kapazitäten

Ein Zweipol heißt *Kapazität*, falls die in ihm gespeicherte Ladung $q(t) = q[v(t)]$ zu jedem Zeitpunkt eindeutig durch die zwischen seinen Klemmen anliegende Spannung $v(t)$ bestimmt ist. Der durch eine Kapazität fließende Strom $i(t)$ ist gleich der Änderung der gespeicherten Ladung $q(t)$ mit der Zeit

$$i(t) = \frac{\mathrm{d}q}{\mathrm{d}t} . \tag{1.4}$$

Die Kapazität heißt *linear*, falls $q(t)$ und $v(t)$ proportional zueinander sind. Im Fall der linearen Kapazität C geht Gl. (1.4) über in

$$i(t) = C \frac{\mathrm{d}v}{\mathrm{d}t} . \tag{1.5}$$

Für nichtlineare Kapazitäten läßt sich der Kapazitätswert nur als *Kleinsignalkapazität* definieren – diese bestimmt die Änderung $\mathrm{d}q$ der auf einer Kapazität gespeicherten Ladung mit der Änderung $\mathrm{d}v$ der anliegenden Spannung

$$c(v) = \frac{\mathrm{d}q}{\mathrm{d}v} . \tag{1.6}$$

Im Fall der linearen Kapazität ist $c(v) = C$. Durch Umkehren von (1.6) folgt die auf der Kapazität gespeicherte Ladung $q(v)$, falls diese auf die Spannung v aufgeladen wurde

$$q(v) = \int_0^v c(v')\, dv'\,. \tag{1.7}$$

1.2.3 Unabhängige und gesteuerte Quellen

Eine (unabhängige) *Spannungsquelle* (Abb. 1.2) ist ein Zweipol, zwischen dessen Klemmen eine spezifizierte Spannung $v(t)$ anliegt, deren Wert unabhängig vom Strom durch den Zweipol ist. Ist die Spannung $v(t)$ zeitunabhängig, so spricht man von einer *Gleichspannungsquelle*.

Neben den unabhängigen Spannungsquellen werden in der Netzwerktheorie auch unabhängige *Stromquellen* (Abb. 1.2) verwendet. Bei diesen wird ein vorgegebener Klemmenstrom $i(t)$ eingehalten, unabhängig von der zwischen den Klemmen anliegenden Spannung.

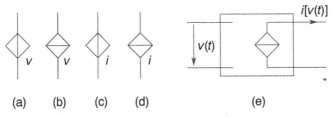

Abb. 1.5. Symbole für gesteuerte Quellen: **(a)** Spannungsgesteuerte Spannungsquelle, **(b)** spannungsgesteuerte Stromquelle, **(c)** stromgesteuerte Spannungsquelle, **(d)** stromgesteuerte Stromquelle, **(e)** Darstellung der spannungsgesteuerten Stromquelle als Vierpol

Das Gegenstück zu den unabhängigen Quellen sind die *gesteuerten* Quellen. Dabei handelt es sich um Spannungs- oder Stromquellen deren Wert durch eine bestimmte Spannung oder einen bestimmten Strom gesteuert wird. Gesteuerte Quellen werden üblicherweise als Zweipole dargestellt (vgl. Abb. 1.5a-d) mit oder ohne zusätzlichem Vermerk der steuernden Größe. Eine formal korrekte Darstellung gesteuerter Quellen müßte diese – im Fall einer Steuergröße – als Vierpol[4] mit zwei Eingangsklemmen für die steuernde Größe und zwei Ausgangsklemmen für die gesteuerte Größe (vgl. Abb. 1.5e) beschreiben. Die üblicherweise verwendete Zweipoldarstellung ist als eine reduzierte Schreibweise für diese Vierpoldarstellung zu verstehen.

---

[4]Im Fall von n steuernden Größen allgemein als $2(n+1)$-Pol.

1.3 Netzwerke aus linearen Elementen

Netzwerke aus linearen Elementen (kurz: lineare Netzwerke) finden breite Anwendung in der Elektronik – als Beispiel sei hier nur die große Gruppe der passiven Filter genannt. Dieser Abschnitt faßt wichtige Eigenschaften linearer Netzwerke und Verfahren zu ihrer Berechnung zusammen. Als Anwendungsbeispiel wird der RC-Tiefpaß näher betrachtet.

Eine der wichtigsten Eigenschaften linearer Netzwerke ist, daß sie dem *Überlagerungssatz* genügen.

> **Treten in einem linearen Netzwerk mehrere unabhängige Quellen auf, so läßt sich jede Spannung und jeder Strom als Summe der Reaktionen auf die einzelnen Quellen darstellen.**

Der Überlagerungssatz ist eine direkte Folge der Kirchhoffschen Gleichungen für Netzwerke aus linearen Elementen. Er liefert keine Informationen, die sich nicht auch durch direkte Anwendung der Kirchhoffschen Gleichungen gewinnen ließen, ermöglicht aber häufig eine vereinfachte Berechnung von Schaltungseigenschaften.

Die wohl bedeutendste Folgerung des Überlagerungssatzes ist, daß sich Netzwerke aus linearen Elementen vollständig durch Angabe ihres Verhaltens bei harmonischen (sinusförmigen) Anregungen unterschiedlicher Frequenz beschreiben lassen.

1.3.1 Impedanzen, Admittanzen

In Wechselstromkreisen besitzt die an einem Netzwerkelement anliegende Spannung $v(t)$ sinusförmigen Verlauf; mit der komplexen Amplitude $\hat{\underline{v}}$ und der Kreisfrequenz ω gilt

$$v(t) \;=\; \mathrm{Re}(\,\hat{\underline{v}}\,\mathrm{e}^{\mathrm{j}\omega t}\,) \;=\; \mathrm{Re}(\underline{v})\,.$$

Der durch einen linearen Zweipol fließende Strom hat daher ebenfalls einen sinusförmigen Verlauf; mit der komplexen Amplitude $\hat{\underline{i}}$ des Stroms gilt daher

$$i(t) \;=\; \mathrm{Re}(\,\hat{\underline{i}}\,\mathrm{e}^{\mathrm{j}\omega t}\,) \;=\; \mathrm{Re}(\underline{i})\,.$$

Die komplexen Zeiger $\underline{v}$ und $\underline{i}$ sind dabei zueinander proportional

$$\underline{v} \;=\; \underline{Z}\,\underline{i} \qquad \text{bzw.} \qquad \underline{i} \;=\; \underline{Y}\,\underline{v}\,. \tag{1.8}$$

Der Proportionalitätsfaktor $\underline{Z}$ wird als komplexer Widerstand (*Impedanz*) bezeichnet, sein Kehrwert $\underline{Y} = 1/\underline{Z}$ als komplexer Leitwert (*Admittanz*). Impedanz- und Admittanzwerte für die linearen Netzwerkelemente Widerstand, Kapazität und Induktivität sind in der folgenden Tabelle zusammengestellt.

Element	Impedanz $\underline{Z}$	Admittanz $\underline{Y}$
Widerstand	R	$1/R$
Kapazität	$1/(\mathrm{j}\omega C)$	$\mathrm{j}\omega C$
Induktivität	$\mathrm{j}\omega L$	$1/\mathrm{j}\omega L$

Die Impedanzen bzw. Admittanzen sind *komplexwertige* Größen. Dies bedeutet, daß zwischen Strom und Spannung i. allg. eine *Phasenverschiebung* auftritt. Bei einer *Serienschaltung* linearer Zweipole lassen sich die Impedanzen der Einzelelemente zur Gesamtimpedanz $\underline{Z}$ addieren

$$\underline{Z} = \sum_{\alpha=1}^{n} \underline{Z}_\alpha \, . \tag{1.9}$$

Bei einer *Parallelschaltung* linearer Zweipole erhält man die Gesamtadmittanz $\underline{Y}$ durch Summation über die Einzeladmittanzen $\underline{Y}_\alpha$

$$\underline{Y} = \sum_{\alpha=1}^{n} \underline{Y}_\alpha \, . \tag{1.10}$$

Mit diesen Regeln läßt sich das elektrische Verhalten von Netzwerken aus passiven linearen Zweipolen berechnen.

1.3.2 Übertragungsfaktor, Bode-Diagramm

Lineare Netzwerke sind Beispiele für *lineare Systeme*. Ist die Eingangsgröße $x(t)$ eines linearen Systems eine sinusförmige Wechselgröße der Kreisfrequenz ω, in komplexer Schreibweise

$$x(t) = \mathrm{Re}\left(\hat{\underline{x}}\, \mathrm{e}^{\mathrm{j}\omega t} \right) = \mathrm{Re}(\underline{x}) \, ,$$

so gilt dies auch für die Ausgangsgröße

$$y(t) = \mathrm{Re}\left(\hat{\underline{y}}\, \mathrm{e}^{\mathrm{j}\omega t} \right) = \mathrm{Re}(\underline{y}) \, .$$

Das Verhältnis $\underline{H}(\mathrm{j}\omega) = \underline{y}/\underline{x}$ der komplexen Zeiger $\underline{y}$ und $\underline{x}$ wird als *Übertragungsfaktor* des Systems bezeichnet. Bezeichnet $\underline{H}(\mathrm{j}\omega)$ ein Spannungsverhältnis, so spricht man auch von einem Spannungsübertragungsfaktor; dieser wird durch den Index v kenntlich gemacht. Der Betrag von $\underline{H}_v(\mathrm{j}\omega)$ bei der Frequenz $f = \omega/2\pi$

$$A_v(f) = |\underline{H}_v(\mathrm{j}2\pi f)| \tag{1.11}$$

wird als *Spannungsverstärkung* bezeichnet. Die Definition der Strom- und Leistungsverstärkung verläuft analog.

Der Wert von Spannungs-, Strom- und Leistungsverstärkungen wird häufig als sog. *Verstärkungsmaß a* in (deziBel) dB angegeben. Bei Spannungs- und

Stromverstärkungen wird hierzu der (Zehner-)Logarithmus von $A(f)$ mit 20 dB multipliziert. Dies führt im Fall der *Spannungsverstärkung* auf

$$a_v(f) = 20\,\mathrm{dB} \cdot \log\left[A_v(f)\right] \qquad (1.12)$$

bzw. im Fall der *Stromverstärkung* $A_i(f) = |\underline{H}_i(\mathrm{j}2\pi f)|$ auf

$$a_i(f) = 20\,\mathrm{dB} \cdot \log\left[A_i(f)\right] . \qquad (1.13)$$

Soll dagegen eine *Leistungsverstärkung* in dB ausgedrückt werden [5], so ist der Logarithmus der Leistungsverstärkung $A_p(f) = P_2/P_1$ mit 10 dB zu multiplizieren.

$$a_p(f) = 10\,\mathrm{dB} \cdot \log\left[A_p(f)\right] . \qquad (1.14)$$

Dabei bezeichnen P_1 und P_2 die Effektivwerte der vom System aufgenommenen bzw. abgegebenen Wirkleistung. Der Hintergrund für den gegenüber a_v und a_i halbierten „Vorfaktor" von 10 dB ist, daß die Leistung proportional zum Quadrat von Spannungs- bzw. Stromamplitude ist.

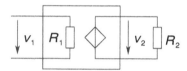

Abb. 1.6. In 1.3.1 untersuchte Beispielschaltung

Beispiel 1.3.1 Es wird die in Abb. 1.6 skizzierte Schaltung mit Eingangswiderstand R_1 und Lastwiderstand R_2, betrachtet. Der Effektivwert der an die Schaltung abgegebenen Leistung P_1 ist $P_1 = V_1^2/R_1$, wobei V_1 den Effektivwert der Eingangsspannung angibt; der Effektivwert P_2 der an die Last abgegebenen Leistung ergibt sich mit dem Effektivwert der Ausgangsspannung V_2 entsprechend zu $P_2 = V_2^2/R_2$. Für das Verstärkungsmaß $a_p(f)$ folgt damit

$$
\begin{aligned}
10\,\mathrm{dB} \cdot \log\left(\frac{P_2}{P_1}\right) &= 10\,\mathrm{dB} \cdot \log\left(\frac{V_2^2}{V_1^2}\frac{R_1}{R_2}\right)\\
&= 20\,\mathrm{dB} \cdot \log\left(\frac{V_2}{V_1}\right) + 10\,\mathrm{dB} \cdot \log\left(\frac{R_1}{R_2}\right) .
\end{aligned}
\qquad (1.15)
$$

Das Verstärkungsmaß a_p ist somit gleich dem Verstärkungsmaß a_v, falls R_1 und R_2 denselben Wert haben. $\triangle$

---

[5]Die „Einheit" dB wird für relative Pegelangaben verwendet, d. h. für die Angabe von Verhältnissen. Daneben werden aber auch absolute Pegelangaben in dB vorgenommen, wobei eine feste Bezugsgröße vorgegeben wird. Erwähnt werden soll hier die gebräuchliche „Einheit" dBm, die für Leistungsangaben verwendet wird und den Effektivwert P der Leistung bezogen auf 1 mW angibt

$$P \text{ in dBm} \equiv 10\,\mathrm{dB} \cdot \log\left(P/1\,\mathrm{mW}\right).$$

Da $\log(1) = 0$ gilt, liegt allgemein für $a(f) > 0$ dB *Verstärkung* vor, für $a(f) < 0$ dB *Abschwächung*. Der Übertragungsfaktor $\underline{H}(\mathrm{j}\omega)$ ist eine i. allg. komplexwertige Funktion der Frequenz. Für die grafische Darstellung der Frequenzabhängigkeit wird üblicherweise das sog. *Bode-Diagramm* gewählt. Dieses besteht aus zwei Abbildungen: In der einen wird das Verstärkungsmaß a, in der anderen die Phase φ über dem Logarithmus der Frequenz $f = \omega/2\pi$ aufgetragen. Für $A(f)$ wird eine doppeltlogarithmische Auftragung gewählt, da Potenzfunktionen dabei Geraden ergeben: Für beliebige Zahlen $\alpha > 0$ sowie m gilt

$$\log(\alpha f^m) = \log(\alpha) + m \log(f) \,.$$

Wird demnach $y = \log(a)$ über $x = \log(f)$ aufgetragen, so ergibt sich eine Gerade der Steigung m, wodurch sich diese Größe leicht bestimmen läßt. Ein Anstieg der Spannungsverstärkung $A_v \sim f$ ergibt z. B. in doppeltlogarithmischer Auftragung eine Gerade der Steigung $+1$ bzw. 20 dB/dec, ein Abfall $A_v \sim 1/f$ entsprechend eine Gerade der Steigung -1 bzw. -20 dB/dec. Zeigt a_v einen Abfall von 40 dB/dec, so kann umgekehrt auf eine Frequenzabhängigkeit $\sim 1/f^2$ geschlossen werden.

Die *Phase* φ des Übertragungsfaktors ist frequenzabhängig und errechnet sich aus Real- und Imaginärteil von $\underline{H}$ gemäß

$$\varphi(\omega) = \arctan\left(\frac{\mathrm{Im}\left[\underline{H}(\mathrm{j}\omega)\right]}{\mathrm{Re}\left[\underline{H}(\mathrm{j}\omega)\right]} \right) \,. \tag{1.16}$$

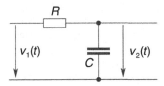

Abb. 1.7. RC-Tiefpass

Beispiel 1.3.2 Abbildung 1.7 zeigt den Schaltplan eines RC-Tiefpasses. Wird am Eingang eine sinusförmige Wechselspannung $v_1(t) = \mathrm{Re}\left(\hat{\underline{v}}_1\,\mathrm{e}^{\mathrm{j}\omega t}\right)$ angelegt, so tritt am Ausgang die Spannung $v_2(t) = \mathrm{Re}\left(\hat{\underline{v}}_2\,\mathrm{e}^{\mathrm{j}\omega t}\right)$ auf. Der Spannungsübertragungsfaktor des unbelasteten Tiefpasses ergibt sich aus der komplexen Spannungsteilerformel

$$\underline{H}_v(\mathrm{j}\omega) = \frac{\underline{v}_2}{\underline{v}_1} = \frac{(\mathrm{j}\omega C)^{-1}}{R + (\mathrm{j}\omega C)^{-1}}$$

zu

$$\underline{H}_v(\mathrm{j}\omega) = \frac{1}{1 + \mathrm{j}\omega\tau} \quad \text{mit} \quad \tau = RC \,. \tag{1.17}$$

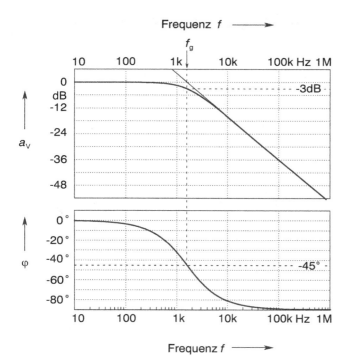

Abb. 1.8. Bode-Plot für den RC-Tiefpaß mit $R = 1$ kΩ und $C = 100$ nF

Mit der $(3\,\mathrm{dB}\text{-})$Grenzfrequenz

$$f_\mathrm{g} = \frac{1}{2\pi RC} \tag{1.18}$$

und $\omega = 2\pi f$ folgt aus Gl. (1.17) für die Spannungsverstärkung

$$A_v(f) = \frac{1}{\sqrt{1 + (f/f_\mathrm{g})^2}} \tag{1.19}$$

und für die Phasenverschiebung

$$\varphi(f) = -\arctan\left(f/f_\mathrm{g}\right) . \tag{1.20}$$

Das zugehörige Bode-Diagramm ist in Abb. 1.8 zu sehen. Für Frequenzen $f \ll f_\mathrm{g}$ gilt in guter Näherung $A_v \approx 1$ bzw. $a_v = 0$ dB; für Frequenzen $f \gg f_\mathrm{g}$ dagegen $A_v(f) \approx f_\mathrm{g}/f$. Im Bode-Diagramm entspricht dies einem Abfall von 20 dB/dec, d. h. der betrachtete RC-Tiefpaß ist ein Tiefpaß 1. Ordnung.

Wird der für große Frequenzen beobachtete Kurvenverlauf im Bode-Diagramm linear zu 0 dB hin extrapoliert, so liefert der Schnittpunkt mit der 0 dB-Achse die Grenzfrequenz (vgl. Abb. 1.8). Bei der Grenzfrequenz gilt $A_v = 1/\sqrt{2}$, bzw. $a_v(f_\mathrm{g}) = 20\,\mathrm{dB} \cdot \log\left(1/\sqrt{2}\right) \approx -3$ dB, während die Phasenverschiebung dort einen Wert von $-45°$ aufweist. △

1.4 Verlustleistung und Eigenerwärmung

Die im Betrieb umgesetzte *Verlustleistung* $p(t)$ führt zur Erwärmung des Bauelements, d. h. zu einer Anhebung der Bauteiltemperatur gegenüber der *Umgebungstemperatur*[6] ϑ_A. Dies bedingt eine Änderung der temperaturabhängigen Kenngrößen des Bauelements, was sich auf das Verhalten der elektronischen Schaltung auswirken kann. Außerdem resultiert aus höheren Bauteiltemperaturen i. allg. eine reduzierte Lebensdauer[7].

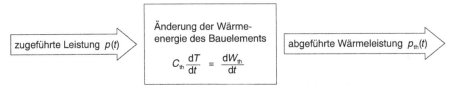

Abb. 1.9. Leistungsbilanz zur Bestimmung der Eigenerwärmung

1.4.1 Thermischer Widerstand, thermische Zeitkonstante

Um die Erwärmung des Bauelements aufgrund der umgesetzten elektrischen Leistung zu bestimmen, muß eine Energie- bzw. *Leistungsbilanz* (vgl. Abb. 1.9) aufgestellt werden. Ist die Temperatur ϑ des Bauelements größer als die Umgebungstemperatur[8] ϑ_A, so findet ein *Wärmeabtransport* statt. Die abgeführte Wärmeleistung p_{th} ist – solange der Wärmeabtransport vorzugsweise durch Wärmeleitung und Konvektion erfolgt – annähernd proportional zu $\Delta\vartheta = \Delta T$

$$p_{th} = G_{th}\Delta T \ . \tag{1.21}$$

Der Proportionalitätsfaktor G_{th} heißt *Wärmeleitwert*, sein Kehrwert

$$R_{th} = \frac{1}{G_{th}} \tag{1.22}$$

heißt *Wärmewiderstand*. Die Einheit des Wärmewiderstands ist K/W, die des Wärmeleitwerts entsprechend W/K.

---

[6]Der Index A stammt von englisch: <u>a</u>mbient temperature.

[7]Für Halbleiterbauelemente, die bei Temperaturen $\vartheta > 100°C$ betrieben werden, gilt als Anhaltspunkt, daß je 10 K Temperaturerhöhung eine Halbierung der Lebensdauer zu erwarten ist.

[8]Wird das Bauelement in einem geschlossenen Gehäuse betrieben, so ist ϑ_A die Lufttemperatur im Gehäuse. Diese kann – abhängig von zugeführter Leistung und Wärmeabfuhr – deutlich über der Raumtemperatur liegen.

Für eine Erwärmung um $\Delta T = \vartheta - \vartheta_A$ ist die Wärmeenergie

$$W_{\mathrm{th}} = C_{\mathrm{th}}\Delta T \qquad (1.23)$$

erforderlich. Die Größe C_{th} bezeichnet dabei die *Wärmekapazität* des Bauelements; C_{th} bestimmt die Energie, die aufgewendet werden muß, um das Bauteil um 1 K zu erwärmen. Die Einheit der Wärmekapazität ist J/K.

Die Änderung der im Bauelement gespeicherten Wärmeenergie ergibt sich als Differenz von zugeführter und abgeführter Leistung

$$\frac{\mathrm{d}W_{\mathrm{th}}}{\mathrm{d}t} = C_{\mathrm{th}}\frac{\mathrm{d}}{\mathrm{d}t}\Delta T = p(t) - p_{\mathrm{th}} = p(t) - G_{\mathrm{th}}\Delta T . \qquad (1.24)$$

Nach Division durch C_{th} führt dies auf die folgende Differentialgleichung für die Erwärmung $\Delta T(t)$

$$\frac{\mathrm{d}}{\mathrm{d}t}\Delta T + \frac{\Delta T}{\tau_{\mathrm{th}}} = \frac{p(t)}{C_{\mathrm{th}}} . \qquad (1.25)$$

Die Abkürzung τ_{th} bezeichnet dabei die *thermische Zeitkonstante*

$$\tau_{\mathrm{th}} = \frac{C_{\mathrm{th}}}{G_{\mathrm{th}}} = R_{\mathrm{th}}C_{\mathrm{th}} . \qquad (1.26)$$

Durch Variation der Konstanten ergibt sich unter der Bedingung $\vartheta(0) = \vartheta_A$ die Lösung

$$\Delta T(t) = \frac{1}{C_{\mathrm{th}}}\int_0^t p(t')\exp\left(-\frac{t-t'}{\tau_{\mathrm{th}}}\right)\mathrm{d}t' . \qquad (1.27)$$

Kann $p(t)$ für $t > 0$ als zeitunabhängig angenommen werden ($p(t) = P$), so läßt sich das Integral auf der rechten Seite ausführen, mit dem Ergebnis

$$\Delta T(t) = PR_{\mathrm{th}}\left[1 - \exp\left(-\frac{t}{\tau_{\mathrm{th}}}\right)\right]; \quad \text{für} \quad t > 0 . \qquad (1.28)$$

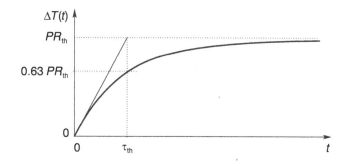

Abb. 1.10. Zeitabhängigkeit der Eigenerwärmung bei konstanter Verlustleistung für $t > 0$

Diese Gleichung liefert den zeitabhängigen Verlauf der Temperaturerhöhung des Bauelements aufgrund der Eigenerwärmung: Für kleine Zeiten $t \ll \tau_{\mathrm{th}}$ läßt sich der Verlauf von $\Delta T(t)$ durch eine Gerade annähern [9] (vgl. Abb. 1.10)

$$\Delta T(t) \approx P R_{\mathrm{th}} \frac{t}{\tau_{\mathrm{th}}} = \frac{P t}{C_{\mathrm{th}}} \, .$$

Für große Zeiten ($t \to \infty$) geht $\Delta T(t)$ gegen den Wert $P R_{\mathrm{th}}$, der nur durch die umgesetzte Leistung P und den Wärmewiderstand R_{th} bestimmt ist: Die Temperatur des Bauelements ändert sich solange, bis $P = p_{\mathrm{th}}$ gilt, d. h. bis die im Bauelement umgesetzte Leistung P im Gleichgewicht [10] mit der abgeführten Leistung p_{th} ist. Der Endwert $P R_{\mathrm{th}}$ wird asymptotisch mit der charakteristischen Zeitkonstanten τ_{th} erreicht.

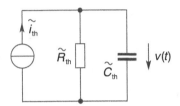

Abb. 1.11. Thermisches Ersatzschaltbild

Thermische Ersatzschaltung. Gleichung (1.21) ist analog zum Ohmschen Gesetz: Die abgeführte Wärmeleistung p_{th} als Folge einer Temperaturdifferenz ΔT wird durch den thermischen Leitwert bestimmt, der Strom i als Folge einer Potentialdifferenz (Spannung) v wird durch den elektrischen Leitwert bestimmt. Diese Analogie erlaubt es Temperaturausgleichsvorgänge durch elektrische Ersatzschaltungen (vgl. Abb. 1.11) zu beschreiben.

Wegen der Analogie zum Ohmschen Gesetz kann τ_{th} als RC-Zeitkonstante aufgefaßt werden: Eine Wärmekapazität C_{th} wird über einen Wärmewiderstand R_{th} umgeladen. Der zeitliche Verlauf der Temperaturerhöhung entspricht damit dem Verlauf der Spannung $v(t)$ mit der ein, für $t = 0$ entladener, Kondensator $\tilde{C}_{\mathrm{th}}$ von einer Stromquelle $\tilde{i}_{\mathrm{th}}$ aufgeladen wird, falls parallel zu $\tilde{C}_{\mathrm{th}}$ ein Widerstand $\tilde{R}_{\mathrm{th}} = \tau_{\mathrm{th}}/\tilde{C}_{\mathrm{th}}$ geschaltet ist. Eine derartige Schaltung kann deshalb zur Simulation des thermischen Verhaltens eines Bauelements eingesetzt werden. Man spricht in diesem Zusammenhang auch von einer *thermischen Ersatzschaltung*. Wird zwischen p, R_{th}, C_{th} und $\tilde{i}_{\mathrm{th}}$, $\tilde{R}_{\mathrm{th}}$, $\tilde{C}_{\mathrm{th}}$ die Zuordnung

$$\tilde{i}_{\mathrm{th}} = 1 \, \frac{\mathrm{A}}{\mathrm{W}} \, p \, , \quad \tilde{C}_{\mathrm{th}} = 1 \, \frac{\mathrm{F \, K}}{\mathrm{J}} \, C_{\mathrm{th}} \quad \text{und} \quad \tilde{R}_{\mathrm{th}} = 1 \, \frac{\Omega \, \mathrm{W}}{\mathrm{K}} \, R_{\mathrm{th}}$$

---

[9]Entsprechend einer Taylor-Entwicklung der Exponentialfunktion bis zum ersten Glied.
[10]In diesem Fall wird auch vom thermisch eingeschwungenen Zustand gesprochen.

verwendet, so gilt $R_{th}C_{th} = \tilde{R}_{th}\tilde{C}_{th}$. Die Änderung der Spannung v über dem Kondensator ist dann direkt proportional zur Temperaturerhöhung ΔT des Bauelements. Dabei gilt

$$\Delta T = 1\,\frac{\mathrm{K}}{\mathrm{V}} \cdot v \, ,$$

d. h. eine Erhöhung der Kondensatorspannung v um 1 V entspricht einer Temperaturerhöhung um 1 K.

1.4.2 Zulässige Verlustleistung und Wärmeabfuhr

Die zulässige Verlustleistung P_{zul} eines elektronischen Bauelements wird bestimmt durch die maximal zulässige Bauteiltemperatur [11] ϑ_{max}, den Wärmeleitwert G_{th} zwischen Bauelement und Umgebung und die Umgebungstemperatur ϑ_A

$$P_{zul} = G_{th}\left(\vartheta_{max} - \vartheta_A\right) \, .$$

Nimmt die Umgebungstemperatur zu, so nimmt die maximal zulässige Verlustleistung ab.

In Datenblättern ist P_{zul} i. allg. als *Nennbelastbarkeit* (oder Nennleistung) P_N für $\vartheta_A < \vartheta_{A,N}$ definiert. Die maximal zulässige Verlustleistung $P_{zul}(\vartheta_A)$ für Umgebungstemperaturen größer als $\vartheta_{A,N}$ folgt aus der Forderung, daß die maximal zulässige Bauteiltemperatur ϑ_{max} nicht überschritten werden darf, zu

$$P_{zul} = P_N\,\frac{\vartheta_{max} - \vartheta_A}{\vartheta_{max} - \vartheta_{A,N}} \qquad \text{für } \vartheta > \vartheta_{A,N} \, , \tag{1.29}$$

d. h. die zulässige Verlustleistung nimmt in diesem Bereich linear mit der Temperatur ab (derating). Der Wert von P_{zul} wird null sobald die Umgebungstemperatur die maximal zulässige Bauteiltemperatur erreicht hat. Dies wird in sog. *Lastminderungskurven* (vgl. Abb. 1.12) in den Datenblättern beschrieben. Darf die Temperatur des Bauelements den Wert ϑ_{max} nicht überschreiten und ist ϑ_{Amax} die maximal im Betrieb auftretende Umgebungstemperatur, so muß der thermische Widerstand R_{th} zwischen Bauelement und Umgebung der Ungleichung

$$R_{th} < \frac{\vartheta_{max} - \vartheta_{Amax}}{P} \tag{1.30}$$

genügen, falls im Element die Leistung P umgesetzt wird.

---

[11]Im Fall von Halbleiterbauelementen ist dies die maximal zulässige Sperrschichttemperatur ϑ_{Jmax}. Ist ϑ_{max} nicht spezifiziert, so kann ersatzweise $\vartheta_{max} \approx R_{th}P_N + \vartheta_{A,N}$ verwendet werden.

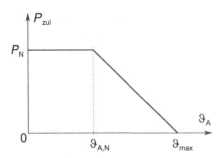

Abb. 1.12. Lastminderungskurve

Beispiel 1.4.1 Als Beispiel wird ein ohmscher Widerstand der Baugröße 0207 betrachtet. Bei der Umgebungstemperatur $\vartheta_{AN} = 70°C$ ist dessen zulässige Verlustleistung mit 0.22 W spezifiziert. Der Wärmewiderstand des Bauelements zur Umgebung ergibt sich aus der maximal zulässigen Bauteiltemperatur $\vartheta_{max} = 125°C$ zu

$$R_{th} = \frac{\vartheta_{max} - \vartheta_{AN}}{P_N} = \frac{55}{0.22} \frac{K}{W} = 250 \frac{K}{W} \;.$$

Wird der Widerstand bei einer Umgebungstemperatur von 100°C betrieben, so ist die zulässige Verlustleistung auf weniger als 50 % des Werts bei 70°C reduziert

$$P_{zul} = \frac{\vartheta_{max} - \vartheta_{Amax}}{R_{th}} = P_N \frac{\vartheta_{max} - \vartheta_{Amax}}{\vartheta_{max} - \vartheta_{AN}} = 0.1 \, W \;.$$

$$\Delta$$

Wird die Wärmeabfuhr durch zusätzliche Kühlmaßnahmen gesteigert, so sind höhere Leistungen als angegeben zulässig. Die zulässige Verlustleistung des gekühlten Bauelements P'_{zul} verhält sich zur zulässigen Verlustleistung des ungekühlten Bauelements P_{zul} wie das Verhältnis des Wärmeleitwerts G'_{th} des gekühlten Bauelements zum ursprünglichen Wärmeleitwert G_{th}

$$\frac{P'_{zul}}{P_{zul}} = \frac{G'_{th}}{G_{th}} \;. \tag{1.31}$$

Der thermische Widerstand $R_{th} = 1/G_{th}$ setzt sich bei gehäusten Bauelementen aus dem inneren thermischen Widerstand $R_{th,JC}$ zwischen Bauteil [12] und Gehäuse (C(ase)) und dem äußeren thermischen Widerstand $R_{th,CA}$ zwischen Gehäuse und Umgebung (Wärmesenke) zusammen (vgl. Abb. 1.13)

$$R_{th} = R_{th,JC} + R_{th,CA} \;. \tag{1.32}$$

Der Wert von $R_{th,JC}$ ist stark von der Gehäuseform abhängig. Typische Werte für Transistoren sind etwa $R_{th,JC} \approx 1.5-2 \, K/W$ für das TO-3 Gehäuse (wie es

---

[12]Der Index J stammt von der engl. Bezeichnung für Sperrschicht (J(unction)), da diese Aufteilung des Wärmewiderstands vor allem für Halbleiterbauelemente von Bedeutung ist. In manchen Fällen ist zusätzlich der Wärmetransport über die Anschlußdrähte zur Platine mit der Temperatur ϑ_P durch einen Wärmewiderstand $R_{th,JP}$ zu berücksichtigen (vgl. Abb. 1.14).

beispielsweise für den Transistor 2N3055 verwendet wird) und $R_{\mathrm{th,JC}} \approx 150 - 200$ K/W für das TO-18-Gehäuse (wie es beispielsweise für den Transistor BCY 59 verwendet wird).

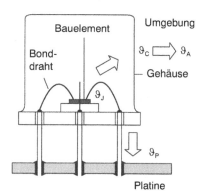

Abb. 1.13. Komponenten des Wärmewiderstands

Kühlmaßnahmen

Die Wärmeableitung vom Bauelement läßt sich durch Verringern des thermischen Widerstands $R_{\mathrm{th,CA}}$ zwischen Gehäuse und Umgebung steigern. Zu diesem Zweck werden gewöhnlich *Kühlkörper* eingesetzt. Dabei ist besonders auf guten thermischen Kontakt des Bauelements zum Kühlkörper zu achten (evtl. Einsatz von *Wärmeleitpaste*). Garantiert diese Maßnahme allein keine ausreichende Wärmeabfuhr, so wird *Zwangsumwälzung* der Luft vorgesehen (Lüfter), im Extremfall wird Flüssigkeitskühlung verwendet. In einzelnen Fällen – insbesondere falls Bauelementtemperaturen $\vartheta < \vartheta_{\mathrm{A}}$ gefordert sind – kommt auch eine thermoelektrische Kühlung (Peltier-Kühlemente) zum Einsatz.

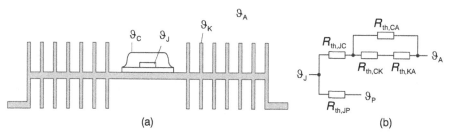

Abb. 1.14. (a) Kühlkörper mit Bauelement, **(b)** thermische Ersatzschaltung im stationären Betrieb

Kühlkörper. Bei Verwendung von Kühlkörpern kann der thermische Widerstand eines Bauteils zwischen Gehäuse und Umgebung stark reduziert werden.

Abbildung 1.14 zeigt ein auf einem Kühlkörper montiertes Bauelement und die zugehörige thermische Ersatzschaltung. Der Wärmewiderstand zwischen Gehäuse und Umgebung wird dabei primär durch den im Vergleich zu $R_{\mathrm{th,CA}}$ geringen Wärmekontaktwiderstand $R_{\mathrm{th,CK}}$ zwischen Gehäuse und Kühlkörper und den Wärmewiderstand des Kühlkörpers $R_{\mathrm{th,KA}}$ bestimmt. Unabhängig von der Dimensionierung des Kühlkörpers kann der Gesamtwärmewiderstand zwischen Bauteil und Umgebung den Wert des Wärmewiderstands $R_{\mathrm{th,JC}}$ zwischen Bauteil und Gehäuse nicht unterschreiten (Reihenschaltung).

Wärmekontaktwiderstand. Der Wärmekontaktwiderstand $R_{\mathrm{th,CK}}$ ist umgekehrt proportional zur Kontaktfläche A

$$R_{\mathrm{th,CK}} = \frac{\gamma_{\mathrm{th}}}{A} \; ;$$

der dabei auftretende Proportionalitätsfaktor heißt *spezifischer Wärmekontaktwiderstand* und wird in $\mathrm{cm^2\,K/W}$ gemessen. Typische Werte für γ_{th} sind in Tabelle 1.4.1 aufgeführt

Tabelle 1.4.1 Spezifischer Wärmekontaktwiderstand bei ebenen Flächen

γ_{th} in $\mathrm{cm^2 \cdot K \cdot W^{-1}}$	ohne Leitpaste	mit Leitpaste
Metall auf Metall	1.0	0.5
Metall auf Eloxalschicht	2.0	1.4

Der Wärmekontaktwiderstand wird erhöht, falls das Bauteil durch eine Isolierscheibe vom Kühlkörper galvanisch getrennt wird. Der zusätzliche Wärmekontaktwiderstand hängt von Material und Dicke der isolierenden Scheibe und vom Anpreßdruck ab.

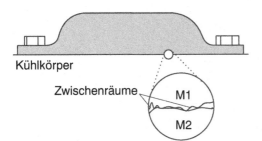

Abb. 1.15. Montage eines Bauteils auf einem Kühlkörper (M1: Gehäuse, M2: Kühlkörper)

Der genaue Wert des Wärmekontaktwiderstands ist abhängig von der Rauhigkeit der Kontaktflächen, er läßt sich durch erhöhten Anpreßdruck und die Verwendung von Wärmeleitpaste verringern. Zur Veranschaulichung dient Abb. 1.15: Wegen der Rauhigkeit befinden sich zwischen den Kontaktflächen zahlreiche luftgefüllte Zwischenräume, in denen die Wärme nur vergleichsweise schlecht geleitet wird. Der Wärmeleitwert von Luft beträgt ca. $\lambda \approx$ 0.026 W/Km, eine Luftschicht der Dicke s bedingt demzufolge einen flächenspezifischen Wärmekontaktwiderstand $\gamma_{\text{th}} = s/\lambda$. Im Beispiel $s = 0.01\,\text{mm}$ führt dies auf $\gamma_{\text{th}} \approx 4\,\text{Kcm}^2/\text{W}$. Werden die Luftzwischenräume durch erhöhten Anpreßdruck oder Ausfüllen mit einer gut wärmeleitenden Substanz verringert, so verbessert sich der Wärmekontaktwiderstand deutlich.

Auswahl des Kühlkörpers. Der Kühlkörper ist so auszuwählen, daß

$$R_{\text{th,KA}} < \frac{\vartheta_{\max} - \vartheta_{A\max}}{P} - R_{\text{th,JC}} - R_{\text{th,CK}}$$

erfüllt ist. Der Wärmewiderstand $R_{\text{th,KA}}$ eines Kühlkörpers wird vom Hersteller angegeben. Die verfügbaren Werte liegen im Bereich einiger 10 K/W (Kühlsterne etc.) bis unter 0.2 K/W (Hochleistungskühlkörper).

Beispiel 1.4.2 Wird ein Transistor 2N3055 (Gehäuse TO-3, Grundfläche ca. 1.5 cm^2) auf einen Hochleistungskühlkörper geschraubt, so läßt sich der ohne Verwendung von Wärmeleitpaste resultierende Wärmekontaktwiderstand abschätzen zu

$$R_{\text{th,CK}} \approx \frac{1.0\,\text{cm}^2\,\text{K}\,\text{W}^{-1}}{1.5\,\text{cm}^2} \approx 0.66\,\frac{\text{K}}{\text{W}}\,.$$

Wird in dem Transistor die Leistung 10 W umgesetzt, beträgt die maximale Umgebungstemperatur in der das Gerät betrieben wird $\vartheta_{A\max} = 70°\text{C}$, und soll die Sperrschichttemperatur den Wert $\vartheta_{J\max} = 120°\text{C}$ nicht überschreiten, so muß der Wärmewiderstand R_{th} kleiner sein als

$$R_{\text{th}} < \frac{\vartheta_{J\max} - \vartheta_{A\max}}{P} = 5\,\frac{\text{K}}{\text{W}}\,.$$

R_{th} setzt sich dabei zusammen aus $R_{\text{th,JC}}$ (in diesem Fall mit 2 K/W abgeschätzt), dem Wärmekontaktwiderstand $R_{\text{th,CK}}$ mit 0.66 K/W und dem Wärmewiderstand $R_{\text{th,KA}}$ zwischen Kühlkörper und Umgebung. Im betrachteten Fall ist demzufolge ein Kühlkörper mit einem Wärmewiderstand $R_{\text{th,KA}} < 2.3\,\text{K/W}$ zu verwenden. Δ

1.4.3 Zulässige Verlustleistung bei Impulsbetrieb

Wird nur kurzfristig Leistung im Bauelement umgesetzt (Pulsbetrieb), so sind i. allg. um so größere Leistungen verträglich, je kürzer das Zeitintervall ist, in dem die Leistung umgesetzt wird. Ebenso wie die Belastbarkeit bei Gleichstrombetrieb hängt die Pulsbelastbarkeit von der Umgebungstemperatur, d. h. von der Temperatur der Wärmesenke ab. Wird die Leistung im Bauelement nur in Form von kurzfristigen Pulsen (Dauer kleiner als τ_{th}) umgesetzt, so darf die während eines solchen Pulses umgesetzte Leistung P_{puls} gewöhnlich höher sein, als die zulässige Verlustleistung P_{zul} bei Dauerbetrieb. Für die Berechnung der maximal während eines mit der Periode τ wiederkehrenden Pulses der Länge $\nu\tau$ auftretenden Temperatur kann der häufig in

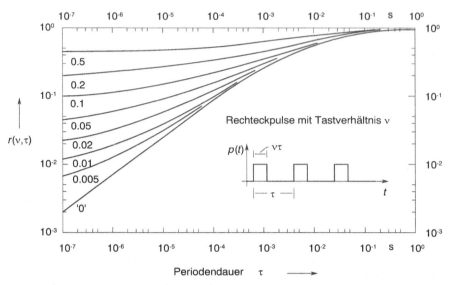

Abb. 1.16. Wärmewiderstand (normiert) bei Belastung mit rechteckförmigen Impulsen unterschiedlicher Wiederholfrequenz (nach [7])

Datenblättern angegebene Wärmewiderstand $r_{th}(\nu, \tau)$ bei Impulsbelastung verwendet werden. Mit diesem errechnet sich die maximal zulässige Pulsleistung aus der Forderung

$$P_{puls} < \frac{\vartheta_{max} - \vartheta_A}{r_{th}(\nu, T)} = P_{zul} \frac{R_{th}}{r_{th}(\nu, \tau)} \; .$$

Abbildung 1.16 zeigt den transienten Wärmewiderstand in normierter Form

$$r(\nu, \tau) = \frac{r_{th}(\nu, \tau)}{R_{th}} = \frac{P_{zul}}{P_{puls}} \; .$$

Für große Pulsdauern geht der Wert von $r(\nu, \tau)$ gegen 1 – die maximale zulässige Pulsleistung P_{puls} ist dann gleich P_{zul}. Mit abnehmender Pulsdauer und zunehmendem Tastverhältnis ν nimmt $r(\nu, \tau)$ deutlich [13] ab, was eine entsprechende Zunahme der während des Pulses umsetzbaren Leistung bedingt.

---

[13] Annähernd $\sim \nu^{1/2}$, wie sich theoretisch unter vereinfachten Näherungsannahmen aus der zeitabhängigen Wärmeleitungsgleichung folgen läßt [8].

1.5 Halbleiter

Im Unterschied zu metallischen Leitern, deren spezifischer Widerstand mit abnehmender Temperatur sinkt, weisen reine Halbleiter eine *Zunahme* des spezifischen Widerstands beim Abkühlen auf. Bei $T = 0$ K verhalten sich Halbleiter wie Isolatoren. Eine weitere Besonderheit der Halbleiter ist, daß ihre elektrische Leitfähigkeit durch Einbau bestimmter Störstellenatome in einem weiten Bereich eingestellt werden kann.

H							He
Li	Be	B	C	N	O	F	Ne
Na	Mg	Al	Si	P	S	Cl	Ar
K	Ca	Ga	Ge	As	Se	Br	Kr
Rb	Sr	In	Sn	Sb	Te	J	Xe

1.   2.   3.   4.   5.   6.   7.   8.

Hauptgruppe

Abb. 1.17. Ausschnitt aus dem Periodensystem der Elemente

Silizium und Germanium sind sog. *Elementhalbleiter*, das sind Festkörper, die aus lauter identischen Atomen aufgebaut sind. Die Elementhalbleiter kommen aus der IV. Hauptgruppe des Periodensystems (vgl. Abb. 1.17), sie kristallisieren im Diamantgitter. Neben den Elementhalbleitern sind zahlreiche *Verbindungshalbleiter* von technischer Bedeutung. Verbindungshalbleiter sind kovalent gebundene Festkörper aus zwei oder mehr verschiedenen Elementen. Bei den binären Halbleitern, die aus zwei verschiedenen Elementen aufgebaut sind, wird unterschieden zwischen den sog. IV-IV-Halbleitern, die aus unterschiedlichen Elementen der IV. Hauptgruppe zusammengesetzt sind (z.B. SiC), III-V-Halbleitern, die aus Elementen der III. und V. Hauptgruppe des Periodensystems bestehen (z.B. GaAs, InP, GaP) und den sog. II-VI-Halbleitern (z.B. CdS) aus Elementen der II. und VI. Gruppe des Periodensystems. Ternäre Halbleiter (z.B. $Al_xGa_{1-x}As$) sind aus drei verschiedenen Elementen aufgebaut, quaternäre Halbleiter (z.B. $Ga_xIn_{1-x}As_yP_{1-y}$) aus vier verschiedenen Elementen.

1.5.1 Elektronen und Löcher, Bandschema

In Halbleitermaterialien sind benachbarte Atome über kovalente Bindungen (Elektronenpaarbindungen) miteinander verbunden. Als Beispiel wird Silizium betrachtet – das Halbleitermaterial, das in der Elektronik die breiteste Anwendung gefunden hat. Siliziumatome haben vier Valenzelektronen; im Si-

liziumkristall gehen diese vier kovalente Bindungen mit den vier nächsten
Nachbarn im Kristall ein. Zwischen je zwei benachbarten Siliziumatomen bildet sich dabei ein *Bindungsorbital* aus, das von maximal zwei Elektronen
(unterschiedlichen Spins) besetzt werden kann.

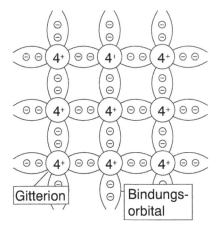

Abb. 1.18. Silizium im Grundzustand (sche-
matische Darstellung)

Im Grundzustand ist jedes Bindungsorbital im Siliziumgitter mit zwei Elektronen gefüllt und damit vollständig besetzt (vgl. Abb. 1.18). Wegen des
Pauli-Verbots [14] können diese Elektronen nicht von einem Gitterplatz zum
nächsten wandern – sämtliche erlaubten Zustände dort sind ja bereits besetzt. Deshalb ist im Grundzustand *kein* Stromfluß möglich. Strom kann erst
dann fließen, wenn einzelne Elektronen aus ihrem Bindungsorbital in energetisch höher liegende Zustände angeregt werden. Diese angeregten Zustände
werden als *Leitungsbandzustände* bezeichnet, im Gegensatz zu den *Valenzbandzuständen*, die durch die Elektronen in den Bindungsorbitalen besetzt
sind.

Mit zunehmender Temperatur werden immer mehr Elektronen aus den Bindungsorbitalen – also aus Valenzbandzuständen – in höher liegende Leitungsbandzustände angeregt. Dies verbessert die Leitfähigkeit in zweifacher Hin-
sicht: Zum einen sind die in Leitungsbandzustände angeregten Elektronen frei
im Festkörper beweglich und können somit einen Strom transportieren, zum
anderen lassen sie unbesetzte Valenzbandzustände zurück, die von Elektronen aus benachbarten Orbitalen besetzt werden können. Zum Stromtransport
im Halbleiter tragen demnach sowohl Elektronen im teilweise besetzten Leitungsband als auch unbesetzte Zustände im Valenzband bei. Letztere verhalten sich dabei wie *positive Teilchen*. Die Beschreibung elektrischer Vorgänge
im Halbleiter beschränkt sich gewöhnlich auf die Betrachtung der besetzten

---

[14]Nach dem Pauli-Verbot darf ein Elektronenzustand nicht mit mehreren Elektronen
besetzt werden.

Leitungsbandzustände – in der Folge als *Elektronen* bezeichnet – und der unbesetzten Valenzbandzustände – in der Folge als *Löcher* bezeichnet. Da in reinen Halbleitern die Anzahl beider Spezies mit der Temperatur stark zunimmt, steigt auch die Leitfähigkeit mit der Temperatur.

Elektronen können in Atomen nur bestimmte *Energieniveaus* besetzen. Im Orbitalmodell lassen sich diese einzelnen (Elektronen-)Schalen zuordnen, wobei die elektrischen und chemischen Eigenschaften nahezu ausschließlich durch die *Valenzelektronen*, das sind die Elektronen in der äußersten besetzten Schale, der *Valenzschale*, bestimmt sind. Die Rumpfelektronen – also die Elektronen in den abgeschlossenen inneren Schalen – sind fest an den Kern gebunden. Um derartige Elektronen aus ihren Schalen anzuregen, werden Anregungsenergien von typischerweise mehr als 100 eV benötigt. Das ist wesentlich mehr, als bei den chemischen und elektrischen Vorgängen in der Elektronenhülle üblicherweise zur Verfügung steht: Die Rumpfelektronen bleiben auch nach Bildung des Festkörpers in der Nähe „ihres" Kerns und können mit diesem zu einem (positiv geladenen) *Gitterion* zusammengefaßt werden.

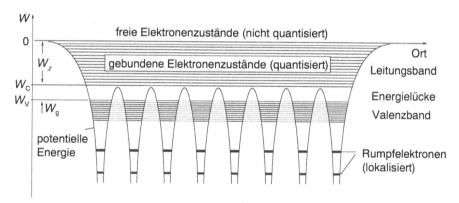

Abb. 1.19. Zur Entstehung der Energiebänder im Festkörper

Nähern sich einzelne Atome so weit, wie dies in einem Kristallgitter der Fall ist, so überlappen sich die Atomorbitale der Valenzschale. Die Elektronen der Valenzschale sind damit nicht mehr an ein Gitterion gebunden und müssen durch Wellenfunktionen beschrieben werden, die sich über den gesamten Festkörper erstrecken. Diese *nicht lokalisierten* Zustände sind wie die Elektronenzustände in einem Atom quantisiert, liegen jedoch so dicht beieinander, daß eine Unterscheidung einzelner Energieniveaus hier nicht mehr sinnvoll ist. Man faßt die Zustände deshalb zu sog. *Energiebändern* zusammen (vgl. Abb. 1.19). Die elektrischen Eigenschaften des Festkörpers werden durch die *Valenz-* und *Leitungsbänder* bestimmt. Elektronen in diesen Bändern können sich im Festkörper bewegen – wobei das Pauli-Verbot beachtet werden muß; zur Emission aus dem Festkörper muß jedoch zusätzlich Energie aufgebracht werden.

Valenz- und Leitungsband können sich überlappen oder energetisch durch eine Energielücke getrennt sein. Bezeichnet W_C die Energie des Leitungsbandzustands mit der geringsten Energie und W_V die Energie des Valenzbandzustands mit der höchsten Energie (vgl. Abb. 1.19), und gilt $W_C > W_V$, so heißt

$$W_g = W_C - W_V \qquad (1.33)$$

Energielücke oder Bandabstand. Die Energie die aufgebracht werden muß, um ein Elektron von der Leitungsbandkante W_C aus so weit anzuregen, daß es den Festkörper verlassen kann wird als *Elektronenaffinität* W_χ bezeichnet (vgl. Abb. 1.19). Bei der in Abb. 1.19 verwendeten Energieskala wurde der Nullpunkt so gewählt, daß gebundene Elektronenzustände eine negative Gesamtenergie, ungebundene (freie) Elektronen eine positive Gesamtenergie aufweisen.

Halbleiter und Isolatoren sind Substanzen, die eine Energielücke $W_g > 0$ zwischen dem Valenzband und dem Leitungsband aufweisen. Bei $T = 0$ K befindet sich der Halbleiter im *Grundzustand*, in dem nur die tiefsten Elektronenzustände besetzt sind. Unter diesen Bedingungen ist das Valenzband vollständig gefüllt, das Leitungsband vollständig geleert; wegen des Pauli-Prinzips kann der Halbleiter keinen Strom führen: Bei $T = 0$ K verhalten sich reine Halbleiter wie Isolatoren. Die Energielücke W_g eines Halbleiters ist jedoch so klein, daß bei Raumtemperatur eine nennenswerte Zahl von Elektronen vom Valenz- ins Leitungsband angeregt sind. Dies erklärt eine nicht verschwindende Leitfähigkeit, deren Wert zwischen der der Metalle und der der Isolatoren liegt. Als Beispiel seien hier die drei Halbleitermaterialien Germanium (Ge), Silizium (Si) und Galliumarsenid (GaAs) genannt. Die Energielücken dieser Materialen besitzen bei $T = 300$ K die Werte 0.66 eV (Ge), 1.12 eV (Si) und 1.42 eV (GaAs).

Die Vorgänge in Halbleiterbauelementen werden üblicherweise anhand des sog. *eindimensionalen Bandschemas* veranschaulicht (vgl. Abb. 1.20 und 1.24). Das eindimensionale Bandschema zeigt die Lage des Leitungsbandminimums W_C und des Valenzbandmaximums W_V auf der Energieskala als Funktion des Orts (entlang einer Ortsachse). Die kinetische Energie der Elektronen und Löcher wird von den Bandkanten aus gemessen (vgl. Abb. 1.20). Dabei ist zu beachten, daß die Energie der Elektronen nach oben, die der Löcher nach unten aufgetragen wird.

Die Lage der Bandkanten im eindimensionalen Bandschema definiert die potentielle Energie der Elektronen und Löcher. Die potentielle Energie wird ortsabhängig sobald im Halbleiter ein elektrisches Feld auftritt – im Bandsche-

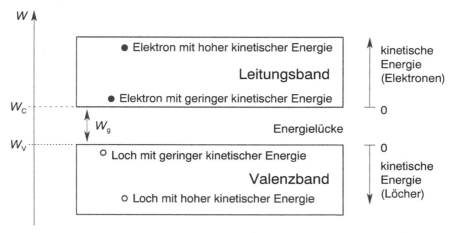

Abb. 1.20. Eindimensionales Bandschema eines Halbleiters im feldfreien Fall

ma tritt deshalb eine „*Bandverbiegung*" auf, d. h. die Bandkanten verlaufen nicht mehr horizontal sondern ändern ihre Lage mit dem Ort (Abb. 1.24).

1.5.2 Halbleiter im thermischen Gleichgewicht

Ist die absolute Temperatur T größer als 0 K, so werden Elektronen aus dem Valenzband in das Leitungsband angeregt (thermische Anregung). Im *thermischen Gleichgewicht*[15] ist die Rate, mit der Elektronen ins Leitungsband angeregt werden, und dabei ein Loch zurücklassen (Generation eines Elektron-Loch-Paars), und die Rate mit der Elektronen in einen freien Zustand im Valenzband zurückfallen können (Rekombination eines Elektron-Loch-Paars) *gleich groß*.

Die *Elektronendichte* n – das ist die Zahl der besetzten Zustände im Leitungsband je Volumeneinheit – ergibt sich aus der Dichte der Elektronenzustände im Leitungsband multipliziert mit der jeweiligen Besetzungswahrscheinlichkeit. Letztere ist durch die *Fermi-Verteilung* gegeben, die außer von der Temperatur noch von dem Parameter W_F, der sog. Fermi-Energie, abhängt: Die Elektronendichte wird bestimmt durch den energetischen Abstand der *Fermi-Energie* W_F von der Leitungsbandkante.

Solange W_F um mindestens $3\,k_B T$ unter der Leitungsbandkante liegt, läßt sich die Elektronendichte im Gleichgewicht[16] n_0 näherungsweise beschreiben durch [9]

---

[15]Im thermischen Gleichgewicht wird die Dichte der Elektronen und Löcher im Halbleiter einzig durch die Dotierung und die Temperatur bestimmt. Unter diesen Bedingungen fließen im Halbleiter keine Ströme.

[16]Zur Kennzeichnung des Gleichgewichtszustands wird der Index 0 angehängt.

$$n_0 \approx N_C \exp\left(\frac{W_F - W_C}{k_B T}\right) . \tag{1.34}$$

Dabei bezeichnet $k_B \approx 1.38 \cdot 10^{-23}$ J/K die Boltzmann-Konstante, T die absolute Temperatur und N_C die *effektive Zustandsdichte* des Leitungsbands. Eine entsprechende Beziehung gilt für die Löcherdichte p_0 im Gleichgewicht

$$p_0 \approx N_V \exp\left(\frac{W_V - W_F}{k_B T}\right) , \tag{1.35}$$

mit der effektiven Zustandsdichte N_V des Valenzbands. Die Lage der Fermi-Energie relativ zu den Bandkanten – also der Wert von $W_V - W_F$ bzw. $W_F - W_C$ – läßt sich durch Dotieren des Halbleiters beeinflussen. Multipliziert man n_0 und p_0, so folgt das sog. *Massenwirkungsgesetz*

$$n_0\, p_0 = N_C N_V \exp\left(-\frac{W_g}{k_B T}\right) = n_i^2(T) . \tag{1.36}$$

Das Produkt der Elektronen- und Löcherdichte im thermischen Gleichgewicht ist demnach unabhängig vom Wert der Fermi-Energie – und damit von der Dotierung – nur durch die Temperatur bestimmt. Das Massenwirkungsgesetz behält seine Gültigkeit, wenn die Elektronen- und Löcherdichten durch Dotieren verändert werden. Die Größe n_i heißt *intrinsische Dichte* und ist gleich der Dichte der Elektronen bzw. Löcher im undotierten (intrinsischen) Halbleiter, in dem $n_0 = p_0$ gilt. Insbesondere wegen des, die absolute Temperatur T enthaltenden Exponentialfaktors ist n_i stark von der Temperatur abhängig. Die Werte für $T = 300$ K können Tabelle 1.5.1 entnommen werden.

Tabelle 1.5.1 Kenngrößen wichtiger Halbleitermaterialien ($T = 300$K, aus [10], [11])

Halbleiter	ϵ_r	N_C/cm^{-3}	N_V/cm^{-3}	W_g/eV	n_i/cm^{-3}
Ge	16.3	$1.04 \cdot 10^{19}$	$6.1 \cdot 10^{18}$	0.66	$2.4 \cdot 10^{13}$
Si	11.8	$2.86 \cdot 10^{19}$	$3.1 \cdot 10^{19}$	1.12	$1.08 \cdot 10^{10}$
GaAs	10.9	$4.7 \cdot 10^{17}$	$7 \cdot 10^{18}$	1.42	$1.79 \cdot 10^{6}$

In Halbleitern, die eine ungleichförmige Dotierung aufweisen, tritt ein elektrisches Feld auf. Die Lage der Bandkanten auf der Energieskala wird dann eine Funktion des Orts. Elektronen- und Löcherdichten werden damit ebenfalls *ortsabhängig*, im thermischen Gleichgewicht gilt jedoch nach wie vor das *Massenwirkungsgesetz*

$$n_0(x)p_0(x) = n_i^2 . \tag{1.37}$$

Reine Halbleiter

Im reinen Halbleiter können Elektronen nur durch Anregung aus dem Valenzband in das Leitungsband gelangen. Elektronen und Löcher werden dabei *paarweise* erzeugt. Folglich muß gelten

$$n_0 = p_0 = n_i \tag{1.38}$$

bzw. unter Verwendung der Gln. (1.34) und (1.35)

$$N_C \exp\left(\frac{W_F - W_C}{k_B T}\right) = N_V \exp\left(\frac{W_V - W_F}{k_B T}\right) ,$$

was sofort auf den Wert der Fermi-Enerige W_F des intrinsischen Halbleiters führt

$$W_F = \frac{W_V + W_C}{2} + \frac{k_B T}{2} \ln\left(\frac{N_V}{N_C}\right) = W_{Fi} . \tag{1.39}$$

Der zweite Term auf der rechten Seite ist dabei vergleichsweise unbedeutend (Größenordnung wenige meV), d. h. die *Fermi-Energie* W_{Fi} im undotierten Halbleiter liegt in guter Näherung in der *Mitte* der Energielücke.

Dotierte Halbleiter

Dotierung. Durch Dotieren, d. h. durch den gezielten Einbau chemischer Verunreinigungen in das Kristallgitter des Halbleiters kann das Verhältnis von Elektronen- zu Löcherdichte verändert werden. Bei den eingebauten Dotierstoffatomen wird zwischen Donatoren und Akzeptoren unterschieden. *Donatoren* sind Elemente, die bei Einbau in das Kristallgitter sehr leicht ein Elektron an das Leitungsband abgeben können. *Akzeptoren* sind dagegen Elemente, die bei Einbau in das Kristallgitter sehr leicht ein Elektron aus dem Valenzband aufnehmen können, und damit ein Loch im Valenzband zurücklassen. Als Beispiel wird die Dotierung von Silizium mit den Dotierstoffen Arsen (As) und Bor (B) betrachtet.

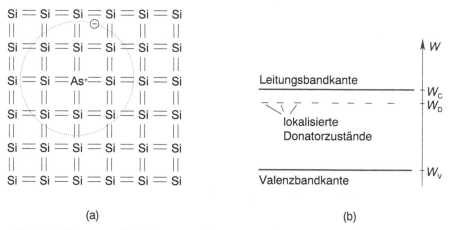

(a)   (b)

Abb. 1.21. Donatoren. (**a**) Einbau eines As-Atoms in das Si-Gitter als As$^+$-Ion mit schwach gebundenem Elektron, (**b**) Bandschema mit lokalisierten Donatorzuständen

Arsen (As) ist ein fünfwertiges Element. Es besitzt fünf Elektronen in der Valenzschale. Beim Einbau eines As-Atoms in das Si-Gitter werden vier der fünf
Valenzelektronen für die Absättigung der Bindungen mit den vier nächsten
Nachbaratomen im Si-Gitter benötigt. Diese vier Valenzelektronen kompensieren die Ladung des As-Atomkerns bis auf eine Elementarladung – das As-
Atom wird demzufolge als As^+-Ion in das Gitter eingebaut. Das verbleiben-
de fünfte Elektron ist nur schwach an dieses einfach positiv geladene Ion
gebunden: Die Bindungsenergie $W_C - W_D$ dieses Elektrons ist für typische
Donatoren kleiner als 60 meV. Im Bandschema sind nun zusätzlich lokali-
sierte *Donatorzustände* [17] (vgl. Abb. 1.21b) unterhalb der Leitungsbandkante
zu berücksichtigen. Bei $T = 0$ K sind alle fünf Valenzelektronen an das As-
Atom gebunden: Sämtliche Donatorzustände sind mit Elektronen besetzt –
die Störstellen haben in diesem Fall keinen Einfluß auf die Leitfähigkeit. Bei
Raumtemperatur sind die Donatoratome weitgehend ionisiert: Je größer die
Zahl der Donatoratome, desto größer die Zahl der frei im Kristall beweglichen
Elektronen im Leitungsband und desto größer die Leitfähigkeit.

Das Bor-Atom (B) hat nur drei Valenzelektronen. Wird Bor in das Si-Gitter
eingebaut, so bleibt eine der vier kovalenten Bindungen zu den nächsten Nachbarn ungesättigt (vgl. Abb. 1.22a): Es entsteht ein unbesetzter (lokalisierter)
Elektronenzustand, der energetisch nur wenig über dem nahezu vollständig
besetzten Valenzband liegt (vgl. Abb. 1.22b). Elektronen aus dem Valenz-

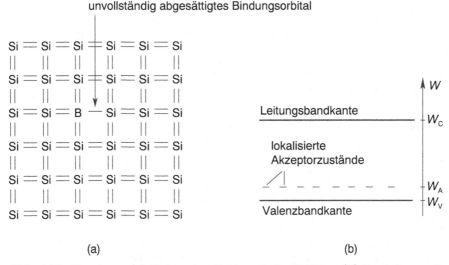

(a)   (b)

Abb. 1.22. Akzeptoren. (**a**) Einbau eines B-Atoms in das Si-Gitter, (**b**) Bandschema mit
lokalisierten Akzeptorzuständen oberhalb der Valenzbandkante

---

[17]Ein Elektron in einem solchen Zustand ist ja an das zugehörige Donatoratom gebunden
und kann sich nicht frei im Festkörper bewegen (Lokalisierung).

band sind leicht thermisch so weit anzuregen, daß sie diesen *Akzeptorzustand* besetzen können. Auf diesem Weg entsteht im Valenzband ein unbesetzter Zustand (Loch), der für den Stromtransport zur Verfügung steht. Liegt die Fermi-Energie deutlich oberhalb der Störstellenniveaus, so sind bei Raumtemperatur nahezu sämtliche Akzeptorzustände besetzt: Die Dichte der Löcher im Valenzband ist dann annähernd gleich der Dichte der eingebauten Akzeptoratome.

In *Verbindungshalbleitern* sind Atome mit unterschiedlicher Anzahl der Valenzelektronen zum Gitter zusammengefügt: Im Beispiel GaAs etwa Gallium mit drei Valenzelektronen und Arsen mit fünf Valenzelektronen. Zinkatome (zweiwertig) werden im Gitter bevorzugt auf Ga-Plätzen eingebaut: Zink wirkt als Akzeptor; Selen-Atome (sechswertig) werden im Gitter bevorzugt auf As-Plätzen eingebaut und wirken damit als Donator. Vierwertige Elemente (z.B. Si) können sowohl auf Ga-Plätzen als auch auf As-Plätzen eingebaut werden, sie wirken im ersten Fall als Donator und im zweiten Fall als Akzeptor. Man spricht in diesem Zusammenhang auch von *amphoteren* Dotierstoffen.

Ladungsträgerdichten im dotierten Halbleiter. Im homogen dotierten Halbleiter gilt im thermodynamischen Gleichgewicht stets die *Neutralitätsbedingung*

$$p_0 - n_0 + N_{\mathrm{D}}^+ - N_{\mathrm{A}}^- = 0 \,, \tag{1.40}$$

wobei N_{D}^+ die Dichte der ionisierten Donatoren und N_{A}^- die Dichte der ionisierten Akzeptoren bezeichnet. Die Neutralitätsbedingung besagt, daß sich positive und negative Ladungen im Halbleiter kompensieren – der Halbleiter ist elektrisch neutral. Zusammen mit dem Massenwirkungsgesetz

$$n_0 p_0 = n_{\mathrm{i}}^2 \tag{1.41}$$

folgt im thermodynamischen Gleichgewicht für die Trägerkonzentrationen in einem n-Typ Halbleiter ($N_{\mathrm{A}}^- = 0$)

$$n_0 = \frac{1}{2}\left[\sqrt{(N_{\mathrm{D}}^+)^2 + 4n_{\mathrm{i}}^2} + N_{\mathrm{D}}^+ \right] \tag{1.42}$$

$$p_0 = \frac{n_{\mathrm{i}}^2}{n_0} = \frac{1}{2}\left[\sqrt{(N_{\mathrm{D}}^+)^2 + 4n_{\mathrm{i}}^2} - N_{\mathrm{D}}^+ \right] \tag{1.43}$$

Für Halbleiterbauelemente wählt man die Dotierstoffkonzentrationen so, daß sie im zugelassenen Betriebstemperaturbereich wesentlich größer sind als die intrinsische Dichte n_{i}.

Im *n-dotierten Halbleiter* ($N_A^- \approx 0$) gilt dann wegen $N_D^+ \gg n_i$ für die Majoritätsdichte[18] n_{n0} bzw. die Minoritätsdichte p_{n0}

$$n_{n0} \approx N_D^+ \quad \text{bzw.} \quad p_{n0} \approx \frac{n_i^2}{N_D^+} \, . \tag{1.44}$$

Im *p-dotierten Halbleiter* ($N_D^+ \approx 0$) gilt entsprechend für die Majoritätsdichte p_{p0} bzw. die Minoritätsdichte n_{p0}

$$p_{p0} \approx N_A^- \quad \text{bzw.} \quad n_{p0} \approx \frac{n_i^2}{N_A^-} \, , \tag{1.45}$$

d. h. die Majoritätsdichten n_{n0} und p_{p0} sind durch die Dotierstoffkonzentration bestimmt und annähernd konstant, während die Minoritätsdichten n_{p0} und p_{n0} stark von der Temperatur abhängig sind.

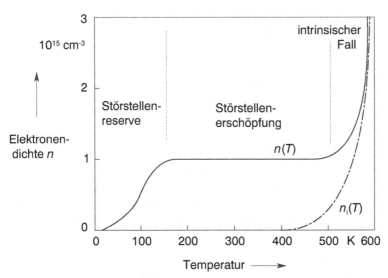

Abb. 1.23. Elektronendichte in n-Typ-Silizium (Dotierung $N_D = 10^{15}$ cm^{-3}) als Funktion der Temperatur (schematisch)

Da die intrinsische Dichte eines Halbleiters stark mit der Temperatur ansteigt, gelten die Beziehungen (1.44) und (1.45) nur für einen begrenzten Temperaturbereich. Abbildung 1.23 zeigt die Abhängigkeit der Elektronendichte von der Temperatur für einen mit 10^{15} Donatoratomen pro cm^3 dotierten Siliziumkristall. Dort werden drei Bereiche auf der Temperaturskala unterschieden.

---

[18] Als Majoritäten werden die im dotierten Halbleiter vorzugsweise auftretenden Ladungsträger bezeichnet – also Elektronen im n-dotierten, Löcher im p-dotierten Halbleiter. Als Minoritäten werden die nur schwach vertretenen Ladungsträger bezeichnet – also Löcher im n-dotierten, Elektronen im p-dotierten Halbleiter. Die Indices n bzw. p. kennzeichnen den Typ der Dotierung.

Für technische Anwendungen ist dabei vor allem der Bereich der *Störstelle-nerschöpfung*, in dem praktisch alle Störstellenatome ionisiert sind von Bedeutung. Hier ist die Dichte der Majoritätsladungsträger in guter Näherung gleich der Dotierstoffkonzentration ($N_D \approx N_D^+$, bzw. $N_A \approx N_A^-$).

Bei sehr tiefen Temperaturen treten, bedingt durch den Einfang von Ladungsträgern in die Störstellenniveaus, Abweichungen auf. Die unvollständige Ionisation der Störstellenatome bedingt eine im Vergleich zur Dotierstoffkonzentration verringerte Dichte der Majoritätsladungsträger. Dieser Bereich wird als *Störstellenreserve* bezeichnet.

Mit zunehmender Temperatur wird n_i nach Gl. (1.36) immer größer und kann nicht mehr gegen die Störstellenkonzentration vernachlässigt werden. Bei sehr hohen Temperaturen ist n_i groß im Vergleich zur Störstellenkonzentration. Dann gilt

$$n_{n0} \approx p_{n0} \approx n_i \,.$$

Der Halbleiter verliert unter diesen Umständen seine spezifischen n-Typ oder p-Typ-Eigenschaften – in diesem Bereich liegen annähernd intrinsische Verhältnisse vor.

Lage der Fermi-Energie. Die Lage der Fermi-Energie ergibt sich aus

$$n_0 = N_C \exp\left(\frac{W_F - W_C}{k_B T}\right) \quad \text{und} \quad p_0 = N_V \exp\left(\frac{W_V - W_F}{k_B T}\right)$$

sowie der Neutralitätsbedingung

$$p_0 - n_0 + N_D^+ - N_A^- = 0 \,,$$

wobei N_D^+ die Dichte der ionisierten Donatoren und N_A^- die Dichte der ionisierten Akzeptoren bezeichnet. Für *p-dotierte* Halbleiter gilt $N_D^+ \approx 0$ und $n_{p0} \approx 0$, so daß

$$W_F \approx W_V + k_B T \ln\left(\frac{N_V}{N_A^-}\right) \,. \tag{1.46}$$

Mit zunehmender Dotierung N_A^- verschiebt sich die Fermi-Energie demnach immer mehr zur Valenzbandkante hin. Für *n-dotierte* Halbleiter gilt $N_A^- \approx 0$ und $p_{n0} \approx 0$, so daß

$$W_F \approx W_C - k_B T \ln\left(\frac{N_C}{N_D^+}\right) \,. \tag{1.47}$$

Mit zunehmender Dotierung N_D^- verschiebt sich die Fermi-Energie demnach immer mehr zur *Leitungsbandkante* hin.

Ohne äußere Anregung verbleiben Halbleiter im Zustand des thermischen Gleichgewichts. Anlegen einer Spannung, Bestrahlen mit Licht o.ä. führt jedoch zu Abweichungen von diesem Zustand mit der Folge, daß ein Strom fließt, zusätzliche Elektron-Loch-Paare erzeugt werden usw. Gegenstand der folgenden Abschnitte ist eine Erläuterung der wichtigsten diesbezüglichen Vorgänge sowie deren mathematische Beschreibung.

1.5.3 Stromtransport

Ströme in Halbleitern haben ihre Ursachen in einem elektrischen Feld (Driftstrom), einer ortsabhängigen Konzentration der Ladungsträger (Diffusionsstrom) oder in einer vom Ort abhängigen Temperatur (Thermostrom). Das Verhalten der üblicherweise in der Elektronik verwendeten Halbeiterbauelemente wird nahezu ausschließlich durch Drift- und Diffusionsströme bestimmt.

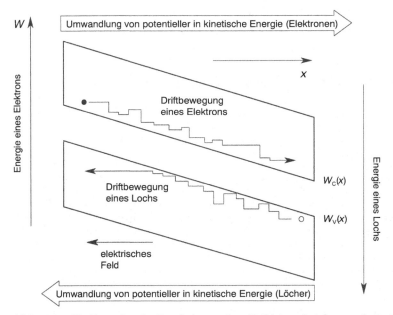

Abb. 1.24. Eindimensionales Bandschema eines Halbleiters bei Anwesenheit eines elektrischen Feldes

Der Driftstrom. Elektronen und Löcher werden durch die Kraftwirkung des elektrischen Feldes beschleunigt: Löcher in und Elektronen entgegengesetzt zur Richtung der Feldstärke. Der Weg eines Elektrons bzw. Lochs ist im Bandschema als horizontale Linie (W = const.) einzuzeichnen, solange das betreffende Teilchen keine Energie an das Gitter abgibt bzw. von dort aufnimmt.

Durch die Beschleunigung des Elektrons im elektrischen Feld wird zwar potentielle Energie in kinetische Energie umgewandelt, die Gesamtenergie bleibt dabei jedoch erhalten: Mit zunehmendem Weg erhöht sich der Abstand von den Bandkanten, was als Zunahme der kinetischen Energie (Bewegungsenergie) interpretiert wird.

Durch Stöße mit dem Gitter verlieren die Teilchen i. allg. Energie, können von dort aber auch welche aufnehmen. Im Bänderschema werden diese Änderungen der aus kinetischer und potentieller Energie des Elektrons zusammengesetzten Energie durch Abweichungen der $W(x)$-Kurve von der horizontalen Linie dargestellt. Die Wahrscheinlichkeit dafür, daß ein Elektron Energie über einen Stoß mit dem Gitter verliert, wächst mit zunehmender kinetischer Energie der Elektronen stark an. Aus diesem Grund gelingt es nur sehr wenigen Elektronen, eine hohe kinetische Energie aus dem Feld aufzunehmen: Die meisten $W(x)$-Kurven verlaufen innerhalb eines schmalen Bereichs der Breite 100 meV bei den Bandkanten $W_C(x)$ und $W_V(x)$: Die Ladungsträger bewegen sich im Mittel mit endlicher Driftgeschwindigkeit in bzw. entgegengesetzt der Feldrichtung. Die *Driftgeschwindigkeiten* v_n und v_p für Elektronen und Löcher sind mit der elektrischen Feldstärke verknüpft über die Beziehungen

$$v_n = -\mu_n E \quad \text{und} \quad v_p = \mu_p E\,. \tag{1.48}$$

Die Größen μ_n und μ_p heißen *Beweglichkeiten* für Elektronen bzw. Löcher. Ein Halbleitermaterial mit besonders großer Elektronenbeweglichkeit ist InSb mit $\mu_n = 80000\ \text{cm}^2/(\text{Vs})$; aber auch Galliumarsenid mit $\mu_n = 8500\ \text{cm}^2/(\text{Vs})$ weist eine deutlich höhere Elektronenbeweglichkeit auf als beispielsweise Silizium. Dies wird insbesondere in Heterostrukturbipolartransistoren und MODFETs ausgenutzt, um extrem „schnelle" Transistoren herzustellen.

Die *Driftstromdichten* J_n und J_p für Elektronen und Löcher sind für eine gegebene Feldstärke E proportional zur jeweiligen Ladungsträgerkonzentration und zur Driftgeschwindigkeit

$$\begin{aligned} J_n &= -env_n &&= e\mu_n nE \\ J_p &= epv_p &&= e\mu_p pE \end{aligned} \tag{1.49}$$

In Halbleitermaterialien, in denen sowohl Elektronen als auch Löcher zum Stromtransport beitragen, sind spezifische Leitfähigkeit σ und spezifischer Widerstand ρ durch die allgemeine Beziehung

$$\sigma = e(\mu_n n + \mu_p p) = 1/\rho \tag{1.50}$$

gegeben. Da im Bereich der Störstellenerschöpfung die Dichte der Majoritäten durch die Dotierstoffkonzentration bestimmt und groß im Vergleich zur Dichte der Minoritäten ist, errechnet sich der spezifische Widerstand von n- bzw. p-dotierten Halbleitern in guter Näherung aus

$$\rho_n = \frac{1}{e\mu_n N_D} \quad \text{bzw.} \quad \rho_p = \frac{1}{e\mu_p N_A}\,. \tag{1.51}$$

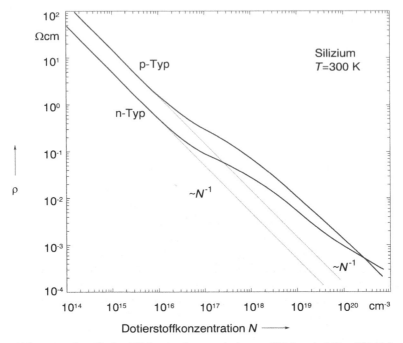

Abb. 1.25. Spezifischer Widerstand ρ von dotiertem Silizium bei $T = 300$ K (nach [10])

Abbildung 1.25 zeigt die Abhängigkeit des spezifischen Widerstands ρ für n-dotiertes und p-dotiertes Silizium von der Dotierstoffkonzentration. Wegen der durch die Dotierstoffkonzentration N bestimmten Majoritätsdichten (n bzw. p) nimmt der spezifische Widerstand ρ bei geringer Dotierung ab wie $1/N$. Für Dotierstoffkonzentrationen $N \geq 10^{16}$ cm^{-3} ergeben sich Abweichungen von der umgekehrten Proportionalität, da die Beweglichkeiten mit der Dotierstoffkonzentration abnehmen.

Die Beweglichkeiten hängen sowohl von der Temperatur als auch von der Dotierstoffkonzentration und der Feldstärke ab. Mit erhöhter Temperatur weisen die Gitteratome eine verstärkte thermische Bewegung auf, was die Elektronen zu vermehrter Streuung veranlaßt und eine Abnahme der Streuzeit verursacht. In derselben Weise wirkt eine Erhöhung der Dotierstoffkonzentration. Durch den Einbau der Dotierstoffatome in das Gitter werden zusätzliche Streuzentren geschaffen, die ebenfalls zu einer Reduktion der Streuzeit und damit der Beweglichkeit führen. Die Abhängigkeit der Beweglichkeiten für Elektronen und Löcher von der Dotierstoffkonzentration ist in Abb. 1.26 dargestellt. Die Abbildung zeigt, daß die Löcherbeweglichkeit nur gut ein Drittel der Elektronenbeweglichkeit beträgt.

Die *Feldstärkeabhängigkeit* der Beweglichkeit hängt damit zusammen, daß die Streumechanismen im Halbleiter energieabhängig sind. Den Hintergrund

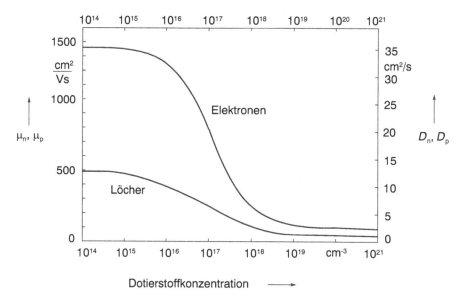

Abb. 1.26. Beweglichkeiten μ_n und μ_p sowie Diffusionskoeffizienten D_n und D_p bei $T = 300$ K in Silizium als Funktion der Dotierstoffkonzentration

hierfür liefert die Quantentheorie, nach der bestimmte Gitterschwingungen (sog. optische Phononen) eine bestimmte Energie aufweisen (quantisiert sind). Ist die kinetische Energie eines Ladungsträgers geringer als die Energie einer solchen Schwingung, so kann dieser seine Energie *nicht* unter Erzeugung eines optischen Phonons abgeben. Dies ändert sich, sobald die zur Erzeugung eines optischen Phonons erforderliche Energie W_p erreicht ist – die Streuzeit für Ladungsträger mit Energien größer als W_p ist deshalb wesentlich geringer als die Streuzeit für Ladungsträger mit Energien unterhalb der Schwelle. Nur sehr wenige Elektronen – sog. heiße Elektronen – werden deshalb so stark beschleunigt, daß ihre kinetische Energie deutlich oberhalb der Schwellenergie für die Erzeugung optischer Phononen liegt. Dies führt zu einer *Sättigung* der Driftgeschwindigkeit [12]. Abbildung 1.27 zeigt die Driftgeschwindigkeit von Elektronen und Löchern für Si und für GaAs. Während bei Si die Driftgeschwindigkeit monoton mit der Feldstärke zunimmt und gegen den Wert der Sättigungsgeschwindigkeit verläuft, steigt in GaAs die Driftgeschwindigkeit nur bis zu einem Maximalwert an, um dann mit zunehmender Feldstärke wieder *abzunehmen*. Dies ist die Ursache des sog. Gunn-Effekts.

Der Diffusionsstrom. Ursache des *Diffusionsstroms* ist die thermische Bewegung der Ladungsträger. Die durch Diffusion bedingte Stromdichte ist proportional zum Gradienten der entsprechenden Trägerkonzentration (*1. Ficksches Gesetz*)

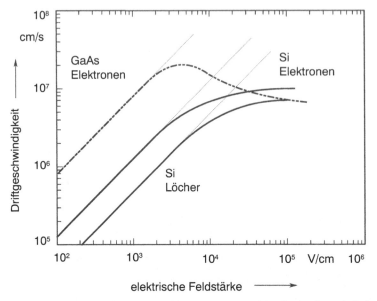

Abb. 1.27. Driftgeschwindigkeit für Elektronen und Löcher in Si und GaAs

$$J_\mathrm{n} = eD_\mathrm{n}\frac{\partial n}{\partial x} \quad \text{und} \quad J_\mathrm{p} = -eD_\mathrm{p}\frac{\partial p}{\partial x} \,. \tag{1.52}$$

Die dabei auftretenden Proportionalitätsfaktoren D_n und D_p werden als *Diffusionskoeffizienten* für Elektronen bzw. Löcher bezeichnet. Sie sind mit den entsprechenden Beweglichkeiten über die *Temperaturspannung* $V_T = k_\mathrm{B}T/e$ verknüpft (sog. *Einstein-Relation*)

$$D_\mathrm{n} = \mu_\mathrm{n}V_T \quad \text{und} \quad D_\mathrm{p} = \mu_\mathrm{p}V_T \,. \tag{1.53}$$

Die Stromgleichungen. Durch Zusammenfassen der Ausdrücke für die Drift-stromdichte und die Diffusionsstromdichte folgen die *Stromgleichungen* für Elektronen bzw. Löcher

$$J_\mathrm{n} = e\mu_\mathrm{n}nE + eD_\mathrm{n}\frac{\partial n}{\partial x} \tag{1.54}$$

und

$$J_\mathrm{p} = e\mu_\mathrm{p}pE - eD_\mathrm{p}\frac{\partial p}{\partial x} \,. \tag{1.55}$$

Diese verknüpfen die Stromdichten mit den Ladungsträgerdichten und dem elektrischen Feld. Für eine vollständige Beschreibung sind zusätzliche Beziehungen für die Elektronen- und Löcherdichten sowie die elektrische Feldstärke erforderlich.

1.5.4 Generation und Rekombination

Im thermischen Gleichgewicht werden durch thermische Anregung gleich viel Elektronen vom Valenz- ins Leitungsband angeregt wie Elektronen mit Löchern im Valenzband rekombinieren. Auf diesem Weg bleibt die Dichte der Elektronen und Löcher konstant. Abweichungen der Ladungsträgerdichte von ihrem Wert im thermischen Gleichgewicht führen zu einem Überwiegen der Generation oder der Rekombination – der Halbleiter ist bestrebt, wieder in den Zustand des thermischen Gleichgewichts zu gelangen.

Die *Rekombinationsrate* $\mathcal{R}$ gibt die Abnahme der Elektronen- bzw. Löcherdichte durch Rekombination an

$$\frac{\partial n}{\partial t}\bigg|_{\text{Rekombination}} = \frac{\partial p}{\partial t}\bigg|_{\text{Rekombination}} = -\mathcal{R} \,,$$

die Generationsrate $\mathcal{G}$ entsprechend die Zunahme der Elektronen- bzw. Löcherdichte durch Generation

$$\frac{\partial n}{\partial t}\bigg|_{\text{Generation}} = \frac{\partial p}{\partial t}\bigg|_{\text{Generation}} = \mathcal{G} \,.$$

Als *Nettorekombinationsrate* wird die Differenz $\mathcal{R} - \mathcal{G}$ bezeichnet. In dotierten Bahngebieten ist ihr Wert in erster Näherung [19] proportional zu den Abweichungen der Minoritätsdichten vom Gleichgewichtswert – somit folgt

$$\mathcal{R} - \mathcal{G} = \frac{p_{\text{n}} - p_{\text{n0}}}{\tau_{\text{p}}} \qquad \text{(im n-Gebiet)} \quad \text{und} \tag{1.56}$$

$$\mathcal{R} - \mathcal{G} = \frac{n_{\text{p}} - n_{\text{p0}}}{\tau_{\text{n}}} \qquad \text{(im p-Gebiet)} \,. \tag{1.57}$$

Diese Beziehungen beschreiben Generations-Rekombinations-Vorgänge (kurz G-R-Vorgänge) bei kleinen elektrischen Feldstärken und ohne Lichteinfluß. Die *Lebensdauern* τ_{n} und τ_{p} für Elektronen und Löcher sind dabei vor allem von der Dotierstoffkonzentration abhängig.

In Dioden und Transistoren aus Silizium wird die Minoritätslebensdauer vor allem durch die weiter unten erläuterten Mechanismen der SRH-Rekombination (bei Dotierstoffkonzentrationen < ca. 10^{17}cm^{-3}) und Auger-Rekombination (dominierend bei Dotierstoffkonzentrationen > ca. 10^{18}cm^{-3}) bestimmt (vgl. Abb. 1.28).

Die Kontinuitätsgleichungen. Die Kontinuitätsgleichungen für Elektronen und Löcher stellen die „Bilanz" für diese Ladungsträger auf, d. h. sie verknüpfen die Änderung der Ladungsträgerdichte mit der Stromdichte und

---

[19]Diese Beziehungen verlieren bei großen Abweichungen vom Gleichgewicht (Hochinjektion) ihre Gültigkeit.

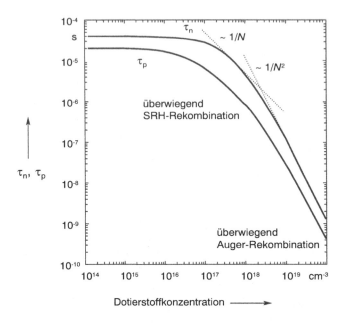

Abb. 1.28. Lebensdauer für Elektronen und Löcher in Silizium als Funktion der Dotierstoffkonzentration

der Nettorekombinationsrate. Die eindimensionale *Kontinuitätsgleichung* für Elektronen lautet

$$\frac{\partial n}{\partial t} = \frac{1}{e}\frac{\partial J_{\mathrm{n}}}{\partial x} - (\mathcal{R} - \mathcal{G}) \,. \tag{1.58}$$

Für Löcher gilt entsprechend

$$\frac{\partial p}{\partial t} = -\frac{1}{e}\frac{\partial J_{\mathrm{p}}}{\partial x} - (\mathcal{R} - \mathcal{G}) \tag{1.59}$$

mit der Löcherstromdichte J_{p}.

Generations-Rekombinations-Mechanismen

Sowohl bei der Generation als auch bei der Rekombination von Elektron-Loch-Paaren muß die Energie- *und* Impulserhaltung (genauer: Die Erhaltung des Kristallimpulses $\boldsymbol{k}$) gewährleistet sein. Dies kann über verschiedene Mechanismen sichergestellt werden, erfordert aber stets die Wechselwirkung mit einem dritten „Teilchen" (Photon, Störstelle oder Ladungsträger), das die frei werdende Energie aufnimmt.

G-R-Vorgänge unter Beteiligung eines Photons. Bei der *Generation* eines Elektron-Loch-Paars durch Licht wird ein Photon der Energie $h\nu > W_{\mathrm{g}}$ im Halbleiter absorbiert. Seine Energie wird dazu verwendet, ein Elektron aus dem Valenzband in das Leitungsband anzuheben und somit ein Elektron-

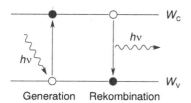

Abb. 1.29. Generations- und Rekombinations-vorgänge unter Beteiligung eines Photons

Loch-Paar zu erzeugen. Dieser Effekt wird z.B. in Fotodetektoren und Solar-zellen ausgenutzt.

Bei der *Rekombination* eines Elektron-Loch-Paars fällt ein Elektron aus dem Leitungsband in einen unbesetzten Zustand im Valenzband zurück. Die dabei freiwerdende Energie wird in Form eines Photons abgestrahlt. Da sich Elektronen und Löcher auf der Energieskala vorzugsweise in der Nähe der Bandkanten aufhalten, gilt für die Energie der emittierten Photonen

$$h\nu \approx W_\mathrm{g} \,,$$

d. h. das emittierte Licht ist weitgehend *monochromatisch*. Die beschriebe-ne strahlende Rekombination ermöglicht die Herstellung lichtemittierender Halbleiterbauelemente, wie z.B. Leuchtdioden. Sog. indirekte Halbleiter wie Silizium sind hierfür jedoch nicht geeignet, da Elektronen und Löcher hier vorzugsweise über andere Mechanismen rekombinieren.

Beispiel 1.5.2 Als Beispiel wird ein n-dotierter Siliziumkristall mit der Dotierstoff-konzentration $N_\mathrm{D} \approx N_\mathrm{D}^+ = 10^{15}$ cm^{-3} betrachtet. Die Löcherkonzentration ist bei $T = 300$ K im thermischen Gleichgewicht $p_\mathrm{n0} \approx n_\mathrm{i}^2/N_\mathrm{D}^+ \approx 1.2 \cdot 10^5$ cm^{-3}. Durch Bestrahlen mit Licht werden zusätzliche Elektron-Loch-Paare erzeugt: Die Löcher-konzentration wird gegenüber ihrem Gleichgewichtswert[20] angehoben. Bezeichnet $\mathcal{G}_{h\nu}$ die Rate der durch den Lichteinfall bedingten zusätzlichen Generation, so stellt sich ein neues *Gleichgewicht* ein, für das

$$\mathcal{G}_{h\nu} = \frac{p_\mathrm{n} - p_\mathrm{n0}}{\tau_\mathrm{p}}$$

gilt. Dies ist äquivalent zu

$$p_\mathrm{n} = p_\mathrm{n0} + \mathcal{G}_{h\nu}\tau_\mathrm{p} \,,$$

d. h. die Löcherkonzentration ist um $\mathcal{G}_{\langle\nu}\tau_\mathrm{p}$ gegenüber ihrem Gleichgewichtswert erhöht. Mit

$$\tau_\mathrm{p} = 10\,\mu\mathrm{s} \quad \text{und} \quad \mathcal{G}_{h\nu} = \frac{10^{18}}{\mathrm{cm}^3\,\mathrm{s}}$$

---

[20]Die Elektronenkonzentration selbstverständlich auch. Da diese wegen der Dotierung aber bereits im unbeleuchteten Fall groß ist, verursacht die Zunahme nur eine geringe re-lative Änderung der Elektronenkonzentration, d. h. diese kann – zumindest bei schwacher Beleuchtung – als annähernd konstant angenommen werden.

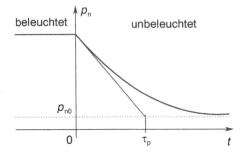

Abb. 1.30. Zeitlicher Verlauf der Löcherkonzentration nach Abschalten der Beleuchtung

resultiert beispielsweise die Löcherdichte $p_n = 10^{13}$ cm^{-3}. Wird nun bei $t = 0$ das Licht abgeschaltet ($\mathcal{G}_{h\nu} \to 0$), so rekombinieren mehr Elektron-Loch-Paare als neue entstehen, bis der Löcherüberschuß abgebaut ist. Für die Änderung der Löcherdichte folgt dann

$$\frac{\mathrm{d}p_n}{\mathrm{d}t} = -\frac{p_n - p_{n0}}{\tau_p} \, .$$

Die Lösung dieser Differentialgleichung zum Anfangswert $p_n(0) = p_{n0} + \mathcal{G}_{h\nu}\tau_p$ lautet

$$p_n(t) = p_{n0} + \mathcal{G}_{h\nu}\tau_p e^{-t/\tau_p} \, .$$

Nach 100 μs hat die Löcherdichte auf $p_n \approx 4.5 \cdot 10^{10}$ cm^{-3} abgenommen, während nach 250 μs bereits $p_n \approx 1.3 \cdot 10^5$ cm^{-3} gilt: Die Löcherkonzentration strebt wieder gegen ihren Gleichgewichtswert p_{n0}. Als charakteristische Zeitkonstante dieses Ausgleichsvorgangs dient die Lebensdauer τ_p.   △

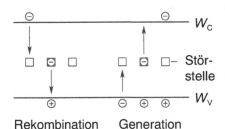

Abb. 1.31. Generation und Rekombination von Elektron-Loch-Paaren an Störstellen (SRH-Mechanismus)

G-R-Vorgänge unter Beteiligung einer Störstelle. Störstellen im Halbleiter führen in der Regel zu lokalisierten Energieniveaus in der Energielücke. In diese können Elektronen und/oder Löcher eingefangen werden, was in einem zweistufigen Vorgang zur Generation bzw. Rekombination eines Elektron-Loch-Paars führt (vgl. Abb. 1.31). Dieser Mechanismus wird nach seinen Entdeckern meist als Shockley-Read-Hall-Mechanismus (SRH) bezeichnet. Eine Störstelle wirkt um so effizienter als *Rekombinationszentrum*, je näher das zugehörige Energieniveau bei der Mitte der Energielücke liegt. Dotierstoffe mit ihren in der Nähe der Bandkanten liegenden Energieniveaus sind hier nicht problematisch – Schwierigkeiten können jedoch von metallischen Störstellen (wie Kupfer oder Gold) herrühren. Die Wahrscheinlichkeit für einen Rekombinationsvorgang an einer Störstelle ist proportional zur Dichte der Störstellen und zur Dichte der Majoritäten, d. h. die Lebensdauer für Minoritäten aufgrund der SRH-Rekombination ist annähernd umgekehrt proportional zur Dotierstoffkonzentration.

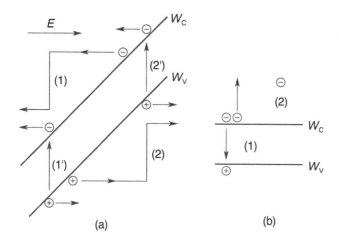

Abb. 1.32. (a) Stoßionisation: Energiereiches Elektron bzw. Loch gibt Energie ab (1 bzw. 2), und erzeugt ein Elektron-Loch-Paar (1' bzw. 2'), (b) Auger-Rekombination: Elektron-Loch-Paar rekombiniert (1), die freiwerdende Energie wird an ein weiteres Elektron (2) abgegeben

G-R-Vorgänge unter Beteiligung dreier Ladungsträger. Elektronen bzw. Löcher mit kinetischer Energie größer als die Energielücke W_g sind in der Lage, weitere Elektron-Loch-Paare zu generieren (vgl. Abb. 1.32 a). Dieser als *Stoßionisation* bezeichnete Vorgang tritt vorzugsweise in elektrischen Feldern oberhalb von 10^5 V/cm auf. Bei kleineren Feldstärken ist der Weg, den die Ladungsträger zurücklegen müßten, um eine hinreichend große kinetische Energie zu erlangen, zu groß: Bevor der erforderliche Wert erreicht ist, wird die Energie über Stöße an das Gitter abgegeben.

Die mit der Stoßionisation verbundene Generationsrate ist proportional zur jeweiligen Stromdichte

$$\mathcal{G} = \alpha_n J_n + \alpha_p J_p \, . \tag{1.60}$$

Die Größen α_n und α_p werden als *Ionisationskoeffizienten* bezeichnet. Ihr Wert hängt stark vom Verlauf der elektrischen Feldstärke im Halbleitermaterial ab. Sie können als Funktion der lokalen elektrischen Feldstärke angesehen werden, falls diese nur geringfügig mit dem Ort variiert.

Die Umkehrung der Stoßionisation ist die *Auger-Rekombination*. Diese stellt den dominierenden Rekombinationsmechanismus in stark dotierten indirekten Halbleitern dar. Der bei der Rekombination eines Elektron-Loch-Paars auftretende Impulsüberschuß wird an ein drittes Teilchen abgegeben.

Abbildung 1.32 b illustriert den Vorgang für die Rekombination eines Elektron-Loch-Paars (a) bei dem die überschüssige Energie an ein Elektron (b) abgegeben wird, dieses besitzt anschließend eine hohe kinetische Energie. Da die Wahrscheinlichkeit dafür, daß ein Minoritätsträger gleichzeitig mit zwei Majoritätsträgern zusammenstößt, proportional zum Quadrat der Majoritätsträgerkonzentration ist, nimmt die durch die Auger-Rekombination bestimmte Lebensdauer umgekehrt proportional zum Quadrat der Dotierstoffkonzentration ab.

1.5.5 Die Poisson-Gleichung

Für eine vollständige Beschreibung der Vorgänge im Halbleiter unter Nichtgleichgewichtsbedingungen sind die Strom- und Kontinuitätsgleichungen durch eine Beziehung zu ergänzen, die es erlaubt, die elektrische Feldstärke

$$E = -\partial\psi/\partial x \qquad (1.61)$$

bzw. das elektrostatische Potential ψ aus der Verteilung der Ladungen zu berechnen. Der gesuchte Zusammenhang wird durch die Poisson-Gleichung [13] [14] geliefert, die in ihrer eindimensionalen Form durch

$$\frac{\partial^2 \psi}{\partial x^2} = -\frac{\rho}{\epsilon_0 \epsilon_r} \qquad (1.62)$$

gegeben ist. Hierbei bezeichnet

$$\rho = e\left(p - n + N_D^+ - N_A^-\right) \qquad (1.63)$$

die *Ladungsdichte*.

1.5.6 Abschirmung injizierter Minoritäten

Werden Minoritäten in ein zuvor neutrales Bahngebiet injiziert, so ziehen diese aufgrund ihrer Ladung dort Majoritätsträger an, die sich so verschieben, daß die injizierte Minoritätsladung weitgehend *neutralisiert* wird. Dieser Vorgang erfolgt in Materialien mit großem spezifischem Leitwert σ sehr schnell. Die charakteristische Zeitkonstante für diesen Ausgleichsvorgang ist die *dielektrische Relaxationszeit*

$$\tau_\epsilon = \epsilon_0 \epsilon_r / \sigma . \qquad (1.64)$$

Für Dotierstoffkonzentrationen größer als 10^{17} cm^{-3}, wie sie in den Bahngebieten von Halbleiterbauelementen häufig anzutreffen sind, ist τ_ϵ deutlich kleiner als 1 ps, die neutralisierenden Majoritäten folgen den injizierten Minoritäten unter diesen Umständen nahezu *trägheitsfrei*. Die charakteristische

Länge für die Abschirmung der injizierten Minoritäten durch Majoritäten ist die *Debye-Länge*[21]

$$L_{\mathrm{D}} = \sqrt{\frac{\epsilon_0 \epsilon_{\mathrm{r}} V_T}{eN}} .$$ (1.65)

Für N ist dabei die Majoritätsladungskonzentration einzusetzen, also n_{n} im n-Halbleiter und p_{p} im p-Halbleiter. Für n-Typ Silizium mit $N_{\mathrm{D}}^+ = 10^{17}$ cm^{-3} ergibt sich beispielsweise eine Debye-Länge von $L_{\mathrm{D}} = 13$ nm: Die injizierten Minoritätsträger können hier für die meisten Zwecke als perfekt neutralisiert angenommen werden.

1.6 Aufgaben

Aufgabe 1.1 Bestimmen Sie für den den in Abb. 1.33 dargestellten Bandpaß den Übertragungsfaktor sowie die untere und obere Grenzfrequenz als Funktion der Bauteilparameter. Zeichnen Sie ein Bodediagramm für den Fall $R_1 = 100\,\Omega$, $R_2 = 100\,\Omega$, $C_1 = 10\,\mu\mathrm{F}$ und $C_2 = 100\,\mathrm{nF}$. Wie groß ist die Bandbreite?

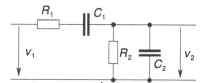

Abb. 1.33. Zu Aufgabe 1.1

Aufgabe 1.2 An die in Abb. 1.34 dargestellte Schaltung wird die Spannung $v_1(t) = 1\,\mathrm{V} \cdot \cos(\omega t)$ angelegt. Berechnen Sie die an den Widerstand $R_{\mathrm{S}} = 100\,\Omega$ abgegebene Leistung als Funktion von ω und tragen Sie Ihr Ergebnis in dBm in einem Bode-Diagramm auf (1 dBm entspricht der Leistung 1 mW, $R = 50\,\Omega$, $C = 100$ nF, $L = 100\,\mathrm{nH}$).

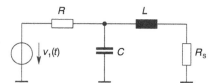

Abb. 1.34. Zu Aufgabe 1.2

Aufgabe 1.3 Ein Bauelement darf die maximale Temperatur T_{max} nicht überschreiten. Der Wärmewiderstand zwischen Bauteil und Umgebung ist mit $R_{\mathrm{th}} = 150$ K/W

---

[21]Zur Veranschaulichung der Debye-Länge L_{D} kann man sich eine Punktladung – etwa ein Elektron – in einem p-Typ-Halbleiter vorstellen. Das Elektron zieht Löcher an, die sich in einer „Wolke" mit Abmessungen von der Größenordnung der Debye-Länge um die negative Ladung häufen und diese abschirmen (neutralisieren).

spezifiziert, die Wärmekapazität C_{th} mit 0.2 J/K; die maximal zulässige Verlustleistung bei Raumtemperatur (300 K) ist 1 W.
(a) Berechnen sie T_{max}.
(b) Im Bauteil wird kurzfristig eine Leistung $P_{puls} = 8W$ umgesetzt - nach welcher Zeit ist T_{max} erreicht, falls die abgeführte Leistung vernachlässigt werden kann (Ausgangstemperatur $T = 300$ K) ?
(c) Welcher Wert ergibt sich, falls die abgeführte Wärmeleistung berücksichtigt wird?

Aufgabe 1.4 Ein ohmscher Widerstand ist temperaturabhängig mit dem Temperaturkoeffizient $\alpha_R = -1\,\%/K$; der Widerstandswert bei Raumtemperatur ist 100 Ω, der Wärmewiderstand R_{th} zur Umgebung ist 100 K/W. Um wieviel erwärmt sich der Widerstand und welche Spannung fällt im thermisch eingeschwungenen Zustand am Widerstand ab, falls diesem der Strom $I = 0.1$ A eingeprägt wird?

Aufgabe 1.5 Silizium weist die Dichte 2.33 g/cm^3 und die molare Masse 28.0855 g auf. Wie groß ist die Dichte der Atome im Siliziumkristall und wie groß ist das Zahlenverhältnis von Silizium- und Boratomen, falls der Kristall mit 10^{16} Boratomen je cm^3 dotiert wird?

Aufgabe 1.6 Betrachten Sie ein As-Atom im Si-Gitter: vier Valenzelektronen werden zur Sättigung der Bindungen mit den Si-Nachbarn benötigt, das fünfte ist wegen der postiven Ladung das As$^+$-Ions an dieses gebunden, d.h. es besitzt ein diskretes Energieniveau unterhalb der Leitungsbandkante. Bestimmen Sie die Lage dieses Energieniveaus unter der Annahme, daß sich der Abstand des Energieniveaus von der Leitungsbandkante berechnen läßt wie die Ionisierungsenergie des Wasserstoffatoms (bei diesem ist ja auch ein Elektron an einen einfach positiv geladenen Kern gebunden - allerdings im Vakuum). (Hinweise: Die Ionisierungsenergie des Wasserstoffatoms im Grundzustand ist gegeben durch

$$W_R = \frac{m_e e^4}{32\pi^2 \epsilon_0^2 \hbar^2} \approx 13.6\,\text{eV} \qquad \text{(Rydberg-Energie)}$$

Die relative Dielektrizitätskonstante ϵ_r von Si ist 11.9, als effektive Masse für Elektronen im Leitungsband ist $m^* \approx 0.26\,m_e$ anzusetzen.

Aufgabe 1.7 Die Besetzungswahrscheinlichkeit eines Zustands im Festkörper ist durch die Fermi-Verteilung

$$f(W) = \frac{1}{1 + \exp\left(\dfrac{W - W_F}{k_B T}\right)}$$

gegeben. Skizzieren Sie den Verlauf der Fermi-Verteilung $f(W)$ und erläutern Sie die Bedeutung der Fermi-Energie (welchen Wert weist dort die Besetzungswahrscheinlichkeit auf?). Wie ändert sich die Fermi-Verteilung mit der Temperatur? Geben Sie Näherungsausdrücke für die Fermi-Verteilung bei Energiewerten deutlich unterhalb bzw. oberhalb der Fermi-Verteilung an (Abweichung von den Grenzwerten 1 bzw. 0)? Wie groß ist die Besetzungswahrscheinlichkeit eines Zustands, der um 200 meV über der Fermi-Energie liegt, bei Raumtemperatur ($T = 300$ K)?

Aufgabe 1.8 Bei einer Silizium-Probe liege das Fermi-Niveau um 150 meV unter der Leitungsbandkante, die Temperatur der Probe sei $T = 300$ K.

(a) Berechnen Sie die Wahrscheinlichkeit mit der ein Elektronenzustand der Energie W_C, $W_C + k_B T$ bzw. $W_C + 2k_B T$ besetzt ist. Berechnen Sie ferner die Wahrscheinlichkeit dafür, daß ein Elektronenzustand an der Valenzbandkante unbesetzt ist.

(b) Berechnen Sie die Elektronendichte im Leitungsband und die Löcherdichte im Valenzband für den obigen Halbleiter. Welche Beziehung verknüpft diese beiden Ergebnisse miteinander?

Aufgabe 1.9 Als Obergrenze für den Bereich der Störstellenerschöpfung soll die Temperatur angesehen werden, bei der die Majoritätsladungsträgerdichte um 10 % gegenüber der Dotierstoffkonzentration angestiegen ist.

(a) Für welche Werte der intrinsischen Dichte ist dies der Fall, wenn $N_D = 10^{16} \, \text{cm}^{-3}$ bzw. $N_D = 10^{13} \, \text{cm}^{-3}$?

(b) Welchen Temperaturwerten entspricht dies näherungsweise? Setzen Sie für Ihre Abschätzung $n_i = \sqrt{N_C N_V} \exp(-W_g / 2k_B T)$ mit den für $T = 300 \, \text{K}$ gültigen Werten von N_C, N_V, W_g . In diesem Ansatz wird sowohl die Temperaturabhängigkeit von $N_C N_V \sim T^3$ als auch die Temperaturabhängigkeit der Energielücke vernachlässigt. Sind die abgeschätzten Temperaturwerte mithin zu groß oder zu klein?

Aufgabe 1.10 Berechnen Sie den Widerstand eines Siliziumquaders der Länge 1 mm mit Querschnitt 6 $(\mu\text{m})^2$ mit einer Dotierung von 10^{18} Bor-Atomen je cm^3. Welcher Stom fließt bei einer angelegten Spannung von 5 V und wie groß ist die dann je Volumeneinheit umgesetzte Leistung ($\mu_p = 96 \, \text{cm}^2/\text{Vs}$)?

Aufgabe 1.11 Gegeben sei ein an den Stirnseiten kontaktiertes, quadratisches Siliziumplättchen der Seitenlänge 1 cm und der Dicke 0,1 mm. Das Plättchen sei p-dotiert mit der B-Konzentration $N_A = 10^{15} \, \text{cm}^{-3}$, die Beweglichkeit für Elektronen und Löcher beträgt $\mu_n = 1300 \, \text{cm}^2/(\text{Vs})$ und $\mu_p = 450 \, \text{cm}^2/(\text{Vs})$. Berechnen Sie die Dichte der Elektronen und der Löcher für die Temperatur $T = 300 \, \text{K}$. Welchen Widerstand weist das Siliziumplättchen auf?

Aufgabe 1.12 Auf das in Aufgabe 1.13 untersuchte Plättchen treffe monochromatisches Licht der Wellenlänge λ und der Strahlungsleistung ϕ_e, die Minoritätslebensdauer im Halbleiter betrage 10 µs, 80 % der auftreffenden Photonen sollen je ein Elektron-Loch Paar erzeugen.

(a) Bei welcher Leistung der auftreffenden Strahlung hat sich der Widerstand des Siliziumplättchens halbiert (Berechnen als Funktion der Wellenlänge)?

(b) Wie ändert sich der Widerstand als Funktion der Zeit nach dem Einschalten, bzw. Ausschalten der Lichtquelle?

Aufgabe 1.13 N-Typ Silizium sei gleichförmig mit $10^{16} \, \text{cm}^{-3}$ As-Atomen dotiert. Berechnen Sie die Lage der Fermi-Energie in der Energielücke. Um wieviel und in welche Richtung ist sie gegenüber dem intrinsischen (undotierten) Fall verschoben. Zusätzlich zu den bereits vorhandenen Donatoren wird der Kristall nun noch mit $2 \cdot 10^{17}$ B-Atomen je cm^3 dotiert. Wie wirkt sich dies auf die Lage der Fermi-Energie aus? ($T = 300 \, \text{K}$, $N_C = 2.86 \cdot 10^{19} \, \text{cm}^{-3}$, $N_V = 3.1 \cdot 10^{19} \, \text{cm}^{-3}$, $W_g = 1.124 \, \text{eV}$)

Aufgabe 1.14 Da Elektronen und Löcher in der Regel unterschiedliche Beweglichkeiten aufweisen, können undotierte Halbleiter u.U. besser leiten als dotierte. Um welchen Faktor kann der spezifische Widerstand im Fall des Silizium ($\mu_n \approx 3\mu_p$) maximal erhöht werden? Welche Dotierung ist dazu erforderlich?

1.7 Literaturverzeichnis

[1] C.A. Desoer, E.S. Kuh. *Basic Circuit Theory.* McGraw Hill, New York, 1969.

[2] L.O. Chua, C.A. Desoer, E.S. Kuh. *Linear and Nonlinear Circuits.* McGraw Hill, New York, 1991.

[3] R. Unbehauen. *Grundlagen der Elektrotechnik, Band 1: Allgemeine Grundlagen, Lineare Netzwerke, Stationäres Verhalten.* Springer, Berlin 4. Auflage, 1994

[4] R. Unbehauen. *Grundlagen der Elektrotechnik, Band 2: Einschwingvorgänge, Nichtlineare Netzwerke, Theoretische Erweiterungen.* Springer, Berlin 4. Auflage, 1994

[5] A. Führer, K. Heidemann, W. Nerreter. *Grundgebiete der Elektrotechnik, Band 1: Stationäre Vorgänge.* Hanser, München, 4. Auflage, 1990

[6] A. Führer, K. Heidemann, and W. Nerreter. *Grundgebiete der Elektrotechnik, Band 2: Zeitabhängige Vorgänge.* Hanser, München, 4. Auflage, 1990

[7] SIEMENS. *Bauelemente - Technische Erläuterungen und Kenndaten für Studierende.* Siemens - Bereich Bauelemente, München, 4. Auflage, 1984.

[8] D.C. Wunsch, R.R. Bell. Determination of threshold failure levels of semiconductor diodes and transistors due to pulse voltages. *IEEE Trans. Nucl. Sci.*, NS-15:244 – 259, 1968.

[9] K. Seeger. *Semiconductor Physics.* Springer, Berlin, 3. Auflage, 1985.

[10] W.E. Beadle, J.C.C. Tsai, R.D. Plummer (Eds.). *Quick Reference Manual for Silicon Integrated Circuit Technology.* J. Wiley, New York, 1985.

[11] M.A. Green. Intrinsic concentration, effective densities of states, and effective mass in silicon. *J. Appl. Phys.*, 67(6):2944 – 2954, 1990.

[12] C. Canali, C. Jacoboni, F. Nava, G. Ottaviani, A.Alberigi-Quaranta. Electron drift velocity in silicon. *Phys. Rev. B*, 12(4):2265 – 2284, 1975.

[13] K. Simonyi. *Theoretische Elektrotechnik.* VEB Deutscher Verlag der Wissenschaften, Berlin, 8. Auflage, 1980.

[14] J.D. Jackson. *Klassische Elektrodynamik.* Walter de Gruyter, Berlin, 3. Auflage, 2002.

2 Kontakte

Hauptgegenstand dieses Kapitels ist der pn-Übergang; dieser wird ausführlich betrachtet, da er nicht nur zum Verständnis der Halbleiterdioden von Bedeutung, sondern wesentlicher Bestandteil nahezu sämtlicher Halbleiterbauelemente wie Bipolartransistoren, Thyristoren, Feldeffekttransistoren etc. ist. Daneben werden Metall-Halbleiter-Kontakte (Schottky-Kontakte) und MOS-Kondensatoren behandelt.

2.1 Der pn-Übergang

2.1.1 Thermisches Gleichgewicht

Der Einfachheit halber wird der sog. *abrupte* pn-Übergang betrachtet. Bei diesem grenzt ein gleichförmig mit der Donatorkonzentration N_D dotiertes Halbleitergebiet (n-Typ) an ein gleichförmig mit der Akzeptorkonzentration N_A dotiertes Halbleitergebiet (p-Typ). Am *metallurgischen Übergang* – bezeichnet mit der Koordinate x_j – ändert sich die Dotierung sprunghaft (vgl. Abb. 2.1). Beim Übergang vom n- zum p-Gebiet nimmt die Elektronendichte

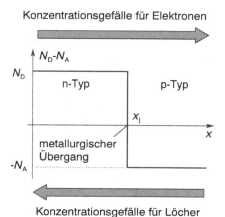

Abb. 2.1. Abrupter pn-Übergang

ab: Es liegt ein Konzentrationsgefälle vor, mit der Folge, daß Elektronen vom n- ins p-Gebiet diffundieren. Umgekehrt diffundieren, wegen der Abnahme der Löcherdichte beim Übergang vom p- ins n-Gebiet, Löcher ins n-Gebiet. Falls nicht laufend neue Elektronen und Löcher nachgeliefert werden, führen diese Ströme in der Nähe des metallurgischen Übergangs zu einer Verarmung des n-Gebiets an Elektronen und zu einer Verarmung des p-Gebiets an Löchern.

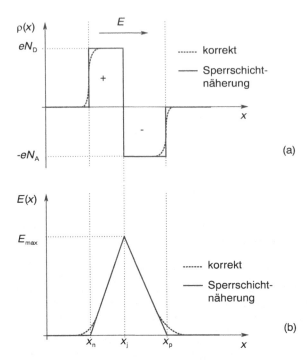

(a)

(b)

Abb. 2.2. Abrupter pn-Übergang im thermischen Gleichgewicht. Ortsabhängigkeit (schematisch) der **(a)** Ladungsdichte und **(b)** des elektrischen Felds

Sperrschichtnäherung

Da die Ladung der ionisierten Störstellen in dieser Verarmungszone nicht durch die der mobilen Ladungsträger (Elektronen bzw. Löcher) kompensiert wird, entsteht so eine Dipolschicht, die sog. *Raumladungszone* oder *Sperrschicht* (Abb. 2.2 a). Das durch die Dipolschicht bedingte elektrische Feld $E(x)$ wirkt der Ladungsträgerdiffusion *entgegen*. Da die Elektronendichte $n(x)$ im n-dotierten Gebiet (im p-Gebiet entsprechend die Löcherdichte $p(x)$) zur Raumladungszone sehr schnell abnimmt, hat sich die sog. *Sperrschichtnäherung* zur Beschreibung der Verhältnisse bewährt. In dieser wird die Diode

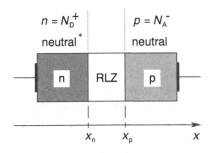

Abb. 2.3. Sperrschichtnäherung

durch die bei x_n bzw. x_p angenommenen Grenzen der Raumladungszone (RLZ) in drei Gebiete eingeteilt: die beiden als *elektrisch neutral* angenommenen *Bahngebiete* und die *Raumladungszone* oder *Verarmungszone*. Die Ladungsträgerdichten in den Bahngebieten sind bei Raumtemperatur durch die Dotierstoffkonzentration bestimmt; in der Sperrschicht wird die Dichte der mobilen Ladungsträger (Elektronen und Löcher) als *vernachlässigbar klein* angenommen.

Das durch die Raumladungszone bedingte elektrische Feld ist ortsabhängig: Es ist null in den neutralen Bahngebieten und nimmt in der Raumladungszone zum metallurgischen Übergang hin zu. An diesem tritt die maximale Feldstärke auf (vgl. Abb. 2.2 b). Das elektrische Feld wirkt der Ladungsträgerdiffusion entgegen und führt dazu, daß im thermischen Gleichgewicht kein Stromfluß stattfindet.[1] Das Gleichgewicht stellt sich ein, sobald die Fermi-Energie überall im Halbleiter denselben Wert aufweist.

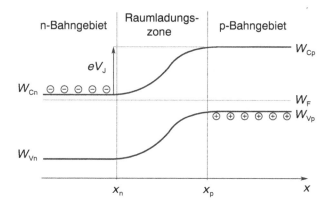

Abb. 2.4. Bänderschema der pn-Diode im thermischen Gleichgewicht

Für den abrupten pn-Übergang läßt sich so leicht die Bandverbiegung eV_J berechnen, das ist die Energiebarriere, die Elektronen aus dem n-dotierten Bahngebiet überwinden müssen, um ins Leitungsband auf der p-dotierten Seite zu gelangen (vgl. Abb. 2.4). Die als Maß für die Bandverbiegung verwendete Größe V_J heißt *Diffusionsspannung*; ihr Wert für den abrupten pn-Übergang beträgt näherungsweise

$$V_\mathrm{J} \approx V_T \ln\left(\frac{N_\mathrm{A}^- N_\mathrm{D}^+}{n_\mathrm{i}^2}\right),\tag{2.1}$$

---

[1] Die durch das elektrische Feld bedingten Driftströme sind in ihrer Richtung den Diffusionsströmen entgegengesetzt. Im Gleichgewicht fließt kein Strom – Diffusionsstrom und Driftstrom müssen sich dann gegenseitig kompensieren. Dies ist gleichbedeutend mit der Forderung, daß die Fermi-Energie unabhängig vom Ort im gesamten Halbleiter konstant ist.

wobei N_A^- die Dichte der ionisierten Akzeptoren im p-Gebiet und N_D^+ die
Dichte der ionisierten Donatoren im n-Gebiet angibt. Bei Raumtemperatur
kann in der Regel von einer vollständigen Ionisation der Störstellen ausgegan-
gen werden; in diesem Fall gilt $N_A = N_A^-$ sowie $N_D = N_D^+$. Die Diffusionsspannung V_J eines pn-Übergangs nimmt dann mit ansteigender Dotierstoffkonzentration in den Bahngebieten logarithmisch zu.

Zur Diffusionsspannung. Im thermischen Gleichgewicht ist die Stromdichte der
Elektronen Null

$$0 = J_n = e\mu_n nE + eD_n \frac{dn}{dx} .$$

Mit der Einstein-Beziehung $D_n = V_T\mu_n$ ergibt sich daraus für die elektrische
Feldstärke

$$E(x) = -V_T \frac{1}{n(x)} \frac{dn}{dx} .$$

Die elektrische Feldstärke ist mit dem elektrostatischen Potential $\psi(x)$ über $E(x) = -d\psi/dx$ verknüpft, so daß

$$\int_{x_n}^{x_p} E(x)\,dx = \psi(x_n) - \psi(x_p) = -V_T \int_{x_n}^{x_p} \frac{1}{n(x)} \frac{dn}{dx}\,dx .$$

Nach Substitution der Integrationsvariablen folgt so

$$V_J = \psi(x_n) - \psi(x_p) = -V_T \int_{n(x_n)}^{n(x_p)} \frac{dn}{n} = V_T \ln\left(\frac{n(x_n)}{n(x_p)}\right) ;$$

unter Berücksichtigung der bei Störstellenerschöpfung gültigen Näherungen $n(x_n) \approx N_D$ und $n(x_p) \approx n_i^2/N_A$ führt dies auf (2.1).

Die Lage der Sperrschichtränder x_n und x_p folgt aus der Potentialdifferenz ψ_j
über der Sperrschicht und der Forderung nach Neutralität. Letztere besagt,
daß die gesamte Ladung in der Sperrschicht gleich null ist, bzw.

$$\boxed{\int_{x_n}^{x_p} N(x)\,dx = 0 ,} \tag{2.2}$$

wobei $N(x) = N_D^+(x) - N_A^-(x)$ die Netto-Dotierstoffkonzentration bezeichnet.
Aus der Poisson-Gleichung

$$\frac{d^2\psi}{dx^2} = -\frac{dE}{dx} = -\frac{eN(x)}{\epsilon_0\epsilon_r} , \tag{2.3}$$

folgt unter Berücksichtigung von Gl. (2.2) weiter nach zweimaliger Integration
für die gesamte über der Sperrschicht auftretende Potentialdifferenz

$$\boxed{\int_{x_n}^{x_p} (x - x_j)N(x)\,dx = \frac{\epsilon_0\epsilon_r}{e}\psi_j .} \tag{2.4}$$

Ist keine äußere Spannung angelegt, so ist $\psi_j = -V_J$; im Fall einer von außen zwischen p- und n-Bahngebiet angelegten (Fluß-)Spannung V ist $\psi_j = V - V_J$, unter Vernachlässigung der Spannungsabfälle in den Bahngebieten. Mit den Gln. (2.2) und (2.4) sind zwei Gleichungen zur Bestimmung der beiden Unbekannten x_n und x_p gegeben.

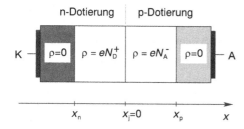

Abb. 2.5. Ladungsverteilung im abrupten pn-Übergang (Sperrschichtnäherung)

Im Fall des abrupten pn-Übergangs (Abb. 2.5) lautet die Neutralitätsbedingung (2.2)

$$-x_n N_D^+ = x_p N_A^- \,, \tag{2.5}$$

während Gl. (2.4) in

$$N_D^+ x_n^2 + N_A^- x_p^2 = -\frac{2\epsilon_0\epsilon_r}{e}\,\psi_j = \frac{2\epsilon_0\epsilon_r}{e}\,(V_J - V) \tag{2.6}$$

übergeht. Hieraus folgt für die Ausdehnung der Raumladungszone in das n-bzw. p-Bahngebiet

$$|x_n| = \sqrt{\frac{2\epsilon_0\epsilon_r N_A^-(V_J - V)}{e N_D^+(N_A^- + N_D^+)}} \tag{2.7}$$

bzw.

$$x_p = \sqrt{\frac{2\epsilon_0\epsilon_r N_D^+(V_J - V)}{e N_A^-(N_A^- + N_D^+)}} \tag{2.8}$$

sowie die *Sperrschichtweite*

$$d_j = x_p - x_n = \sqrt{\frac{2\epsilon_0\epsilon_r(N_A^- + N_D^+)}{e N_A^- N_D^+}\,(V_J - V)}\,. \tag{2.9}$$

Der Wert der *elektrischen Feldstärke* am Ort x folgt durch einmalige Integration der Poisson-Gleichung (2.3)

$$E(x) = \frac{e}{\epsilon_0\epsilon_r}\int_{x_n}^{x} N(x')\,\mathrm{d}x'\,, \tag{2.10}$$

Der *Maximalwert* der elektrischen Feldstärke tritt am metallurgischen pn-Übergang auf. Dort ist

$$
E = E_{\max} = \sqrt{\frac{2eN_A^- N_D^+ (V_J - V)}{\epsilon_0 \epsilon_r (N_A^- + N_D^+)}} \; . \tag{2.11}
$$

Beispiel 2.1.1 Für einen Silizium-pn-Übergang ($\epsilon_r = 11.9$) mit abrupter Änderung der Dotierstoffkonzentration von $N_D^+ = 10^{18}$ cm^{-3} auf $N_A^- = 10^{16}$ cm^{-3} wird die Diffusionsspannung bei $T = 300$ K berechnet. Mit dem Wert der intrinsischen Dichte bei dieser Temperatur

$$
n_i(300\,\text{K}) \;=\; 1.08 \cdot 10^{10} \text{ cm}^{-3}
$$

folgt für die Diffusionsspannung

$$
V_J \;=\; 25.852\,\text{mV} \cdot \ln\left[\frac{10^{34}}{(1.08 \cdot 10^{10})^2}\right] \;=\; 829\,\text{mV} \; .
$$

Wird keine Spannung an den pn-Übergang angelegt, so ist die Sperrschichtweite

$$
d_j \;=\; x_p - x_n \;=\; \sqrt{\frac{2\epsilon_0 \epsilon_r (N_A^- + N_D^+)}{e N_A^- N_D^+} V_J} \;=\; 0.332\,\mu\text{m} \; .
$$

Die Raumladungszone dehnt sich dabei wegen

$$
\frac{x_j - x_n}{x_p - x_j} \;=\; \frac{N_A^-}{N_D^+} \;=\; \frac{1}{100}
$$

vorzugsweise in das niedriger dotierte p-Gebiet aus. Der Maximalwert der elektrischen Feldstärke im pn-Übergang ohne äußere Spannung ist

$$
E_{\max} \;=\; \sqrt{\frac{2e N_A^- N_D^+ V_J}{\epsilon_0 \epsilon_r (N_A^- + N_D^+)}} \;\approx\; \sqrt{\frac{2e N_A^- V_J}{\epsilon_0 \epsilon_r}} \;\approx\; 50\,\frac{\text{kV}}{\text{cm}} \; .
$$

Dieser Wert wird wegen $N_D^+ \gg N_A^-$ weitgehend durch die Dotierstoffkonzentration N_A^- des schwächer dotierten Gebiets bestimmt.   △

2.1.2 Flußpolung

Liegt keine Spannung an, so ist das Verhältnis der Löcherdichte p_{n0} im n-Gebiet zur Löcherdichte p_{p0} im p-Gebiet

$$
\frac{p_{n0}}{p_{p0}} \;=\; \exp\left(\frac{W_{Vn} - W_{Vp}}{k_B T}\right) \;=\; \exp\left(-\frac{V_J}{V_T}\right) \; . \tag{2.12}
$$

Eine entsprechende Beziehung gilt für das Verhältnis der Elektronendichte n_{p0} im p-Gebiet zur Elektronendichte n_{n0} im n-Gebiet

$$\boxed{\frac{n_{\mathrm{p0}}}{n_{\mathrm{n0}}} = \exp\left(\frac{W_{\mathrm{Cn}} - W_{\mathrm{Cp}}}{k_{\mathrm{B}}T}\right) = \exp\left(-\frac{V_{\mathrm{J}}}{V_T}\right).} \tag{2.13}$$

Eine physikalische Interpretation dieser Zusammenhänge erhält man durch Betrachten (vgl. Abb. 2.6) des Elektronenaustauschs[2] zwischen n- und p-Gebiet. Elektronen aus dem Leitungsband im p-Gebiet, die an die Grenze

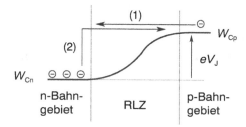

Abb. 2.6. Zum thermischen Gleichgewicht im pn-Übergang

der Raumladungszone gelangen, werden durch das dort vorhandene elektrische Feld zum n-Gebiet hin abtransportiert. Der Elektronenstrom (1) vom p-zum n-Gebiet ist damit proportional zur Trägerdichte n_{p0} im Leitungsband des p-Bahngebiets. Elektronen im Leitungsband des n-Gebiets können auf der anderen Seite nur dann ins Leitungsband auf der p-Seite gelangen, falls sie mindestens über die kinetische Energie eV_{J} verfügen, die für die Überwindung der Potentialbarriere erforderlich ist. Solange diese Energie nur von der thermischen Bewegung aufgebracht wird, ist der Elektronenstrom (2) vom n- ins p-Gebiet[3] deshalb proportional zu $n_{\mathrm{n0}}\exp(-V_{\mathrm{J}}/V_T)$. Im thermischen Gleichgewicht fließt kein Strom, da gleich viel Elektronen vom n- ins p-Gebiet fließen wie vom p- ins n-Gebiet. Dies ist gleichbedeutend mit der Forderung

$$n_{\mathrm{n0}}\exp\left(-\frac{V_{\mathrm{J}}}{V_T}\right) = n_{\mathrm{p0}}.$$

Wird eine Flußspannung V an die Diode angelegt, so ändert sich die Potentialdifferenz über der Sperrschicht; die zu überwindende Potentialbarriere wird um V erniedrigt, solange der Spannungsabfall in den Bahngebieten vernachlässigt werden kann. Der Elektronenfluß vom n- ins p-Gebiet überwiegt dann denjenigen vom p- ins n-Gebiet. Ein stationärer Zustand stellt sich ein, sobald die nach Shockley benannten Bedingungen am Sperrschichtrand

$$\frac{p_{\mathrm{n}}(x_{\mathrm{n}})}{p_{\mathrm{p}}(x_{\mathrm{p}})} = \exp\left(-\frac{V_{\mathrm{J}}-V}{V_T}\right) \quad \text{und} \quad \frac{n_{\mathrm{p}}(x_{\mathrm{p}})}{n_{\mathrm{n}}(x_{\mathrm{n}})} = \exp\left(-\frac{V_{\mathrm{J}}-V}{V_T}\right) \tag{2.14}$$

---

[2]Für Löcher läßt sich eine analoge Betrachtung aufstellen.

[3]Der Boltzmann-Faktor $\exp(-V_{\mathrm{J}}/V_T)$ bestimmt den Anteil der Elektronen, die aufgrund der Wärmebewegung über eine ausreichende Bewegungsenergie verfügen, um das Feld der Raumladungszone überwinden zu können.

erfüllt sind. An den Sperrschichträndern gilt nun in *Verallgemeinerung des Massenwirkungsgesetzes*

$$n_\mathrm{p}(x_\mathrm{p})p_\mathrm{p}(x_\mathrm{p}) \;=\; n_\mathrm{n}(x_\mathrm{n})p_\mathrm{n}(x_\mathrm{n}) \;=\; n_\mathrm{i}^2 \exp\!\left(\frac{V}{V_T}\right) . \tag{2.15}$$

Im Bereich des pn-Übergangs erhöht sich demnach die Elektronendichte im p-Gebiet und die Löcherdichte im n-Gebiet. Durch die Flußpolung werden also Elektronen in das p-Gebiet und Löcher in das n-Gebiet *injiziert*.

Solange die Minoritätsdichten klein sind im Vergleich zu den jeweiligen Majoritätsdichten spricht man von *Niedcrinjektion*. In diesem Fall gilt an den Sperrschichträndern

$$p_\mathrm{p}(x_\mathrm{p}) \approx p_\mathrm{p0} \approx N_\mathrm{A}^- \quad \text{und} \quad n_\mathrm{n}(x_\mathrm{n}) \approx n_\mathrm{n0} \approx N_\mathrm{D}^+ .$$

Aus Gl. (2.14) folgt dann

$$p_\mathrm{n}(x_\mathrm{n}) \approx p_\mathrm{n0}\exp\!\left(\frac{V}{V_T}\right) \quad \text{und} \quad n_\mathrm{p}(x_\mathrm{p}) \approx n_\mathrm{p0}\exp\!\left(\frac{V}{V_T}\right) . \tag{2.16}$$

Dies bedeutet, daß bei Flußpolung ($V > 0$) die Minoritätsdichten $n_\mathrm{p}(x_\mathrm{p})$ und $p_\mathrm{n}(x_\mathrm{n})$ an den Sperrschichträndern jeweils um den Faktor $\exp(V/V_T)$ über den entsprechenden Gleichgewichtsdichten ($V = 0$) liegen.

In ausgedehnten Bahngebieten laufen die Minoritätsdichten in großen Abständen von der Sperrschicht wieder gegen ihren Gleichgewichtswert, also $p_\mathrm{n}(x)$ gegen p_n0 und $n_\mathrm{p}(x)$ gegen n_p0. Der Grund dafür ist, daß die injizierten Überschußelektronen bzw. -löcher rekombinieren und deshalb kontinuierlich abgebaut werden. Aus diesem Grund bildet sich ein *Konzentrationsgefälle* für Elektronen im p-Gebiet und ein Konzentrationsgefälle für Löcher im n-Gebiet (vgl. Abb. 2.7) – es fließt ein *Diffusionsstrom*.[4]

Der im Gleichstrombetrieb in der Diode mit *Sperrschichtfläche* A_j fließende Strom setzt sich zusammen aus dem in das p-Bahngebiet injizierten Elektronenstrom

$$I_\mathrm{n} \;=\; eA_\mathrm{j}D_\mathrm{n}\left.\frac{\mathrm{d}n_\mathrm{p}}{\mathrm{d}x}\right|_{x_\mathrm{p}} \tag{2.17}$$

und dem in das n-Bahngebiet injizierten Löcherstrom

$$I_\mathrm{p} \;=\; -eA_\mathrm{j}D_\mathrm{p}\left.\frac{\mathrm{d}p_\mathrm{n}}{\mathrm{d}x}\right|_{x_\mathrm{n}} , \tag{2.18}$$

so daß

---

[4]Das elektrische Feld in den Bahngebieten ist bei homogener Dotierung i. allg. vernachlässigbar klein, da die injizierten Minoritätsladungen durch entgegengesetzt gleich große Majoritätsladungen elektrisch *neutralisiert* werden.

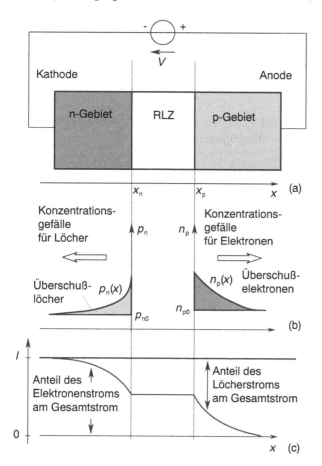

Abb. 2.7. pn-Diode bei Flußbetrieb

$$I = -eA_{\mathrm{j}} \left(D_{\mathrm{n}} \frac{\mathrm{d}n_{\mathrm{p}}}{\mathrm{d}x} \bigg|_{x_{\mathrm{p}}} - D_{\mathrm{p}} \frac{\mathrm{d}p_{\mathrm{n}}}{\mathrm{d}x} \bigg|_{x_{\mathrm{n}}} \right) , \tag{2.19}$$

falls der in Durchlaßrichtung von der Anode (p-Gebiet) zur Kathode (n-Gebiet) fließende Strom als *positiv* vereinbart wird.

Um die Strom-Spannungs-Beziehung zu erhalten, muß die Verteilung der Löcher im n-Gebiet und die Verteilung der Elektronen im p-Gebiet bestimmt werden. Dazu sind die Strom- und Kontinuitätsgleichungen für Elektronen und Löcher im jeweiligen Bahngebiet zu lösen. Dies soll hier für die Elektronenverteilung im p-Gebiet geschehen. Im stationären Fall gilt $\partial n_{\mathrm{p}}/\partial t = 0$; die Kontinuitätsgleichung für die Elektronen vereinfacht sich damit zu

$$\frac{1}{e} \frac{\mathrm{d}J_{\mathrm{n}}}{\mathrm{d}x} = \frac{n_{\mathrm{p}}(x) - n_{\mathrm{p}0}}{\tau_{\mathrm{n}}} . \tag{2.20}$$

Die elektrische Feldstärke im p-Typ Gebiet wird als vernachlässigbar klein angenommen ($E = 0$), d.h. der Elektronenstrom ist dort ein reiner Diffusionsstrom

$$J_\mathrm{n} = eD_\mathrm{n} \frac{\mathrm{d}n_\mathrm{p}}{\mathrm{d}x} \,. \tag{2.21}$$

Zusammenfassen von (2.20) und (2.21) ergibt für die Überschußelektronendichte $n_\mathrm{p}(x) - n_\mathrm{p0}$ im p-Gebiet die *Diffusionsgleichung*

$$\frac{\mathrm{d}^2}{\mathrm{d}x^2} \left[n_\mathrm{p}(x) - n_\mathrm{p0} \right] = \frac{n_\mathrm{p}(x) - n_\mathrm{p0}}{L_\mathrm{n}^2} \,. \tag{2.22}$$

Die Größe L_n bezeichnet dabei die sog. *Diffusionslänge* für Elektronen im p-Gebiet

$$\boxed{L_\mathrm{n} = \sqrt{D_\mathrm{n} \tau_\mathrm{n}} \,.} \tag{2.23}$$

Die allgemeine Lösung der Differentialgleichung (2.22) ist von der Form

$$n_\mathrm{p}(x) - n_\mathrm{p0} = \Delta n_+ \exp\left(\frac{x}{L_\mathrm{n}} \right) + \Delta n_- \exp\left(-\frac{x}{L_\mathrm{n}} \right) \,.$$

Die Konstanten Δn_+ und Δn_- sind so zu bestimmen, daß die Randbedingungen

$$n_\mathrm{p}(x_\mathrm{p}) = n_\mathrm{p0} \exp\left(\frac{V}{V_T} \right) \quad \text{und} \quad \lim_{x \to \infty} \left[n_\mathrm{p}(x) - n_\mathrm{p0} \right] = 0 \tag{2.24}$$

erfüllt sind. Die erste Beziehung folgt aus den Shockleyschen Randbedingungen und legt die Elektronendichte am Sperrschichtrand fest. Die zweite Bedingung berücksichtigt, daß für große Entfernungen von der Sperrschicht die Elektronendichte wieder gegen ihren Gleichgewichtswert und $n_\mathrm{p}(x) - n_\mathrm{p0}$ folglich gegen null verlaufen muß. Diese Forderung setzt eine sog. *Langbasisdiode* voraus, bei der die Länge der Bahngebiete groß ist im Vergleich zu den Diffusionslängen für Minoritäten. [5]

Offensichtlich lassen sich die Randbedingungen (2.24) nur unter der Bedingung $\Delta n_+ = 0$ erfüllen. Für $n_\mathrm{p}(x)$ folgt damit

$$n_\mathrm{p}(x) - n_\mathrm{p0} = n_\mathrm{p0} \left[\exp\left(\frac{V}{V_T} \right) - 1 \right] \exp\left(-\frac{x - x_\mathrm{p}}{L_\mathrm{n}} \right) \,, \tag{2.25}$$

d. h. die Überschußelektronendichte $n_\mathrm{p}(x) - n_\mathrm{p0}$ fällt exponentiell mit dem Abstand zum Sperrschichtrand ab. Die Diffusionslänge L_n bestimmt dabei die Größenordnung des Bereichs, in dem die Elektronendichte wesentlich vom Gleichgewicht abweicht (vgl. Abb. 2.8). Der Wert der Diffusionslänge

---

[5] Diese Bedingung ist in der Praxis häufig nicht erfüllt – dann ist eine Randbedingung zu verwenden, die die Eigenschaften des Kontakts berücksichtigt.

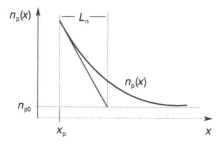

Abb. 2.8. Diffusionslänge für Elektronen

hängt stark von der Dotierstoffkonzentration ab. Für schwach dotiertes Silizium kann die Diffusionslänge Werte von mehreren 100 µm erreichen; in den vergleichsweise stark dotierten Bahngebieten elektronischer Halbleiterbauelemente liegt der Wert der Diffusionslänge üblicherweise im Bereich weniger Mikrometer.

Durch Ableiten von Gl. (2.25) folgt

$$\frac{\mathrm{d}n_\mathrm{p}}{\mathrm{d}x}\bigg|_{x_\mathrm{p}} = -\frac{n_\mathrm{p}(x_\mathrm{p})-n_\mathrm{p0}}{L_\mathrm{n}}$$

und mit Gl. (2.17) der in das p-Bahngebiet injizierte Elektronenstrom I_n. Der in das n-Bahngebiet injizierte Löcherstrom I_p wird auf dieselbe Weise berechnet, und führt gemeinsam mit I_n auf die *ideale Diodenkennlinie*

$$I = I_\mathrm{S}\left[\exp\left(\frac{V}{V_T}\right) - 1\right] \tag{2.26}$$

mit dem *Sättigungsstrom*

$$I_\mathrm{S} = eA_\mathrm{j}\left(\frac{n_\mathrm{p0}D_\mathrm{n}}{L_\mathrm{n}} + \frac{p_\mathrm{n0}D_\mathrm{p}}{L_\mathrm{p}}\right) ; \tag{2.27}$$

die Größe $L_\mathrm{p} = \sqrt{D_\mathrm{p}\tau_\mathrm{p}}$ bezeichnet dabei die Diffusionslänge für Löcher. Berücksichtigt man, daß $n_\mathrm{p0} \approx n_\mathrm{i}^2/N_\mathrm{A}^-$ und $p_\mathrm{n0} \approx n_\mathrm{i}^2/N_\mathrm{D}^+$ gilt, so läßt sich Gl. (2.27) umformen zu

$$\boxed{I_\mathrm{S} \approx eA_\mathrm{j}\left(\frac{D_\mathrm{n}}{L_\mathrm{n}N_\mathrm{A}^-} + \frac{D_\mathrm{p}}{L_\mathrm{p}N_\mathrm{D}^+}\right) n_\mathrm{i}^2 .} \tag{2.28}$$

In dieser Schreibweise wird die starke *Temperaturabhängigkeit* des Diodensättigungsstroms sofort offensichtlich, welche primär vom Faktor

$$n_\mathrm{i}^2 \sim T^3 \exp\left(-\frac{W_\mathrm{g}}{k_\mathrm{B}T}\right)$$

herrührt.

2.1.3 Sperrpolung

Aus Gl. (2.26) folgt für $V \ll -V_T$

$$I = I_S \left[\exp\left(\frac{V}{V_T}\right) - 1 \right] \rightarrow -I_S .$$

Bei *Sperrbetrieb* einer idealen Diode fließt demnach der Sperrstrom I_S. Das Zustandekommen dieses Sperrstroms ist in Abb. 2.9 erläutert. Gemäß den

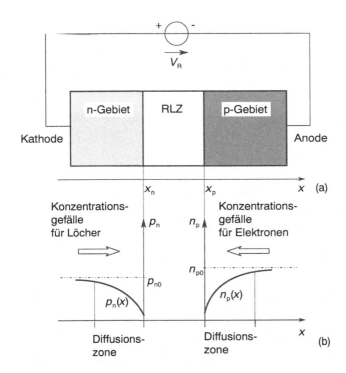

Abb. 2.9. pn-Diode bei Sperrpolung. (a) Querschnitt, (b) Minoritätsdichten

Shockleyschen Randbedingungen (2.14) gilt an den Sperrschichträndern

$$n_p(x_p) = n_{p0} \exp\left(\frac{V}{V_T}\right) \quad \text{und} \quad p_n(x_n) = p_{n0} \exp\left(\frac{V}{V_T}\right) .$$

Bei Sperrpolung $(V < 0)$ ist demnach $n_p(x_p) < n_{p0}$ und $p_n(x_n) < p_{n0}$; die Löcherdichte im n-Bahngebiet fällt ebenso wie die Elektronendichte im p-Bahngebiet zur Sperrschicht hin ab. Wegen dieses Konzentrationsgefälles fließen Löcher aus dem n- ins p-Gebiet und umgekehrt Elektronen aus dem p- ins n-Gebiet. Dies begründet den Diffusionsstromanteil I_S des Sperrstroms: Durch thermische Generation werden laufend Minoritätsladungsträger generiert; diese können aus einem Bereich in der Umgebung der Raumladungszone bis zum Sperrschichtrand diffundieren, von wo sie wegen des elektrischen

Felds der Raumladungszone ins gegenüberliegende Bahngebiet abfließen und so zum *Sperrstrom* $I_R = -I$ beitragen.

Ein weiterer, bisher nicht berücksichtigter Beitrag zum Sperrstrom kommt in der Praxis durch die Generation von Elektron-Loch-Paaren in der Raumladungszone und an der Oberfläche des pn-Übergangs zustande. Sperrströme realer Dioden sind deshalb betragsmäßig oft deutlich größer als I_S. Der Sperrstrom steigt in der Regel auch mit zunehmender Sperrspannung an, was auf die Multiplikation thermisch erzeugter Ladungsträger durch Stoßionisation und die von der Sperrspannung abhängige Ausdehnung der Raumladungszone zurückzuführen ist.

Durchbruchsmechanismen in pn-Übergängen

Für den Durchbruch eines pn-Übergangs im Sperrbetrieb kommen drei Mechanismen in Frage: Zener-Effekt, Lawinendurchbruch und thermischer Durchbruch. Gemeinsames Kennzeichen von Zener- und Lawinendurchbruch ist, daß zu ihrem Auftreten im pn-Übergang eine hohe Feldstärke erforderlich ist. Als kritische Größe hierfür dient der Maximalwert E_{max} der Feldstärke in der Sperrschicht. Im einseitigen abrupten p^+n-Übergang gilt nach Gl. (2.11) mit der Sperrspannung $V_R = -V$

$$E_{max} = \sqrt{\frac{2e}{\epsilon_0\epsilon_r}\frac{N_A^- N_D^+ (V_R+V_J)}{N_A^- + N_D^+}} \approx \sqrt{\frac{2e}{\epsilon_0\epsilon_r} N_D^+ (V_R+V_J)}\,. \qquad (2.29)$$

Beim Auftreten des Durchbruchs wird in Silizium eine *kritische Feldstärke* in der Größenordnung mehrerer 10^5 V/cm überschritten. Wäre diese kritische Feldstärke unabhängig von der Dotierstoffkonzentration konstant, so ergäbe sich aus Gl. (2.29) eine Abhängigkeit der Durchbruchspannung von der Dotierstoffkonzentration der Form

$$V_{BR} \sim 1/N_D^+\,.$$

Die in der Praxis beobachtete Abhängigkeit ist wegen der Zunahme der kritischen Feldstärke mit der Dotierstoffkonzentration schwächer: Abbildung 2.10 zeigt Durchbruchspannungen für einseitige pn-Übergänge in unterschiedlichen Halbleitermaterialien als Funktion der Dotierstoffkonzentration. Dort ist auch die maximale elektrische Feldstärke im pn-Übergang bei der Durchbruchspannung eingetragen, die mit zunehmender Dotierung ansteigt. Die doppeltlogarithmische Auftragung der *Durchbruchspannung* V_{BR} über der Dotierstoffkonzentration kann durch eine Gerade angenähert werden, d. h. zwischen den beiden Größen besteht ein Zusammenhang in Form eines Potenzgesetzes

$$\boxed{V_{BR} \approx 60\,\text{V} \cdot \left(\frac{N}{10^{16}\,\text{cm}^{-3}}\right)^{-0.75}\,.} \qquad (2.30)$$

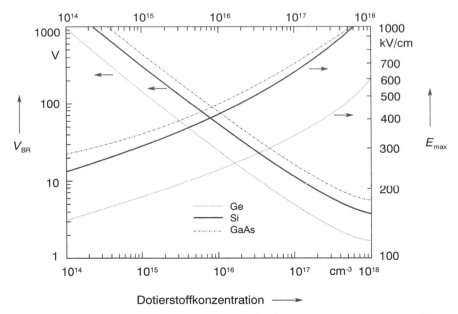

Abb. 2.10. Durchbruchspannung V_{BR} und $E_{max}(V_{BR})$ im einseitigen abrupten pn-Übergang

Bei Dioden mit hoher Durchbruchspannung muß demzufolge mindestens eine Seite eine *geringe* Dotierung aufweisen.

Zener-Effekt. In hochdotierten pn-Übergängen tritt bereits bei geringen Sperrspannungen eine sehr hohe Feldstärke auf. Unter diesen Umständen können Valenzbandelektronen von der p-Seite durch die Energielücke in unbesetzte Zustände im Leitungsband auf der n-Seite „tunneln"(Abb. 2.11). Auf diesem Weg entstehen Löcher im Valenzband und Elektronen im Leitungsband die im Feld der Raumladungszone getrennt werden und als Sperrstrom über die Kontakte abfließen. Die Wahrscheinlichkeit für das Auftreten des beschriebenen *Zener-Effekts* hängt exponentiell von der Breite d der zu durchtunnelnden Strecke (vgl. Abb. 2.11) und – da $E \cdot d \approx W_g/e$ gelten muß – von der elektrischen Feldstärke E ab. Für die Tunnelstromdichte J_{tun} ist die maximale elektrische Feldstärke E_{max} im pn-Übergang maßgeblich. Mit Hilfe der Quantenmechanik kann die folgende Abschätzung gewonnen werden [1]

$$J_{tun} \sim E_{max} \exp\left(-a\,\frac{W_g^{3/2}}{E_{max}}\right)\,, \tag{2.31}$$

wobei a eine materialabhängige Konstante ist. Mit zunehmender Temperatur nimmt der Wert der Energielücke W_g ab. Der Wert der elektrischen Feldstärke und damit die Sperrspannung, die benötigt wird, um einen bestimmten Sperr-

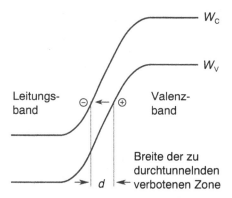

Leitungs-
band

Valenz-
band

Breite der zu
durchtunnelnden
verbotenen Zone

Abb. 2.11. Zener-Effekt: Ein Elektron tunnelt vom Valenzband ins Leitungsband

strom aufrechtzuerhalten, nehmen deshalb ebenfalls ab. Ist der Sperrstrom durch den Zener-Effekt bedingt, so weist die bei konstantem Strom gemessene Sperrspannung demzufolge einen *negativen Temperaturkoeffizienten* auf. Diese Temperaturabhängigkeit erlaubt eine Unterscheidung des Zener-Effekts von dem im Folgenden zu besprechenden Lawinendurchbruch (maßgeblich bei $V_{BR} > 6\,\text{V}$).

Lawinendurchbruch. Der *Lawinendurchbruch* eines pn-Übergangs wird durch *Stoßionisation* bestimmt. Zur Illustration des Effekts dient Abb. 2.12. Im pn-

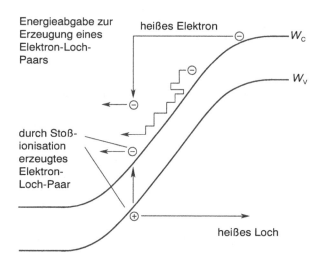

Energieabgabe zur
Erzeugung eines
Elektron-Loch-
Paars

heißes Elektron

durch Stoß-
ionisation
erzeugtes
Elektron-
Loch-Paar

heißes Loch

Abb. 2.12. Stoßionisation im sperrgepolten pn-Übergang

Übergang werden durch thermische Anregung laufend Elektron-Loch-Paare erzeugt (wenn auch gewöhnlich mit geringer Rate). Die so erzeugten Ladungsträger werden im Feld der Raumladungszone beschleunigt und gewinnen auf diesem Weg kinetische Energie. Diese wird üblicherweise nach Durchlaufen eines Wegs in der Größenordnung der freien Weglänge durch Gitterstöße wieder abgegeben. Ein kleiner Anteil der beschleunigten Ladungsträger nimmt dennoch eine sehr hohe kinetische Energie auf (sog. heiße Ladungsträger). Solche Elektronen und Löcher mit $W_{kin} > W_g$ sind nun in der Lage, Elektron-Loch-Paare durch *Stoßionisation* zu erzeugen. Dies ist in Abb. 2.12 für den Fall eines heißen Elektrons skizziert. Die erzeugten Elektronen und Löcher werden im Feld der Raumladungszone getrennt und beschleunigt. Sie sind damit ihrerseits mit einer bestimmten Wahrscheinlichkeit wieder in der Lage, soviel kinetische Energie aus dem Feld aufzunehmen, daß sie durch Stoßionisation weitere Elektron-Loch-Paare erzeugen können. Bei hinreichend großer Feldstärke kommt es zu einer lawinenartigen Verstärkung des Stroms, dem sog. *Lawinendurchbruch*.

Die Wahrscheinlichkeit dafür, daß ein Elektron so viel kinetische Energie aufnimmt, daß es Stoßionisation ausführen kann, wird durch die mittlere freie Weglänge für Ladungsträger und die elektrische Feldstärke E in der Raumladungszone bestimmt. Mit zunehmender Temperatur nimmt die freie Weglänge für Elektronen und Löcher ab, da nun vermehrt Streuprozesse mit den Gitterschwingungen auftreten. Für die Aufrechterhaltung des Lawinenprozesses ist somit eine größere elektrische Feldstärke erforderlich. Ist der Sperrstrom einer pn-Diode durch den Lawineneffekt bestimmt, so muß die Sperrspannung demnach bei konstantem Sperrstrom einen *positiven Temperaturkoeffizienten* aufweisen.

Der Vergleich der drei Halbleitermaterialien Ge, Si und GaAs zeigt, daß bei konstanter Dotierstoffkonzentration die Durchbruchspannung mit der Energielücke *zunimmt* (vgl. Abb. 2.10). Die Ursache hierfür liegt in der mit der Energielücke zunehmenden Ionisationsenergie.

Thermischer Durchbruch. Der thermische Generationsstrom in der pn-Diode ist exponentiell von der Temperatur abhängig. Da eine Zunahme des Sperrstroms zu einem Anstieg der in der Diode umgesetzten Verlustleistung führt, kann die damit verbundene Eigenerwärmung der Diode zu einer Instabilität des Arbeitspunkts, dem *thermischen Durchbruch*, führen. Dieser wird verhindert, solange die Bedingung (vgl. Aufgabe 2.10)

$$R_{th} V_R \left(\frac{\partial I_R}{\partial T} \right)_{V_R} < 1 \tag{2.32}$$

erfüllt ist. Da der Sperrstrom I_R eine starke Temperaturabhängigkeit aufweist und $\partial I_R / \partial T \sim I_R$ gilt, tritt der thermische Durchbruch vornehmlich bei hohen Umgebungstemperaturen auf. Da der Sperrstrom mit zunehmender Energielücke abnimmt, kann thermischer Durchbruch durch Einsatz von Halbleitermaterialien mit größerer Energielücke vermieden werden.

2.2 Diodenkennlinie, Parameterbestimmung

Es hat sich als zweckmäßig erwiesen, die ideale Diodenkennlinie in der Form

$$I = I_S \left[\exp\left(\frac{V}{NV_T} \right) - 1 \right] \tag{2.33}$$

zu schreiben. Der sog. *Emissionskoeffizient* N ermöglicht dabei eine verbesserte Beschreibung gemessener Kennlinienverläufe. Sein Wert liegt in der Regel zwischen 1 und 2 – in qualitativ hochwertigen pn-Übergängen gilt jedoch in sehr guter Näherung $N \approx 1$.

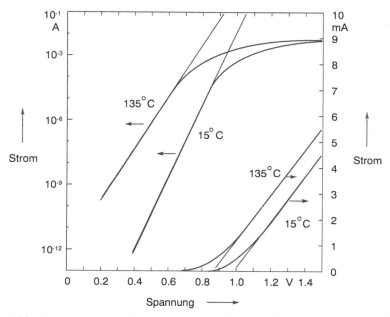

Abb. 2.13. Gemessene Kennlinien einer pn-Diode bei Flußpolung ($A_j = 1\,\mu\mathrm{m}^2$)

2.2.1 Kennlinie und Bahnwiderstand

Abbildung 2.13 zeigt gemessene Kennlinien einer pn-Diode[6] bei Flußpolung in logarithmischer und linearer Auftragung für zwei verschiedene Temperaturen. Die Kennlinie läßt sich in sehr guter Näherung als Reihenschaltung einer idealen Diode mit einem *Bahnwiderstand* R_S beschreiben (vgl. Abb. 2.14).

---

[6]Die charakterisierte Diode ist sowohl auf der p- als auch auf der n-Seite so stark dotiert, daß Hochinjektionseffekte vernachlässigt werden können. Eine Eigenerwärmung der Diode aufgrund der umgesetzten Leistung ist ebenfalls vernachlässigbar, da die umgesetzte Leistung gering ist und die Temperatur der Halbleiterrückseite konstant gehalten wurde.

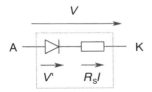

Abb. 2.14. Ersatzschaltung der realen Diode bei Gleichbetrieb: Ideale Diode mit Serienwiderstand

Eine an den Klemmen der Diode anliegende Flußspannung V spaltet sich
dabei auf in eine Spannung V' an der idealen Diode und eine Spannung $R_S I$
am Serienwiderstand

$$V = V' + R_S I = N V_T \ln\left(\frac{I + I_S}{I_S}\right) + R_S I \ . \tag{2.34}$$

Für kleine Flußspannungen V ist der Spannungsabfall am Serienwiderstand
vernachlässigbar; die logarithmische Auftragung ergibt mit $V \approx V'$ für $I \gg I_S$
(bzw. $V \gg N V_T$) einen linearen Kennlinienverlauf

$$\log[\,I(V)] = \log(I_S) + \frac{\log(e)}{N V_T}\, V \ .$$

Aus *Achsenabschnitt* und *Steigung* der Näherungsgeraden an die Kennlinie in
logarithmischer Darstellung folgen so Sättigungsstrom I_S und Emissionskoeffizient N. Mit zunehmender Stromstärke I wird der Spannungsabfall am Serienwiderstand $R_S I$ immer bedeutungsvoller und verursacht eine Abflachung

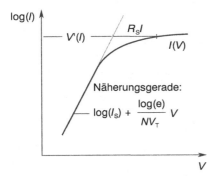

Abb. 2.15. Ermittlung der Diodenparameter
aus der Kennlinie

der Kennlinie in logarithmischer Auftragung. Für einen bestimmten Wert des
Stroms läßt sich der Spannungsabfall am Serienwiderstand – und damit der
Wert von R_S – als Abstand der Kennlinie von der extrapolierten rein exponentiellen Kennlinie bestimmen[7] (vgl. Abb. 2.15).

---

[7]Dieser Ansatz vernachlässigt die Änderung von V' als Folge der Eigenerwärmung der
Diode sowie eine Arbeitspunktabhängigkeit des Bahnwiderstands. In Gleichrichterdioden
für hohe Durchbruchspannungen mit entsprechend niedrig dotierten Bahngebieten stellt
dies eine grobe Näherung dar, da dort der Bahnwiderstand mit zunehmender Flußpolung
als Folge der Leitfähigkeitsmodulation abnimmt.

Durch Ableiten nach dem Diodenstrom I ergibt sich der *Kleinsignalwiderstand*

$$r = \frac{dV}{dI} = R_S + \frac{NV_T}{I} \qquad \text{für} \quad I \gg I_S \,. \tag{2.35}$$

Der Wert von r nimmt mit zunehmendem I ab; gilt $R_S I \gg NV_T$, so ist der Kleinsignalwiderstand in sehr guter Näherung gleich dem Bahnwiderstand R_S. Bei linearer Auftragung des Diodenstroms über der Spannung sollte sich dann annähernd eine Gerade ergeben. Dies wird durch Abb. 2.13 bestätigt: Bei großen Flußspannungen steigt I annähernd proportional zu V an.

Beispiel 2.2.1 Für eine Silizium-pn-Diode werden bei Raumtemperatur ($\vartheta = 19°\text{C}$) folgende Daten gemessen

Klemmenspannung V	430 mV	530 mV	900 mV
Klemmenstrom I	1.67 µA	47.0 µA	30 mA

Unter Vernachlässigung der Eigenerwärmung können aus diesen Daten die Parameter I_S, N und R_S bestimmt werden. Bei den Klemmenspannungen 430 mV und 530 mV ist der Spannungsabfall am Serienwiderstand vernachlässigbar. Für diese beiden Meßpunkte gilt

$$I = I_S \left[\exp\left(\frac{V}{NV_T}\right) - 1 \right] \approx I_S \exp\left(\frac{V}{NV_T}\right) \,,$$

was die Bestimmung von I_S und N erlaubt. I_S läßt sich aus den beiden Gleichungen durch Quotientenbildung mit dem Ergebnis

$$\frac{I_1}{I_2} \approx \exp\left(\frac{V_1 - V_2}{NV_T}\right)$$

eliminieren. Diese Beziehung kann nach dem Emissionskoeffizient aufgelöst werden

$$\frac{1}{N} = \frac{V_T}{V_1 - V_2} \ln\left(\frac{I_1}{I_2}\right) \,,$$

was mit $V_T = 25.2$ mV, $V_1 - V_2 = 100$ mV und $\ln(I_1/I_2) \approx 3.34$ auf $N = 1.19$ führt. Mit bekanntem Emissionskoeffizienten N berechnet sich nun aus I_1 und V_1 der Sättigungsstrom I_S gemäß

$$I_S \approx I_1 \exp\left(-\frac{V_1}{NV_T}\right) \approx 10^{-12}\,\text{A} \,.$$

Beim Strom $I_3 = 30$ mA würde an einer solchen Diode ohne Serienwiderstand R_S die Spannung

$$V_3' = NV_T \ln\left(\frac{I_3}{I_S}\right) \approx 724\,\text{mV}$$

abfallen – an den Klemmen wird aber eine Potentialdifferenz von 900 mV gemessen. Die Differenz 900 mV – 724 mV = 176 mV muß am Serienwiderstand R_S abfallen. Dieser ist demzufolge

$$R_\mathrm{S} \approx \frac{176\,\mathrm{mV}}{30\,\mathrm{mA}} \approx 5.9\,\Omega \; .$$

Für eine gute Gleichrichterdiode wäre dieser Wert deutlich zu groß. Δ

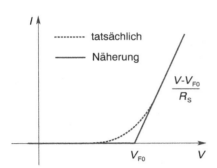

Abb. 2.16. Knickkennlinie

Knickkennlinie

Für Gleichrichteranwendungen genügt häufig eine näherungsweise Beschreibung der Strom-Spannungs-Beziehung durch eine sog. *Knickkennlinie*. Für die Diodenkennlinie wird dabei die Näherung

$$I = 0 \quad \text{für} \quad V \leq V_\mathrm{F0}$$

sowie

$$I = \frac{V - V_\mathrm{F0}}{R_\mathrm{S}} \quad \text{für} \quad V \geq V_\mathrm{F0}$$

verwendet (vgl. Abb. 2.16). Die *Schleusenspannung* V_F0 ist temperaturabhängig und nimmt mit zunehmender Temperatur um typischerweise $1.5 - 2$ mV/K ab.

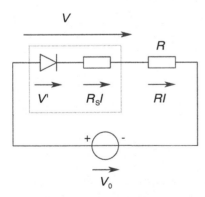

Abb. 2.17. Zur Berechnung des Arbeitspunkts bei Spannungsteuerung

Arbeitspunkt bei Spannungssteuerung

Eine Diode – charakterisiert durch Sättigungsstrom I_S, Emissionskoeffizient N und Bahnwiderstand R_S – sei in Serie zu einem Widerstand R geschaltet und an eine Spannungsquelle vom Wert V_0 angeschlossen (vgl. Abb. 2.17). Gesucht ist der Strom I durch die Anordnung. Der Spannungsabfall V' an der idealen Diode folgt aus der für $I \gg I_S$ gültigen Näherung

$$V' = NV_T \ln(I/I_S) \; ; \tag{2.36}$$

der Strom durch die Anordnung errechnet sich mit Hilfe des Ohmschen Gesetzes

$$(R+R_S)I = V_0 - V' . \tag{2.37}$$

Die Gln. (2.36) und (2.37) stellen eine nichtlineare Beziehung zwischen I und V_0 her, die *iterativ* gelöst werden kann. Dazu benötigt man einen Schätzwert $V'^{(0)}$ für die Flußspannung an der inneren Diode. Für Si-Dioden ist i.allg. $V'^{(0)} = 0.7$ V ein guter Startwert. Für den Strom durch die Anordnung folgt daraus näherungsweise

$$I^{(0)} = \frac{V_0 - V'^{(0)}}{R + R_S} \, , \tag{2.38}$$

was in Gl. (2.36) eingesetzt auf einen verbesserten Wert $V'^{(1)}$ für den Spannungsabfall an der inneren Diode führt. Aus diesem folgt in Gl. (2.37) wiederum eine bessere Näherung für den Strom etc.

Beispiel 2.2.2 Sei $V_0 = 1.2$ V, $R_S = 1\,\Omega$, $R = 20\,\Omega$, $I_S = 10^{-11}$ A, $N = 1.2$ und $T = 300$ K. Mehrfaches Durchlaufen der Iterationsschleife liefert:

$V'^{(0)}$	=	700	mV	$I^{(0)}$	= 23.80952 mA
$V'^{(1)}$	=	671.041	mV	$I^{(1)}$	= 25.18852 mA
$V'^{(2)}$	=	672.791	mV	$I^{(2)}$	= 25.10519 mA
$V'^{(3)}$	=	672.6879	mV	$I^{(3)}$	= 25.1101 mA
$V'^{(4)}$	=	672.694	mV	$I^{(4)}$	= 25.10981 mA
$V'^{(5)}$	=	672.6937	mV	$I^{(5)}$	= 25.10983 mA

Wie das Beispiel zeigt, konvergiert das angegebene Verfahren sehr schnell, d. h. der zweite Iterationsschritt liefert bereits ein sehr gutes Ergebnis. Δ

Ist der am Serienwiderstand auftretende Spannungsabfall *groß* im Vergleich zum Spannungsabfall an der Diode, so genügt meistens die Abschätzung $V' = V'^{(0)}$ – unter diesen Umständen liefert Gl. (2.38) den Diodenstrom in ausreichender Genauigkeit. Für $V_0 = 10$ V beispielsweise führt ein Fehler von 100 mV bei der Abschätzung des Spannungsabfalls an der Diode nur zu einem Fehler von ca. 1% im berechneten Spannungsabfall am Serienwiderstand und damit im berechneten Strom.

2.2.2 Temperaturabhängigkeit

Dioden zeigen *Heißleiterverhalten*: Der durch eine Diode bei konstanter angelegter Spannung fließende Strom nimmt mit zunehmender Temperatur zu, während der Spannungsabfall bei konstant gehaltenem Strom abnimmt. Die Änderung des Diodenstroms bei konstant gehaltener Spannung ist in Abb. 2.13 zu sehen. Bei kleinen Werten der Flußspannung nimmt der Strom bei Temperaturerhöhung von 15°C auf 135°C um annähernd vier Größenordnungen zu. Ursache des Heißleiterverhaltens ist der exponentiell mit der Temperatur zunehmende Sättigungsstrom, dessen Auswirkung allerdings zu einem Teil durch die Zunahme der Temperaturspannung V_T kompensiert wird. Der Sättigungsstrom der idealen Diode ist proportional zu $D_n n_i^2/L_n$, d.h. es gilt

$$I_S(T) \;=\; I_S(T_0) \frac{D_n(T)}{D_n(T_0)} \frac{L_n(T_0)}{L_n(T)} \frac{n_i^2(T)}{n_i^2(T_0)} \;,$$

wobei

$$n_i^2 \;\sim\; T^\gamma \exp\!\left(-\frac{W_g(T)}{k_B T}\right)$$

mit $\gamma \approx 3$ sehr stark temperaturabhängig ist. Die Temperaturabhängigkeit der restlichen Größen läßt sich annähernd durch ein Potenzgesetz beschreiben. Bei Dioden mit Emissionskoeffizient $N \neq 1$ ist der Sättigungsstrom annähernd proportional zu $n_i^{2/N}$; dies führt auf den Ansatz

$$I_S(T) \;=\; I_S(T_0) \left(\frac{T}{T_0}\right)^{X_{TI}/N} \exp\!\left(\frac{W_g(T_0)}{N k_B T_0} - \frac{W_g(T)}{N k_B T}\right) \;.$$

mit einem Parameter $X_{TI} \approx 3.5$ für pn-Dioden.

Der Wert der Energielücke W_g ist eine temperaturabhängige Größe. Abbildung 2.18 zeigt den Wert der Energielücke W_g sowie der sog. *Bandabstandsspannung* V_g

$$V_g(T) \;=\; \frac{1}{e}\left(W_g - T\frac{dW_g}{dT}\right) \tag{2.39}$$

für verschiedene Halbleiter als Funktion der Temperatur. Wird $W_g(T)$ bis zur ersten Ordnung um T_0 entwickelt, so gilt

$$W_g(T) \;\approx\; W_g(T_0) + (T-T_0)\left.\frac{dW_g}{dT}\right|_{T_0} \;,$$

und damit

$$I_S(T) \;=\; I_S(T_0) \left(\frac{T}{T_0}\right)^{X_{TI}/N} \exp\!\left(\frac{V_g}{N V_T}\frac{T-T_0}{T_0}\right) \;. \tag{2.40}$$

Die Größe

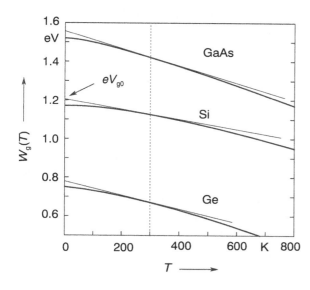

Abb. 2.18. Energielücke W_g als Funktion der Temperatur und extrapolierte Bandabstandsspannung V_{g0} für die Halbleiter Ge, Si und GaAs

$$V_g = W_g(T_0) - T_0 \left. \frac{dW_g}{dT} \right|_{T_0} \tag{2.41}$$

ist die Bandabstandsspannung bei der Bezugstemperatur. Da die Temperaturabhängigkeit der Bandabstandsspannung deutlich weniger stark ausgeprägt ist als die Temperaturabhängigkeit der Energielücke ist der Ansatz (2.40) mit einer temperaturunabhängigen Bandabstandsspannung üblicherweise ausreichend. Für Si-Dioden beträgt diese $1.205\,\mathrm{V}$ bei $T = 300\,\mathrm{K}$.

Für $I \gg I_S$ geht Gl. (2.34) über in

$$V = NV_T \ln\left(\frac{I}{I_S}\right) + R_S I = V' + R_S I \ . \tag{2.42}$$

Durch Ableiten dieser Beziehung nach der Temperatur folgt allgemein

$$\frac{dV}{dT} = \frac{V'}{T} + NV_T \left(\frac{1}{I}\frac{dI}{dT} - \frac{1}{I_S}\frac{dI_S}{dT}\right) + I\frac{dR_S}{dT} + R_S\frac{dI}{dT} \ . \tag{2.43}$$

Die relative Änderung des Sättigungsstroms mit der Temperatur ergibt sich dabei aus Gl. (2.40)

$$\frac{1}{I_S}\frac{dI_S}{dT} = \frac{1}{NT}\left(X_{TI} + \frac{V_g}{V_T}\right) \ . \tag{2.44}$$

Bei konstant gehaltenem Strom $(dI/dT = 0)$ erhält man somit

$$\boxed{\left(\frac{\partial V}{\partial T}\right)_I = \frac{V' - V_g(T) - X_{TI}V_T}{T} + \frac{dR_S}{dT}I \quad \text{für } I \gg I_S \ ,} \tag{2.45}$$

wobei der zweite, die Temperaturabhängigkeit des Bahnwiderstands R_S berücksichtigende Term, zumeist vernachlässigbar ist.

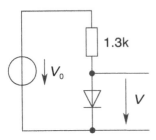

Abb. 2.19. Zu Beispiel 2.2.3

Beispiel 2.2.3 Betrachtet wird die in Abb. 2.19 skizzierte Reihenschaltung einer Siliziumdiode mit einem ohmschen Widerstand. Der Bahnwiderstand R_S der Diode sei vernachlässigbar. Die angelegte Spannung sei $V_0 = 2$ V, bei $T = 300$ K betrage der Strom durch die Anordnung 10 mA. (a) Wie verändert sich die Ausgangsspannung V mit der Temperatur, falls der Wert von $R = 1.3$ kΩ als temperaturunabhängig angenommen werden darf? (b) Welchen Temperaturkoeffizient müßte R aufweisen, damit V temperaturunabhängig wird?

(a) Für die Änderung der Ausgangsspannung gilt allgemein

$$\frac{\mathrm{d}V}{\mathrm{d}T} = \left(\frac{\partial V}{\partial T}\right)_I + \left(\frac{\partial V}{\partial I}\right)_T \frac{\mathrm{d}I}{\mathrm{d}T} \ . \tag{2.46}$$

Mit

$$\left(\frac{\partial V}{\partial I}\right)_T = r_\mathrm{d} \approx \frac{V_T}{I} \approx 2.6 \,\Omega$$

und

$$\frac{\mathrm{d}}{\mathrm{d}T}\,(V+RI) = \frac{\mathrm{d}V}{\mathrm{d}T} + I\frac{\mathrm{d}R}{\mathrm{d}T} + R\frac{\mathrm{d}I}{\mathrm{d}T} = 0 \tag{2.47}$$

folgt im Fall eines temperaturunabhängigen Widerstandswerts

$$\frac{\mathrm{d}I}{\mathrm{d}T} = -\frac{1}{R}\frac{\mathrm{d}V}{\mathrm{d}T} \ .$$

Einsetzen in Gl. (2.46) liefert mit $V = 2\,\mathrm{V} - 1.3\,\mathrm{k}\Omega \cdot 10\,\mathrm{mA} = 0.7$ V, $V_\mathrm{g} = 1.205$ V und $X_\mathrm{TI} = 3.5$

$$\begin{aligned}
\frac{\mathrm{d}V}{\mathrm{d}T} &= \frac{1}{1+r_\mathrm{d}/R}\left(\frac{\partial V}{\partial T}\right)_I \\
&= \frac{1}{1+r_\mathrm{d}/R}\frac{V - V_\mathrm{g} - X_\mathrm{TI}\,V_T}{T} = -1.98\,\frac{\mathrm{mV}}{\mathrm{K}} \ .
\end{aligned}$$

Der Vorfaktor des Ausdrucks auf der rechten Seite ist wegen $r_\mathrm{d}/R \ll 1$ in diesem Beispiel annähernd gleich eins.

(b) Ist R temperaturabhängig, so folgt aus Gl. (2.47)

$$\frac{\mathrm{d}I}{\mathrm{d}T} = -\frac{1}{R}\frac{\mathrm{d}V}{\mathrm{d}T} - \alpha_R I \ ,$$

wobei α_R den Temperaturkoeffizienten des Widerstandswerts angibt. Mit Gl. (2.46) folgt

$$\frac{\mathrm{d}V}{\mathrm{d}T} = \left(\frac{\partial V}{\partial T}\right)_I - \frac{r_\mathrm{d}}{R}\frac{\mathrm{d}V}{\mathrm{d}T} - \alpha_R r_\mathrm{d}I \ .$$

Die Forderung $\mathrm{d}V/\mathrm{d}T = 0$ nach einer temperaturunabhängigen Ausgangsspannung führt somit auf

$$\alpha_R = \frac{1}{r_\mathrm{d}I}\left(\frac{\partial V}{\partial T}\right)_I \approx -0.076\,\mathrm{K}^{-1} \ .$$

Der Widerstand R müßte demnach ein ausgeprägtes Heißleiterverhalten aufweisen.

Modellbeschreibung in SPICE

In der SPICE-Netzliste kann eine ideale Diode durch die *Elementanweisung*

        D(name)   K_p   K_n   Mname

definiert werden. Dabei bezeichnet K_p den Namen des Knotens, an den die Anode angeschlossen ist (p-Seite) und K_n den Namen des Knotens, an den die Kathode angeschlossen ist (n-Seite). Mname kennzeichnet das verwendete Diodenmodell, das in einer gesonderten .MODEL-Anweisung spezifiziert wird. Die Temperaturabhängigkeit des Sättigungsstroms wird entsprechend Gl. (2.40) durch den Parameter XTI und die Bandabstandsspannung V_g beschrieben, die in der Elementanweisung durch den Parameter EG angegeben wird

$$I_\mathrm{S}(T) = I_\mathrm{S}\left(\frac{T}{T_0}\right)^{X_\mathrm{TI}/N} \exp\left(\frac{E_\mathrm{G}}{NV_\mathrm{T}}\frac{T-T_0}{T_0}\right) \ . \tag{2.48}$$

Der Parameter I_S ist dabei der Wert des Sättigungsstroms bei der Bezugstemperatur T_0. Wird die Simulation für eine andere Temperatur T als die Bezugstemperatur durchgeführt, so errechnet SPICE automatisch anhand von (2.48) den passenden Sättigungsstrom $I_\mathrm{S}(T)$. Werden die Parameter XTI und EG nicht spezifiziert, so kommen die Ersatzwerte $X_\mathrm{TI} = 3$ und $E_\mathrm{G} = 1.11\,\mathrm{V}$ zur Anwendung.

Beispiel 2.2.4 Die Anweisung

        D3   17   19   DIOD

in Verbindung mit der .MODEL-Anweisung

        .MODEL   DIOD   D   (IS = 1E-13   N = 1.2)

beschreibt eine ideale Diode D3 zwischen Knoten 17 (Anode) und 19 (Kathode) vom Typ DIOD (Name der Modellanweisung) mit dem Sättigungsstrom $I_\mathrm{S} = 10^{-13}\,\mathrm{A}$ und dem Emissionskoeffizienten $N = 1.2$. Δ

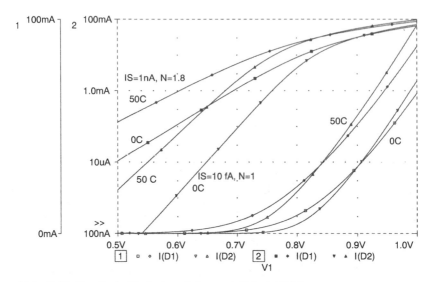

Abb. 2.20. Simulierte Diodenkennlinien nach Beispiel 2.2.5

Beispiel 2.2.5 Die Steuerdatei

```
* Diodenkennlinie
V1    1    0    DC    1
D1    1    0    DIOD1
D2    1    0    DIOD2
.MODEL    DIOD1    D    (IS = 1E-9    N = 1.8    RS = 2)
.MODEL    DIOD2    D    (IS = 1E-15   N = 1      RS = 2)
.DC    V1    0.5    1    0.001
.TEMP    0    50
.PROBE
.END
```

liefert die Kennlinien zweier Dioden D1 und D2 mit unterschiedlichen Werten des
Sättigungsstroms und Emissionskoeffizienten für zwei verschiedene Werte der Tempe-
ratur (0°C und 50°C). Der angegebene Wert des Sättigungsstroms ist auf die Nomi-
naltemperatur $T_0 = T_{\mathrm{nom}}$ (hier 27°C) bezogen. Die logarithmische Darstellung der
Kennlinien zeigt deutliche Unterschiede im Bereich kleiner Ströme; im Bereich großer
Ströme besteht jedoch weitgehend Übereinstimmung, wie die lineare Auftragung der
Diodenkennlinien zeigt.   △

2.3 Speicherladungen

Die Anzahl der Elektronen und Löcher und damit die in der Diode gespeicherte Ladung hängt von der Spannung v zwischen Anode und Kathode ab. Die Speicherladung wird aufgespalten in eine Änderung der Sperrschichtladung und eine Änderung der Minoritätsladung in den Bahngebieten (Diffusionsladung). Entsprechende Ladungsänderungen werden beschrieben durch Umladen von Sperrschichtkapazität c_j und Diffusionskapazität c_T.

2.3.1 Sperrschichtkapazität

Die Sperrschichtladung ist abhängig von der angelegten Spannung. Ändert sich der Spannungsabfall an der Sperrschicht, so ist die zugehörige *Sperrschichtkapazität* umzuladen. Diese ist arbeitspunktabhängig und wird bei Sperrbetrieb sowie im Bereich kleiner Flußspannungen in SPICE durch den Ansatz[8]

$$c_j(V) = \frac{C_{J0}}{(1 - V/V_J)^M} \qquad (2.49)$$

beschrieben. Der sog. *Gradationsexponent* M besitzt dabei typischerweise Werte im Bereich zwischen $1/3$ und $1/2$, während die *Diffusionsspannung* V_J in Siliziumdioden im Bereich $(0.7 - 1)$ V liegt. Der Parameter C_{J0} beschreibt die Sperrschichtkapazität $c_j(0)$. Gleichung (2.49) stellt eine Verallgemeinerung der im Rahmen der Sperrschichtnäherung für den abrupten ($M = 1/2$) und linearen ($M = 1/3$) pn-Übergang gefundenen Ausdrücke dar. Die Parameter C_{J0}, V_J und M werden gewöhnlich durch Anpassung an gemessene $c_j(V)$-Verläufe bestimmt. Der Wert von C_{J0} weist wegen der temperaturabhängigen Dielektrizitätskonstante und Diffusionsspannung einen Temperaturgang auf. Für die bei der Spannung V auf der Sperrschichtkapazität gespeicherte Ladung Q_j folgt aus $c_j(V) = \mathrm{d}Q_j/\mathrm{d}V$ durch Integration

$$Q_j = \int_0^V c_j(v)\,\mathrm{d}v = \frac{C_{J0}\,V_J}{1 - M}\left[1 - \left(1 - \frac{V}{V_J}\right)^{(1-M)}\right]. \qquad (2.50)$$

Diese Ladung muß bei einem Schaltvorgang über die Klemmen zu- bzw. abgeführt werden, was bei endlichem Strom zu Schaltverzögerungen führt.

Beispiel 2.3.1 Gegeben sei eine Diode mit $V_J = 0.8$ V, $M = 0.4$ und $C_{J0} = 2$ pF. Die Diode wird über eine Konstantstromquelle $I = -1$ mA entladen. Gefragt ist die zum Entladen der Sperrschichtkapazität von $V = 0$ auf $V = -10$ V benötigte Zeit. Um über der Diode eine Sperrspannung von 10 V aufzubauen, muß nach Gl. (2.50) aus der Sperrschicht die Ladung

---

[8]Sind Bahnwiderstände zu berücksichtigen, so ist V durch V' zu ersetzen.

$$\Delta Q_{\mathrm{j}} = \frac{C_{\mathrm{J0}} V_{\mathrm{J}}}{1-M} \left[1 - \left(1 - \frac{V}{V_{\mathrm{J}}} \right)^{(1-M)} \right]$$

$$= \frac{2 \cdot 10^{-12}\,\mathrm{F} \cdot 0.8\,\mathrm{V}}{0.6} \left[1 - \left(1 + \frac{10}{0.8} \right)^{0.6} \right] = -1.004 \cdot 10^{-11}\,\mathrm{As}$$

abtransportiert werden. Der Entladestrom $I = -1$ mA benötigt dazu

$$\Delta t = \frac{\Delta Q_{\mathrm{j}}}{I} \approx 10\,\mathrm{ns} \ .$$

Erst nach dieser Zeit ist die Sperrschicht vollständig aufgebaut. $\triangle$

Sperrschichtkapazität des abrupten pn-Übergangs

Abbildung 2.21 zeigt die Ladungsverteilung in einem abrupten pn-Übergang
in Sperrschichtnäherung. Die Grenzen der Raumladungszone bei der Poten-
tialdifferenz $V - V_{\mathrm{J}}$ über der Sperrschicht werden mit x_{n} und x_{p} bezeichnet.
Vergrößert sich die Potentialdifferenz betragsmäßig um ΔV, so verschieben
sich die Sperrschichtränder um Δx_{n} bzw. Δx_{p}. Die mit dieser Verschiebung

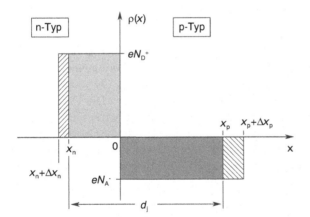

Abb. 2.21. Ladungsände-
rung im abrupten pn-Über-
gang durch Änderung der
Sperrschichtweite

verbundene Ladungsänderung $\Delta Q_{\mathrm{j}} = c_{\mathrm{j}}(V)\Delta V$ wird durch die Sperrschichtkapazität beschrieben. Diese kann durch die vom Plattenkondensator her be-
kannte Beziehung

$$c_{\mathrm{j}}(V) = \frac{\epsilon_0 \epsilon_{\mathrm{r}} A_{\mathrm{j}}}{d_{\mathrm{j}}(V)} \tag{2.51}$$

beschrieben werden. Der „Plattenabstand", d. h. die Sperrschichtweite d_{j}, ist
hier jedoch von der angelegten Spannung V abhängig. Mit Gl. (2.9) folgt für
die Sperrschichtkapazität des abrupten pn-Übergangs

$$c_j(V) = \frac{c_j(0)}{\sqrt{1 - V/V_J}} , \qquad (2.52)$$

wobei gilt

$$c_j(0) = A_j \sqrt{\frac{e\epsilon_0\epsilon_r}{2V_J} \frac{N_A^- N_D^+}{N_A^- + N_D^+}} . \qquad (2.53)$$

Gleichung Gl. (2.52) besitzt dieselbe Form wie Gl. (2.49), falls der Gradationsexponent $M = 1/2$ gewählt wird.

Im Fall des *einseitigen pn-Übergangs* ($N_D^+ \to \infty$) erstreckt sich die Sperrschicht ausschließlich in die akzeptordotierte Seite. Die Sperrschichtkapazität nimmt dann proportional zur Wurzel der Akzeptorkonzentration zu

$$C_{J0} \sim \sqrt{N_A^-} .$$

In Abb. 2.22 sind Sperrschichtkapazität und -weite über der Akzeptorkonzentration (Annahme $N_A \approx N_A^-$) für verschiedene Werte von $V_R + V_J$ aufgetragen.

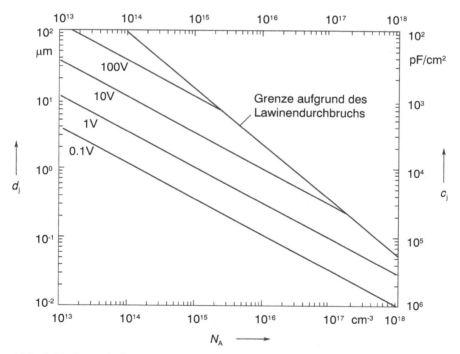

Abb. 2.22. Sperrschichtweite und spezifische (flächenbezogene) Sperrschichtkapazität einseitiger abrupter pn-Übergänge für verschiedene Werte der Potentialdifferenz über der Sperrschicht [1]

Beispiel 2.3.2 Für einen abrupten Silizium-pn-Übergang der Fläche $A_j = 5000\,\mu m^2$ sei $N_A^- = 10^{16}$ cm^{-3} und $N_D^+ = 10^{18}$ cm^{-3}. Zu bestimmen ist die Sperrschichtkapazität bei $V = 0.4$ V, -1 V und -10 V. Mit dem Ergebnis für V_J aus Beispiel 2.1.1 folgt

$$c_j(0) = A_j\sqrt{\frac{\epsilon\epsilon_0\epsilon_r N_A^- N_D^+}{2(N_A^- + N_D^+)V_J}} = 1.58\,\text{pF} .$$

Für die Sperrschichtkapazität bei den angegebenen Spannungswerten folgen damit aus Gl. (2.52) die Werte $c_j(0.4\,\text{V}) = 2.20$ pF, $c_j(-1\,\text{V}) = 1.068$ pF und $c_j(-10\,\text{V}) = 0.439$ pF. Δ

Gültigkeitsbereich der Sperrschichtnäherung

Die rechte Seite von (2.49) divergiert für $V \to V_J$ und wird für größere Werte von V komplex. Die auf der Basis der Sperrschichtnäherung hergeleitete Beziehung versagt mithin im Bereich großer Flußspannungen – nur für kleine Flußspannungen und im Sperrbereich ist die Sperrschichtnäherung mit ihrer Unterteilung des Diodenvolumens in Bahngebiete und Raumladungszonen eine gute Näherung. Eine numerische Untersuchung [2] der Diodenkapazität als Funktion der angelegten Spannung zeigt erwartungsgemäß, daß die Divergenz nicht auftritt und die Sperrschichtkapazität oberhalb eines maximalen Werts sogar wieder abnimmt (vgl. Abb. 2.23).

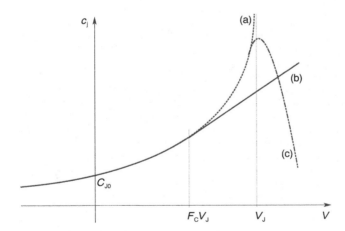

Abb. 2.23. Sperrschichtkapazität c_j als Funktion der Flußspannung V. (a) Sperrschichtnäherung, (b) von SPICE verwendete Abhängigkeit, (c) korrekter Verlauf

Da im Bereich großer Flußspannungen die Sperrschichtkapazität sehr viel kleiner ist als die im nächsten Abschnitt zu diskutierende Diffusionskapazität, wird in SPICE für Flußspannungen größer als $V = F_C V_J$ die Sperrschichtkapazität durch lineare Extrapolation des $c_j(V)$-Verlaufs beschrieben.

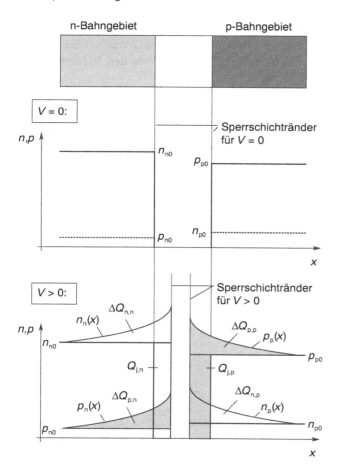

Abb. 2.24. Elektronendichte $n(x)$ und Löcherdichte $p(x)$ in der pn-Diode bei $V = 0$ und bei Flußpolung ($V > 0$)

2.3.2 Minoritätsspeicherladung, Diffusionskapazität

Bei Flußpolung der Diode bewegen sich die Sperrschichtränder aufeinander zu, die Sperrschicht wird schmaler und die damit verbundene Potentialbarriere niedriger. Abbildung 2.24 zeigt die Verteilungen der Ladungsträger bei Flußpolung. Zum Abbau der Sperrschicht ist die Löcherladung $Q_{j,p}$ und die entgegengesetzt gleich große Elektronenladung $Q_{j,n}$ aufzubringen. Der Wert von $Q_{j,p} = Q_j$ kann nach Gl. (2.50) als Integral über die Sperrschichtkapazität berechnet werden.

Bei Flußpolung werden zusätzlich Elektronen in das p-Bahngebiet injiziert und Löcher in das n-Bahngebiet. Die injizierten Minoritäten bilden dort die Ladungen $\Delta Q_{p,n}$ bzw. $\Delta Q_{n,p}$. Das durch diese Ladungen verursachte elektrische Feld zieht nun entgegengestzt gleich große Majoritätsladungen $\Delta Q_{p,p}$ bzw. $\Delta Q_{n,n}$ an, die die injizierten Minoritäten *neutralisieren*. Dies erfolgt insbesondere bei hoher Dotierung der Bahngebiete sehr schnell (dielektrische

Relaxationszeit gering); in der Regel kann deshalb eine vollständige Neutralität der Bahngebiete angenommen werden. Aus diesem Grund genügt es, die gespeicherte Löcherladung zu betrachten. Die gesamte in den Bahngebieten gespeicherte Löcherladung wird als *Diffusionsladung*

$$Q_T = \Delta Q_{p,p} + \Delta Q_{p,n} = -(\Delta Q_{n,n} + \Delta Q_{n,p})$$

bezeichnet. Bei stationärem Betrieb ist die Diffusionsladung Q_T proportional zum Diodenstrom I

$$\boxed{Q_T = T_T I \,.}$$ (2.54)

Der Proportionalitätsfaktor T_T wird als *Transitzeit* bezeichnet.

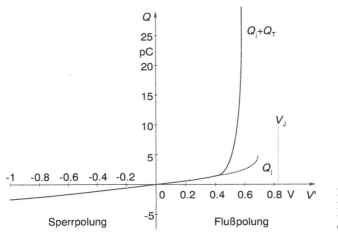

Abb. 2.25. In der Diode gespeicherte Ladung als Funktion der Flußspannung

Die Diffusionsladung ist wegen der exponentiellen Diodenkennlinie stark von der angelegten Flußspannung abhängig (vgl. Abb. 2.25). Bei Sperrpolung und im Bereich kleiner Flußspannungen ist sie vernachlässigbar klein. Q_T wird häufig unter Verwendung der sog. *Diffusionskapazität* c_T beschrieben

$$Q_T = \int_0^V c_T(V')\, dV'$$ (2.55)

bzw. mit Gl. (2.54)

$$\boxed{c_T = \frac{dQ_T}{dV} = T_T \frac{dI}{dV} \,.}$$ (2.56)

Die Diffusionsladung ist nur bei stationärem Betrieb in guter Näherung proportional zum Diodenstrom. Beziehung (2.56) wird deshalb auch als *quasistatische* Definition der Diffusionskapazität bezeichnet.

2.4 Schaltverhalten, Ladungssteuerungstheorie

Ein in die Diode fließender Löcherstrom $i(t)$ rekombiniert dort entweder oder
er bedingt eine Änderung der Löcherladung in der Diode

$$i(t) \;=\; \frac{q_{\mathrm{T}}(t)}{T_{\mathrm{T}}} + c_{\mathrm{j}}(v)\,\frac{\mathrm{d}v}{\mathrm{d}t} + \frac{\mathrm{d}q_{\mathrm{T}}}{\mathrm{d}t}\,. \tag{2.57}$$

Dabei bezeichnen i, q_{T} und v den Diodenstrom, die Minoritätsladung und die
an der Sperrschicht abfallende Spannung; der Spannungsabfall am Bahnwiderstand wurde der Einfachheit halber nicht berücksichtigt. Gleichung (2.57)
folgt direkt aus der Kontinuitätsgleichung für Löcher und erfordert in der
Herleitung kaum Näherungsannahmen. Zur vollständigen Beschreibung des
zeitabhängigen Diodenstroms verwendet die sog. *Ladungssteuerungstheorie*
die folgende *quasistatische Annahme*

$$q_{\mathrm{T}}(t) \;=\; q_{\mathrm{T}}[\,v(t)\,] \;\approx\; T_{\mathrm{T}} I_{\mathrm{S}} \left\{ \exp\!\left[\frac{v(t)}{N V_T}\right] - 1 \right\}, \tag{2.58}$$

was eine Übertragung der im stationären Fall vorgefundenen Verhältnisse auf
den zeitabhängigen Fall bedeutet. Dies kann nur näherungsweise gelten; da
jedoch genauere Verfahren wesentlich aufwendiger sind, werden die mit der
Ladungssteuerungstheorie verbundenen Fehler gewöhnlich in Kauf genommen
– insbesondere für die Simulation großer Schaltungen.

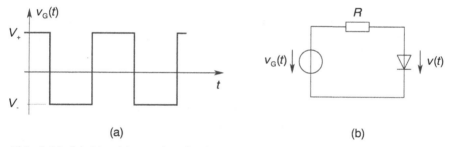

Abb. 2.26. Schaltbetrieb mit ohmscher Last R

Schaltverhalten bei ohmscher Last

Betrachtet wird eine Diode in Serie zu einem ohmschen Widerstand (vgl.
Abb. 2.26 b), die von einem Rechteckgenerator mit den Spannungswerten V_+
und V_- regelmäßig umgepolt wird. Beim Umschalten sind die Diffusions- und
die Sperschichtkapazität umzuladen. Wegen der exponentiellen Abhängigkeit
der Diffusionsladung von $v(t)$ bleibt $v(t)$ näherungsweise konstant, solange
die Diffusionsladung auf- bzw. abgebaut wird (vgl.Abb. 2.27). Die Ladung
auf der Sperrschichtkapazität kann während dieses Vorgangs als annähernd

konstant angenommen werden – Gl. (2.57) vereinfacht sich damit während des Umladens der Diffusionskapazität zu

$$i(t) = \frac{q_T(t)}{T_T} + \frac{dq_T}{dt} .$$ (2.59)

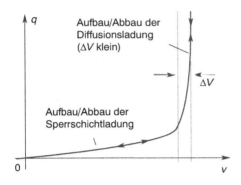

Aufbau/Abbau der
Diffusionsladung
(ΔV klein)

ΔV

Aufbau/Abbau der
Sperrschichtladung

Abb. 2.27. Zur Erläuterung der Vorgänge beim Übergang zur Sperrpolung

Ist die Diffusionskapazität entladen ($q_T \approx 0$), so braucht nur noch die Sperrschichtkapazität umgeladen zu werden. Während dieses Vorgangs gilt näherungsweise

$$i(t) = c_j(v) \frac{dv}{dt} = \frac{v_G - v(t)}{R} .$$ (2.60)

Da die Arbeitspunktabhängigkeit der Sperrschichtkapazität c_j deutlich geringer ist als die der Diffusionskapazität, wird während des Umladens der Sperrschichtkapazität ein „RC-Verhalten" beobachtet.

Einschaltverhalten. Nach dem Umschalten $V_- \rightarrow V_+$ muß zunächst die Sperrschichtkapazität auf den Wert V_{F0} aufgeladen werden. Die Diffusionsladung ist dabei noch unbedeutend, so daß aus Gl. (2.60) die Beziehung

$$i(t) = c_j(v) \frac{dv}{dt} = \frac{V_+ - v}{R}$$ (2.61)

folgt. Durch Trennen der Variablen resultiert die für den Ladevorgang erforderliche Zeit[9]

$$t_1 = R \int_{V_-}^{V_{F0}} \frac{c_j(v)}{V_+ - v} \, dv .$$

---

[9]Wegen der Arbeitspunktabhängigkeit von c_j ist eine exakte Auswertung dieses Integrals mühsam. Für Abschätzungen genügt es jedoch meist, eine „mittlere" Sperrschichtkapazität (z. B. $c_j(V_{F0}/2)$) einzusetzen – genauere Rechnungen für Einzelfälle sind dann mittels Schaltungssimulatoren möglich.

Nach Aufladen der Sperrschichtkapazität auf V_{F0} bleibt die Spannung an der Diode weitgehend konstant; es fließt der Strom $i(t) = I_{\mathrm{F}}$, der den Aufbau der Diffusionsladung q_{T} in der Diode bedingt. Aus Gl. (2.59) folgt für $t > t_1$

$$I_{\mathrm{F}} \approx \frac{V_+ - V_{\mathrm{F0}}}{R} = \frac{q_{\mathrm{T}}(t)}{T_{\mathrm{T}}} + \frac{\mathrm{d}q_{\mathrm{T}}}{\mathrm{d}t} \,,$$

was mit $q_{\mathrm{T}}(t_1) = 0$ auf die Lösung

$$q_{\mathrm{T}}(t) = T_{\mathrm{T}} I_{\mathrm{F}} \left[1 - \exp\left(-\frac{t - t_1}{T_{\mathrm{T}}} \right) \right]$$

führt. Für $t \to \infty$ gilt offensichtlich $q_{\mathrm{T}} \to T_{\mathrm{T}} I_{\mathrm{F}}$.

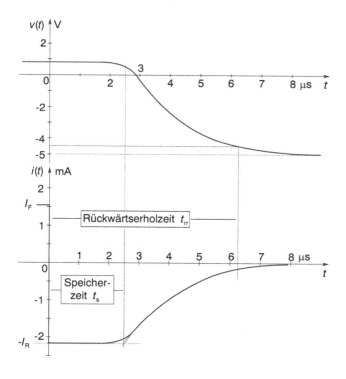

Abb. 2.28. Ausschaltverhalten einer Diode: Zeitabhängigkeit von $v(t)$ und $i(t)$

Ausschaltverhalten. Jedesmal, wenn der Rechteckgenerator von V_+ auf V_- umschaltet, beginnt der Entladevorgang mit einem Strom

$$i(t) = \frac{V_- - V_{\mathrm{F0}}}{R} = -I_{\mathrm{R}} \,,$$

wobei R die Summe der Serienwiderstände angibt. Der Entladestrom ist zunächst in sehr guter Näherung konstant, da sich $v \approx V_{\mathrm{F0}}$ während des

Abbaus der Diffusionsladung, also während des Zeitintervalls $[0, t_s]$ nur wenig ändert (vgl. Abb. 2.28 und Abb. 2.27). Die Differentialgleichung (2.59) für die Löcherladung lautet dann

$$\frac{dq_T}{dt} = -I_R - \frac{q_T}{T_T} \, . \tag{2.62}$$

Sie besitzt mit der Anfangsbedingung $q_T(0) = T_T I_F$ für $t = 0$ die Lösung

$$q_T(t) = T_T \left[(I_F + I_R) \exp\left(-\frac{t}{T_T}\right) - I_R \right] \, .$$

Ist t_s die Zeit, die zum Entladen der zur Zeit $t = 0$ gespeicherten Ladung $q_T(0)$ benötigt wird, so muß gelten $q_T(t_s) = 0$; durch Auflösen dieser Bedingung ergibt sich die *Speicherzeit*

$$t_s = T_T \ln\left(1 + \frac{I_F}{I_R}\right) \, . \tag{2.63}$$

Die Speicherzeit nimmt mit zunehmendem Wert von I_F zu, da ein größerer Flußstrom zu einer größeren Diffusionsladung führt. Sie nimmt mit zunehmendem I_R ab, da die angesammelten Diffusionsladungen über einen größeren Rückstrom schneller abgebaut werden.

Für $t > t_s$ ist die Diffusionskapazität entladen, nun bleibt nur noch die Sperrschichtkapazität umzuladen. Aus Gl. (2.60) resultiert die folgende Differentialgleichung für $v(t)$

$$c_j[v(t)] \frac{dv}{dt} = \frac{V_- - v(t)}{R} \tag{2.64}$$

mit der von $v(t)$ abhängigen Sperrschichtkapazität c_j. Diese Beziehung eignet sich mit einer gemittelten, als konstant angenommenen Sperrschichtkapazität für die Abschätzung der *Rückwärtserholzeit* t_{rr}, das ist die Zeit nach der sich die Sperrspannung bis auf 10 % ihres Endwerts aufgebaut hat.

Fehler der Ladungssteuerungstheorie

Die Ladungssteuerungstheorie liefert nur eine recht ungenaue Beschreibung des Schaltverhaltens. Die Ursache des Fehlers liegt in der *quasistatischen Annahme*. Nach dieser wird z. B. die Elektronenverteilung $n_p(x)$ im p-Bahngebiet zu jedem Zeitpunkt durch eine Verteilung wie im stationären Flußbetrieb beschrieben. Der Abbau der Diffusionsladung wird einfach durch eine Abnahme der Elektronendichte am Sperrschichtrand x_p (vgl. Abb. 2.29 a) beschrieben. Die Elektronendichte weist unter dieser Annahme jedoch stets ein Konzentrationsgefälle vom Sperrschichtrand weg auf – ein Abfließen von Elektronen über den Sperrschichtrand würde demnach gar nicht stattfinden (kein Entladen der Diffusionskapazität). Der korrekte Verlauf der Elektronendichte für verschiedene Zeitpunkte während des Entladevorgangs ist in Abb. 2.29 b

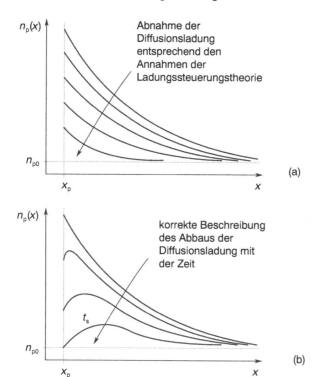

Abb. 2.29. Abbau der im p-Bahngebiet gespeicherten Elektronenladung beim Ausschaltvorgang. (a) Annahme der Ladungssteuerungstheorie, (b) tatsächlicher Verlauf

schematisch dargestellt. Die Elektronenladung nimmt am Sperrschichtrand schneller ab als in der Mitte des Bahngebiets – dadurch entsteht ein Konzentrationsgefälle für Elektronen zum Sperrschichtrand hin. Der hierdurch bedingte Diffusionsstrom führt dazu, daß ein Teil der Diffusionsladung über den n-seitigen Kontakt wieder entladen wird.

Um eine gegenüber der Ladungssteuerungstheorie verbesserte Beschreibung des Ausschaltverhaltens einer Diode zu erhalten, muß die zeitabhängige Diffusionsgleichung in den Bahngebieten gelöst werden. Im hier betrachteten Fall der einseitigen n^+p-Diode kann die Untersuchung auf den Fall der in das p-Gebiet injizierten Elektronen, und damit auf die Diffusionsgleichung

$$\left(\frac{\partial}{\partial t} + \frac{1}{\tau_n} - D_n \frac{\partial^2}{\partial x^2} \right) \Delta n_p(x,t) = 0 \,,$$

beschränkt werden. Diese läßt sich mittels Laplace-Transformation lösen. Die Speicherzeit ergibt sich aus der Forderung, daß für $t = t_s$ der Elektronenüberschuß am Sperrschichtrand auf null abgebaut wurde, d. h., daß $n(0, t_s) = n_{p0}$ gilt. Dies führt auf folgende Gleichung für die Speicherzeit t_s

$$\mathrm{erf}\left(\sqrt{\frac{t_s}{\tau_n}} \right) = \frac{I_F}{I_F + I_R} \,,$$

wobei $\mathrm{erf}(x)$ die Fehlerfunktion (auch Gaußsches Fehlerintegral) bezeichnet. Für $t > t_\mathrm{s}$ folgt für den Strom über den Sperrschichtrand [3]

$$i_\mathrm{R}(t) = I_\mathrm{F}\left[\mathrm{erf}\sqrt{\frac{t}{\tau_\mathrm{n}}} + \sqrt{\frac{\tau_\mathrm{n}}{\pi t}}\exp\left(-\frac{t}{\tau_\mathrm{n}}\right)\right] ; \tag{2.65}$$

dieser ist also im Gegensatz zur Ladungssteuerungstheorie keineswegs null, d. h. für $t > t_\mathrm{s}$ wird nicht nur die Sperrschichtkapazität umgeladen. Die Ladungssteuerungstheorie kann deshalb nur eine genäherte Beschreibung des Schaltvorgangs liefern.

2.5 Kleinsignalmodell der pn-Diode

Wird an eine pn-Diode eine Gleichspannung V mit überlagertem Kleinsignalanteil der Kreisfrequenz ω angelegt

$$v(t) = V + \mathrm{Re}\left(\hat{\underline{v}}\,\mathrm{e}^{\mathrm{j}\omega t}\right) = V + \mathrm{Re}(\underline{v}) ,$$

so gilt – eine hinreichend kleine Amplitude $\hat{v}$ vorausgesetzt – in guter Näherung für den Diodenstrom

$$i(t) = I + \mathrm{Re}\left(\hat{\underline{i}}\,\mathrm{e}^{\mathrm{j}\omega t}\right) = I + \mathrm{Re}(\underline{i}) .$$

Der Zusammenhang zwischen den komplexen Zeigern $\underline{v}$ und $\underline{i}$ wird durch den komplexen (Kleinsignal-)Diodenleitwert $\underline{y}$ hergestellt: $\underline{i} = \underline{y}\,\underline{v}$. Wegen der in der Diode gespeicherten Ladung weist $\underline{y}$ für $\omega > 0$ einen nichtverschwindenden Imaginärteil auf. Der Wert von $\underline{y}$ kann näherungsweise aus der in Abb. 2.30 dargestellten Kleinsignalersatzschaltung der Diode ermittelt werden. Das Kleinsignalmodell ergibt sich aus dem Großsignalmodell durch

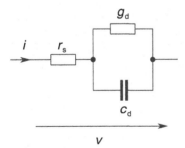

Abb. 2.30. Kleinsignalmodell der Diode

Linearisieren der Netzwerkelemente im betrachteten Arbeitspunkt. Bei Flußpolung gilt für den (inneren) *Diodenleitwert* bei Niederinjektion

$$g_\mathrm{d} = \frac{\mathrm{d}I}{\mathrm{d}V'} \approx \frac{I}{NV_T} . \tag{2.66}$$

Die (Kleinsignal-)*Diodenkapazität* c_d ergibt sich als Summe von Sperrschicht-kapazität und Diffusionskapazität im Arbeitspunkt. Mit den Gln. (2.49) und (2.56) gilt mithin

$$\boxed{c_d = c_j + T_T g_d \,.}\tag{2.67}$$

Der *Kleinsignalbahnwiderstand R_S* kann bei vernachlässigbarer Leitfähigkeits-modulation in sehr guter Näherung gleich dem Großsignalbahnwiderstand R_S gesetzt werden, andernfalls gilt $r_s = R_S + I\,dR_S/dI$. Das betrachtete Klein-signalmodell wird von SPICE bei Durchführung einer .AC-Analyse automa-tisch mit Hilfe der Modellparameter des Großsignalmodells generiert. Dies er-fordert zunächst eine Berechnung des DC-Arbeitspunkts; einer .AC-Analyse geht deshalb stets eine .OP-Analyse voraus, auch wenn diese nicht explizit aufgerufen wird. In der .OUT-Datei lassen sich dann die Werte von $r_d = 1/g_d$ sowie c_d ablesen als REQ bzw. CAP.

Die betrachtete Kleinsignalersatzschaltung gründet auf der quasistatischen Annahme der Ladungssteuerungstheorie. Für eine korrekte Berechnung der Admittanz einer flußgepolten Diode müssen die zeitabhängigen Diffusions-gleichungen gelöst werden. Der Einfachheit halber wird der Fall der n^+p-Diode (Dicke des p-Bahngebiets groß im Vergleich zur Diffusionslänge L_n) betrachtet, bei der es genügt, das Verhalten der Elektronendichte $n_p(x,t)$ zu betrachten, da nur sehr wenig Löcher in das n-Bahngebiet injiziert werden. Der Kleinsignal-Diodenstrom kann nun als Summe des über den Sperrschicht-rand injizierten Elektronenstroms und dem durch die Sperrschichtkapazität bedingten Verschiebestrom mit der komplexen Amplitude $j\omega c_j \hat{v}$ bestimmt werden. Dies führt auf $\hat{\underline{i}} = \underline{y}'_d \hat{v}$ mit dem komplexen inneren Diodenleitwert

$$\underline{y}'_d = g_d \sqrt{1 + j\omega\tau_n} + j\omega c_j \,.\tag{2.68}$$

Dieser Leitwert läßt Bahnwiderstandseffekte unberücksichtigt und wird in der quasistatischen Kleinsignalersatzschaltung durch

$$g_d(1 + j\omega\tau_n) + j\omega c_j \,,\tag{2.69}$$

beschrieben. Die beiden Ausdrücke (2.68) und (2.69) stimmen bis auf das Wurzelzeichen überein. Wird der Wurzelausdruck bis zur 1. Ordnung in $\omega\tau_n$ entwickelt, so folgt

$$\underline{y}'_d = g_d\left(1 + j\,\frac{\omega\tau_n}{2}\right) + j\omega c_j \,.$$

Die Kleinsignaluntersuchung der Diffusionsgleichung liefert einen Wert für die Diffusionskapazität, der nur halb so groß ist wie der Wert der quasistatischen Analyse. Der zusätzlich auftretende Faktor $1/2$ ist charakteristisch für homo-gen dotierte Bahngebiete – hiervon abweichende Dotierstoffverläufe führen zu anderen Korrekturfaktoren (vgl. auch [4]).

2.6 Schottky-Kontakte

Metall-Halbleiter-Übergänge treten in der Elektronik immer dann auf, wenn metallische Anschlußdrähte mit Halbleiterbauelementen verbunden werden. Für derartige Anschlüsse ist ein sehr niedriger Kontaktwiderstand erwünscht, dessen Wert unabhängig von der Polarität der am Kontakt anliegenden Spannung ist. Daneben wird die gleichrichtende Wirkung[10] von Metall-Halbleiter-Übergängen in den sog. *Schottky-Dioden*[11] ausgenutzt. Ob ein Metall-Halbleiter-Kontakt als Schottky-Kontakt oder als niederohmiger Kontakt wirkt, hängt von der Dotierung des Halbleitermaterials und von der Austrittsarbeit des kontaktierenden Metalls ab.

2.6.1 Thermisches Gleichgewicht

Das Bänderschema eines Metalls und eines davon getrennten n-Halbleiters ist in Abb. 2.31 zu sehen. Gemeinsame Bezugsenergie ist die *Vakuumenergie* W_0 – das ist die Energie, die ein Elektron mindestens haben muß, um den Festkörper verlassen zu können. Die Fermi-Energie W_{Fm} des Metalls liegt um dessen *Austrittsarbeit* W_A unterhalb der Vakuumenergie. Für den Halbleiter wird keine Austrittsarbeit definiert, sondern die sog. *Elektronenaffinität* W_χ. Diese Größe gibt die Energiedifferenz zwischen der Leitungsbandkante W_C des Halbleiters und der Vakuumenergie W_0 an.[12] Die Fermi-Energie W_{Fs} des Halbleiters liegt bei nicht zu starker Dotierung unterhalb der Leitungsbandkante in der Energielücke, wobei der energetische Abstand zur Bandkante durch die Dotierung festgelegt wird (vgl. Abb. 2.31). Der Abstand der Fermi-Energie W_{Fs} von der Vakuumenergie wird mit W_S bezeichnet.

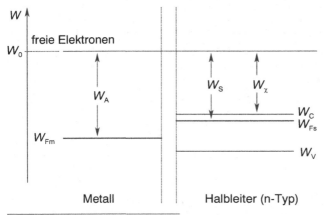

Abb. 2.31. Bänderschema eines Metalls und eines separaten n-Halbleiters

---

[10] Diese wurde bereits 1874 von Ferdinand Braun beobachtet, der eine Metallspitze mit der Oberfläche eines Bleiglanzkristalls in Kontakt brachte.

[11] Gelegentlich auch als Hot-carrier-Dioden bezeichnet.

[12] Gelegentlich wird die Elektronenaffinität χ auch als W_χ/e definiert.

Bringt man Metall und Halbleiter in Kontakt, so findet ein Elektronenaustausch statt: Das Material, dessen Fermi-Energie zuvor auf dem höheren Wert lag, gibt so lange Elektronen an das andere ab, bis die Fermi-Energie auf beiden Seiten denselben Wert aufweist. Im Beispiel von Abb. 2.31 gilt $W_{\mathrm{Fs}} > W_{\mathrm{Fm}}$: Der Halbleiter gibt deshalb beim Zusammenfügen der Komponenten Elektronen an das Metall ab. Wegen der nun nicht mehr vollständig neutralisierten Donatoren entsteht so im Halbleiter eine positive Raumladung und im Metall eine negative Oberflächenladung (vgl. Abb. 2.32). Am Kontakt tritt eine Potentialdifferenz auf, deren Wert durch die *Kontaktspannung* V_{J} gegeben ist

$$V_{\mathrm{J}} \;=\; \frac{W_{\mathrm{A}} - W_{\mathrm{S}}}{e} \;=\; \frac{W_{\mathrm{A}} - W_{\chi}}{e} - V_T \ln\!\left(\frac{N_{\mathrm{C}}}{N_{\mathrm{D}}^{+}}\right) \;. \tag{2.70}$$

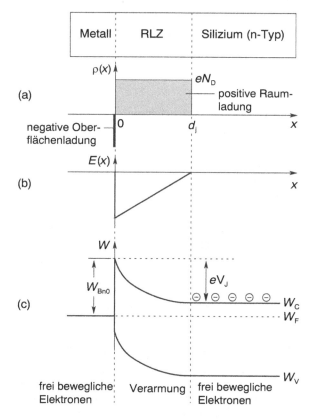

Abb. 2.32. Schottky-Diode im thermischen Gleichgewicht ($V = 0$). (a) Ladungsverteilung, (b) elektrische Feldstärke, (c) eindimensionales Bänderschema

Ist der Wert der Kontaktspannung wie im betrachteten Beispiel positiv, gilt also $W_{\mathrm{A}} > W_{\mathrm{S}}$, so bildet der Metall-Halbleiter-Übergang einen sogenannten *Schottky-Kontakt*.

Das Bänderschema eines (idealisierten) Schottky-Kontakts im thermischen Gleichgewicht ist in Abb. 2.32 dargestellt. Elektronen müssen, um vom Metall in den Halbleiter gelangen zu können, eine Barriere der Höhe $W_{Bn0} = W_A - W_\chi$, in umgekehrter Richtung eine Barriere der Höhe $eV_J = W_{Bn0} - k_B T \ln(N_C/N_D^+)$ überwinden (vgl. Abb. 2.32c). Tabelle 2.6.1 zeigt typische Barrierenhöhen auf Si und Ge.[13]

Tabelle 2.6.1 Barrierenhöhen von Schottky-Kontakten auf Si und GaAs (n-Typ) [1]

Kontaktmaterial	Al	Au	Pt	W
W_{Bn}/eV auf Si	0.72	0.80	0.90	0.67
W_{Bn}/eV auf GaAs	0.8	0.90	0.84	0.80

Wie bei der pn-Diode kompensieren sich im thermischen Gleichgewicht die Ströme über den Kontakt, die Ströme I_{MS} vom Metall in den Halbleiter und I_{SM} vom Halbleiter in das Metall sind im thermischen Gleichgewicht entgegengesetzt gleich groß. Dieses Gleichgewicht wird durch Anlegen einer Spannung verschoben.

2.6.2 Fluß- und Sperrpolung

Schottky-Kontakte sind wie pn-Übergänge gleichrichtend. In Flußrichtung fließen Elektronen vom n-Gebiet in das Metall – durch Ändern der angelegten Spannung ändert sich die Ausdehnung der Raumladungszone im Halbleiter und damit die Höhe der zu überwindenden Potentialbarriere, die proportional zur angelegten Flußspannung abnimmt (vgl. Abb. 2.33 a). Der Elektronenfluß vom Metall in den Halbleiter dagegen ist – hinreichend große Barrierenhöhen W_{Bn0} vorausgesetzt – klein und läßt sich nicht über die angelegte Spannung steuern, da diese keinen[14] Einfluß auf die beim Übergang vom Metall zum Halbleiter zu überwindende Barrierenhöhe hat.

Der Strom im Schottky-Kontakt fließt wie im pn-Übergang aufgrund einer *thermischen Anregung* der Ladungsträger über die Potentialbarriere. Ideale

---

[13]Die in einem realen Metall-Halbleiter-Kontakt von einem Elektron auf seinem Weg vom Metall zum Halbleiter zu überwindende Energiebarriere W_{Bn} weicht zum einen wegen des Schottky-Effekts vom Wert $W_{Bn0} = W_A - W_\chi$ ab: Als Folge der Bildladungskraft wird die Barrierenhöhe etwas (Größenordnung 100 meV) gegenüber diesem Wert verringert. Eine weitere Beeinflussung der Barrierenhöhe kommt durch die in der Praxis unvermeidbaren *Grenzflächenzustände* und eine dünne *Zwischenschicht* zwischen Metall und Halbleiter (z. B. Lageroxid) zustande [1], [5]. Wegen der genannten Einflüsse kann die Barrierenhöhe eines Schottky-Kontakts von der Herstellung abhängen; die in Tabelle 2.6.1 angegebenen Daten für W_{Bn} auf n-dotiertem Si und GaAs sind deshalb als Richtwerte zu verstehen.

[14]Wegen des Schottky-Effekts ist dies nur näherungsweise richtig: Die Barrierenhöhe W_{Bn} verringert sich etwas mit zunehmender Feldstärke in der Sperrschicht, d. h. mit zunehmendem Wert der angelegten Sperrspannung.

Schottky-Kontakte weisen deshalb, wie ideale pn-Übergänge, eine exponentielle *Strom-Spannungs-Kennlinie* der Form

$$I = I_S \left[\exp\left(\frac{V}{V_T}\right) - 1 \right] \tag{2.71}$$

auf. Unterschiede zur pn-Diode liegen jedoch bei Größe und Temperaturabhängigkeit des Sättigungsstroms I_S vor. Für diesen ist anzusetzen

$$I_S = A_j A^* T^2 \exp\left(-\frac{W_{Bn}}{k_B T}\right) , \tag{2.72}$$

wobei A^* die sog. Richardson-Konstante bezeichnet. Der Wert von A^* liegt
in der Größenordnung $100 \, \text{A}/(\text{cm}^2 \, \text{K}^2)$; der genaue Wert ist durch Metall und
Kristallorientierung des Halbleiters bestimmt (vgl. [1]). Da $W_{Bn} < W_g$ gilt,
weisen Schottky-Kontakte i. allg. sehr viel höhere *Sättigungsströme* I_S auf als
pn-Übergänge derselben stromführenden Fläche. Als Konsequenz hieraus resultiert zum einen eine im Vergleich zu pn-Übergängen deutlich reduzierte
Schleusenspannung, zum anderen weisen Schottky-Kontakte deutlich höhere
Sperrströme auf als entsprechende pn-Übergänge und haben eine vergleichsweise geringe Durchbruchspannung.

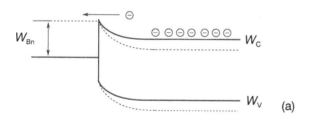

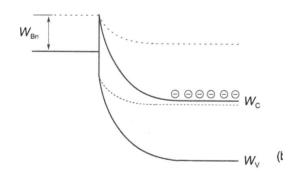

Abb. 2.33. Bänderschema
der Schottky-Diode. **(a)** bei
Flußpolung und **(b)** bei
Sperrpolung

Ein wesentlicher Unterschied der Schottky-Diode zur pn-Diode ist, daß (fast)
keine *Minoritätsspeicherladung* auftritt. Der Stromfluß bei Flußbetrieb wird
vorwiegend von Elektronen getragen, die vom Halbleiter in das Metall injiziert

werden – die Minoritätsspeicherladung ist i. allg. vernachlässigbar klein. Dies
wirkt sich vorteilhaft bei Hochfrequenzanwendungen aus: Schottky-Dioden
mit Silizium als Halbleitermaterial werden bis zu Frequenzen größer als
10 GHz eingesetzt. Mit GaAs bzw. InP aufgebaute Schottky-Dioden können,
wegen der im Vergleich zu Silizium höheren Werte für die Elektronenbeweglichkeit, bis in das Gebiet der Millimeterwellen ($f > 100$ GHz) eingesetzt
werden.

Bei *Sperrpolung* der Schottky-Diode vergrößert sich die Ausdehnung der
Raumladungszone und damit die Höhe der Potentialbarriere, die Elektronen
aus dem Halbleiter überwinden müssen, um in das Metall zu gelangen (vgl.
Abb. 2.33 b). Es verbleibt nur noch der Strom der Elektronen aus dem Metall
in den Halbleiter, der als thermischer Emissionsstrom über die Barriere der
Höhe W_{Bn} erfolgt. Wegen des Schottky-Effekts nimmt W_{Bn} mit zunehmender
Sperrspannung ab. Als Folge davon steigt der Sperrstrom.

2.6.3 Großsignal- und Kleinsignalbeschreibung

Schottky-Dioden werden in SPICE durch dasselbe Modell wie pn-Dioden beschrieben. Die Parameter I_S und N werden i. allg. durch Anpassen an gemessene Kennlinienverläufe bestimmt. Für E_G ist die Höhe W_{Bn}/e der Schottky-
Barriere in V einzusetzen, X_{TI} sollte mit annähernd zwei spezifiziert werden.
Für die Bestimmung der Barrierenhöhe wird $\log(I_S/T^2)$ über dem Kehrwert
$1/T$ der absoluten Temperatur aufgetragen – aus Achsenabschnitt und Steigung folgen dann die Kenngrößen $A_j A^*$ und W_{Bn}.

Die *Sperrschichtkapazität* c_j läßt sich in Analogie zur pn-Diode durch (2.49)
beschreiben. Für homogen dotierte Halbleiter kann V_J nach Gl. (2.70) berechnet werden; in diesem Fall gilt $M \approx 1/2$ sowie

$$C_{J0} \approx A_j \sqrt{\frac{\epsilon_0 \epsilon_r e N_D}{2 V_J}} \, ,$$

wobei A_j die Sperrschichtfläche bezeichnet. Da die in der Schottky-Diode
auftretende Diffusionsladung zumeist vernachlässigbar klein ist, kann bei der
Modellierung in SPICE auf die Angabe der Transitzeit T_T verzichtet werden,
so daß automatisch der Ersatzwert $T_T = 0$ zum Tragen kommt. Die Kleinsignalersatzschaltung des Schottky-Kontakts entspricht der des pn-Übergangs
(vgl. Abb. 2.30) mit $c_d = c_j(V')$.

2.6.4 Niederohmige Kontakte

Die bei Schottky-Dioden erwünschte Gleichrichterwirkung ist bei der Kontaktierung von Halbleiterbauelementen mit metallischen Anschlüssen völlig
unerwünscht: Der Kontakt soll möglichst niederohmig sein und den Strom
unabhängig von der Polarität der anliegenden Spannung gleich gut trans-

portieren. Niederohmige Kontakte können entweder durch Verwenden eines
Metalls mit geeigneter Austrittsarbeit oder aber durch sehr starke Dotierung
des Halbleiters an der Kontaktstelle erreicht werden.

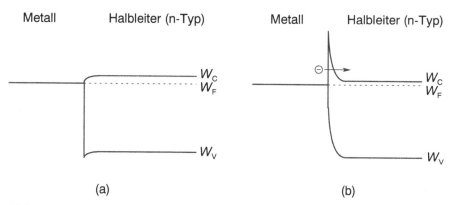

Abb. 2.34. Realisierung ohmscher Kontakte auf n-Typ Halbleiter. (**a**) Austrittsarbeit des
Metalls so gewählt, daß $V_J < 0$ gilt, (**b**) Tunnelkontakt bei hoher Dotierstoffkonzentration

Abbildung 2.34 a zeigt das Bänderschema für einen Kontakt mit *negativem*
V_J, wie es im Fall

$$W_A < W_\chi + k_B T \ln\left(N_C/N_D^+\right)$$

auftritt. In diesem Fall gibt das Metall Elektronen an den Halbleiter ab,
die sich am Metall-Halbleiter-Übergang anhäufen. Die Bandverbiegung ist im
Vergleich zur Schottky-Diode umgekehrt – Elektronen können vom Halbleiter
ins Metall fließen, ohne eine Potentialbarriere überwinden zu müssen – die
gleichrichtende Wirkung ist eliminiert.

Abbildung 2.34 b zeigt das Bänderschema für einen *Tunnelkontakt* – das ist
ein Kontakt mit sehr hoher Dotierung des Halbleiters. In diesem Fall ist die
Dicke der Potentialbarriere so gering, daß sie von Elektronen durchtunnelt
werden kann. Da die Wahrscheinlichkeit dafür, daß ein Elektron die Potentialbarriere durchtunnelt, exponentiell von deren Dicke abhängt, diese aber
umgekehrt proportional zu $\sqrt{N_D}$ ist,[15] sollte der Kontaktwiderstand R_K derartiger Kontakte stark mit der Dotierung abnehmen:

$$\log(R_K) \sim 1/\sqrt{N_D} \; ;$$

dies wurde experimentell bestätigt [1], [6].

---

[15]Die Dicke der zu durchtunnelnden Zone wird durch die Ausdehnung der Raumladungszone bestimmt.

2.7 Heteroübergänge

Heteroübergänge treten an der Grenzfläche zwischen unterschiedlichen Halbleitermaterialien auf. Die unterschiedliche Bandstruktur der Halbleitermaterialien führt dabei zu einem Potentialunterschied an der Grenzfläche, der das
elektrische Verhalten beeinflußt. Die folgende Betrachtung beschränkt sich
auf ideale Heteroübergänge die keine Grenzflächenzustände aufweisen. Dies
erfordert, daß jedes Atom an der Oberfläche des einen Halbleiters Bindungs-
partner im gegenüberliegenden Halbleiterkristall findet. Das wiederum ist
nur möglich, falls beide Halbleiter identische Kristallstruktur mit annähernd
identischer Gitterkonstante aufweisen. Andernfalls würden unvollständig ab-
gesättigte Bindungsorbitale zu unerwünschten Grenzflächenzuständen führen
[7].

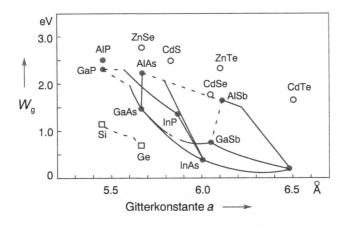

Abb. 2.35. Zusam-
menhang zwischen
Energielücke und
Gitterkonstante a für
einige gebräuchliche
Halbleiter. Die Linien
zwischen Punkten,
die für reine Halb-
leitermaterialien
stehen kennzeich-
nen Mischkristalle,
durchgezogene Li-
nien kennzeichnen
Halbleiter mit di-
rekter Energielücke
(nach [7])

Abbildung 2.35 zeigt die Energielücke gebräuchlicher Halbleitermaterialien
aufgetragen über der Gitterkonstante a. Ein idealer Heteroübergang besteht aus zwei Halbleitern mit identischer Gitterkonstante, wie dies etwa bei
$Ga_xAl_{1-x}As$ Mischkristallen erreicht werden kann.

Heteroübergänge auf Siliziumsubstrat wurden durch Aufwachsen dünner
Ge_xSi_{1-x}-Mischkristallschichten auf Si-Substraten ermöglicht.[16] Die Schichten müssen so dünn sein, daß die durch die unterschiedlichen Gitterkonstanten bedingten mechanischen Spannungen vom Festkörper aufgefangen werden
und keine Versetzungen entstehen.

---

[16]Silizium könnte prinzipiell mit GaP Heteroübergänge bilden; wegen Schwierigkeit mit
dem Wachstum homogener Schichten und Problemen der Dotierung wird dieser Ansatz in
der Praxis nicht verwendet [7].

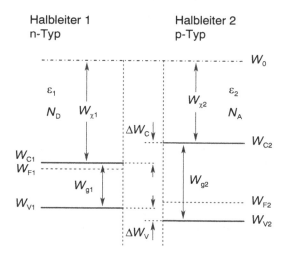

Abb. 2.36. Eindimensionales Bandschema für die Komponenten eines Heteroübergangs vor Zusammenfügen der Komponenten. W_0 bezeichnet die Energie eines Elektrons, das in der Lage ist, das Material zu verlassen

2.7.1 Thermisches Gleichgewicht

Abbildung 2.36 zeigt das eindimensionale Bandschema der Komponenten des Heteroübergangs vor Herstellen des Kontakts. Bei nicht zu großer Dotierung sind die Elektronendichten auf beiden Seiten des Heteroübergangs näherungsweise durch

$$n_{n0} \approx N_{C1} \exp\left(\frac{W_{F1}-W_{C1}}{k_B T}\right) \quad \text{und} \quad n_{p0} \approx N_{C2} \exp\left(\frac{W_{F2}-W_{C2}}{k_B T}\right)$$

gegeben, wobei N_{C1} und N_{C2} die effektiven Zustandsdichten im Leitungsband bezeichnen. Im thermischen Gleichgewicht muß nach Herstellen des Kontakts die Bedingung $W_{F1} = W_{F2} = W_F$ erfüllt sein (Abb. 2.37). Aus der Beziehung

$$W_{C2} - W_{C1} = eV_J + \Delta W_C \,, \tag{2.73}$$

mit einem Leitungsbandsprung

$$\Delta W_C = W_{\chi 1} - W_{\chi 2} \tag{2.74}$$

der aus den Werten der Elektronenaffinität der Halbleitermaterialien ermittelt wird, ergibt sich die Relation

$$n_{p0} = n_{n0} \frac{N_{C2}}{N_{C1}} \exp\left(-\frac{V_J}{V_T}\right) \exp\left(-\frac{\Delta W_C}{k_B T}\right) = \Lambda_n n_{n0} \tag{2.75}$$

zwischen den Elektronendichten auf beiden Seiten des Heteroübergangs. Analog ergibt sich aus

$$W_{V2} - W_{V1} = eV_J + W_{V2}(0^+) - W_{V1}(0^-) = eV_J + \Delta W_V$$

sowie

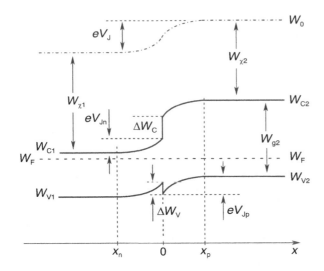

Abb. 2.37. Eindimensionales Bandschema eines Heteroübergangs nach Herstellung des Kontakts ($\Delta W_C > 0$, $\Delta W_V < 0$)

$$p_{n0} \approx N_{V1} \exp\left(\frac{W_{V1} - W_{F1}}{k_B T}\right) \quad \text{und} \quad p_{p0} \approx N_{V2} \exp\left(\frac{W_{V2} - W_{F2}}{k_B T}\right) ,$$

der folgende Zusammenhang zwischen den Löcherdichten auf beiden Seiten des Heteroübergangs:

$$p_{n0} = p_{p0} \frac{N_{V1}}{N_{V2}} \exp\left(-\frac{V_J}{V_T}\right) \exp\left(-\frac{\Delta W_V}{k_B T}\right) = \Lambda_p p_{p0} . \tag{2.76}$$

Berücksichtigen wir die Beziehungen

$$n_i^2(x_n) = N_{C1} N_{V1} \exp\left(-\frac{W_{g1}}{k_B T}\right) \tag{2.77}$$

und

$$n_i^2(x_p) = N_{C2} N_{V2} \exp\left(-\frac{W_{g2}}{k_B T}\right) , \tag{2.78}$$

so ergibt sich für Λ_n und Λ_p

$$\Lambda_n = \frac{n_i^2(x_p)}{n_{n0} p_{p0}} \quad \text{und} \quad \Lambda_p = \frac{n_i^2(x_n)}{n_{n0} p_{p0}} , \tag{2.79}$$

wobei $n_{n0} \approx N_D$ und $p_{p0} \approx N_A$. Die *Diffusionsspannung* V_J kann aus Abb. 2.37 abgelesen werden

$$
\begin{aligned}
V_J &= \frac{W_{g2} - \Delta W_C}{e} - \frac{W_{C1} - W_F}{e} - \frac{W_F - W_{V2}}{e} \\
&= \frac{W_{g1} - \Delta W_V}{e} - \frac{W_{C1} - W_F}{e} - \frac{W_F - W_{V2}}{e} ,
\end{aligned}
$$

wobei die Werte für $W_{C1} - W_F$ und $W_F - W_{V2}$ wie im Fall des Homoübergangs angesetzt werden, d.h.

$$W_{C1} - W_F = k_B T \ln(N_{C1}/n_{n0}) \approx k_B T \ln(N_{C1}/N_D) \,, \tag{2.80}$$

$$W_F - W_{V2} = k_B T \ln(N_{V2}/p_{p0}) \approx k_B T \ln(N_{V2}/N_A) \,. \tag{2.81}$$

Die Diffusionsspannung kann in den Anteil

$$V_{Jn} = \frac{N_A \epsilon_2}{N_D \epsilon_1 + N_A \epsilon_2} V_J = k V_J \tag{2.82}$$

der auf der n-Typ Seite abfällt und den Anteil

$$V_{Jp} = \frac{N_D \epsilon_1}{N_D \epsilon_1 + N_A \epsilon_2} V_J = (1-k) V_J \tag{2.83}$$

der auf der p-Typ Seite abfällt aufgeteilt werden.

2.7.2 Flußpolung

Abbildung 2.38 zeigt den unstetigen Verlauf der Bandkante eines abrupten Heteroübergangs mit angelegter Flußspannung V'. Der vom n-Typ- ins p-Typ-Gebiet fließende Elektronenstrom muß eine Potentialbarriere der Höhe

$$e V_n = e k (V_J - V') \,,$$

überwinden, wobei k nach (2.82) definiert ist. Wird dieser Strom als rein thermischer Emissionsstrom aufgefaßt, der der Richardson-Gleichung genügt, so resultiert die Stromdichte

$$J_{np} = -A_1^* T^2 \exp\left(-\frac{V_n}{V_T}\right) \,,$$

wobei A_1^* die Richardson-Konstante von Halbleiter 1 bezeichnet. Der Elektronenstrom vom p-Typ zum n-Typ Halbeiter muß eine Potentialbarriere der Höhe

$$\Delta W_C - e V_p = \Delta W_C - e(1-k)(V_J - V') \,,$$

überwinden, was auf die Stromdichte

$$J_{pn} = -A_2^* T^2 \exp\left(-\frac{\Delta W_C/e - V_p}{V_T}\right) \,,$$

führt, wobei A_2^* die Richardson-Konstante von Halbeiter 2 bezeichnet. Da sich die beiden Ströme im thermischen Gleichgewicht ($V' = 0$) die Waage halten, muß die Bedingung

$$\frac{A_2^*}{A_1^*} = \exp\left(\frac{\Delta W_C/e - V_J}{V_T}\right)$$

unter den Richardson-Konstanten auf beiden Seiten des Kontakts erfüllt sein. Bei Flußpolung werden sich die beiden Stromkomponenten nicht mehr länger

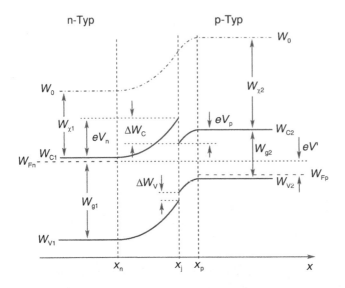

Abb. 2.38. Eindimensionales Bandschema eines abrupten Heteroübergangs zwischen einem n-Typ Halbeiter mit großer Energielücke und einem p-Typ Halbleiter. Diese Situation tritt z.B. in einem npn HBT mit „wide-gap emitter"auf.

kompensieren. So resultiert die Stromdichte $J = J_{\mathrm{np}} - J_{\mathrm{pn}}$, die sich in der Form

$$J = -A_1^* T^2 \left[\exp\left(-\frac{V_{\mathrm{n}}}{V_{\mathrm{T}}}\right) - \frac{A_2^*}{A_1^*} \exp\left(-\frac{\Delta W_{\mathrm{C}}/e - V_{\mathrm{p}}}{V_{\mathrm{T}}}\right) \right]$$

$$= -A_1^* T^2 \exp\left(-\frac{kV_{\mathrm{J}}}{V_{\mathrm{T}}}\right) \left[\exp\left(\frac{kV'}{V_{\mathrm{T}}}\right) - \exp\left(\frac{(k-1)V'}{V_{\mathrm{T}}}\right) \right] \qquad (2.84)$$

schreiben läßt. Der Wert von k hängt von den Dotierstoffkonzentrationen auf beiden Seiten des Heteroübergangs ab. Gilt $N_{\mathrm{D}} \ll N_{\mathrm{A}}$, so ist $k \approx 1$, und

$$J_{\mathrm{n}} \approx -A_1^* T^2 \exp\left(-\frac{V_{\mathrm{J}}}{V_{\mathrm{T}}}\right) \left[\exp\left(\frac{V'}{V_{\mathrm{T}}}\right) - 1 \right] . \qquad (2.85)$$

Unter diesen Umständen gibt es keine „Delle" in der Leitungsbandkante auf der p-Typ-Seite ($eV_{\mathrm{p}} \approx 0$), und es resultiert eine exponentielle Strom-Spannungs-Kennlinie mit Emissionskoeffizient $N = 1$. Diese Situation ist typisch für die EB-Diode in einem Heterostruktur-Bipolartransistor (HBT) mit stark dotierter Basis und Emitter mit großer Energielücke (wide-gap emitter)[17].

Das vorgestellte Modell der thermischen Emission von Ladungsträgern über den Heteroübergang liefert kein vollständiges Bild der Vorgänge in einem flußgepolten Heteroübergang. Dient das p-Typ Gebiet beispielsweise als Basis eines HBT, so ergibt sich aus (2.85) – entgegen der Erwartung – kein Einfluß

---

[17]Ist die Dotierstoffkonzentration auf der p-Typ-Seite in der gleichen Größenordnung wie auf der n-Typ-Seite, so ist k kleiner als eins und es ergibt sich eine exponentielle Strom-Spannungs-Kennlinie mit Emissionskoeffizient $N = 1/k$ [8].

der Basisweite auf den Transferstrom. Für eine vollständige Beschreibung des Heteroübergangs werden Randbedingungen für die Minoritätsladungsträgerdichten bei x_n und x_p benötigt. Wie eine genauere Untersuchung[18] zeigt, sind die Quasi-Fermi-Potentiale für Elektronen und Löcher am stromführenden Heteroübergang nicht konstant.

2.7.3 Sperrschichtkapazität

Hier wird die Sperrschichtkapazität des abrupten Heteroübergangs betrachtet. Der Heteroübergang sei bei $x_j = 0$, die Lage der Sperrschichtränder wird mit $-x_n$ und x_p bezeichnet. Weisen beide Seiten eine homogene Dotierung auf, so sind die Potentialdifferenzen V_n und V_p auf beiden Seiten des metallurgischen Übergangs

$$V_n = \frac{eN_D x_n^2}{2\epsilon_1} \quad \text{und} \quad V_p = \frac{eN_A x_p^2}{2\epsilon_2} .$$

Mit der *Neutralitätsbedingung* $eN_D x_n = eN_A x_p$ und der gesamten Potentialdifferenz über dem Heteroübergang $V_n + V_p = V_J - V'$, läßt sich die Lage der Sperrschichtränder berechnen

$$x_n = \sqrt{\frac{2N_A \epsilon_1 \epsilon_2 (V_J - V')}{eN_D(\epsilon_1 N_D + \epsilon_2 N_A)}} \tag{2.86}$$

und

$$x_p = \sqrt{\frac{2N_D \epsilon_1 \epsilon_2 (V_J - V')}{eN_A(\epsilon_1 N_D + \epsilon_2 N_A)}} . \tag{2.87}$$

Aus diesen Beziehungen ergibt sich die Sperrschichtkapazität[19] des abrupten Heteroübergangs

$$c_j(V') = -eN_D A_j \frac{dx_n}{dV'} = \frac{C_{J0}}{\sqrt{1 - V'/V_J}} ,$$

wobei

$$C_{J0} = A_j \sqrt{\frac{e\epsilon_1 \epsilon_2 N_A N_D}{2(\epsilon_1 N_D + \epsilon_2 N_A) V_J}} . \tag{2.88}$$

Im Sonderfall $\epsilon_1 = \epsilon_2 = \epsilon$ reduziert sich diese Beziehung auf das Ergebnis (2.53) für den gewöhnlichen pn-Übergang.

---

[18]Vgl. z.B. [9] und die dort angegebenen Literaturhinweise.

[19]Diese kann als Reihenschaltung von zwei Kapazitäten auf beiden Seiten des Heteroübergangs aufgefaßt werden, d.h.

$$\frac{1}{c_j} = \left(\frac{\epsilon_1 A_j}{x_n}\right)^{-1} + \left(\frac{\epsilon_2 A_j}{x_p}\right)^{-1} , \quad \text{bzw.} \quad c_j = \frac{\epsilon_1 \epsilon_2}{\epsilon_1 x_p + \epsilon_2 x_n} A_j .$$

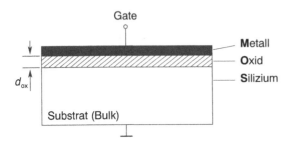

Abb. 2.39. Aufbau eines
MOS-Kondensators

2.8 Der MOS-Kondensator

Eines der herausragenden Kennzeichen von Silizium als Halbleitermaterial ist, daß sich durch einfache thermische Oxidation von Silizium ein hervorragender Isolator (SiO_2) erzeugen läßt. Dies erlaubt es, zuverlässige Feldeffektbauelemente mit isolierter Gateelektrode herzustellen. Grundelement ist dabei stets der MOS-Kondensator. Abbildung 2.39 zeigt den prinzipiellen Aufbau eines MOS-Kondensators. Die Metallelektrode auf der SiO_2-Schicht wird gewöhnlich als *Gate* bezeichnet, das unter dem Gateoxid liegende Silizium als *Substrat* oder *Bulk*.

Die Abkürzung MOS wird heute für alle Feldeffektbauelemente verwendet, bei denen die Gateelektrode durch SiO_2 vom Siliziumsubstrat getrennt wird. Aus Gründen höherer Zuverlässigkeit wird als Gatematerial mittlerweise hochdotiertes polykristallines Silizium oder Silizid verwendet. Die Oxiddicken liegen – abhängig von der Anwendung – im Bereich von wenigen Nanometern bis zu mehr als hundert Nanometern.

MOS-Kondensatoren werden in integrierten Schaltungen als Ladungsspeicher eingesetzt; in dRAM-Speicherbausteinen etwa wird die auf MOS-Kondensatoren gespeicherte Ladung als Informationseinheit benutzt. Einzelne MOS-Kondensatoren werden auch als Varaktoren sowie zur Charakterisierung der Si-SiO_2-Grenzfläche herangezogen. Arrays von MOS-Kondensatoren werden darüber hinaus in sog. CCD-Bausteinen als Schieberegister und Bildwandler eingesetzt.

Abhängig von Polarität und Betrag der angelegten Betriebsspannung befindet sich der MOS-Kondensator in Verarmung, Akkumulation oder Inversion. Diese Zustände lassen sich am besten anhand des eindimensionalen Bandschemas der MOS-Struktur erläutern. Dabei wird zunächst der Fall des thermischen Gleichgewichts betrachtet. Als Ausgangspunkt wird der Einfachheit halber ein idealer MOS-Kondensator angenommen, der ein vollständig isolierendes Oxid (keinerlei Leckströme) ohne Störladungen sowie ein homogen dotiertes Substrat aufweist.

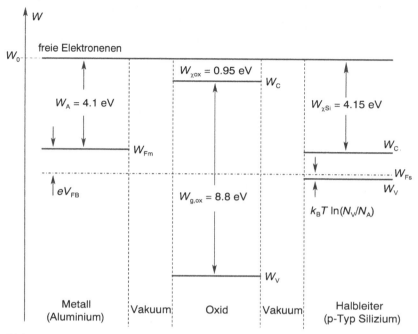

Abb. 2.40. Bänderschema der Komponenten eines MOS-Kondensators

2.8.1 Thermisches Gleichgewicht

Abbildung 2.40 zeigt das Bänderschema der einzelnen Komponenten des MOS-Kondensators im getrennten Zustand. Dabei wurde – wie im Rest dieses Abschnitts – angenommen, daß das Halbleitersubstrat eine p-Dotierung aufweist.

Gemeinsame Bezugsenergie ist die Vakuumenergie W_0, das ist die Energie, über die ein Elektron mindestens verfügen muß, um den Festkörper verlassen zu können. Die Fermi-Energie W_{Fm} des Metalls liegt um die *Austrittsarbeit* W_A unterhalb der Vakuumenergie; für Aluminium gilt $W_A = 4.1$ eV. Der Isolator besitzt sowohl Valenz- als auch Leitungsband, diese sind jedoch durch eine große Energielücke ($W_g = 8.8$ eV für SiO_2) voneinander getrennt. Die Leitungsbandkante W_C des SiO_2 liegt um die Elektronenaffinität $W_{\chi,ox} \approx 0.95$ eV unter der Vakuumenergie W_0. Der Abstand der Leitungsbandkante W_C des Siliziums von der Vakuumenergie W_0 wird durch die Elektronenaffinität des Siliziums $W_{\chi,Si} \approx 4.15$ eV bestimmt. Die Lage der Fermi-Energie W_{Fs} im Halbleiter bezüglich der Bandkanten ist durch die Dotierung des Halbleiters festgelegt.

Die Werte der Fermi-Energie in Metall und Halbleiter sind vor Herstellen des Kontakts i. allg. verschieden. In diesem Fall findet ein Elektronenaustausch statt, sobald die Komponenten miteinander in Kontakt gebracht

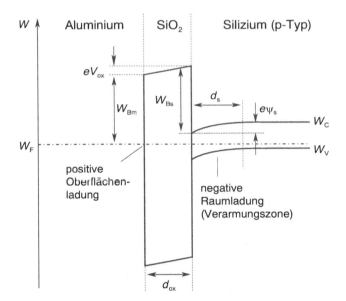

Abb. 2.41. Bänderschema eines MOS-Kondensators im thermischen Gleichgewicht

werden. In Abb. 2.40 gilt $W_{Fm} > W_{Fs}$; hier gibt das Metall beim Zusammenfügen der Komponenten Elektronen an das p-dotierte Substrat ab. Auf dem Gate verbleibt eine positive *Oberflächenladung*. Diese wird kompensiert durch eine gleich große negative *Raumladung* im Substrat, die durch Verarmen der p-dotierten Halbleiterschicht entsteht. Das thermische Gleichgewicht ist erreicht, sobald die Fermi-Energie im gesamten System denselben Wert aufweist. Die zugehörige Bandstruktur ist in Abb. 2.41 dargestellt.

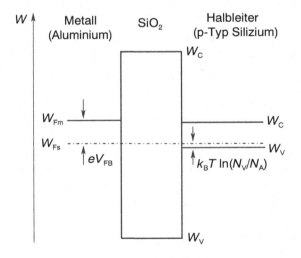

Abb. 2.42. Flachbandfall

Im thermischen Gleichgewicht tritt im Isolator eine Potentialdifferenz V_{ox} und im Halbleiter eine Potentialdifferenz ψ_s – das sog. *Oberflächenpotential* – auf (vgl. Abb. 2.41).

Als *Flachbandspannung* V_{FB} wird diejenige Spannung bezeichnet, die an das Gate des MOS-Kondensators angelegt werden muß, um die Bandverbiegung aufzuheben (vgl. Abb. 2.42)

$$V_{FB} = \frac{W_A - W_{\chi Si} - W_g}{e} + V_T \ln\left(\frac{N_V}{N_A^-}\right) . \tag{2.89}$$

Die Flachbandspannung wird durch die Austrittsarbeit des Gatematerials und die Dotierung des Halbleitersubstrats bestimmt.

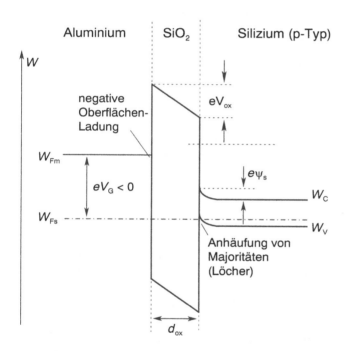

Abb. 2.43. Bänderschema eines MOS-Kondensators bei Akkumulation

2.8.2 Akkumulation

Ist die am Gate anliegende Spannung kleiner als die Flachbandspannung, so ist die Gateelektrode negativ geladen. Im Halbleiter häufen sich (*akkumulieren*) daher Löcher in einer dünnen Zone am Gateoxid. Die mit dieser Ladungsanhäufung verbundene positive Oberflächenladung an der Si-SiO$_2$-Grenzfläche ist im Betrag gleich groß wie die negative Oberflächenladung auf dem Gate. Die Ausdehnung der Akkumulationzone ist von der Größenordnung der Debye-Länge

$$L_\mathrm{D} = \sqrt{\frac{\epsilon_\mathrm{Si} V_T}{e p_\mathrm{p0}}} \quad \text{mit} \quad \epsilon_\mathrm{Si} \approx 11.9\, \epsilon_0 \; ; \tag{2.90}$$

die Gleichgewichtslöcherkonzentration p_p0 im Substrat ist dabei annähernd gleich der Substratdotierung.

Beispiel 2.8.1 Bei der Substratdotierung $N_\mathrm{A} = N_\mathrm{A}^- = 6 \cdot 10^{15}$ cm^{-3} beträgt die Debye-Länge

$$L_\mathrm{D} = \sqrt{\frac{8.85 \cdot 10^{-14}\,\mathrm{F/cm} \cdot 11.9 \cdot 25.8\,\mathrm{mV}}{1.602 \cdot 10^{-19}\,\mathrm{C} \cdot 6 \cdot 10^{15}\,\mathrm{cm}^{-3}}} \approx 53.3\,\mathrm{nm}\,.$$

Bei höherer Substratdotierung ist L_D entsprechend kleiner.

Die Bandverbiegung im Halbleiter bei Akkumulation ist nur gering (vgl. Abb. 2.43). Der MOS-Kondensator verhält sich bei Akkumulation annähernd wie ein Plattenkondensator der Kapazität

$$c_\mathrm{ox} = c_\mathrm{ox}' W L \,.$$

Dabei bezeichnet WL die Fläche des Kondensators und

$$c_\mathrm{ox}' = \frac{\epsilon_\mathrm{SiO2}}{d_\mathrm{ox}} \quad \text{mit} \quad \epsilon_\mathrm{SiO2} \approx 3.9\,\epsilon_0 \tag{2.91}$$

die durch die *Oxiddicke d_ox* bestimmte *flächenspezifische Oxidkapazität*.

2.8.3 Inversion

Mit zunehmendem $V_\mathrm{G} > 0$ wächst die positive Oberflächenladung auf der Gateelektrode und entsprechend die negative Raumladung im Halbleiter: Die Sperrschicht dehnt sich aus und das Oberflächenpotential ψ_s nimmt zu. Dies führt zu einer Abnahme des Abstands zwischen Leitungsbandkante und Fermi-Energie an der Si-SiO$_2$-Grenzfläche. Dort verschiebt sich das Verhältnis von Elektronen- zu Löcherdichte deshalb immer mehr zugunsten der Elektronen, bis diese schließlich überwiegen. An der Si-SiO$_2$-Grenzfläche sind dann Elektronen die Majoritätsträger: Durch das elektrische Feld ist im p-Typ Halbleiter eine dünne „n-Typ-Schicht" entstanden – man spricht in diesem Zusammenhang auch von *Inversion*. Damit an der Si-SiO$_2$-Grenzfläche die Elektronendichte überwiegt, muß

$$\psi_\mathrm{s} > V_T \ln\!\left(\frac{N_\mathrm{A}}{n_\mathrm{i}}\right) = \phi_\mathrm{F} \tag{2.92}$$

gelten. Das sog. *Dotierungspotential* [20] ϕ_F bezeichnet dabei das Oberflächenpotential ψ_s, bei dem der Übergang vom Zustand der *Verarmung* zum Zustand der Inversion erfolgt.

---

[20]Die Größe ϕ_F wird gelegentlich auch als *Fermi-Spannung* bezeichnet.

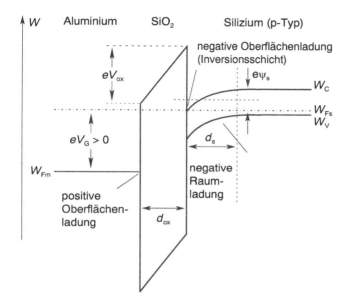

Abb. 2.44. Bänderschema eines MOS-Kondensators bei Inversion

Mit zunehmendem Oberflächenpotential ψ_s steigt die Elektronendichte an der Si-SiO$_2$-Grenzfläche exponentiell an (solange der Halbeiter im thermischen Gleichgewicht ist). Zunächst ist die Elektronenladung an der Si-SiO$_2$-Grenzfläche jedoch noch gering – der MOS-Kondensator befindet sich im Gebiet *schwacher Inversion*. Der Beitrag der Elektronen zur Gesamtladung im Halbleiter ist hier noch unbedeutend.

Im Bereich *starker Inversion* wird die Ladungsänderung des MOS-Kondensators auf der Halbleiterseite hauptsächlich durch die Inversionsladung bestimmt. Das Oberflächenpotential wächst hier nur noch annähernd logarithmisch mit der anliegenden Spannung. Markiert V_{TO} die Gatespannung, bei der starke Inversion einsetzt, so lautet ein einfacher Ansatz zur Beschreibung der Spannungsabhängigkeit der flächenspezifischen Inversionsladung

$$Q'_n = \begin{cases} 0 & \text{für} & V_G < V_{TO} \\ -c'_{ox}(V_G - V_{TO}) & \text{für} & V_G > V_{TO} \end{cases} \qquad (2.93)$$

Dabei wird angenommen, daß die Inversionsladung im Bereich der Verarmung und der schwachen Inversion vernachlässigbar klein ist, um dann mit Einsetzen starker Inversion linear mit der angelegten Gatespannung anzuwachsen.

Letzteres ergibt sich daraus, daß das Oberflächenpotential ψ_s und damit die Ausdehnung der Raumladungszone bei starker Inversion annähernd konstant bleiben; die bei weiterer Erhöhung von V_G erforderliche Zunahme der negativen Ladung im Halbleiter wird v.a. durch die Inversionsladung aufgebracht. Die Inversionsschicht hat dabei eine Dicke von der Größenordnung weniger Nanometer [10].

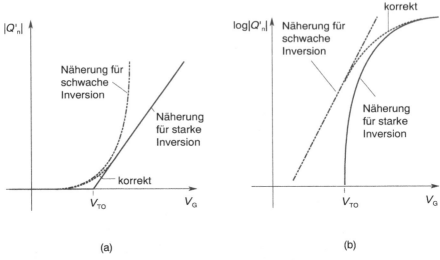

(a)   (b)

Abb. 2.45. Inversionsladung als Funktion der Spannung V_G zwischen Gate und Substrat (Bulk) (schematisch). **(a)** Lineare Darstellung, **(b)** logarithmische Auftragung

Der Verlauf von $Q'_n(V_G)$ ist schematisch in Abb. 2.45 dargestellt. Die Spannung V_{TO} charakterisiert den Beginn starker Inversion und wird als *Einsatzspannung* bezeichnet. Für die Einsatzspannung gilt näherungsweise

$$V_{TO} = V_{FB} + 2\phi_F + \gamma\sqrt{2\phi_F} \tag{2.94}$$

mit dem *Substratsteuerungsfaktor*

$$\gamma = \sqrt{\frac{2e\epsilon_{si}N_A^- d_{ox}^2}{\epsilon_{SiO2}^2}} . \tag{2.95}$$

Grundlage der Näherung (2.94) ist die Annahme, daß die starke Inversion bei $\psi_s = 2\phi_F$ einsetzt. Wegen (Siehe Aufgabe 2.16)

$$\psi_s = \frac{eN_A^-}{2\epsilon_{Si}}d_s^2 \quad\text{bzw.}\quad d_s = \sqrt{2\epsilon_{Si}\psi_s/(eN_A^-)} \tag{2.96}$$

folgt damit für die Ladung in der Verarmungszone beim Einsetzen starker Inversion

$$Q'_B = -eN_A^- d_s = -\sqrt{2\epsilon_{Si}eN_A^-}\sqrt{2\phi_F} = -c'_{ox}\gamma\sqrt{2\phi_F} .$$

Aus

$$V_{ox} = \frac{Q'_G}{c'_{ox}} = -\frac{Q'_n + Q'_B}{c'_{ox}} = V_G - V_{FB} - \psi_s$$

ergibt sich damit für die Inversionsladung im Gebiet der starken Inversion

$$Q'_n = -c'_{ox}(V_G - V_{FB} - \psi_s) - Q'_B =$$
$$= -c'_{ox}\left(V_G - V_{FB} - 2\phi_F - \gamma\sqrt{2\phi_F}\right)$$

Ein Vergleich mit Gl. (2.93) liefert somit den Zusammenhang zu Gl. (2.94).

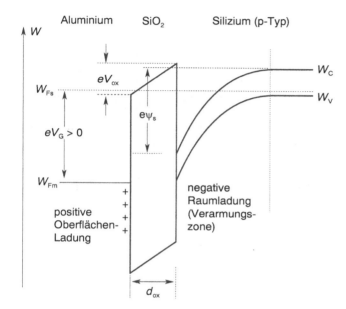

Abb. 2.46. Bänderschema eines MOS-Kondensators bei tiefer Verarmung (deep depletion)

2.8.4 Tiefe Verarmung (Deep Depletion)

Im thermischen Gleichgewicht ist für $V_G > V_{TO}$ immer ein Inversionskanal an der Si-SiO$_2$-Grenzfläche ausgebildet. Wird ein MOS-Kondensator durch einen Spannungspuls von $V_G < V_{TO}$ auf $V_G > V_{TO}$ geschaltet, so tritt nicht sofort eine Inversionsladung unter dem Gate auf, da die hierfür erforderlichen Elektronen erst bereitgestellt werden müssen. Im unbeleuchteten MOS-Kondensator kann dies nur durch thermische Generation an der Si-SiO$_2$-Grenzfläche und im Substrat erfolgen. Der MOS-Kondensator wird sich aus diesem Grund für einige Zeit nach dem Umschalten in einem als *deep depletion* (tiefe Verarmung) bezeichneten Nichtgleichgewichtszustand befinden.

Durch thermische Generation von Ladungsträgern, die im Feld der Raumladungszone getrennt[21] werden, baut sich in der Folge eine Inversionsschicht auf. Dadurch verändert sich die Aufteilung des Spannungsabfalls über der MOS-Struktur: Der Spannungsabfall am Oxid nimmt zu, während das Oberflächen-

---

[21]Die Löcher fließen über den Substratkontakt ab, die Elektronen sammeln sich in der Inversionsschicht.

potential bis auf Werte $\psi_s \approx 2\phi_F$ abnimmt.[22] Für Zeiten, die klein sind im
Vergleich zu der zum Aufbau der Inversionsladung benötigten Zeit, kann der
MOS-Kondensator als dynamischer Ladungsspeicher verwendet werden. Dies
findet Anwendung in CCD-Bauteilen, wie sie in modernen Bildwandlern für
Fernsehkameras eingesetzt werden.

2.8.5 Stromfluß durch das Gateoxid

Im bisher betrachteten Idealfall tritt kein Stromfluß durch das Gateoxid auf.
In der Praxis wird dies jedoch nur annähernd erreicht. Bis zu Feldstärken von
0.6 V/nm im Oxid ist die Stromdichte durch thermische Oxidschichten kleiner
als $4 \cdot 10^{-11}$ A/cm^2. Bei größeren Feldstärken ist in dickeren Oxidschichten
mit (irreversiblen) Durchbrüchen aufgrund der Stoßionisation zu rechnen, bei
kleineren Oxiddicken mit *Tunnelströmen*.

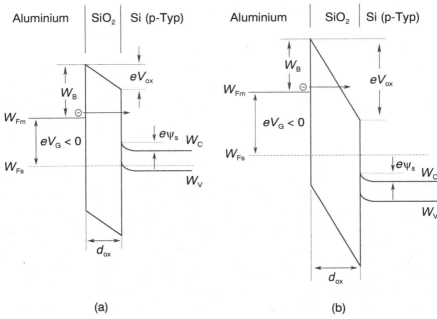

(a)   (b)

Abb. 2.47. Tunnelstrom durch Gateisolatoren im Bänderschema. **(a)** Direktes Tunneln
und **(b)** Fowler-Nordheim-Tunneln

Die beim Auftreten von Tunnelströmen vorliegenden Verhältnisse sind in
Abb. 2.47 im Bänderschema dargestellt. Nur wenn der Spannungsabfall V_{ox}
über dem Oxid kleiner ist als W_B/e, gelangen tunnelnde Elektronen von der

---

[22]Diese Veränderung kann mittels Kapazitätsmessung beobachtet werden; die Rate mit
der die Inversionsschicht aufgebaut wird, ermöglicht die Bestimmung der Generationsrate.

Gateelektrode direkt ins Leitungsband des Halbleiters; die Elektronen durchtunneln dabei eine trapezförmige Potentialbarriere (Abb. 2.47a). Dieser Mechanismus wird nur für sehr geringe Oxiddicken ($d_{ox} < 5$ nm) beobachtet. Ist der Spannungsabfall über dem Oxid größer als W_B/e, so gelangen die tunnelnden Elektronen zunächst in das Leitungsband des SiO_2, wobei sie eine dreieckige Potentialbarriere zu durchtunneln haben (Abb. 2.47b). Dieser Tunnelmechanismus ist als Fowler-Nordheim-Tunneln bekannt; er bestimmt die durch Oxide mit Dicken $d_{ox} > 5$ nm fließenden Tunnelströme. Für die Tunnelstromdichte gilt unter diesen Umständen

$$J_{tun} \sim E^2 \exp\left(-\frac{E_0}{E}\right) , \tag{2.97}$$

wobei E_0 eine vom Material der Gateelektrode abhängige charakteristische Feldstärke in der Größenordnung von 25 V/nm bezeichnet.

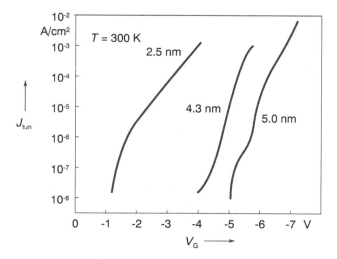

Abb. 2.48. Stromdichte des Tunnelstroms durch Gateoxide unterschiedlicher Dicke. (Gatematerial: n^+-poly-Si, die Oxiddicken wurden elektronenmikroskopisch bestimmt)

Abbildung 2.48 zeigt die Messwerte der Tunnelstromdichte durch dünne Gateisolatoren unterschiedlicher Dicke als Funktion der angelegten Spannung.[23] Die Tunnelströme sind weitgehend temperaturunabhängig, eine geringe Variation der gemessenen $I(V)$-Kennlinien ist durch die Temperaturabhängigkeit des Spannungsabfalls im Halbleiter bedingt.

Tunneln durch Gateisolatoren verursacht als parasitärer Effekt einerseits eine untere Grenze für die Dicke der in MOSFETs verwendbaren Gateoxide, kann aber andererseits auch ausgenutzt werden, um allseitig isolierte Elektroden mit dem Ziel der Informationsspeicherung aufzuladen (EEPROM).

---

[23]Die Kennlinien der beiden Oxide mit $d_{ox} = 4.3$ nm und $d_{ox} = 5$ nm zeigen oszillatorische Abweichungen von Gl. (2.97). Dies wird erklärt durch eine Selbstinterferenz der Elektronenwelle im Oxid [11], [12].

2.9 Aufgaben

Aufgabe 2.1 Verwenden Sie die Energiedifferenz zwischen Fermi-Energie und Leitungsbandkante auf der n-Typ Seite sowie Fermi-Energie und Valenzbandkante auf der p-Typ Seite um den Ausdruck für die Diffusionsspannung (2.1) herzuleiten.

Aufgabe 2.2 Für eine pn-Diode wurde bei $T = 300$ K der Sättigungsstrom $I_S = 10^{-21}$ A und der Emissionskoeffizient $N = 1$ bestimmt. Ebenfalls bei $T = 300$ K wurde die Änderung $dV/dT = -1.76$ mV/K der Flußspannung mit der Temperatur bei konstant gehaltenem Flußstrom ($I = 4$ mA) bestimmt. Ermitteln Sie die Bandabstandsspannung des Halbleiters.

Aufgabe 2.3 Berechnen Sie die Sperrschichtkapazität je μm^2 Sperrschichtfläche für einen abrupten pn-Übergang (Silizium, $\epsilon_r \approx 11.9$, $T = 300$ K) mit $N_D = 10^{19} cm^{-3}$ und $N_A = 10^{14} cm^{-3}$ sowie $N_A = 10^{16} cm^{-3}$ für $V = 0.4$ V, 0 V und $V = -5$ V.

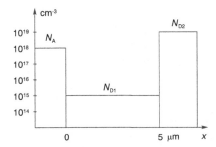

Abb. 2.49. Zu Aufgabe 2.4

Aufgabe 2.4 Eine pn-Diode (Silizium, $A_j = 100\,\mu m \times 100\,\mu m$) habe die Dotierung $N_A = 10^{18}$ cm^{-3} auf der p-Seite und ein stufenförmiges Dotierungsprofil auf der n-Seite, entsprechend Abb. 2.49. (Dies stellt ein vereinfachtes Modell für die Kollektordiode eines npn-Bipolartransistors dar (buried layer collector). Die hochdotierte n-Schicht bildet einen niederohmigen Anschluß des im Beispiel mit $N_{D1} = 10^{15} cm^{-3}$ dotierten Kollektors – dieser wird niedriger dotiert um eine große Durchbruchspannung und eine kleine Sperrschichtkapazität der Basis-Kollektor-Diode zu erhalten.)

(a) Skizzieren Sie das eindimensionale Bandschema für diese Diode ($V = 0$). Welche Werte resultieren für die auftretenden Potentialbarrieren bei Raumtemperatur ($T = 300$ K)?
(b) Wie ändert sich die Sperrschichtkapazität des pn-Übergangs mit der angelegten Sperrspannung?
(c) Wie hängt die maximale Feldstärke in der Sperrschicht von der angelegten Sperrspannung ab?
(d) Wie verhält sich eine solche Diode bei Flußpolung? Insbesondere: Welche Auswirkung hat der nn$^+$-Übergang bei $x = 5\,\mu m$ auf die in das n-Gebiet injizierten Löcher?

Aufgabe 2.5 In Serie zu einer idealen Silizium pn-Diode ($N = 1$, $R_S = 0$, $X_{TI} = 3.5$, $V_g = 1205$ mV) mit Sättigungsstrom $I_S = 10^{-12}$ A (bei $T = 300$ K) liegt der Widerstand $R = 100\,\Omega$.

(a) Berechnen Sie die Spannung an der Reihenschaltung für die eingeprägten Ströme (Flußrichtung) $I = 100\,\mu A$, $I = 1\,mA$ und $I = 10\,mA$.

(b) Berechnen Sie zu diesen Werten den Temperaturkoeffizienten des Spannungsabfalls an der Reihenschaltung. Die Temperaturabhängigkeit des Ohmschen Widerstands sei dabei durch den linearen Temperaturkoeffizienten $\alpha_R = 2 \cdot 10^{-4}\ 1/K$ gegeben.

Aufgabe 2.6: Eine Si-Diode mit der Sperrschichtfläche $A_j = 500\,\mu m^2$ weist einen abrupten pn-Übergang mit $N_D = 10^{19}\,cm^{-3}$ und $N_A = 10^{16}\,cm^{-3}$ auf und sei zunächst nicht vorgespannt ($V = 0$). Durch einen eingeprägten Strom von $I = -2\,mA$ steigt die Sperrspannung stetig an. Wie lange dauert es, bis die Sperrspannung $V_R = 10\,V$ erreicht ist ($T = 300\,K$)?

Aufgabe 2.7 Betrachten Sie eine Silizium p^+n-Diode der Fläche $A_j = 10^4\,\mu m^2$ mit einem n-Gebiet der Dotierung $N_D = 2.5 \cdot 10^{16}\,cm^{-3}$; die Dicke des n-Gebiets soll deutlich größer als die Diffusionslänge $L_p \approx 100\,\mu m$ für Löcher in diesem Gebiet sein, so daß der Einfluß des Kontakts auf den für $V > 0$ injizierten Löcherstrom vernachlässigt werden kann.

(a) Wie groß ist die Löcherladung, die sich bei $V = 700\,mV$ und $T = 300\,K$ im n-Gebiet aufbaut? Wie hängt dieser Wert von der Diffusionslänge L_p ab?

(b) Welchen Wert für die quasistatische Diffusionskapazität ergibt dies, falls die Minoritätsspeicherladung im p^+-Bahngebiet vernachlässigt wird?

Aufgabe 2.8 In Reihe zu einer Siliziumdiode ($V_g = 1205\,mV$, der Bahnwiderstand darf vernachlässigt werden) liegt der Widerstand $R = 1\,k\Omega$. Von der an die Reihenschaltung angelegten Spannung $V_0 = 2.5\,V$ fallen 0.7 V an der Diode ab. Welchen Temperaturkoeffizient muß der Widerstand R aufweisen, damit der Temperaturkoeffizient des Stroms durch die Diode verschwindet?

Aufgabe 2.9 Eine pn-Diode wird in Serie zu einem Widerstand R geschaltet und von einer rechteckförmigen Spannung (Hub V_{ss}, überlagerter Gleichanteil V_O) periodisch umgepolt. Beim Umschalten von Fluß- in Sperrpolung wurden die folgenden Größen gemessen: (1) Vor dem Umschalten lag an der Diode eine Flußspannung von 0.7 V an, der dabei durch die Diode fließende Strom war $I_F = 4\,mA$. (2) Direkt nach dem Umschalten wurde ein Strom von $I_R = 3\,mA$ beobachtet. (3) Für $t \gg t_{rr}$ wurde die an der Diode anliegende Sperrspannung zu $V_R = 5\,V$ bestimmt.

(a) Welche Werte weisen die Größen V_{ss}, V_O und R auf?

(b) Die beim Ausschaltvorgang beobachtete Speicherzeit ist $t_s = 4\,\mu s$; bestimmen Sie den Parameter T_T des SPICE-Diodenmodells nach der Ladungssteuerungstheorie!

Aufgabe 2.10 Leiten Sie die Bedingung (2.32) für das Auftreten des thermischen Durchbruchs der pn-Diode ab. Da bei Erreichen des thermischen Durchbruchs bereits eine geringe Erhöhung der Sperrspannung genügt um den Sperrstrom unkontrolliert ansteigen zu lassen, ergibt sich eine Bedingung für das Auftreten des thermischen Durchbruchs aus der Forderung $dI_R/dV_R \to \infty$ (unter Berücksichtigung der Eigenerwärmung). Diskutieren Sie Ihr Ergebnis unter der Annahme $I_R \approx I_S \sim n_i^2 \sim \exp(-W_g/k_B T)$.

Aufgabe 2.11 Für eine pn-Diode (Emissionskoeffizient $N = 1$, $T = 300\,K$) wurde die in Abb. 2.50 gezeigte $i(t)$-Kennlinie beim Ausschaltvorgang bestimmt.

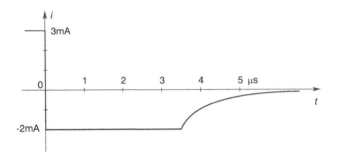

Abb. 2.50. Zu Aufgabe 2.11

(a) Wie groß ist die Transitzeit T_T nach der Ladungssteuerungstheorie?
(b) Wie groß ist die (quasistatische) Diffusionskapazität beim Strom $I = 10$ mA?

Aufgabe 2.12 Gegeben ist ein p^+nn^+-Diode der Fläche $A_j = 10^5\,\mu m^2$, mit einem p-Gebiet der Dotierung $N_A = 2 \cdot 10^{19}$ cm^{-3} und einem n-Gebiet der Dotierung $N_{D1} = 10^{15}$ cm^{-3} und der Dicke 8 µm. Der pn-Übergang darf als einseitig angenommen werden, die durch das p^+ und das n^+ Gebiet bedingten Serienwiderstände können vernachlässigt werden.
(a) Ermitteln Sie die Elemente der Kleinsignalersatzschaltung für die angelegte Sperrspannung $V_R = 10$ V ($T = 300$ K, $\epsilon_r = 11.9$, $n_i = 1.08 \cdot 10^{10}$ cm^{-3}, $\mu_{n1} = 1300$ cm^2/(Vs)). Berechnen Sie damit die Admittanz als Funktion der Frequenz und ermitteln Sie die Grenzfrequenz.
(b) Nehmen Sie nun zusätzlich die Parameter $I_S = 5 \cdot 10^{-12}$A, $T_T = 1$ µs sowie $N = 1.3$ als gegeben an und ermitteln Sie die Elemente der Kleinsignalersatzschaltung für $I = 1$mA. Berechnen Sie auch hier die Admittanz als Funktion der Frequenz.
(c) Diskutieren Sie die Ihrer Rechnung zugrundeliegenden Annahmen!

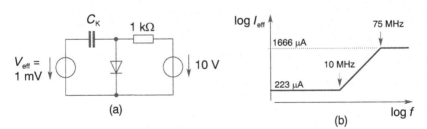

Abb. 2.51. Zu Aufgabe 2.13

Aufgabe 2.13 Eine pn-Diode wird in der in Abb. 2.51a angegebenen Schaltung betrieben. Die Spannung an der Diode im Arbeitspunkt beträgt 0.7 V.
(a) Zeichnen Sie die zugehörige Kleinsignalersatzschaltung. Behandeln Sie die Kapazität C_K dabei als Kurzschluß.
(b) Der Effektivwert I_{eff} des von der Wechselquelle abgegebenen Stroms wurde als Funktion der Frequenz ermittelt und zeigt näherungsweise den in Abb. 2.51b angegebenen Verlauf. Ermitteln Sie die Elemente der Kleinsignalersatzschaltung. Wie groß ist der Emissionskoeffizient N der Diode? ($T = 300$ K)

(c) Nehmen Sie an, daß der Beitrag der Sperrschichtkapazität zur Kleinsignalkapazität der Diode vernachlässigbar ist und berechnen Sie die Transitzeit T_T.

Aufgabe 2.14 Für eine als ideal angenommene Schottky-Diode wurde bei $V = 0.4\,\text{V}$ und $30°\text{C}$ der Strom $225\,\mu\text{A}$, bei $V = 0.4\,\text{V}$ und $130°\text{C}$ der Strom $2.3\,\text{mA}$ gemessen. Berechnen Sie die Barrierenhöhe W_{Bn} dieser Schottky-Diode, unter der Annahme, daß Bahnwiderstände vernachlässigbar klein sind.

Aufgabe 2.15 (a) Welchen Sättigungsstrom I_S muß eine ideale Schottky-Diode aufweisen, deren Strom bei Raumtemperatur ($T = 300\,\text{K}$) und der Flußspannung $0.3\,\text{V}$ den Strom $1\,\text{mA}$ erreicht?
(b) Welche Fläche müßte eine entsprechende Schottky-Diode mit $W_{Bn} = 0.5\,\text{eV}$ aufweisen (Annahmen: Emissionskoeffizient $N = 1$, Richardson-Konstante $A^* = 100\,\text{Acm}^{-2}\text{K}^{-2}$)?
(c) Welche Fläche hätte eine vergleichbare Silizium pn-Diode? Gehen Sie dabei von einem abrupten pn-Übergang der Dotierung $N_A = 10^{18}\,\text{cm}^{-3}$, $N_D = 10^{18}\,\text{cm}^{-3}$ und der Temperatur $T = 300\,\text{K}$ aus (Annahmen: $D_n = 7\,\text{cm}^2/\text{Vs}$, $D_p = 2.5\,\text{cm}^2/\text{Vs}$, $\tau_n = \tau_p = 1\,\mu\text{s}$).

Aufgabe 2.16 Verwenden Sie den Gaußschen Satz (bzw. die Poisson-gleichung) um den in (2.96) angegebenen Zusammenhang zwischen Oberflächenpotential ψ_s und Ausdehnung d_s der Verarmungszone zu begründen.

Aufgabe 2.17 Ein MOS-Kondensator besitzt eine Gateelektrode aus Aluminium die durch ein Oxid der Dicke $200\,\text{nm}$ von einem n-Typ Halbleiter (Si, $N_D = 10^{16}\,\text{cm}^{-3}$, $T = 300\,\text{K}$) isoliert ist. Die betrachtete Oxiddicke ist deutlich größer als in MOS-FETs; eine entsprechende Situation tritt beispielsweise auf, wenn eine Leiterbahn durch eine $200\,\text{nm}$ dicke Oxidschicht von einem n-Typ Substrat getrennt wird.
(a) Wie groß ist die Flachbandspannung?
(b) Bei welcher Spannung am Gate liegen an der Si/SiO$_2$-Grenzfläche intrinsische Verhältnisse vor (identische Dichten für Elektronen und Löcher)?
(c) Wie groß ist die Einsatzspannung? Welche Werte weist die elektrische Feldstärke im Halbleiter und im Oxid auf, falls die Einsatzspannung an das Gate angelegt wird?

2.10 Literaturverzeichnis

[1] S.M. Sze. *Physics of Semiconductor Devices.* J. Wiley, New York, 2nd edition, 1982.

[2] B.R. Chawla, H.K. Gummel. Transition region capacitance of diffused p-n junctions. *IEEE Trans. Electron Devices*, 18(3):178–195, 1971.

[3] R.H. Kingston. Switching time in junction diodes and junction transistors. *Proc. IRE*, 42(5):829–835, 1954.

[4] A. Arendt, M. Illi. Die exakte Berechnung der Diffusionskapazität von Halbleiterdioden aus der stationären Ladungsverteilung - Auflösung eines Widerspruchs. *A.E.Ü.*, 22(12):669–674, 1967.

[5] G. Kesel, J. Hammerschmidt, E. Lange. *Signalverarbeitende Dioden.* Springer, Berlin, 1982.

[6] A.Y.C. Yu. Electron tunneling and contact resistance of metal-silicon contact barriers. *Solid-State Electronics*, 13:239–247, 1979.

[7] J.C. Bean. Silicon-based semicondcutor heterostructures: column IV bandgap engineering. *Proc. IEEE*, 80(4):571–587, 1992.

[8] H. Krömer. Heterostructure bipolar transistors and integrated circuits. *Proc. IEEE*, 70(1):13–25, 1982.

[9] M. Reisch. *High-frequency Bipolar Transistors*. Springer, Berlin, 2003

[10] J.A. Pals. Measurements of the surface quantization in silicon n- and p-type inversion layers at temperatures above 25 K. *Phys. Rev. B*, 7(2):754–760, 1973.

[11] K.H. Gundlach. Zur Berechnung des Tunnelstroms durch eine trapezförmige Potentialstufe. *Solid-State Electronics*, 9:949–957, 1966.

[12] G. Lewicki, J. Maserjian. Oscillations in MOS tunneling. *J. Appl. Phys.*, 46(7):3032–3039, 1975.

3 Halbleiterdioden

Halbleiterdioden sind zweipolige Bauelemente mit asymmetrischer, nichtlinearer Strom-Spannungs-Kennlinie. Sie lassen sich einteilen in *pn-Dioden*, die durch zwei aneinandergrenzende Halbleitergebiete unterschiedlicher Dotierung (n- bzw. p-Typ) erzeugt werden, und Schottky-Dioden, die aus einem Metall-Halbleiter-Übergang bestehen. Beispielhafte Datenblätter zu den behandelten Dioden sind im Ordner Datenblätter/Dioden auf der mitgelieferten CD-ROM zu finden.

3.1 Gleichrichterdioden

Die nichtlineare Kennlinie von pn-Dioden wird für die *Gleichrichtung* von Wechselspannungen ausgenutzt. pn-Gleichrichterdioden sind meistens aus Silizium hergestellt; für Anwendungen, bei denen im Flußbetrieb geringe Spannungsabfälle an der Diode auftreten sollen, kommen gelegentlich Ge-Gleichrichterdioden oder Schottky-Dioden, für hohe Temperaturen GaAs-Gleichrichterdioden zum Einsatz.

Einfache Gleichrichterdioden werden in *Planartechnik* hergestellt. Durch ein Oxidfenster wird dabei ein pn-Übergang in einen dotierten Wafer (Substrat) diffundiert. Da das diffundierte Bahngebiet dünn ist im Vergleich zur Substratdicke, ist es vorteilhaft ein n-Substrat zu verwenden; dieses ermöglicht wegen der höheren Elektronenbeweglichkeit einen geringeren Bahnwiderstand als ein p-Substrat.

Dioden für große Sperrspannungen erfordern nach Gl. (2.30) ein niedrig dotiertes Substratmaterial, was zu einem großen Bahnwiderstand führt. In der Praxis wird deswegen zumeist ein niedrig dotiertes n-Bahngebiet als epitaxiale Schicht auf einem hochdotierten und damit niederohmigen Substratmaterial hergestellt (vgl. Abb. 3.1). Die Dicke der epitaxialen Schicht wird dabei auf die Durchbruchspannung abgestimmt – je größer die geforderte Durchbruchspannung, desto niedriger dotiert und desto dicker die „Epischicht“.

Bei Dioden in Planartechnik ist der pn-Übergang am Rand gekrümmt, was dort zu einer erhöhten Feldstärke führt. Der Durchbruch einer solchen Diode erfolgt deshalb am Rand, die Durchbruchspannung ist gegenüber der eines ebenen pn-Übergängs vermindert. Durch einen sog. *Guard ring* kann dieses Problem entschärft werden. Der p^+n-Übergang wird dabei von einem ringförmigen p^+-Gebiet umschlossen, das *nicht* kontaktiert wird. Der Abstand d des Rings vom Anodengebiet wird kleiner als die Sperrschichtweite bei der maximal zulässigen Sperrspannung gewählt. Unter diesen Umständen ist bei großen Sperrspannungen das gesamte n-dotierte Gebiet zwischen Anode und

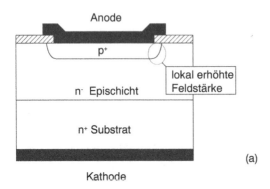

(a)

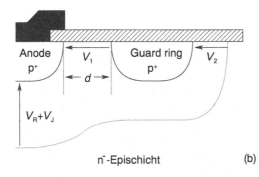

(b)

Abb. 3.1. (a) Querschnitt (schematisch) durch eine Gleichrichterdiode in Planartechnik, **(b)** Guard ring

Guard ring verarmt; das Potential des Guard rings unterscheidet sich dann vom Anodenpotential um die vom Abstand d und der Donatorkonzentration abhängige Spannung V_1 (vgl. Abb. 3.1b). Zwischen Guard ring und Kathode tritt demnach eine kleinere Potentialdifferenz V_2 auf als zwischen Anode und Kathode; auf diesem Weg kann die Erhöhung der Feldstärke aufgrund der nun am Rand des Guard rings auftretenden Krümmung ausgeglichen und Randdurchbruch verhindert werden.

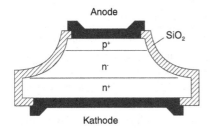

Abb. 3.2. Diode mit abgeschrägtem pn-Übergang durch Mesaätzung

Für Sperrspannungen im Kilovoltbereich werden in der Regel ebene pn-Übergänge verwendet, deren Seiten *abgeschrägt* werden, was sich günstig auf die Feldstärken im Randbereich auswirkt. Eine Möglichkeit zur Herstellung solcher Dioden ist die ganzflächige Diffusion eines pn-Übergangs und anschließende Strukturierung der Scheibenoberfläche durch eine *Mesaätzung*, was zu dem in Abb. 3.2 dargestellten Aufbau führt. Der seitlich abgeschrägte pn-Übergang wird mit einer SiO_2-Schicht überzogen, wodurch die Zahl der Rekombinationszentren an der Halbleiteroberfläche und damit der Sperrstrom verringert wird.

Das niedrig dotierte epitaxiale Bahngebiet wird bei Flußpolung mit Ladungsträgern „überschwemmt": Die Ladungsträgerdichten betragen hier ein Vielfaches der Dotierstoffkonzentration, Elektronen- und Löcherdichte weisen annähernd denselben Wert auf. Der durch das epitaxiale Bahngebiet hervorgerufene Teil des Bahnwiderstands wird deshalb durch die Diffusionsladung bestimmt. Er fällt in grober Näherung umgekehrt proportional zur Elektronen- und Löcherdichte und damit zum Flußstrom, da die Diffusionsladung annähernd proportional zum Strom anwächst. Wegen dieser sog. *Leitfähigkeitsmodulation* weist der Bahnwiderstand einen arbeitspunktabhängigen Anteil auf, der im gewöhnlichen Diodenmodell nicht erfaßt wird.

Die wichtigsten *Kenngrößen* für Dioden im Gleichrichterbetrieb sind der bei Sperrpolung fließende Strom[1] I_R sowie der Spannungsabfall V an der Diode bei einem bestimmten Flußstrom. In Datenblättern für Gleichrichterdioden ist darüber hinaus zumeist die Diodenkapazität bei $V = 0$ angegeben. Diese setzt sich zusammen aus der Sperrschichtkapazität $c_j(0)$ und der Gehäusekapazität. Zusätzlich zur *Rückwärtserholzeit*[2] t_{rr} für vorgegebene Werte von I_F und I_R wird die *Vorwärtserholzeit* t_{fr}[3] spezifiziert.

Für zuverlässigen Betrieb dürfen beim Einsatz *Grenzwerte* bezüglich des Durchlaßstroms, der Sperrspannung, der umgesetzten Leistung und der Umgebungstemperatur nicht überschritten werden. Die maximal zulässige Sperrspannung bei Gleichbetrieb wird in Datenblättern meist mit V_R, die *höchstzulässige Spitzensperrspannung* mit V_{RRM} bezeichnet. V_{RRM} bestimmt die maximale Amplitude (Scheitelwert) einer sinusförmigen Wechselspannung mit $f > 20$ Hz. Der maximal zulässige Flußstrom bei Gleichbetrieb wird meist mit I_F oder I_0 gekennzeichnet; I_{FM} bezeichnet i. allg. den maximal zulässigen *Spitzenstrom* in Durchlaßrichtung bei sinusförmiger[4] Aussteuerung mit $f > 20$ Hz.

Da die Sperrschichttemperatur ϑ_j der Diode im Betrieb über der Temperatur ϑ_A der Umgebung liegt, darf ϑ_A die maximal zulässige Sperrschichttemperatur ϑ_{Jmax} nicht überschreiten. Der Wert von ϑ_{Jmax} ist durch Halb-

---

[1]Dieser wird meist bei der Spannung V_R spezifiziert. Er ist stark temperaturabhängig und zeigt im Gegensatz zu den Annahmen des idealen Diodenmodells meist eine deutliche Abhängigkeit von der angelegten Sperrspannung.

[2]Gelegentlich auch als Sperrverzögerungszeit oder Sperrverzug bezeichnet.

[3]Gelegentlich auch als Durchlaßverzögerungszeit oder Durchlaßverzug bezeichnet.

[4]Bzw. bei rechteckförmiger Aussteuerung mit einem Tastverhältnis < 0.5.

leitermaterial (Energielücke) und Dotierung bestimmt. Bei Überschreiten der maximal zulässigen Sperrschichttemperatur verliert der pn-Übergang seine Sperrfähigkeit. Aus dem Wärmewiderstand $R_{\mathrm{th,JA}}$ der Diode zur Umgebung folgt für eine gegebene Umgebungstemperatur ϑ_{A} die maximal zulässige Dauerverlustleistung

$$P_{\mathrm{zul}} = \frac{\vartheta_{\mathrm{Jmax}} - \vartheta_{\mathrm{A}}}{R_{\mathrm{th,JA}}} \,, \tag{3.1}$$

die bei *Pulsbetrieb* jedoch überschritten werden darf.

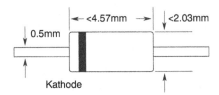

Abb. 3.3. Gleichrichterdiode 1N4148, Abmessungen

Beispiel 3.1.1 Als Beispiele für typische Gleichrichterdioden werden die Dioden 1N4148 und 1N4004 betrachtet. Die Diode 1N4148 ist eine Kleinleistungsdiode für schnelle Schaltvorgänge und wird als „Universaldiode" eingesetzt. Sie ist im Dauerbetrieb für Sperrspannungen bis 75 V spezifiziert, im Durchlaßbereich für Ströme bis 200 mA (kurze Strompulse mit Strömen von 2 A sind bei Pulsdauern kleiner 1 µs aber zulässig). Der Wärmewiderstand zur Umgebung beträgt maximal 350 K/W; mit der maximal zulässigen Sperrschichttemperatur von 200°C folgt hieraus die zulässige Verlustleistung (Dauerbetrieb) bei der Umgebungstemperatur $\vartheta_{\mathrm{A}} = 25°$C zu 500 mW. Als Maximalwert des Sperrstroms bei $V = -20$ V werden 25 nA bei $\vartheta_{\mathrm{j}} = 25°$C und 50 µA bei $\vartheta_{\mathrm{j}} = 150°$C angegeben. Die Diodenkapazität beträgt maximal 4 pF, die Rückwärtserholzeit (bei $I_{\mathrm{F}} = I_{\mathrm{R}} = 10$ mA) maximal 8 ns.

Die Diode 1N4004 ist eine Gleichrichterdiode für mittlere Durchlaßströme von 1 A (Stoßdurchlaßstrom 50 A). Aus dem thermischen Widerstand $R_{\mathrm{th,JA}} = 85$ K/W zur Umgebung und $\vartheta_{\mathrm{Jmax}} = 175°$ C folgt die zulässige Verlustleistung (Dauerbetrieb) bei $\vartheta_{\mathrm{A}} = 25°$C zu $P = 1.75$ W. Der maximale Sperrstrom bei $\vartheta_{\mathrm{j}} = 75°$C wird mit 30 µA angegeben. Die Diodenkapazität beträgt etwa 50 pF, die Rückwärtserholzeit (bei $I_{\mathrm{F}} = I_{\mathrm{R}} = 10$ mA) liegt bei ca. 5 µs und damit um drei Dekaden über der Rückwärtserholzeit der 1N4148. Der Grund für diesen Unterschied liegt in der hohen zulässigen Sperrspannung der 1N4004; diese erfordert eine geringe Dotierung in einem der Bahngebiete. Bei Flußpolung wird das niedrig dotierte Bahngebiet mit Ladungsträgern „überschwemmt"– es baut sich eine große Diffusionsladung auf, die wegen der hohen Lebensdauer im niedrig dotierten Silizium mehrere Mikrosekunden benötigt, bis sie wieder abgebaut ist.

Es ist instruktiv, die wichtigsten Kenngrößen (typische Werte für $T = 300$ K) des SPICE-Diodenmodells für diese Dioden in einer Tabelle gegenüberzustellen.

Diode	I_S/A	N	R_S/Ω	$C_\mathrm{J0}/\mathrm{pF}$	T_T/ns
1N4148	$1.3 \cdot 10^{-9}$	1.73	1.6	4	5.8
1N4004	$1.41 \cdot 10^{-8}$	1.984	0.034	25.9	5700

Die unterschiedlichen Rückwärtserholzeiten sind vor allem eine Folge der stark unterschiedlichen Transitzeiten T_T.

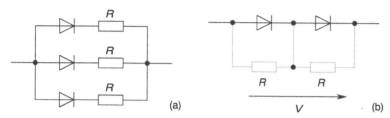

Abb. 3.4. (a) Parallelschaltung und (b) Reihenschaltung von Gleichrichterdioden

Zum Gleichrichten großer Ströme können mehrere Gleichrichterdioden *parallelgeschaltet* werden. Wegen des Heißleiterverhaltens der Dioden kann es dabei jedoch zu einer Instabilität in der Stromverteilung kommen, mit der Konsequenz, daß sich eine Diode zusehends erwärmt und damit einen immer größeren Teil des Stroms auf sich zieht, bis sie schließlich überlastet wird und ausfällt. Zur Vermeidung kann in Serie zu jeder Diode ein Widerstand R eingefügt werden (vgl. Abb. 3.4a). Dessen Wert wird gewöhnlich so gewählt, daß am Serienwiderstand ein Spannungsabfall von 100 mV auftritt; größere Werte des Spannungsabfalls führen nur zu einer unnötigen Erhöhung der Verlustleistung.

Sind Spannungen gleichzurichten, deren Amplitude die höchstzulässige Spitzensperrspannung überschreitet, so kann eine *Serienschaltung* von Dioden verwendet werden. Der Sperrstrom durch die Reihenschaltung wird dabei durch den größten Sperrstrom der einzelnen Dioden bestimmt. Da dieser starken Exemplarstreuungen unterworfen ist, werden die Dioden mit deutlich kleineren Sperrströmen im Durchbruch betrieben, die Spannung verteilt sich ungleichmäßig auf die einzelnen Dioden. Um dies zu vermeiden, können *Symmetrierwiderstände* R (typische Werte liegen bei mehreren 10 MΩ) parallelgeschaltet werden (vgl. Abb. 3.4b) ; die Aufteilung der Spannung wird dabei durch den Spannungsteiler erzwungen. Damit dieser wirksam ist, muß er von einem Strom durchflossen werden, der größer ist als der maximal zulässige Sperrstrom der verwendeten Dioden. Der Strom durch den Spannungsteiler fließt parallel zu den Dioden und erhöht den Sperrstrom der Anordnung. Bei der Auslegung ist ferner die *Streuung* der Widerstandswerte zu beachten: Auch bei ungünstiger Spannungsaufteilung darf die Durchbruchspannung an keiner Diode überschritten werden.

3.2 Z-Dioden

Z-Dioden sind pn-Dioden mit genau definierten Durchbruchseigenschaften, die speziell für den Betrieb im Durchbruchsgebiet ausgelegt sind: Für Z-Dioden existiert eine vom Hersteller spezifizierte Spannung, bei der der Sperrstrom einen steilen Anstieg aufweist.

3.2.1 Kenngrößen, Modellierung

Bei Flußpolung verhalten sich Z-Dioden wie gewöhnliche Gleichrichterdioden. Eine in der praktischen Anwendung übliche Darstellung der Sperrkennlinien erfolgt in der Form $I_Z = -I$ über $V_Z = -V$. Auf diese Weise wird das Sperrverhalten im ersten Quadranten dargestellt. Abbildung 3.5 zeigt entsprechende Kennlinien unterschiedlicher Z-Dioden. Für die Dioden wird gewöhnlich

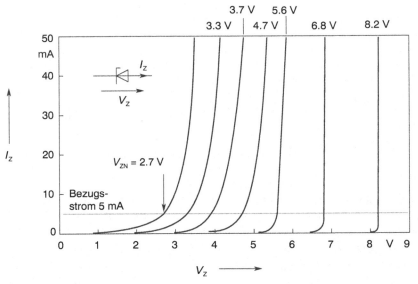

Abb. 3.5. Schaltzeichen und Sperrkennlinien unterschiedlicher Z-Dioden (nach [1])

eine *Nenn-Z-Spannung* V_{ZN} spezifiziert, die bei einem bestimmten Sperrstrom I_Z (i. allg. 5 mA) als Spannungsabfall über der Diode auftritt. Wie Abb. 3.5 zeigt, weisen Z-Dioden mit $V_{ZN} > 6$ V einen ausgeprägten Knick in der $I_Z(V_Z)$-Kennlinie auf; bei Z-Dioden mit $V_{ZN} < 5$ V ist der Übergang in den niederohmigen Bereich weniger markant. Dies ist durch die unterschiedlichen Durchbruchsmechanismen bedingt: Für $V_{ZN} > 6$V ist der *Lawineneffekt* maßgeblich und für $V_{ZN} < 5$ V der *Tunneleffekt* (Zener-Effekt). Dies macht sich auch in unterschiedlichem Temperaturverhalten bemerkbar.

Z-Dioden werden mit unterschiedlichen Werten der zulässigen Verlustleistung und Nennspannungen V_{ZN} im Spannungsbereich 2.4 V $< V_{ZN} <$ 200 V geliefert. V_{ZN} wird gemeinsam mit der Toleranz in der *Typbezeichung* spezifiziert. Für die Angabe der Toleranz werden dabei die Kennbuchstaben A($= 1$ %), B($= 2$ %), C($= 5$ %), D($= 10$ %) und E($= 15$ %) verwendet. Die Nenn-Z-Spannung wird in der Form xVy angegeben, wobei x die Stellen von V_{ZN} vor dem Komma und y die Stellen nach dem Komma bezeichnet. Die Bezeichnung BZX 87/C3V9 beschreibt beispielsweise eine Z-Diode vom Typ BZX 87 mit der Toleranz 5 % und der Nenn-Z-Spannung 3.9 V.

Die Sperrkennlinien von Z-Dioden werden für Näherungsrechnungen meist durch eine *Knickkennlinie* gemäß

$$I_Z = \begin{cases} 0 & \text{für} \quad V_Z < V_{Z0} \\ (V_Z - V_{Z0})/r_Z & \text{für} \quad V_Z > V_{Z0} \end{cases}$$

beschrieben. Dies entspricht einer Ersatzschaltung für die Z-Diode im Sperrbetrieb durch eine in Serie zu einem Widerstand r_Z geschaltete Spannungsquelle V_{Z0} (vgl. Abb. 3.6).

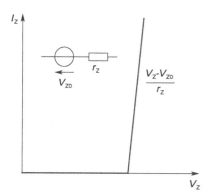

Abb. 3.6. Knickkennlinie zur Approximation der Kennlinie einer Z-Diode und zugehörige Ersatzschaltung für $V_Z > V_{Z0}$

Der Wert von r_Z wird wesentlich durch die Bahnwiderstände der Diode und die arbeitspunktabhängige Eigenerwärmung des Bauelements aufgrund der umgesetzten Leistung bestimmt. Bei Pulsmessungen mit vernachlässigbarer Eigenerwärmung resultiert der (isotherme) *Kleinsignalwiderstand* [5]

$$r_Z = \left(\frac{\partial V_Z}{\partial I_Z} \right)_T . \tag{3.2}$$

Unter Berücksichtigung der Eigenerwärmung ergibt sich der Kleinsignalwiderstand zu

$$r_Z^* = r_Z + \left(\frac{\partial V_Z}{\partial T} \right)_{I_Z} \frac{\mathrm{d}T}{\mathrm{d}I_Z} .$$

---

[5]Gelegentlich auch als (dynamischer) Z-Widerstand bezeichnet.

Mit dem *Temperaturkoeffizient* (TK)

$$\alpha_Z = \frac{1}{V_Z}\left(\frac{\partial V_Z}{\partial T}\right)_{I_Z} \tag{3.3}$$

und

$$\frac{dT}{dI_Z} = \frac{dT}{dP}\frac{dP}{dI_Z} = R_{th}\left(V_Z + I_Z\frac{dV_Z}{dI_Z}\right) = R_{th}(V_Z + r_Z^* I_Z)$$

folgt mit $P = V_Z I_Z$

$$r_Z^* = \frac{r_Z + \alpha_Z R_{th} V_Z^2}{1 - \alpha_Z R_{th} P} \approx r_Z + \alpha_Z R_{th} V_Z^2 . \tag{3.4}$$

Dieser Wert ergibt sich aus der Steigung einer punktweise aufgenommenen Z-Diodenkennlinie, bei der in jedem Meßpunkt ein thermisch eingeschwungener Zustand vorliegt.

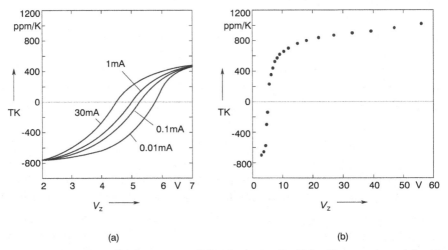

(a)   (b)

Abb. 3.7. Temperaturkoeffizienten von Z-Dioden unterschiedlicher Nennspannung (**a**) nach Unterlagen der Fa. Motorola, (**b**) nach Unterlagen der Fa. Philips

Der TK der Z-Spannung ist wegen der unterschiedlichen Durchbruchsmechanismen, negativ für Z-Spannungen $V_{ZN} <$ ca. 5.5 V und positiv für Z-Spannungen $V_{ZN} >$ ca. 5.5 V. Der Spannungswert V_Z, für den der Temperaturkoeffizient der Z-Spannung verschwindet, hängt vom Stromfluß durch die Diode ab (vgl. Abb. 3.7a). Werden temperaturkompensierte Z-Spannungen

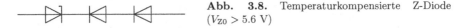

Abb. 3.8. Temperaturkompensierte Z-Diode ($V_{Z0} > 5.6$ V)

größer als 5.6 V benötigt, so besteht die Möglichkeit der Temperaturkompensation durch Reihenschaltung der Z-Diode mit in Flußrichtung betriebenen Dioden (vgl. Abb. 3.8). Da die Spannungsabfälle an Z-Diode und den flußgepolten Dioden Temperaturkoeffizienten mit unterschiedlichen Vorzeichen aufweisen, kann bei geeigneter Wahl der Komponenten eine Temperaturkompensation mit $|\alpha_Z| < 10^{-5}$ K^{-1} über einen weiten Temperaturbereich erreicht werden.

3.2.2 Anwendungen

Abbildung 3.9a zeigt eine einfache Schaltung zur *Stabilisierung* der Ausgangsspannung V_2 mittels Z-Diode. Eine für $V_Z > V_{Z0}$ gültige Kleinsignalersatzschaltung für diese Stabilisierungsschaltung ist in Abb. 3.9b dargestellt.

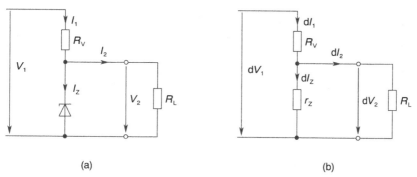

(a)   (b)

Abb. 3.9. Spannungsstabilisierung mit Z-Diode. **(a)** Schaltplan und **(b)** Kleinsignalersatzschaltung

Die Ausgangsspannung ist $V_2 = V_1 - R_V(I_Z + I_2)$, wobei I_2 den Laststrom bezeichnet. Wird dieser durch einen an den Ausgang angeschlossenen Lastwiderstand R_L bestimmt, so ist $I_2 = V_2/R_L$ und damit

$$V_1 = V_2 + R_V \left(I_Z + \frac{V_2}{R_L} \right) .$$

Hieraus berechnet sich der *Glättungsfaktor* $\mathrm{d}V_1/\mathrm{d}V_2$ zu

$$\frac{\mathrm{d}V_1}{\mathrm{d}V_2} = 1 + R_V \left(\frac{\mathrm{d}I_Z}{\mathrm{d}V_2} + \frac{1}{R_L} \right) .$$

Wegen $V_Z = V_2$ und $r_Z = \mathrm{d}V_Z/\mathrm{d}I_Z$ folgt für den Glättungsfaktor

$$\frac{\mathrm{d}V_1}{\mathrm{d}V_2} = 1 + R_V \left(\frac{1}{r_Z} + \frac{1}{R_L} \right) . \tag{3.5}$$

Zu diesem Ergebnis kann man auch durch die Untersuchung der Kleinsignalersatzschaltung nach Abb. 3.9b. Der Glättungsfaktor ergibt sich über die Spannungsteilerregel als Kehrwert des Teilerverhältnisses.

Der Vorwiderstand R_V ist so zu wählen, daß zum einen die zulässige Verlustleistung der Dioden nicht überschritten wird, d. h., daß

$$I_Z \leq P_{zul}/V_Z = I_{Zmax}$$

gilt, zum anderen der Strom durch die Z-Diode nicht zu klein wird, da ansonsten der Spannungsabfall über der Z-Diode stark arbeitspunktabhängig würde und die stabilisierende Wirkung verlorenginge.[6] Gewöhnlich wird deshalb $I_{Zmin} = I_{Zmax}/10$ als minimal zulässiger Strom durch die Z-Diode festgelegt. Aus diesen Vorgaben sowie dem Schwankungsbereich der Versorgungsspannung und des Lastwiderstands folgt eine Unter- und eine Obergrenze für den Vorwiderstand R_V.

Im Folgenden wird die *Dimensionierung* einer Spannungsstabilisierung mit Z-Diode für Versorgungsspannungsschwankungen im Bereich $V_{1min} < V_1 < V_{1max}$ und Lastwiderstandsschwankungen im Bereich $R_0 < R_L < R_1$ betrachtet. Für $V_1 = V_{1min}$ darf der Spannungsabfall am Vorwiderstand bei maximalem Laststrom nicht größer werden als $V_{1min} - V_Z$. Aus

$$V_{1min} - V_Z > R_V \left(\frac{I_{Zmax}}{10} + \frac{V_Z}{R_0} \right)$$

folgt

$$R_V < \frac{V_{1min} - V_Z}{I_{Zmax}/10 + V_Z/R_0} = R_{Vmax} \,.$$

Für $V_1 = V_{1max}$ muß der Vorwiderstand den Strom so begrenzen, daß der bei minimalem Laststrom durch die Z-Diode fließende Strom, nicht größer wird als I_{Zmax}. Aus

$$V_{1max} - V_Z < R_V \left(I_{Zmax} + \frac{V_Z}{R_1} \right)$$

folgt als zweite Bedingung

$$R_V > \frac{V_{1max} - V_Z}{I_{Zmax} + V_Z/R_1} = R_{Vmin} \,.$$

Beide Bedingungen müssen gleichzeitig erfüllt sein, damit die Spannungsstabilisierungsschaltung im gesamten Versorgungsspannungsbereich und für sämtliche Lastverhältnisse korrekt arbeitet. Gilt $R_{Vmax} < R_{Vmin}$, so lassen sich die beiden Bedingungen nicht gleichzeitig erfüllen: Die Stabilisierungsschaltung eignet sich dann nicht für den gesamten Versorgungs- und Lastwiderstandsbereich. Durch Vergrößern von I_{Zmax}, d. h. Einsatz einer Z-Diode mit höherer zulässiger Verlustleistung, lassen sich beide Bedingungen erfüllen.

---

[6]Ein weiterer Nachteil ist die starke Zunahme des Rauschens bei kleinen Strömen.

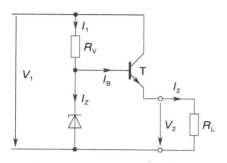

Abb. 3.10. Spannungsstabilisierung mit erhöhtem Ausgangsstrom

Für größere Lastströme ist die einfache Stabilisierungsschaltung mit Z-Diode sehr unbefriedigend, da für eine gute Stabilisierung eine sehr hohe Verlustleistung erforderlich wird. Abbildung 3.10 zeigt eine erweiterte Stabilisierungsschaltung, die zusätzlich einen Transistor verwendet. Der Spannungsteiler wird hier nur noch durch $I_B = I_2/(B_N + 1)$ belastet, wobei B_N die Stromverstärkung (vgl. Kap. 4) des Bipolartransistors bezeichnet. Dies führt zu einer deutlich geringeren Lastabhängigkeit der Ausgangsspannung. Die Ausgangsspannung ist um V_{BE} gegenüber V_Z abgesenkt. Für Z-Dioden mit postivem Temperaturkoeffizient α_Z ergibt sich so wegen des negativen Temperaturkoeffizienten der Flußspannung eine zusätzliche Kompensation des Temperaturgangs der Ausgangsspannung.

Temperaturkompensierte Z-Dioden werden als *Referenzspannungsquellen* eingesetzt. Sie weisen gewöhnlich Nenn-Z-Spannungen von 6.35 V sowie Temperaturkoeffizienten $\leq 10^{-5}$ K^{-1} auf und sind mit Langzeitstabilitäten von besser als 20 ppm/1000 h lieferbar. Wegen der hohen Rauschspannung bei kleinen Strömen I_Z sind Z-Dioden in Geräten mit niedriger Leistungsaufnahme (etwa batteriebetriebene Geräte) nicht optimal. Hier bieten integrierte Bandgap-Referenzspannungsquellen eine interessante Alternative. Diese liefern vergleichsweise rauscharme Referenzspannungen (typisch 1.26 V) bei geringer Stromaufnahme (< 0.1 mA) und Temperaturkoeffizienten der Größenordnung $5 \cdot 10^{-5}$ K^{-1}.

Zwei entsprechend der Abb. 3.11 in Reihe geschaltete Z-Dioden lassen sich zur *Überspannungsbegrenzung* einsetzen.[7] Die beiden Z-Dioden werden parallel zur Last R_L geschaltet. Unabhängig von der Polarität der angelegten Spannung ist stets eine der beiden Dioden in Flußrichtung, die andere in Sperrichtung gepolt. Überschreitet v_2 den Wert $V_{2\max} = V_{ZN} + V_{F0}$, so wird die Serienschaltung der Z-Dioden niederohmig. Die daraus resultierende Zunahme des Stroms erhöht den Spannungsabfall am Widerstand R_V und begrenzt auf diesem Weg die Spannung an R_L auf $V_{2,\max}$.

---

[7] Ist die Polarität der Überspannung bekannt, so kann auf die in Flußrichtung gepolte Diode verzichtet werden.

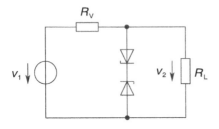

Abb. 3.11. Spannungsbegrenzung mit Z-Diode (Wechselbetrieb)

Wie bei der Spannungsstabilisierung mit Z-Dioden ist dafür Sorge zu tragen, daß die in den Z-Dioden umgesetzte Leistung den zulässigen Wert nicht überschreitet, d. h., daß

$$\frac{v_{1,\max} - V_{2,\max}}{R_\mathrm{V}} - \frac{V_{2,\max}}{R_\mathrm{L}} < I_{Z\max}$$

erfüllt ist.

Z-Dioden erlauben einen wirksamen Schutz von Verbrauchern vor Spannungsspitzen [2], [3]. Treten die Überspannungen nur als kurze Pulse auf, so darf die in der Diode während des Pulses umgesetzte maximale Leistung die Nennleistung überschreiten. Zu beachten ist allerdings die zulässige *Pulsbelastbarkeit*. Der maximal zulässige Wert der Pulsleistung nimmt mit der Pulsdauer ab. Bei einmalig auftretenden Pulsen [8] gilt für die maximal zulässige Pulsleistung P_puls näherungsweise

$$P_\mathrm{puls}\sqrt{t_\mathrm{p}} \approx \mathrm{const.}$$

Bei Überschreiten der zulässigen Grenze ist mit einer Zerstörung des Bauteils durch lokale Überhitzung zu rechnen. Eine Untersuchung des während eines rechteckförmigen Pulses in der Sperrschicht auftretenden Temperaturmaximums erfordert die Lösung der zeitabhängigen Wärmeleitungsgleichung, da Wärme während des Pulses an das umgebende Halbleitermaterial abgeführt wird. Eine Untersuchung von Wunsch und Bell [4] ergab für die während eines Pulses mit der Verlustleistung P auftretende maximale Temperaturerhöhung die Näherung

$$\Delta T \approx 0.73 \, \frac{\mathrm{cm}^2 \mathrm{K}^2}{\mathrm{W}\sqrt{\mathrm{s}}} \, \frac{P\sqrt{t_\mathrm{p}}}{A_\mathrm{j}} \, . \tag{3.6}$$

Als Beispiel sei die Supressor-Diode 1N6267 genannt. Diese weist bei einer statischen Verlustleistung von 5 W für Pulse der Dauer 1 ms eine maximal zulässige Pulsleistung von 1.5 kW auf.

---

[8]Bei periodisch auftretenden Pulsen nimmt die maximal zulässige Pulsleistung ab. Für die praktische Auslegung einer Schutzschaltung sollte stets auf die Angaben des Herstellers zurückgegriffen werden.

3.3 Varaktoren

Varaktoren sind Halbleiterdioden, die die Arbeitspunktabhängigkeit der Diodenkapazität ausnutzen. Man unterscheidet Sperrschichtvaraktoren (Kapazitätsdioden), bei denen die Arbeitspunktabhängigkeit der Sperrschichtkapazität ausgenutzt wird, und Speichervaraktoren, die die Nichtlinearität der Diffusionskapazität ausnutzen.

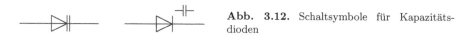

Abb. 3.12. Schaltsymbole für Kapazitätsdioden

3.3.1 Kapazitätsdioden, Eigenschaften

Kapazitätsdioden (Sperrschichtvaraktoren) nutzen die Abhängigkeit der Sperrschichtkapazität von der angelegten Spannung. Kapazitätsdioden werden gewöhnlich im Sperrbetrieb eingesetzt und können in sehr guter Näherung als (nichtlineare) Blindwiderstände angesehen werden. Die Diffusionskapazität ist für Sperrschichtvaraktoren unter diesen Betriebsumständen vernachlässigbar.

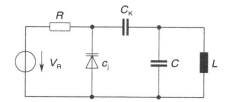

Abb. 3.13. Parallelschwingkreis mit steuerbarer Resonanzfrequenz

Eine der Hauptanwendungen von Kapazitätsdioden ist die Steuerung der Resonanzfrequenz eines Schwingkreises durch Verändern der Sperrspannung an der Kapazitätsdiode. Eine entsprechende Schaltung (Prinzip) ist in Abb. 3.13 skizziert. Die Spannungsquelle legt die an der Varaktordiode anliegende Spannung V_R fest und bestimmt damit die Sperrschichtkapazität der Diode. Die Kapazität C_K und der Widerstand R entkoppeln den durch C und L gebildeten Schwingkreis von der Gleichspannungsquelle; C_K ist groß im Vergleich zur Sperrschichtkapazität der Varaktordiode – die Kapazität der Reihenschaltung von c_j und C_K wird deshalb durch c_j bestimmt. Für die Resonanzfrequenz des Schwingkreises als Funktion der angelegten Spannung V_R folgt damit

$$f_r = \frac{1}{2\pi\sqrt{L\,[\,C + c_j(V_R)]}} \tag{3.7}$$

bzw. mit der üblichen Näherungsbeziehung für $c_j(V)$

$$f_r = \frac{1}{2\pi\sqrt{L\left[C + \dfrac{C_{J0}}{(1 + V_R/V_J)^M}\right]}} \cdot \tag{3.8}$$

Typische Kapazitätsdioden weisen Werte für C_{J0} bis zu einigen hundert Pikofarad auf. Das *Kapazitätsverhältnis* der Diode ist maßgeblich für den einstellbaren Bereich der Resonanzfrequenz. Es ist als das Verhältnis von der größten zur kleinsten einstellbaren Sperrschichtkapazität definiert:

$$\text{Kapazitätsverhältnis} = \frac{c_j(V_{Rmin})}{c_j(V_{Rmax})} \cdot$$

Das Kapazitätsverhältnis käuflicher Varaktordioden liegt typisch im Bereich zwischen drei und sieben – es lassen sich aber auch Werte größer als zehn erzielen.

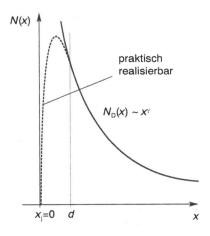

Abb. 3.14. Hyperabrupter pn-Übergang

Die Spannungsabhängigkeit des Kapazitätswerts kann über den Dotierstoffverlauf auf der schwächer dotierten Seite des pn-Übergangs eingestellt werden. Liegt ein einseitiger pn-Übergang bei $x = 0$ vor, und ist der Dotierstoffverlauf[9] für $x > \delta$ durch

$$N_D(x) = Kx^\gamma$$

gegeben, so lassen sich C_{J0} und M mit der Sperrschichtnäherung berechnen

$$M = \frac{1}{\gamma + 2} \quad \text{und} \quad C_{J0} = \frac{\epsilon_0\epsilon_r A_j}{\left[\dfrac{(\gamma + 2)\epsilon_0\epsilon_r}{eK}V_J\right]^{1/(\gamma+2)}} \cdot \tag{3.9}$$

---

[9]Bei negativen Werten des Exponenten γ würde $N_D \to \infty$ für $x \to 0$ gelten, was physikalisch nicht sinnvoll ist. Aus diesem Grund wird das untersuchte Potenzgesetz der Dotierstoffkonzentration nur für $x > \delta$ angesetzt, wobei δ als so klein angenommen wird, daß der Beitrag des Intervalls $[0, \delta]$ vernachlässigt werden kann.

Der Sonderfall des einseitigen abrupten pn-Übergangs ist hierin mit $\gamma = 0$ enthalten. Ist $\gamma < 0$, so nimmt die Dotierung mit wachsendem Abstand vom metallurgischen Übergang ab. Derartige Übergänge heißen *hyperabrupt*; die erforderlichen Dotierstoffverläufe lassen sich annähernd durch Diffusion oder Ionenimplantation einstellen (vgl. Abb. 3.14).

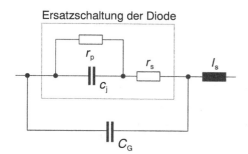

Ersatzschaltung der Diode

Abb. 3.15. Kapazitätsdiode: Ersatzschaltung mit Zuleitungsinduktivität l_s und Gehäusekapazität c_G

Ersatzschaltung, Güte. Wesentlich für die im Schwingkreis auftretenden Verluste ist die *Güte Q* der verwendeten Kapazität, die für Kapazitätsdioden anhand der in Abb 3.15 dargestellten Ersatzschaltung berechnet werden kann. Wird der Einfluß des Gehäuses und der Zuleitung vernachlässigt ($c_\mathrm{G} = 0$ und $l_\mathrm{s} = 0$), so folgt unter der Bedingung $\omega c_\mathrm{j} \gg r_\mathrm{p}$

$$Q \approx (\omega c_\mathrm{j} r_\mathrm{s})^{-1} \, .$$

Für große Frequenzen tritt demnach ein Abfall $Q \sim f^{-1}$ auf, der durch r_s bestimmt ist. In doppeltlogarithmischer Auftragung erhält man im Bereich großer Frequenzen für $Q(f)$ demzufolge eine Gerade der Steigung -1. Dies ist der Frequenzbereich, in dem Kapazitätsdioden üblicherweise zum Einsatz kommen. Als *Grenzfrequenz* f_G der Varaktordiode bezeichnet man die Frequenz, für die Q den Wert 1 annimmt

$$f_\mathrm{G} \approx (2\pi c_\mathrm{j} r_\mathrm{s})^{-1} \, . \tag{3.10}$$

Temperaturabhängigkeit. Die Kapazität von Varaktordioden ist *temperaturabhängig*. Ursache dafür ist die Temperaturabhängigkeit der Diffusionsspannung V_J und der Dielektrizitätszahl ϵ_r, die im Ausdruck für C_J0 enthalten ist. Für bekanntes $\mathrm{d}V_\mathrm{J}/\mathrm{d}T$ und bekanntes $\mathrm{d}\epsilon_\mathrm{r}/\mathrm{d}T$ läßt sich der *Temperaturkoeffizient* der Sperrschichtkapazität berechnen gemäß

$$\alpha_C = \frac{1}{c_\mathrm{j}}\frac{\mathrm{d}c_\mathrm{j}}{\mathrm{d}T} = \frac{1}{c_\mathrm{j}}\left(\frac{\partial c_\mathrm{j}}{\partial \epsilon_\mathrm{r}}\frac{\mathrm{d}\epsilon_\mathrm{r}}{\mathrm{d}T} + \frac{\partial c_\mathrm{j}}{\partial V_\mathrm{J}}\frac{\mathrm{d}V_\mathrm{J}}{\mathrm{d}T}\right) =$$

$$= (1-M)\frac{1}{\epsilon_\mathrm{r}}\frac{\mathrm{d}\epsilon_\mathrm{r}}{\mathrm{d}T} - \frac{M}{V_\mathrm{R}+V_\mathrm{J}}\frac{\mathrm{d}V_\mathrm{J}}{\mathrm{d}T} \, . \tag{3.11}$$

Die Dielektrizitätszahl ϵ_r weist in Silizium den Temperaturkoeffizient

$$\frac{1}{\epsilon_r}\frac{d\epsilon_r}{dT} \approx 3.5 \cdot 10^{-5}\,\mathrm{K}^{-1}$$

auf [5] und führt zu einer Zunahme der Sperrschichtkapazität mit T. Auf dieselbe Weise wirkt sich der zweite Term aus – bedingt durch die Abnahme der Diffusionsspannung V_J mit T. Da größenordnungsmäßig

$$\frac{dV_J}{dT} \approx -2\,\frac{\mathrm{mV}}{\mathrm{K}}$$

gilt, wird die Temperaturabhängigkeit primär durch den Term dV_J/dT bestimmt. Da dieser proportional zu $(V_R + V_J)^{-1}$ ist, nimmt der Temperaturkoeffizient der Sperrschichtkapazität mit der angelegten Sperrspannung ab. Der Temperaturgang der Sperrschichtkapazität kann weitgehend durch Reihenschaltung einer flußgepolten pn-Diode mit vergleichbarem $V_J(T)$ kompensiert werden. Durch diese Maßnahme wird der Spannungsabfall an der Kapazitätsdiode in dem Maße größer, wie V_J abnimmt – die gesamte Potentialdifferenz an der Sperrschicht der Varaktordiode bleibt demnach unverändert. Auf diesem Weg kann der Temperaturkoeffizient der Sperrschichtkapazität auf Werte kleiner als $10^{-5}\,\mathrm{K}^{-1}$ reduziert werden.

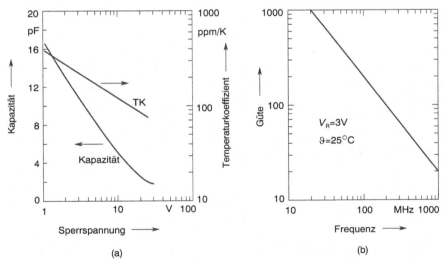

(a)   (b)

Abb. 3.16. (a) Kapazität und Temperaturkoeffizient der Diode BB721 als Funktion der angelegten Sperrspannung, (b) Güte Q als Funktion der Frequenz (nach [1])

Beispiel 3.3.1 Abbildung 3.16 zeigt Sperrschichtkapazität und Temperaturkoeffizient der Sperrschichtkapazität als Funktion der angelegten Sperrspannung sowie die Güte Q als Funktion der Frequenz für die Kapazitätsdiode BB721. Diese wird als Abstimmdiode in UHF-Empfängern (Fernsehgeräte) eingesetzt. Das Kapazitätsverhältnis $c_j(1\,\text{V})/c_j(28\,\text{V})$ ist für diese Diode mit dem Mindestwert 8 spezifiziert. Der Parallelwiderstand r_p ist so groß, daß er im relevanten Frequenzbereich vernachlässigt werden kann. Die $Q(f)$-Kurve (Abb. 3.16b) zeigt hier den erwarteten Abfall proportional zu $1/f$. Durch Extrapolation zu $Q = 1$ resultiert hieraus die Grenzfrequenz der Diode zu $f_G = 20$ GHz. Mit dem Wert der Sperrschichtkapazität bei 3 V von 11 pF folgt für den Bahnwiderstand $r_s \approx 0.72\,\Omega$; das ist ein typischer Wert für derartige Dioden.

3.3.2 Speichervaraktoren, Step-recovery-Dioden

Sperrschichtvaraktoren nutzen die Nichtlinearität der $c_j(V)$-Kennlinie zur Frequenzvervielfachung. Dabei ist, bedingt durch Verluste in Bahnwiderstand und die auf den *Sperrbereich* beschränkte Aussteuerbarkeit, die umsetzbare Leistung begrenzt. Außerdem lassen sich nur geringe Vervielfachungszahlen verwirklichen.

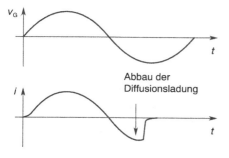

Abb. 3.17. Ausschaltverhalten bei sinusförmiger Ansteuerung

Speichervaraktoren nutzen im Gegensatz hierzu die Ladungsspeicherung im Flußbetrieb. Speichervaraktoren sind Sonderformen der pin-Diode und als sog. *Step-recovery-Dioden* [10] im Handel. Bei sinusförmiger Aussteuerung der Diode wird dabei periodisch zwischen Fluß- und Sperrbetrieb umgeschaltet. Da die in der Diode gespeicherte Ladung zu Beginn einer negativen Halbwelle erst abgebaut werden muß, fließt auch nach dem Nulldurchgang der Spannung zunächst noch ein Strom. Dieser ist hauptsächlich durch den Abbau der Diffusionsladung bestimmt. Ist diese abgebaut, so verläuft der Sperrstrom sehr schnell gegen null (vgl. Abb. 3.17) – bedingt durch die geringe Sperrschichtkapazität der Step-recovery-Diode. Dieser scharfe Übergang bedingt einen deutlichen *Oberwellenanteil* im Strom bzw. im Spannungsabfall an der Serienimpedanz.

Abbildung 3.18 zeigt den Verlauf der Netto-Dotierstoffkonzentration $N(x) = N_A(x) - N_D(x)$ für eine Step-recovery-Diode. Das Dotierstoffprofil ist der pin-

---

[10]Gelegentlich auch als Snap-back-Diode bezeichnet.

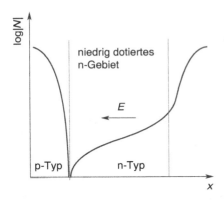

Abb. 3.18. Dotierstoffverlauf einer Step-recovery Diode

Diode (vgl. Kap. 3.4) verwandt, weist aber nur eine verhältnismäßig dünne Zone mit niedriger Dotierung auf. Da die Dotierung in diesem Bereich zum metallurgischen Übergang hin abnimmt, tritt ein elektrisches Feld auf. Bei Flußpolung wird die niedrig dotierte n-Zone mit Löchern überschwemmt. Beim Umschalten in die Sperrpolung fließen diese – unterstützt durch das elektrische Feld im schwach dotierten Gebiet – über den pn-Übergang zurück. Nach Ablauf der Speicherzeit bleibt dann nur noch die sehr geringe Sperrschichtkapazität umzuladen, was zu Abfallzeiten[11] t_f in der Größenordnung von 100 ps führt. Als Folge dieser steilen Flanke stellt sich ein hoher Oberwellenanteil im Strom bzw. im Spannungsabfall an einer Serienimpedanz ein.

Die abgegebene Leistung ist durch die zulässige Verlustleistung nach oben begrenzt. Letztere folgt aus der maximal zulässigen Sperrschichttemperatur ϑ_{Jmax} und dem Wärmewiderstand zur Umgebung. Durch spezielle Gehäuseformen lassen sich abgegebene Leistungen in der Größenordnung von 10 W erreichen.

Beim Betrieb von Step-recovery-Dioden sollte die Frequenz f deutlich größer sein als der Kehrwert der Lebensdauer τ, da andernfalls ein nennenswerter Anteil der in das niedrig dotierte n-Gebiet injizierten Ladungsträger rekombiniert, was den Wirkungsgrad verschlechtert. Mit typischen Werten für τ in der Größenordnung von 10 ns folgt so eine untere Frequenzgrenze von 100 MHz.

Die Ausgangsfrequenz des Vervielfachers ist nach oben durch die Breite des erzeugten Pulses, d. h. durch die Abfallzeit t_f (Größenordnung 100 ps) bestimmt. Ist die ausgekoppelte Frequenz größer als $1/t_f$, so nimmt der Wirkungsgrad ab. Speichervaraktoren werden aus diesem Grund nicht für Frequenzvervielfacher mit Ausgangsfrequenzen größer 10 GHz eingesetzt – dort sind Sperrschichtvaraktoren besser geeignet.

---

[11]In Datenblättern wird diese für Step-recovery-Dioden meist als Transitzeit t_t spezifiziert.

3.4 pin-Dioden

In *pin-Dioden* sind p- und n-Bahngebiet durch eine annährend undotierte (intrinsische) Schicht getrennt. Bei Sperrpolung erstreckt sich die Raumladungszone über das gesamte intrinsische Gebiet. Ist die Dicke d_π dieser Zone groß, so tritt die von der äußeren Spannung hervorgerufene Potentialdifferenz über einer großen Strecke auf, was einer geringen Feldstärke entspricht. pin-Dioden mit ausgedehnter intrinsischer Zone weisen deswegen eine hohe Durchbruchspannung auf und können als Gleichrichterdioden für hohe Spannungen eingesetzt werden.

In der HF-Technik werden pin-Dioden mit kurzer intrinsischer Zone eingesetzt. Für diese existiert eine breite Palette von Anwendungen als Varistor, Modulator, Schalter für HF-Signale, Begrenzer etc. Die bedeutendste Eigenschaft der pin-Diode für Anwendungen in der HF-Technik ist, daß sie sich bei Flußpolung im HF-Bereich wie ein ohmscher Widerstand verhält, dessen Wert sich – über den eingeprägten Gleichstrom – zwischen 1 Ω und mehr als 10 kΩ variieren läßt.

Die folgende Darstellung bezieht sich auf kurze pin-Dioden. Die Dicke der intrinsischen Zone ist dann klein im Vergleich zur Diffusionslänge für Elektronen und Löcher in diesem Gebiet. In der Praxis weist das als *Basis* bezeichnete intrinsische Gebiet stets eine schwache Dotierung auf. Als Beispiel wird eine nπp-Diode betrachtet, bei der zwischen n- und p-Bahngebiet eine sehr schwach dotierte p-Schicht (π-Schicht) der Dicke $d_\pi \ll L_n, L_p$ liegt. Abbildung 3.19 zeigt Aufbau und Bänderschema einer solchen Diode im thermischen Gleichgewicht.

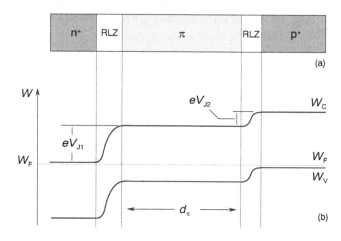

Abb. 3.19. $n^+\pi p^+$-Diode. (a) Aufbau und (b) Bänderschema

Das Bänderschema weist zwei Potentialbarrieren auf: Am Übergang vom n-dotierten zum π-Gebiet tritt eine Sperrschicht mit gleichrichtender Wirkung auf; die Höhe der Potentialbarriere ist beschrieben durch die Diffusionsspannung

$$V_{J1} \approx V_T \ln\left(\frac{N_D^+ N_{A,\pi}^-}{n_i^2}\right) . \tag{3.12}$$

Zusätzlich tritt am Übergang vom π- zum p-Gebiet eine Potentialbarriere mit der Diffusionsspannung

$$V_{J2} \approx V_T \ln\left(\frac{N_{A,p}^-}{N_{A,\pi}^-}\right) \tag{3.13}$$

auf. Die Ursache dieser Potentialbarriere ist eine Dipolschicht am πp-Übergang, die sich als Folge des Konzentrationsgefälles für Löcher beim Übergang vom p$^+$-Gebiet zum π-Gebiet aufbaut: Die abnehmende Löcherkonzentration führt zu einer Löcherdiffusion vom stark dotierten p$^+$- in das schwach dotierte π-Gebiet – im π-Gebiet baut sich deshalb eine positive Ladung auf, während sich, als Folge des Löchermangels, im p$^+$-Gebiet eine negative Ladung bildet. Wie beim pn-Übergang entsteht so ein Gegenfeld, das der Diffusion entgegenwirkt; im Unterschied zum pn-Übergang weist der πp$^+$-Kontakt jedoch keine gleichrichtende Wirkung auf.

Kennlinie. Bei Flußpolung der Diode wird die Potentialbarriere eV_{J1} abgebaut, so daß Elektronen in das π-Gebiet injiziert werden. Diese diffundieren bis zu der Potentialbarriere eV_{J2} am πp$^+$-Übergang, über die nur Elektronen mit einer ausreichend hohen thermischen Energie gelangen können. Die Injektion von Löchern in das n-Gebiet ist wegen der hohen Donatordichte vergleichsweise unbedeutend. In der Kennlinie können drei Arbeitsbereiche unterschieden werden:

1. *Schwache Injektion* – hier ist die Flußspannung noch so klein, daß die Dichte der in die Basis injizierten Elektronen geringer ist als die Dotierstoffkonzentration $N_{A,\pi}$. Die ideale pin-Diode verhält sich dann wie eine ideale Diode, d. h. es gilt

$$I \approx I_S \left[\exp\left(\frac{V}{V_T}\right) - 1\right] .$$

   Der Wert des Sättigungsstroms I_S hängt von der Ausdehung der π-dotierten Schicht ab, d. h. der für die Langbasisdiode gefundene Ausdruck kann nur eine grobe Abschätzung liefern. In der Praxis wird I_S durch Anpassen an gemessene Kennlinienverläufe bestimmt.

2. *Starke Injektion* – hier ist die Dichte der in das Basisgebiet injizierten Elektronen größer als $N_{A,\pi}^-$, jedoch kleiner als die Dotierstoffkonzentration im n$^+$- bzw. p$^+$-Gebiet. Zur Neutralisierung der in das π-Gebiet injizierten

Elektronen werden für $n(x) \gg N_{A,\pi}^-$ soviel Löcher in die Basis injiziert, daß

$$p(x) \approx n(x) + N_{A,\pi}^- \approx n(x)$$

gilt. Der Stromanstieg erfolgt dann proportional zu $\exp(V/2V_T)$.

3. *Hochstrominjektion* – diese tritt ein, sobald die Dichte der Löcher in der Basis vergleichbar zur Dotierung der angrenzenden p-dotierten Schicht wird. Der Strom in den Bahngebieten fließt nun nicht mehr als reiner Diffusionsstrom, sondern auch als Driftstrom, die pin-Diode verhält sich annähernd wie ein Widerstand. Im Unterschied zum ohmschen Widerstand tritt eine sog. *Leitfähigkeitsmodulation* auf: Durch die in die Bahngebiete injizierten Minoritäten wird auch die Majoritätsdichte erhöht, was zu einer Abnahme des Bahnwiderstands führt.

Kleinsignalverhalten. Der Strom I im Arbeitspunkt kommt nahezu ausschließlich durch Rekombination von Elektronen und Löchern im π-Gebiet zustande, also gilt

$$I \approx \frac{enA_j d_\pi}{\tau_n} \, , \tag{3.14}$$

wobei n die mittlere Elektronendichte im intrinsischen Gebiet und τ_n ihre Lebensdauer bezeichnet.[12] Bei starker Injektion sind im π-Gebiet Elektronen- und Löcherdichte annähernd gleich groß. Mit der mittleren Beweglichkeit [13] $\overline{\mu} = (\mu_n + \mu_p)/2$ folgt deshalb wegen $n \approx p$ für den spezifischen Leitwert dieser Zone

$$\sigma_\pi = e(\mu_n n + \mu_p p) \approx 2e\overline{\mu}n \, .$$

Für den durch die π-Zone bedingten Widerstand ergibt sich mit $enA_j \approx \tau_n I/d_\pi$

$$r_\pi = \frac{d_\pi}{\sigma_\pi A_j} \approx \frac{d_\pi}{2e\overline{\mu}nA_j} \approx \frac{d_\pi^2}{2I\overline{\mu}\tau_n} \sim \frac{1}{I} \, ;$$

der Wert von r_π nimmt also annähernd umgekehrt proportional zum Gleichanteil I des Stroms ab. Die (Kleinsignal-)Impedanz der pin-Diode setzt sich zusammen aus dem ohmschen Widerstand r_π, der Impedanz des $p^+\pi$- und des πn^+-Übergangs sowie dem Bahnwiderstand r_s, der durch die n^+- bzw. p^+-Gebiete bedingt ist. Da $r_s \ll r_\pi$ gilt und die Kleinsignalimpedanzen der Übergänge bei hohen Frequenzen ($f\tau_n \gg 1$) ebenfalls gegenüber r_π vernachlässigbar sind [6], gilt in guter Näherung

$$\boxed{\underline{z} = r_\pi \, .} \tag{3.15}$$

---

[12]Der Wert von τ_n wird dabei von n abhängen, da keine Niederinjektion mehr vorliegt.
[13]In Silizium gilt in guter Näherung $\mu_n \approx 3\mu_p$, so daß $\overline{\mu} \approx 2\mu_p \approx 2\mu_n/3$ gilt.

Bei *Sperrpolung* wird die Impedanz der pin-Diode im wesentlichen durch die Sperrschichtkapazität und den Bahnwiderstand des π-Gebiets bestimmt

$$\underline{z} = r_\pi + \frac{1}{\mathrm{j}\omega c_\mathrm{j}} \approx \frac{d_\pi - d_\mathrm{j}(V)}{e\mu_\mathrm{p}N_{\mathrm{A},\pi}^- A_\mathrm{j}} + \frac{d_\mathrm{j}(V)}{\mathrm{j}\omega A_\mathrm{j}\epsilon_0\epsilon_\mathrm{r}} \, ,$$

wobei $d_\mathrm{j}(V)$ die vom Arbeitspunkt abhängige Sperrschichtweite des $\mathrm{n^+}\pi$-

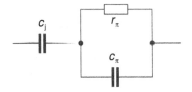

Abb. 3.20. Kleinsignalersatzschaltung der sperrgepolten pin-Diode

Übergangs bezeichnet. In der Kleinsignalersatzschaltung Abb. 3.20 ist parallel zu r_π eine Kapazität

$$c_\pi = \frac{\epsilon_0\epsilon_\mathrm{r}A_\mathrm{j}}{d_\pi - d_\mathrm{j}(V)} = \frac{\tau_\epsilon}{r_\pi}$$

geschaltet. Diese berücksichtigt, daß bei Frequenzen im Bereich der dielektrischen Relaxationsfrequenz $f_\epsilon = 1/\tau_\epsilon$ mit

$$\tau_\epsilon = \frac{\epsilon_0\epsilon_\mathrm{r}}{e\mu_\mathrm{p}N_{\mathrm{A},\pi}^-}$$

oder darüber der Strom über das nicht verarmte π-Gebiet nicht nur als Löcherstrom, sondern auch als *Verschiebestrom* fließt. Für die Impedanz folgt damit

$$\underline{z} = \frac{1 + \mathrm{j}\omega(r_\pi c_\mathrm{j} + \tau_\epsilon)}{\mathrm{j}\omega c_\mathrm{j}(1 + \mathrm{j}\omega\tau_\epsilon)} = \frac{1}{\mathrm{j}\omega\epsilon_0\epsilon_\mathrm{r}A_\mathrm{j}}\frac{d_\mathrm{j} + \mathrm{j}\omega\tau_\epsilon d_\pi}{1 + \mathrm{j}\omega\tau_\epsilon} \tag{3.16}$$

Für $\omega\tau_\epsilon \ll 1$ gilt offensichtlich

$$\underline{z} \approx \frac{d_\mathrm{j}}{\mathrm{j}\omega\epsilon_0\epsilon_\mathrm{r}A_\mathrm{j}}$$

und für Frequenzen $\omega\tau_\epsilon \gg 1$ die Näherung

$$\underline{z} \approx \frac{d_\pi}{\mathrm{j}\omega\epsilon_0\epsilon_\mathrm{r}A_\mathrm{j}} \, .$$

Anwendungsbeispiel: HF-Dämpfungsglieder

Die Tatsache, daß sich pin-Dioden bei hohen Frequenzen wie veränderliche HF-Widerstände verhalten, läßt sich zum Aufbau variabler Dämpfungsglieder sowie zur Amplitudenmodulation hochfrequenter Signale ausnutzen.

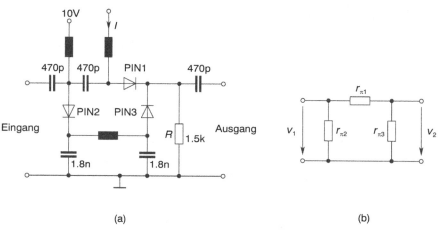

(a)   (b)

Abb. 3.21. HF-Dämpfungsglied für Fernsehtuner. (a) Schaltbild, (b) HF-Ersatzschaltung

Abbildung 3.21a zeigt als Beispiel ein Dämpfungsglied für Fernsehtuner [7]. Durch die Verschaltung in π-Struktur kann sowohl am Eingang als auch am Ausgang zumindest annähernd *Leistungsanpassung* erreicht werden. Werden die Kapazitäten für den Wechselanteil als Kurzschluß behandelt und die Induktivitäten als Sperren, so folgt die in Abb. 3.21 b dargestellte Kleinsignalersatzschaltung. Dabei kann $r_{\pi 2} = r_{\pi 3}$ angenommen werden, da die Dioden pin2 und pin3 vom selben Gleichstrom durchflossen werden. Der Kleinsignalwiderstand $r_{\pi 1}$ wird durch den Steuerstrom I eingestellt, welcher über R zu Masse abfließt. Ist der Spannungsabfall an R größer als 10 V, so sind die beiden pin-Dioden pin2 und pin3 in Sperrpolung, die Dämpfung ist dann minimal. Nimmt der Spannungsabfall auf Werte unter 10 V ab, so geraten die beiden Dioden in Flußrichtung.

Im Folgenden werden Quellwiderstand und Lastwiderstand als gleich groß angenommen ($R_G = R_L = R_0$). Bei Leistungsanpassung an Eingang und Ausgang muß dann gelten

$$\frac{1}{R_0} = \frac{1}{r_{\pi 2}} + \frac{1}{r_{\pi 1} + R_0 \| r_{\pi 2}},$$

d. h. $r_{\pi 1}$ und $r_{\pi 2}$ müssen in einem bestimmten Verhältnis zueinander stehen. Für die Einfügedämpfung der Schaltung folgt dann

$$D = 10\,\mathrm{dB}\cdot\log\left(\frac{V_1^2/R_0}{V_2^2/R_0}\right) = 20\,\mathrm{dB}\cdot\log\left(\frac{V_1}{V_2}\right)$$

$$= 20\,\mathrm{dB}\cdot\log\left(\frac{r_{\pi 1} + r_{\pi 2}\|R_0}{r_{\pi 2}\|R_0}\right) = 20\,\mathrm{dB}\cdot\log\left[1 + \frac{r_{\pi 1}(r_{\pi 2}+R_0)}{r_{\pi 2}R_0}\right].$$

3.5 Tunneldioden

Tunneldioden oder Esaki-Dioden[14] besitzen eine Kennlinie, die im Bereich kleiner Flußspannungen ein Spannungsintervall mit negativem differentiellem Widerstand aufweist. Sie lassen sich für den Aufbau[15] von Verstärkern, Oszillatoren und als Pulsformer einsetzen.

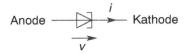

Abb. 3.22. Schaltzeichen der Tunneldiode

In sehr stark dotierten Halbleitern liegt die Fermi-Energie nicht mehr in der Energielücke, sondern wird in das Leitungs- bzw. Valenzband verschoben. In stark dotiertem p-Material (mit Dotierstoffkonzentrationen $N_A > N_V$) gilt demzufolge $W_F < W_V$ und in stark dotiertem n-Material (mit Dotierstoffkonzentrationen $N_D > N_C$) gilt $W_C < W_F$. Das Bänderschema eines pn-Übergangs, bei dem ein derart hoch dotiertes n-Gebiet an ein entsprechend hoch dotiertes p-Gebiet angrenzt, ist in Abb. 3.23a skizziert.

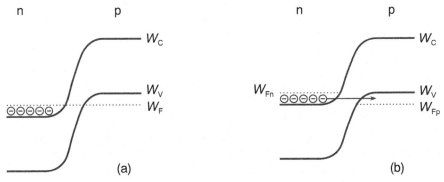

Abb. 3.23. Bänderschema einer Esaki-Diode für (**a**) $V = 0$, (**b**) $V > 0$ mit direktem Tunnelstrom von Elektronen im Leitungsband des n-Bahngebiets zu unbesetzten Zuständen im Valenzband des p-Bahngebiets

Ist keine Spannung angelegt, so ist das Fermi-Niveau im n-Halbleiter gleich dem Fermi-Niveau im p-Halbleiter – es fließt kein Strom. Bei kleinen Flußspannungen ist kein thermischer Diodenstrom zu erwarten, da die Potentialbarriere zwischen p- und n-Gebiet für thermische Emission noch zu hoch ist. Aufgrund der hohen Dotierung und der daraus resultierenden großen

---

[14]Benannt nach L. Esaki, der dieses Bauteil 1957 erstmals vorgestellt hat.

[15]Die Bedeutung der Tunneldiode hat wegen des technologischen Fortschritts der Transistortechnik in den letzten Jahren deutlich abgenommen.

Feldstärke im pn-Übergang können Elektronen vom n- ins p-Gebiet und um-gekehrt *tunneln*. Elektronen, die aus dem Leitungsband im n-Gebiet ins p-Gebiet tunneln, finden oberhalb der Fermi-Energie auf der p-Seite freie Plätze: Es fließt ein meßbarer Elektronenstrom vom n- ins p-Gebiet. (Abb. 3.23b). Mit zunehmender Flußspannung V wird der Strom durch die Tunneldiode

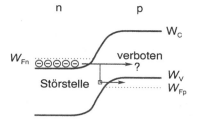

Abb. 3.24. Tunnelstrom über Störstellen bei höheren Flußspannungen (parasitärer Tunnel-strom)

demzufolge zunächst stark ansteigen. Da mit wachsender Flußspannung die Elektronenzustände auf der n-Seite keine unbesetzten Zustände derselben Energie mehr auf der p-Seite finden (Abb. 3.24), wird der Strom nach Er-reichen eines maximalen Werts – dem *Gipfelstrom* I_P bei der *Gipfelspannung* V_P – wieder abnehmen (Abb. 3.25a).

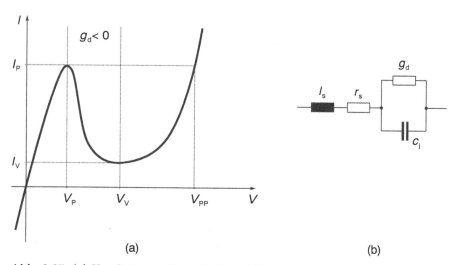

Abb. 3.25. (a) Kennlinie einer Tunneldiode, (b) Kleinsignalersatzschaltung

Tunnelströme können jetzt nur noch fließen, wenn die Elektronen einen Teil ihrer Energie an das Gitter abgeben, was über Wechselwirkung mit *Störstel-len* geschehen kann: Über Störstellen verlaufende Tunnelvorgänge bestimmen i. allg. den Wert des bei der *Talspannung* V_V auftretenden *Talstroms* I_V.

Mit weiter steigender Flußspannung V beginnt der exponentiell von der Spannung abhängige thermische Emissionsstrom von Elektronen und Löchern über die Potentialbarriere zu dominieren – die Tunneldiode verhält sich dann wie eine gewöhnliche pn-Diode. Die Kennlinie einer Tunneldiode im Flußbetrieb wird demzufolge durch drei Stromanteile bestimmt:

1. Den *(direkten) Tunnelstrom* vom Leitungsband der n-Seite zum Valenzband der p-Seite. Dieser bestimmt den Gipfelstrom I_P.

2. Den über Störstellen verlaufenden *parasitären Tunnelstrom* (sog. excess current). Dieser bestimmt den Talstrom I_V und kann mit zunehmender Störstellendichte (Alterung, Strahlenschäden) zunehmen, was das Verhältnis $I_\mathrm{P}/I_\mathrm{V}$ verschlechtert.

3. Den *thermischen Diodenstrom*, wie er in jeder pn-Diode bei hinreichend großen Flußspannungen auftritt.

Die Tunneldiode weist im Spannungsbereich $V_\mathrm{P} < V < V_\mathrm{V}$ einen *negativen Kleinsignalwiderstand* auf. Wird der Arbeitspunkt in diesen Bereich gelegt, so läßt sich die Tunneldiode für Verstärkerzwecke und zur Schwingungserzeugung verwenden. Die Kennlinie der Tunneldiode ist bezüglich der angelegten Spannung eindeutig, nicht aber bezüglich des angelegten Stroms. Dies läßt sich zur *Pulsformung* ausnützen. Der Betrag des Kleinsignalwiderstands r_d im Intervall $V_\mathrm{P} < V < V_\mathrm{V}$ ist durch das Gipfel/Tal-Stromverhältnis $I_\mathrm{P}/I_\mathrm{V}$ bestimmt. Dieses ist damit ein wichtiges Maß für die Qualität einer Tunneldiode. Für Silizium-Tunneldioden lassen sich entsprechende Stromverhältnisse von 6:1, für Germanium-Tunneldioden von 10:1 und für GaAs-Tunneldioden von bis zu 60:1 erreichen.

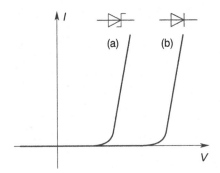

Abb. 3.26. Kennlinie (schematisch) und Schaltzeichen von (**a**) Schottky- und (**b**) pn-Diode

3.6 Schottky-Dioden

Schottky-Dioden weisen wie pn-Dioden eine exponentielle $I(V)$-Kennlinie auf. Die *Schleusenspannung* einer Schottky-Diode ist jedoch gewöhnlich deutlich kleiner als die einer Silizium-pn-Diode (vgl. Abb. 3.26). Dies ist von Bedeutung bei *Leistungsgleichrichtern*, da die bei Flußbetrieb in der Diode umgesetzte Leistung mit der Schleusenspannung abnimmt. In Schottky-Dioden tritt bei Flußpolung nur eine vernachlässigbar kleine Diffusionsladung auf. Dies erhöht den Wirkungsgrad von Gleichrichterdioden, führt zu sehr hohen Grenzfrequenzen und ermöglicht es, in sog. Schottky-TTL-Schaltkreisen die Schaltgeschwindigkeit zu erhöhen. Als drittes ist der im Unterschied zur pn-Diode (Si) deutlich größere *Sperrstrom* zu nennen, der zudem stärker spannungsabhängig ist und eine andere Temperaturabhängigkeit aufweist.

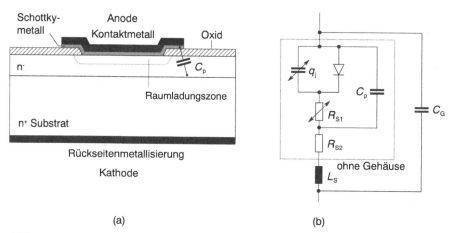

Abb. 3.27. Oxidpassivierte Schottky-Diode in Planartechnik. **(a)** Querschnitt, **(b)** Ersatzschaltung

Abbildung 3.27 a zeigt den Aufbau einer *planaren* oxidpassivierten Schottky-Diode für HF-Anwendungen. Der Kathodenanschluß ist ganzflächig auf der Rückseite eines hochdotierten n-Typ Substrats ausgeführt. Dieses dient als niederohmige Zuleitung für die darüber abgeschiedene epitaxiale Schicht. Letztere weist eine für Schottky-Kontakte typische niedrige Dotierung (in der Größenordnung 10^{16} cm^{-3}) und damit einen hohen spezifischen Widerstand auf – ihre Dicke wird deshalb möglichst gering gewählt (Größenordnung 1 µm). Die Fläche des Schottky-Kontakts wird durch eine in die Oxidschicht geätzte Öffnung festgelegt (Oxidfenster). Über dieses Fenster wird das Schottky-Metall abgeschieden. Wegen der unvermeidbaren Überlappung der Metallschicht über die Oxidschicht resultiert eine Kapazität C_p, die in der *Ersatzschaltung* parallel zur eigentlichen Diode wirkt (vgl. Abb. 3.27b). Der Bahnwiderstand ist hier in einen von der Ausdehnung der Sperrschicht abhängigen Anteil der Epischicht R_{S1} und den konstanten Anteil des Substrats R_{S2} aufzuspalten; die Parallelkapazität C_p liegt parallel zum Schottky-Übergang und R_{S1} (vgl. Abb. 3.27b). Bei Einzelbauteilen mit Gehäuse wäre zusätzlich eine Gehäusekapazität und die Zuleitungsinduktivität zu beachten.

Die Parallelkapazität C_p nimmt annähernd mit dem Umfang (bei kreisförmigem Kontakt proportional zu r), die interne Sperrschichtkapazität mit der Fläche ($\sim r^2$) ab. Mit kleiner werdenden Schottky-Kontakten wird die Impedanz der Diode deshalb in zunehmendem Maß von C_p beeinflußt. Dies hat zur Entwicklung alternativer Konfigurationen geführt [7, 8], bei denen die Randkapazitäten minimiert werden. Dies ist vor allem für Detektoren und Mischer bei sehr hohen Frequenzen von Bedeutung. Hier kommt es auch wesentlich auf die Ausführung der Anschlüsse an. Bei Anwendungen im GHz-Bereich ist hier insbesondere die Beam-lead-Technik von Bedeutung, bei der die Diode direkt an geeignet ausgeführte Streifenleiter angeschlossen wird. Mit dieser Technik werden parasitäre Kapazitäten und Zuleitungsinduktivitäten minimiert.

Wegen der geringen Schleusenspannung finden Schottky-Dioden auch Verwendung als *Leistungsgleichrichter*. Hier kommt es häufig auf große Werte der Durchbruchspannung an. Da konventionelle Schottky-Dioden in Planartechnologie wegen der erhöhten Feldstärke am Rand des Oxidfensters durchbrechen, wurden Anordnungen entwickelt, bei denen die Randfeldstärke minimiert wird.[16]

Verringerte Sperrströme lassen sich durch Verwenden von Halbleitern mit vergrößerter Energielücke erreichen. Fortschritte in der Herstellung von SiC-Kristallen ermöglichten beispielsweise die Herstellung von Schottky-Dioden mit Sperrspannungen von mehr als 1 kV und geringen Bahnwiderständen [9]. Das Halbleitermaterial SiC eignet sich aus mehreren Gründen für die Herstellung von Leistungsgleichrichtern mit Schottky-Kontakt:

- SiC weist eine Energielücke von 2.93 eV auf; der Durchbruch erfolgt hier bei deutlich größeren Feldstärken als in Silizium. Eine SiC-Schottky-Diode für eine vorgegebene maximale Sperrspannung kann deswegen deutlich stärker dotiert werden als eine entsprechende Si-Schottky-Diode mit der Folge eines deutlich geringeren Bahnwiderstands.

- Die Barrierenhöhe des Schottky-Kontakts auf SiC ist typischerweise rund doppelt so groß wie die Barrierenhöhe eines Schottky-Kontakts auf Si mit der Folge eines deutlich verringerten Sperrstroms.

- Die hohe Wärmeleitfähigkeit von SiC erlaubt es die im Bauteil anfallende Verlustleistung gut abzuführen und erlaubt hohe Stromdichten im Durchlaßbetrieb.

---

[16]Beispiele hierfür sind die Moat-etch-Diode, bei der der Schottky-Kontakt in einer wannenförmigen Vertiefung realisiert wird, wodurch die Feldspitze am Rand unterdrückt wird, und die hybride Schottky-Diode, die am Rand von einem p-dotierten Ring umgeben ist, der auf demselben Potential wie der Anodenkontakt liegt.

3.7 Aufgaben

Aufgabe 3.1 Für eine Silizium-pn-Diode ($V_{\mathrm{g}} = 1205\,\mathrm{mV}$) seien in der Modellanweisung nur die Parameter IS = 1E-16 und TT=1U vorgegeben. Die Diode wird über den Widerstand $R = 1\,\mathrm{k\Omega}$ mit der Spannungsquelle v_1 verbunden, die Temperatur ist $T = 300\,\mathrm{K}$.
(a) Berechnen Sie den Spannungsabfall v an der Diode und die Änderung $\mathrm{d}v/\mathrm{d}T$, falls $v_1 = 10\,\mathrm{V}$.
(b) Der Spannung $V_1 = 10\,\mathrm{V}$ soll nun eine Wechselspannung der Frequenz f und der Amplitude 1 V überlagert werden. Bestimmen Sie den Wechselanteil des durch die Diode fließenden Stroms nach Betrag und Phase als Funktion der Frequenz. Nutzen Sie gegebenenfalls sinnvolle Näherungen.

Aufgabe 3.2 Eine Z-Diode der Nenn-Z-Spannung $V_{\mathrm{ZN}} = 10\,\mathrm{V}$ (ermittelt bei $I_{\mathrm{Z}} = 5\,\mathrm{mA}$ durch Pulsmessung) wird zur Spannungsstabilisierung eingesetzt. Der Strom durch die Diode kann dabei zwischen 5 mA und 50 mA variieren. Um wieviel ändert sich die Referenzspannung bei einem derartigen (langsamen) Lastwechsel? (TK: $\alpha_{\mathrm{Z}} = 6 \cdot 10^{-4}/\mathrm{K}$, $R_{\mathrm{th}} = 200\,\mathrm{K/W}$, $r_{\mathrm{Z}} = 2\,\Omega$).

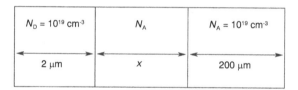

Abb. 3.28. Zu Aufgabe 3.3, der durch das n-Bahngebiet bedingte Serienwiderstand sei vernachlässigbar

Aufgabe 3.3 Eine Varaktordiode besitze die Sperrschichtfläche $A_{\mathrm{j}} = 1000\,\mathrm{\mu m^2}$ und einen Aufbau entsprechend Abb. 3.28. Um den Sperrstrom klein zu halten soll die maximale elektrische Feldstärke den Wert $2 \cdot 10^5\,\mathrm{V/cm}$ nicht überschreiten. Die Raumladungszone soll ferner im gesamten Spannungsbereich $0 < V_{\mathrm{R}} < 40\,\mathrm{V}$ nicht an dem stark dotierten p-Bahngebiet anstoßen. Legen Sie N_{A} und x fest und beachten Sie dabei, daß beide Größen bei der Herstellung nur mit einer Unsicherheit von 10 % eingehalten werden können. Wie groß ist das erreichbare Kapazitätsverhältnis? Wie hängt die Güte von V_{R} ab?

Aufgabe 3.4 An einem abrupten pn-Übergang wurde bei der angelegten Sperrspannung $V_{\mathrm{R}} = 1\,\mathrm{V}$ die Kleinsignalkapazität 30 pF, bei der angelegten Sperrspannung $V_{\mathrm{R}} = 10\,\mathrm{V}$ die Kleinsignalkapazität 12.2 pF gemessen.
(a) Bestimmen Sie die Parameter C_{J0}, V_{J}, und M des SPICE-Diodenmodells.
(b) Die pn-Diode soll als Varaktordiode betrieben werden. Welches Kapazitätsverhältnis läßt sich erreichen, falls V_{R} zwischen 0 und 40 V variiert wird?
(c) Welchen Gradationsexponenten M müßte die Sperrschichtkapazität der Diode aufweisen, damit sich bei Variation von V_{R} zwischen 0 und 8 V ein Kapazitätsverhältnis von 10 realisieren läßt?

Aufgabe 3.5 Für eine Varaktordiode wurde bei der Sperrspannung $V_{\mathrm{R}} = 1\,\mathrm{V}$ der Kapazitätswert 34.4 pF, bei $V_{\mathrm{R}} = 8\,\mathrm{V}$ der Wert 15.9 pF gemessen. Der zulässige Versorgungsspannungsbereich wird mit 0 V bis 15 V angegeben.

(a) Wie groß ist das Kapazitätsverhältnis falls die Varaktordiode als abrupter pn-Übergang angenommen werden kann?

(b) Die Diode soll wie in Abb. 3.13 zum Durchstimmen eines LC - Schwingkreises im Bereich zwischen 87 MHz und 108 MHz eingesetzt werden. Dimensionieren Sie die Komponenten für den Fall, daß die an der Diode anliegende Spannung den gesamten Versorgungsspannungsbereich durchläuft.

Aufgabe 3.6 Betrachten Sie das Datenblatt der Schottky-Diode BAT720 (Datenblätter/Dioden/Daten_Bat720_schotty.pdf).

(a) Ermitteln Sie aus der bei der Umgebungstemperatur 25°C aufgenommenen Flußkennlinie (Seite 4, Fig.2) die Parameter I_S, N und R_S.

(b) Ermittcln Sie aus den übrigen Flußkennlinien den Sättigungsstrom bei der jeweiligen Temperatur (berücksichtigen Sie dabei den Einfluß des Bahnwiderstands auf die Kennlinie). Welcher Wert ergibt sich daraus für die Barrierenhöhe W_{Bn}. Vergleichen Sie Ihr Ergebnis mit den Sperrkennlinien und diskutieren Sie die Ursachen möglicher Abweichungen.

3.8 Literaturverzeichnis

[1] ITT Semiconductors. *Discrete Semiconductors for Surface Mounting (SMD)*. ITT, Freiburg, 1991.

[2] MOTOROLA Application Note AN-843. A review of transients and their means of suppression.

[3] MOTOROLA Application Note AN-784A. Transient power capability of zener diodes.

[4] D.C. Wunsch, R.R. Bell. Determination of threshold failure levels of semiconductor diodes and transistors due to pulse voltages. *IEEE Trans. Nucl. Sci.*, NS-15:244 – 259, 1968.

[5] M.H. Norwood, E. Shatz. Voltage variable capacitor tuning: A review. *Proc. IEEE*, 56(5):788–798, 1968.

[6] H.-G. Unger, W. Harth. *Hochfrequenz-Halbleiterelektronik*. Hirzel, Stuttgart, 1972.

[7] G. Kesel, J. Hammerschmidt, E. Lange. *Signalverarbeitende Dioden*. Springer, Berlin, 1982.

[8] S.M. Sze. *Physics of Semiconductor Devices*. Wiley, New York, 2nd edition, 1982.

[9] T. Kimoto, T. Urushidani, S. Kobayashi, H. Matsunami. High-voltage (> 1 kV) SiC schottky barrier diodes with low on-resistances. *IEEE Eletron. Dev. Lett.*, 14(2):548–550, 1993.

4 Bipolartransistoren

Der Bipolartransistor (BJT) [1] wurde 1947 in den Bell Laboratorien erfunden. Diese Erfindung leitete eine Revolution in der Elektronik ein und hat mit der etwa ein Jahrzehnt später entwickelten Planartechnologie das Tor zu dem sich rasch weiterentwickelnden Gebiet der integrierten Schaltungen[2] aufgestoßen.

Vom Leistungstransistor, mit Sperrschichtflächen von der Größenordnung mm^2, bis zum selbstjustierten Bipolartransistor für Gbit-Logik, mit Sperrschichtflächen von der Größenordnung μm^2, wird eine breite Palette von Bipolartransistoren für eine Vielzahl unterschiedlicher Anwendungen hergestellt. Gegenstand dieses Kapitels ist eine Darstellung der grundlegenden Prinzipien, die Beschreibung des Bipolartransistors durch elementare Kleinsignal- und Großsignalnetzwerkmodelle sowie ausgewählte Grundschaltungen mit Bipolartransistoren.

4.1 Einführung

Bipolartransistoren sind aus zwei nahe beieinander liegenden pn-Übergängen in einem Halbleiterkristall aufgebaut. Dabei werden, wie in Abb. 4.1 schematisch dargestellt, entweder zwei n-dotierte Gebiete durch ein p-dotiertes Gebiet voneinander getrennt *(npn-Transistor)* oder zwei p-dotierte Gebiete durch ein n-dotiertes Gebiet *(pnp-Transistor)*. Die drei unterschiedlich dotierten Gebiete werden als Emitter (E), Basis (B) und Kollektor (C) bezeichnet. Jedes dieser Gebiete ist mit einem ohmschen Kontakt und einer Zuleitung versehen; der Bipolartransistor ist ein Bauelement mit drei Anschlußklemmen: Emitter, Basis und Kollektor.

Der Basisanschluß hat die Funktion der *Steuerelektrode*; mit ihm kann der Strom vom Emitter zum Kollektor – der sog. *Transferstrom* – gesteuert werden. Im Fall des npn-Transistors fließen Elektronen vom Emitter[3] zum Kollektor – die technische Stromflußrichtung ist mithin vom Kollektor zum Emitter. Dies wird im Schaltzeichen (vgl. Abb. 4.1) des npn-Transistors berücksichtigt: Der den Emitter kennzeichnende Pfeil zeigt die Richtung des Stromflusses im Normalbetrieb an. Beim pnp-Transistor wird der Transfer-

---

[1]Der Name Transistor ist von transfer resistor abgeleitet, die Abkürzung BJT kommt von englisch bipolar junction transistor.

[2]Im Bereich der hochintegrierten Schaltkreise sind die Bipolartransistoren zwar mittlerweile weitgehend durch MOS-Feldeffekttransistoren verdrängt worden, sie haben jedoch nach wie vor breite Anwendungsgebiete in der analogen Schaltungstechnik, für Digitalschaltungen bei sehr hohen Taktfrequenzen, als vergleichsweise robuste Einzelhalbleiter und in der Leistungselektronik.

[3]Der Emitter „emittiert" die den Transferstrom tragenden Ladungsträger (Elektronen beim npn-, Löcher beim pnp-Transistor), der Kollektor „sammelt" sie ein.

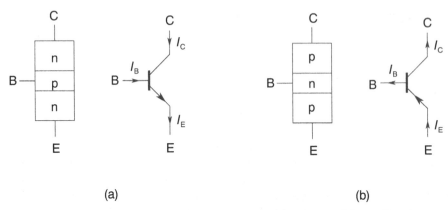

(a)   (b)

Abb. 4.1. Prinzipieller Aufbau und Schaltzeichen für (**a**) npn- und (**b**) pnp-Transistoren

strom von Löchern getragen; die technische Stromflußrichtung stimmt hier mit der Richtung des Teilchenstroms überein: Der im Schaltsymbol (vgl. Abb. 4.1) den Emitter kennzeichnende Pfeil ist hier vom Emitter zum Kollektor orientiert. Die Wirkungsweise des npn-Transistors[4] wird zunächst anhand des Bänderschemas erläutert.

Abbildung 4.2 zeigt das Bänderschema eines npn-Bipolartransistors ohne extern angelegte Spannungen. Die Fermi-Energie W_F liegt in allen Bahngebieten auf demselben Niveau – es fließt kein Strom.

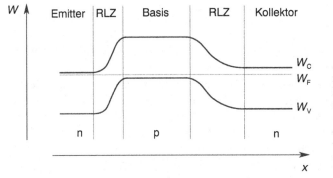

Abb. 4.2. Bandschema eines npn-Bipolartransistors ohne angelegte Spannungen (RLZ = Raumladungszone, W_C = Leitungsbandkante, W_V = Valenzbandkante, W_F = Fermi-Energie)

---

[4]Im Folgenden werden – wegen ihrer größeren technischen Bedeutung – nahezu ausschließlich npn-Bipolartransistoren betrachtet. Diese zeichnen sich gegenüber pnp-Transistoren gleicher Abmessungen durch eine höhere Stromverstärkung und kürzere Schaltzeiten aus, was in der größeren Beweglichkeit der Elektronen begründet ist. Die für npn-Bipolartransistoren gewonnenen Ergebnisse lassen sich durch Vertauschen der Dotierung, Polaritäten der Ladungsträger und angelegten Spannungen direkt auf pnp-Transistoren übertragen.

Wird an den Transistor eine Spannung $V_{CE} > 0$ angelegt, so würden die Elektronen vom Emitter zum Kollektor fließen, falls sie die Basiszone überwinden könnten. Solange der emitterseitige pn-Übergang nicht in Flußrichtung betrieben wird, ist die von den Elektronen auf ihrem Weg vom Emitter zum Kollektor zu überwindende Potentialbarriere allerdings so hoch, daß der resultierende Strom vernachlässigbar klein ist. Durch Anlegen einer Flußspannung $V_{BE} > 0$ zwischen Basis und Emitter kann die Potentialbarriere nun soweit abgebaut werden, daß ein nennenswerter Strom fließt.

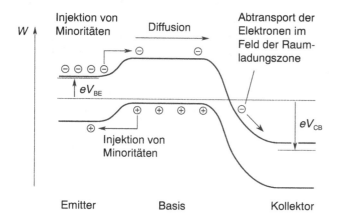

Abb. 4.3. Bänderschema des Bipolartransistors bei Vorwärtsbetrieb

Im *Normalbetrieb* (Vorwärtsbetrieb) wird der in der Folge als EB-Diode bezeichnete pn-Übergang zwischen Emitter und Basis in Flußrichtung gepolt ($V_{BE} > 0$), der als BC-Diode bezeichnete pn-Übergang zwischen Basis und Kollektor in Sperrichtung ($V_{BC} < 0$, vgl. Abb. 4.3). Über die EB-Sperrschicht werden in diesem Fall Elektronen in das Basisgebiet injiziert. Diese können – sofern sie nicht in der Basis rekombinieren – zum kollektorseitigen Sperrschichtrand diffundieren.[5] Die am kollektorseitigen Sperrschichtrand der Basis ankommenden Elektronen werden über die Raumladungszone abtransportiert und tragen so zum Kollektorstrom bei. Der in die BC-Sperrschicht injizierte Elektronenstrom wird als *Transferstrom* I_T bezeichnet; er bildet im Normalfall den wesentlichen Anteil des Kollektorstroms I_C.

Mit der an der EB-Sperrschicht auftretenden Flußspannung V_{BE} ändert sich die Rate, mit der Elektronen in das Basisbahngebiet injiziert werden, und damit der am kollektorseitigen Sperrschichtrand ankommende Transferstrom. Durch Änderung der Steuerspannung V_{BE} im Eingangskreis kann demzufol-

---

[5]Solange die Basis homogen dotiert und die Dichte der injizierten Elektronen klein im Vergleich zur Löcherdichte ist, ist der Driftstromanteil im Basisbahngebiet unbedeutend ($E \approx 0$). Durch eine zum Kollektor hin abnehmende Basisdotierung läßt sich jedoch ein elektrisches Feld in der Basis einstellen, das den Elektronentransport vom Emitter zum Kollektor unterstützt und so kürzere Schaltzeiten ermöglicht.

ge der Strom I_C im Ausgangskreis *gesteuert* werden. Der Bipolartransistor kann deshalb in einfachster Näherung als *spannungsgesteuerte Stromquelle* aufgefaßt werden.

Wesentlich für das Auftreten des beschriebenen Transistoreffekts ist, daß die über den leitenden EB-Übergang injizierten Elektronen auch tatsächlich den gesperrten BC-Übergang erreichen können. Die Dicke der Basisschicht wird aus diesem Grund stets wesentlich kleiner als die Diffusionslänge für Minoritäten in der Basis gewählt.

Durch die Flußpolung der EB-Diode kommt es zu einer Injektion von Löchern in den Emitter. Die dort rekombinierenden Löcher werden über den Basiskontakt „nachgeliefert" und verursachen so den Basisstrom. Für praktische Anwendungen soll ein großer Transferstrom I_T durch einen kleinen Steuerstrom (= Basisstrom) gesteuert werden. Dies läßt sich durch unterschiedliche Dotierstoffkonzentrationen in Emitter und Basis sowie durch eine möglichst kleine Basisweite erzielen. Da der Emitter eine wesentlich höhere Dotierstoffkonzentration aufweist als die Basis, werden bei Flußpolung der EB-Diode sehr viel mehr Elektronen in das Basisgebiet injiziert als Löcher in den Emitter. Wird nun noch über eine kleine Basisweite dafür gesorgt, daß die injizierten Elektronen mit geringen Verlusten zur BC-Sperrschicht gelangen können, so liegt ein Bauelement mit *Verstärkereigenschaften* vor: Ein kleiner Löcherstrom steuert einen großen Elektronenstrom. Das Verhältnis von Kollektorstrom zu Basisstrom im Normalbetrieb wird als *Vorwärtsstromverstärkung* (meist lediglich *Stromverstärkung* genannt) B_N bezeichnet

$$\boxed{B_N = \frac{I_C}{I_B}} \, . \tag{4.1}$$

Der Wert von B_N ist in der Regel sehr viel größer als eins.

Bisher wurde der Fall $V_{CE} > 0$ betrachtet – hier fließen Elektronen vom Emitter zum Kollektor, sobald die EB-Diode in Flußrichtung betrieben wird. Auch für $V_{CE} < 0$ und bei Flußpolung der BC-Diode fließt ein Transferstrom – allerdings vom Kollektor zum Emitter. Auch in diesem *Rückwärtsbetrieb* stellt der Transistor ein aktives Bauelement dar. Die Rückwärtsstromverstärkung

$$B_I = \frac{-I_E}{I_B} \tag{4.2}$$

für diese Betriebsart ($V_{BE} < 0$, $V_{BC} > 0$) weist jedoch i. allg. deutlich kleinere Werte auf als die Vorwärtsstromverstärkung B_N, da der Transistor für Vorwärtsbetrieb ausgelegt wird, mit einer sehr hohen Emitterdotierung und einer i. allg. um mehrere Größenordnungen kleineren Kollektordotierung.

Abhängig davon, welche Polarität die an die einzelnen pn-Übergänge angelegten Spannungen besitzen, werden die in Tabelle 4.1.1 aufgeführten *Betriebsarten* unterschieden:

Tab.4.1.1 Betriebsarten des Bipolartransistors

V_{BE}	V_{BC}	Betriebsart (npn)
> 0	< 0	Vorwärtsbetrieb (normaler Betrieb)
< 0	> 0	Rückwärtsbetrieb (inverser Betrieb)
< 0	< 0	Sperrbetrieb
> 0	> 0	Sättigung

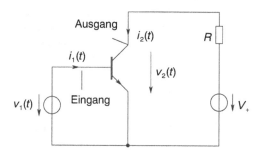

Abb. 4.4. Transistor in Emitterschaltung mit Lastwiderstand R, Eingangskreis und Ausgangskreis

4.2 Transistoren als Verstärker und Schalter

Transistoren weisen *steuerbare Ausgangskennlinien* auf, verfügen über mindestens drei Anschlußklemmen und lassen sich als Verstärker oder Schalter verwenden. Die prinzipielle Beschaltung ist in Abb. 4.4 am Beispiel der Emitterschaltung skizziert. Allgemein wird zwischen *Eingangskreis* und *Ausgangskreis* unterschieden. Die Spannungsquelle $v_1(t) = v_{BE}(t)$ im Eingangskreis steuert den Strom $i_2(t) = i_C(t)$ im Ausgangskreis. Hierdurch ändert sich der Spannungsabfall am Widerstand R und damit die Ausgangsspannung $v_2(t) = v_{CE}(t)$. Die dargestellte Schaltung wird als *Emitterschaltung* bezeichnet, da der Emitter der einzige Anschluß ist, der sowohl zu Eingangs- als auch zu Ausgangskreis gehört.

Bei NF-Betrieb kann die Ausgangsspannung V_{CE} für eine gegebene Eingangsspannung V_{CE} graphisch als Schnittpunkt der zu dieser Eingangsspannung gehörigen Ausgangskennlinie $I_C(V_{CE})$ mit der *Lastkennlinie* gewonnen werden (vgl. Abb. 4.5). Das Verfahren hat folgenden Hintergrund: Zum einen gilt die durch die Ausgangskennlinie gegebene Abhängigkeit des Kollektorstroms I_C von V_{CE}. Da der Strom auch durch R fließt, gilt andererseits

$$I_C = \frac{V_+ - V_{CE}}{R} \, .$$

Diese Gleichung beschreibt die *Lastkennlinie*, die bei ohmscher Last durch eine Gerade (Lastgerade) beschrieben wird. Da beide Beziehungen gleich-

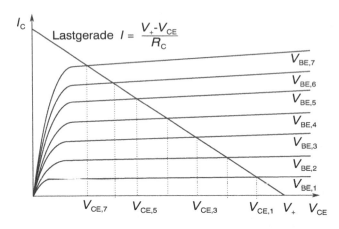

Abb. 4.5. Graphische Ermittlung der Ausgangsspannung für verschiedene Eingangsspannungen

zeitig erfüllt sein müssen, folgt die Lösung als Schnittpunkt der Lastgeraden mit der Ausgangskennlinie. Für verschiedene Steuerspannungen $V_{\mathrm{BE},1}$, $V_{\mathrm{BE},2}, \ldots, V_{\mathrm{BE},7}$ ergeben sich unterschiedliche Ausgangskennlinien und damit unterschiedliche Ausgangsspannungen $V_{\mathrm{CE},1}$, $V_{\mathrm{CE},2}, \ldots, V_{\mathrm{CE},7}$ (vgl. Abb. 4.5).

Wird die Ausgangsspannung V_{CE} der Schaltung über der Eingangsspannung V_{BE} aufgetragen, so erhält man die (Spannungs-) *Übertragungskennlinie*. Der typische Verlauf einer solchen Übertragungskennlinie ist in Abb. 4.6 gezeigt. Für kleine Werte der Eingangsspannung V_{BE} ist der Transistor hochohmig – im Ausgangskreis fließt nur ein geringer Strom. Unter diesen Umständen fällt nahezu die gesamte Versorgungsspannung V_+ am Transistor ab: Der Transistor kann als geöffneter Schalter angesehen werden. Für große Werte der Eingangsspannung wird der Transistor niederohmig; nun fällt der überwiegende Teil der Spannung V_+ an der Last ab: Der Transistor kann als geschlossener Schalter [6] angesehen werden.

Bei *Verstärkerbetrieb* wird ein bestimmter Arbeitspunkt (V_{BE}, V_{CE}) in der Übergangszone zwischen hochohmigem und niederohmigem Gebiet gewählt. Wird nun der Eingangsspannung ein Kleinsignalanteil überlagert

$$v_{\mathrm{BE}}(t) = V_{\mathrm{BE}} + v_{\mathrm{be}}(t)\,,$$

so folgt näherungsweise für die Spannung am Ausgang bei NF-Betrieb

$$v_{\mathrm{CE}}(t) = V_{\mathrm{CE}} + v_{\mathrm{be}}(t)\left.\frac{\mathrm{d}V_{\mathrm{CE}}}{\mathrm{d}V_{\mathrm{BE}}}\right|_{V_{\mathrm{BE}}}\,, \tag{4.3}$$

wobei die Übertragungskennlinie bis zur ersten Ordnung in $v_{\mathrm{be}}(t)$ entwickelt wurde. Die Ableitung $\mathrm{d}V_{\mathrm{CE}}/\mathrm{d}V_{\mathrm{BE}}$ beschreibt die Änderung der Ausgangsspannung mit der Eingangsspannung und wird als (Kleinsignal-)*Spannungsübertragungsfaktor* $\underline{H}_{v0}$ bezeichnet

---

[6]Zu beachten ist allerdings eine vom Transistor abhängige *Restspannung* V_{CEon}.

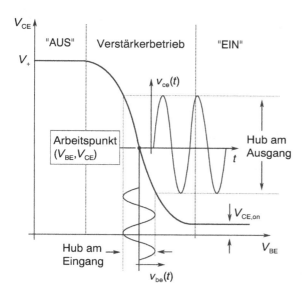

Abb. 4.6. Übertragungskennlinie eines einstufigen Verstärkers

$$\underline{H}_{v0} = \frac{dV_{CE}}{dV_{BE}} \cdot \qquad (4.4)$$

Da der Strom im Ausgangskreis mit zunehmender Eingangsspannung gewöhnlich zunimmt, arbeiten derartige Verstärker *invertierend*, d. h. der Spannungsübertragungsfaktor weist ein negatives Vorzeichen auf. Der Betrag des Spannungsübertragungsfaktors ist die *Spannungsverstärkung*

$$A_{v0} = |\underline{H}_{v0}| \cdot \qquad (4.5)$$

Der Spannungsübertragungsfaktor folgt aus $v_{ce}(t) = -R_C i_c(t)$ wobei

$$i_c = \left(\frac{\partial I_C}{\partial V_{BE}}\right)_{V_{CE}} v_{be} + \left(\frac{\partial I_C}{\partial V_{CE}}\right)_{V_{BE}} v_{ce}$$

den Kleinsignalanteil[7] des Kollektorstroms bezeichnet. Dies führt auf

$$\underline{H}_{v0} = \frac{v_{ce}}{v_{be}} = -R_C \frac{(\partial I_C/\partial V_{BE})_{V_{CE}}}{1 + R_C (\partial I_C/\partial V_{CE})_{V_{BE}}} \cdot$$

Hohe Spannungsverstärkungen lassen sich demnach mit Transistoren erzielen die einen großen *Übertragungsleitwert* $\partial I_C/\partial V_{BE}$ und einen kleinen *Ausgangsleitwert* $\partial I_C/\partial V_{CE}$ aufweisen.

---

[7]Mathematisch handelt es sich hier um das totale Differential des von den Spannungen V_{BE} und V_{CE} abhängigen Kollektorstroms

$$\Delta I_C = \left(\frac{\partial I_C}{\partial V_{BE}}\right)_{V_{CE}} \Delta V_{BE} + \left(\frac{\partial I_C}{\partial V_{CE}}\right)_{V_{BE}} \Delta V_{CE} \cdot$$

4.3 Großsignalbeschreibung

Für die folgende Untersuchung wird ein eindimensionales Transistormodell zugrundegelegt. Das Transistorvolumen wird in drei *Bahngebiete* – Emitter, Basis und Kollektor – unterteilt (vgl. Abb. 4.7). Diese Bahngebiete werden durch die Raumladungszone der EB-Diode (mit den Sperrschichträndern bei x_{eb} und x_{be}) und die Raumladungszone der BC-Diode (mit den Sperrschichträndern bei x_{bc} und x_{cb}) voneinander getrennt.

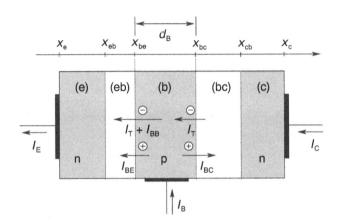

Abb. 4.7. Eindimensionales Transistormodell

Die *Strompfeile* für die Klemmenströme I_{C}, I_{B} und I_{E} wurden so gewählt, daß bei Normalbetrieb alle Ströme positives Vorzeichen aufweisen. Im stationären Betrieb teilt sich der Basisstrom I_{B} in einen Strom I_{BE} (Löcher die über den Rand der Sperrschicht in den Emitter injiziert werden), einen Strom I_{BC} (Löcher die über den Rand der Sperrschicht in den Kollektor injiziert werden) und einen Strom I_{BB} (bestimmt durch Rekombination von Ladungsträgern in der Basis) auf

$$I_{\mathrm{B}} = I_{\mathrm{BE}} + I_{\mathrm{BC}} + I_{\mathrm{BB}} \,. \tag{4.6}$$

Im Normalbetrieb ($V_{\mathrm{BC}} < 0$) ist I_{BC} gleich dem Sperrstrom der BC-Diode und gewöhnlich vernachlässigbar klein. Solange die *Basisweite*

$$d_{\mathrm{B}} = x_{\mathrm{bc}} - x_{\mathrm{be}} \tag{4.7}$$

klein im Vergleich zur Diffusionslänge im Basisgebiet ist, kann I_{BB}, also die in der Basis stattfindende Rekombination, i. allg. ebenfalls vernachlässigt werden. Der *Basisstrom* I_{B} ist bei Vorwärtsbetrieb dann nur durch den in den Emitter abfließenden Löcherstrom bestimmt

$$\boxed{I_{\mathrm{B}} \approx I_{\mathrm{BE}} \,,} \tag{4.8}$$

er besitzt die von der pn-Diode bekannte Strom-Spannungs-Kennlinie. Der *Kollektorstrom* I_C setzt sich aus dem Transferstrom I_T und dem durch Löcherinjektion in den Kollektor bedingten Rekombinationsstrom I_{BC} zusammen

$$I_C = I_T - I_{BC} \,.$$

Da bei Vorwärtsbetrieb $I_{BC} \approx 0$ gilt, kann hier der Kollektorstrom dem Transferstrom gleichgesetzt werden

$$\boxed{I_C \approx I_T \,.} \tag{4.9}$$

Für eine näherungsweise Berechnung des Transferstroms werden folgende *Näherungsannahmen* gemacht:

1. Konstante Dotierung in den Bahngebieten, abrupte pn-Übergänge
2. Keine Bahnwiderstände
3. Keine Generation und Rekombination in den Raumladungszonen
4. Keine Rekombination im Basisbahngebiet
5. Niederinjektion (Dichte der injizierten Minoritäten klein im Vergleich zur jeweiligen Majoritätsdichte in den Bahngebieten)
6. Eindimensionaler Stromtransport (in x-Richtung)

Tritt in der Basis keine Rekombination auf, so ist die Stromdichte J_n der die Basis durchfließenden Elektronen unabhängig von x. Im Fall der homogen dotierten Basis ist der Transferstrom ein reiner Diffusionsstrom, so daß gilt

$$J_n = e D_n \frac{\mathrm{d}n_p}{\mathrm{d}x} = \text{const.}$$

Da e und D_n Konstanten sind, muß $\mathrm{d}n_p/\mathrm{d}x$ ebenfalls konstant sein, so daß $n_p(x)$ *linear* vom Ort abhängt; die Fläche unter $n_p(x)$ wird deshalb häufig auch als *Diffusionsdreieck* bezeichnet (vgl. Abb. 4.8).
Der Wert von $\mathrm{d}n_p/\mathrm{d}x$ läßt sich demzufolge durch den Differenzenquotienten

$$\frac{\mathrm{d}n_p}{\mathrm{d}x} = \frac{n_p(x_{bc}) - n_p(x_{be})}{x_{bc} - x_{be}}$$

ausdrücken. Die Werte für $n_p(x_{be})$ und $n_p(x_{bc})$ sind durch die Shockleyschen Randbedingungen gegeben. Bei Niederinjektion, d. h. falls die Dichte der in das Basisbahngebiet injizierten Elektronen vernachlässigbar klein ist gegenüber der Löcherdichte, gilt (vgl. Kap. 2.1.2)

$$n_p(x_{be}) = n_{p0} \exp\!\left(\frac{V_{BE}}{V_T}\right) \quad \text{und} \quad n_p(x_{bc}) = n_{p0} \exp\!\left(\frac{V_{BC}}{V_T}\right) ,$$

wobei die Auswirkung der Sättigung der Driftgeschwindigkeit nicht berücksichtigt wird (vgl. [2]). Mit $d_B = x_{bc} - x_{be}$ und der Emitterfläche A_{je} folgt

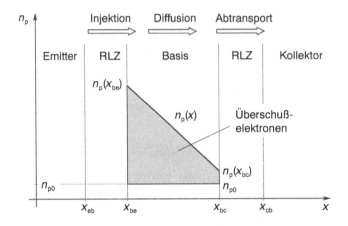

Abb. 4.8. Verteilung der Minoritäten in der Basis des Transistors mit homogener Basisdotierung

damit für den die Basis durchfließenden Transferstrom

$$I_T = -eA_{je}D_n\frac{dn_p}{dx}$$

$$= \frac{en_{p0}D_nA_{je}}{d_B}\left[\exp\left(\frac{V_{BE}}{V_T}\right) - \exp\left(\frac{V_{BC}}{V_T}\right)\right]. \tag{4.10}$$

Das Minuszeichen wurde eingefügt, um dem Transferstrom im normalen aktiven Betrieb des Transistors ein positives Vorzeichen zuzuordnen.

Aufgrund der Flußpolung der pn-Übergänge erhöht sich die Minoritätsladung (*Diffusionsladung*) in der Basis nach Abb. 4.8 betragsmäßig um

$$|\Delta Q_{n,B}| = eA_{je}d_B\frac{n_p(x_{be}) + n_p(x_{bc}) - 2n_{p0}}{2}.$$

Im Normalbetrieb mit $V_{BE} > 0$ und $V_{BC} = 0$ ist $n_p(x_{be}) \gg n_{p0}$ und $n_p(x_{bc}) = n_{p0}$, so daß gilt

$$|\Delta Q_{n,B}| = eA_{je}d_B\frac{n_p(x_{be}) - n_{p0}}{2} = \tau_B I_{CE}$$

mit der *Basistransitzeit*

$$\boxed{\tau_B = \frac{d_B^2}{2D_n}.} \tag{4.11}$$

Diese Größe entspricht der Zeit, die ein Elektron im Mittel auf seinem Weg vom Emitter zum Kollektor für die Durchquerung der Basis benötigt. Ihr Wert ist für typische Bipolartransistoren sehr viel kleiner als die Lebensdauer der Minoritäten in der Basis.

Beispiel 4.3.1 Ein typischer Wert für d_B ist 500 nm, eine typische Basisdotierung ist 10^{17} cm^{-3}. Die dieser Dotierung entsprechende Diffusionskonstante D_n für Elektronen ist bei $T = 300\,\text{K}$ ca. 21 cm^2/s. Für die Basistransitzeit folgt daraus $\tau_B \approx 60\,\text{ps}$.

Dieses Ergebnis rechtfertigt im nachhinein die Vernachlässigung der Rekombination im Basisvolumen. Die Annahme vernachlässigbarer Rekombination in der Basis ist gerechtfertigt, falls die Basistransitzeit τ_B klein ist im Vergleich zur Minoritätslebensdauer τ_n im Basisbahngebiet. Im betrachteten Fall wäre das Verhältnis der beiden Größen mit $\tau_n \geq 1\,\mu s$ gegeben durch

$$\frac{\tau_B}{\tau_n} \leq 6 \cdot 10^{-5}\,.$$

Dieses Verhältnis bestimmt (für $\tau_B \ll \tau_n$) die relative Abnahme des Transferstroms aufgrund der Rekombination in der Basis. $\triangle$

4.3.1 Der Ansatz von Gummel und Poon

Ersetzt man in Gl. (4.10) unter Verwendung des Massenwirkungsgesetzes n_{p0} durch n_i^2/p, und erweitert zusätzlich um eA_{je}, so resultiert mit der Abkürzung

$$Q_B = eA_{je}pd_B$$

für den Transferstrom

$$I_T = \frac{e^2 A_{je}^2 D_n n_i^2}{Q_B}\left[\exp\left(\frac{V_{BE}}{V_T}\right) - \exp\left(\frac{V_{BC}}{V_T}\right)\right]\,. \tag{4.12}$$

Die als *Basisladung* bezeichnete Größe Q_B gibt dabei die von den Löchern im Basisvolumen getragene Ladung an; der Transferstrom ist nach Gl. (4.12) umgekehrt proportional zu Q_B. Die Beziehung (4.12), die hier für den Spezialfall der homogen dotierten Basis hergeleitet wurde, gilt für beliebige Dotierstoffprofile und bildet die Grundlage für die Beschreibung des Transferstroms nach Gummel und Poon. Die Basisladung Q_B ist arbeitspunktabhängig: Für $V_{BE} \neq 0$ bzw. $V_{BC} \neq 0$ ergeben sich Abweichungen vom Wert Q_{B0} mit $V_{BE} = V_{BC} = 0$. Im Folgenden bezeichnet q_B die *normierte Basisladung*

$$q_B = \frac{Q_B(V_{BE}, V_{BC})}{Q_{B0}}\,. \tag{4.13}$$

Ihr Wert beschreibt die relative Änderung der Basisladung durch angelegte Betriebsspannungen; für $V_{BE} = 0$ und $V_{BC} = 0$ besitzt q_B den Wert eins. Für den Transferstrom läßt sich mit Gl. (4.13) schreiben

$$I_T = \frac{I_S}{q_B}\left[\exp\left(\frac{V_{BE}}{V_T}\right) - \exp\left(\frac{V_{BC}}{V_T}\right)\right] = \frac{I_{CE} - I_{EC}}{q_B}\,. \tag{4.14}$$

Die Größe

$$I_S = \frac{eA_{je}D_n n_{p0}}{d_{B0}} = \frac{e^2 A_{je}^2 D_n n_i^2}{Q_{B0}} \tag{4.15}$$

wird dabei als *Transfersättigungsstrom* bezeichnet, d_{B0} gibt die Basisweite bei $V_{BE} = V_{BC} = 0$ an. Der Transferstrom läßt sich demnach als Differenz eines von der EB-Diode gesteuerten Stroms [8]

$$I_{CE} = I_S \left[\exp\left(\frac{V_{BE}}{V_T}\right) - 1 \right] \tag{4.16}$$

und eines von der BC-Diode gesteuerten Stroms

$$I_{EC} = I_S \left[\exp\left(\frac{V_{BC}}{V_T}\right) - 1 \right]. \tag{4.17}$$

beschreiben. Bei Vorwärtsbetrieb ist $I_{EC} \approx 0$ und bei Rückwärtsbetrieb ist $I_{CE} \approx 0$. Die normierte Basisladung q_B weist im allgemeinen Fall eine komplizierte Arbeitspunktabhängigkeit auf, eine einfache Näherung für Überschlagsrechnungen wird im folgenden Abschnitt angegeben.

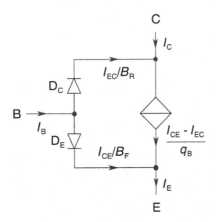

Abb. 4.9. Elementares Transistormodell

4.3.2 Das elementare Großsignalmodell

Abbildung 4.9 zeigt eine einfache Ersatzschaltung des Bipolartransistors. Das Modell erlaubt eine grobe Beschreibung der Kennlinien und eignet sich für Überschlagsrechnungen; es besteht aus zwei idealen Dioden zur Modellierung der beiden pn-Übergänge zwischen Basis und Emitter bzw. Basis und Kollektor sowie einer gesteuerten Stromquelle, die die Verkopplung zwischen den beiden pn-Übergängen, d. h. den Transferstrom, beschreibt. Bahnwiderstände werden zunächst vernachlässigt. Die EB-Diode D_E und die BC-Diode D_C werden als ideale Dioden mit Emissionskoeffizient $N = 1$ beschrieben. Mit

---

[8]Die Indices kennzeichnen dabei die technische Stromflußrichtung: I_{CE} fließt vom Kollektor zum Emitter, I_{EC} vom Emitter zum Kollektor.

der *idealen Vorwärtsstromverstärkung* B_F und dem in Gl. (4.16) definierten Strom I_{CE} wird für den Strom in der EB-Diode D_E angesetzt

$$I_{DE} = \frac{I_{CE}}{B_F} = \frac{I_S}{B_F}\left[\exp\left(\frac{V_{BE}}{V_T}\right) - 1\right] \qquad (4.18)$$

und entsprechend mit der *idealen Rückwärtsstromverstärkung* B_R und mit dem in Gl. (4.17) definierten Strom I_{EC} für den Strom in der BC-Diode D_C

$$I_{DC} = \frac{I_{EC}}{B_R} = \frac{I_S}{B_R}\left[\exp\left(\frac{V_{BC}}{V_T}\right) - 1\right] . \qquad (4.19)$$

Die normierte Basisladung q_B berücksichtigt im elementaren Großsignalmodell nur den sog. *Early-Effekt*, das ist die Auswirkung der von V_{CB} abhängigen Basisweite d_B auf den Transferstrom. Mit zunehmendem V_{CB} dehnt sich die BC-Sperrschicht immer weiter in das Basisgebiet aus, wodurch die Basisweite d_B und damit die Basisladung Q_B abnimmt. Der Transferstrom wächst deshalb nach Gl. (4.14) bei konstantem V_{BE} mit zunehmendem V_{CB} an. Zur physikalischen Interpretation kann die Abb. 4.10 betrachtet werden.

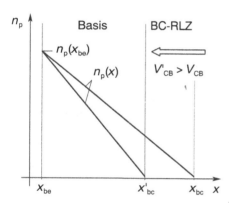

Abb. 4.10. Zur Erläuterung des Early-Effekts: Arbeitspunktabhängigkeit der verteilung der Minoritäten in der Basis

Wird die Sperrspannung von V_{CB} auf V'_{CB} vergrößert, so verschiebt sich der kollektorseitige Sperrschichtrand x_{bc} des Basisbahngebiets nach x'_{bc}. Da (bei Niederinjektion) für die Elektronendichte $n_p(x_{bc}) \approx 0$ unabhängig von $V_{CB} > 0$ gilt, und da die Elektronendichte $n_p(x_{be})$ am emitterseitigen Sperrschichtrand wegen $V_{BE} = $ const. unverändert bleibt, hat die Abnahme der Basisweite d_B eine Aufsteilung des „Diffusionsdreiecks" zur Folge: Das Konzentrationsgefälle der Elektronen in der Basis wird größer – und damit der hierzu proportionale Transferstrom. Der beschriebene Effekt wird näherungsweise durch eine lineare Abhängigkeit der Form

$$\frac{1}{q_B} \approx 1 + \frac{V_{CE}}{V_{AF}} \qquad (4.20)$$

erfaßt; die Größe V_{AF} wird dabei als *Vorwärts-Early-Spannung* bezeichnet.[9]
Für den von der Stromquelle gelieferten Transferstrom führt dies auf die Näherung

$$
\begin{aligned}
I_T &= \frac{I_{CE} - I_{EC}}{q_B} \\
&\approx I_S \left(1 + \frac{V_{CE}}{V_{AF}}\right) \left[\exp\left(\frac{V_{BE}}{V_T}\right) - \exp\left(\frac{V_{BC}}{V_T}\right)\right].
\end{aligned}
\tag{4.21}
$$

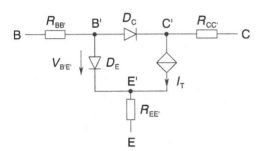

Abb. 4.11. Elementares Großsignalmodell mit Bahnwiderständen

Das diskutierte Modell läßt sich durch Hinzufügen von Bahnwiderständen
zu der in Abb. 4.11 dargestellten Ersatzschaltung erweitern. Basisbahnwiderstand $R_{BB'}$ und Kollektorbahnwiderstand $R_{CC'}$ sind dabei i.allg. arbeitspunktabhängige Größen, wie im Folgenden am Beispiel des Basisbahnwiderstands gezeigt wird; im elementaren Großsignalmodell werden $R_{BB'}$ und $R_{CC'}$
wie ohmsche Widerstände behandelt.

Der *Basisbahnwiderstand* $R_{BB'}$ beschreibt den durch den Basisstrom bedingten Spannungsabfall im Basisbahngebiet und am Basiskontakt. Für Planartransistoren läßt sich $R_{BB'}$ stets aufteilen in einen *externen* Anteil, der den
Kontaktwiderstand und die Zuführung bis zum Basisbahngebiet des inneren
Transistors erfaßt, und einen internen Anteil. Der externe Anteil verhält sich
in guter Näherung wie ein ohmscher Widerstand, dessen Wert durch Dotierung und Geometrie des externen p-Bahngebiets sowie den Kontaktwiderstand gegeben ist. Der *interne* Anteil des Basisbahnwiderstands dagegen ist
stark vom Arbeitspunkt abhängig und nimmt mit zunehmendem Basisstrom
ab. Dies hat zwei Ursachen: (1) Mit zunehmendem Transferstrom nimmt die
Diffusionsladung in der Basis zu. Durch die erhöhte Löcherdichte kommt es
zu einer Verbesserung der Leitfähigkeit und damit zur Abnahme von $R_{BB'}$.

---

[9]Diese Schreibweise ist nicht ganz konsistent mit dem Großsignalmodell des Bipolartransistors in SPICE, wonach in Gl. (4.20) V_{CB} statt V_{CE} stehen müßte. Da die Abweichung in
der Regel gering und das Modell so besser auf die praktisch bedeutsame Emitterschaltung
anwendbar ist, wurde hier der Ansatz (4.20) gewählt.

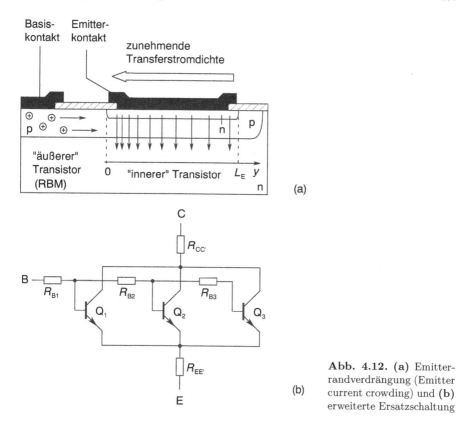

Abb. 4.12. (a) Emitter-randverdrängung (Emitter current crowding) und (b) erweiterte Ersatzschaltung

(2) Mit zunehmendem Basisstrom nimmt der Spannungsabfall über der Basis zu. Da der an einem Ort in den Emitter abfließende Strom aber von der lokalen Spannung über der Sperrschicht abhängt, bedeutet dies, daß der Strom nicht gleichmäßig über den Transistorquerschnitt verteilt fließt, sondern vorzugsweise am Rand.

4.3.3 SPICE-Modellanweisung

Die *Elementanweisung* für einen Transistor in der SPICE-Netzliste lautet in einfachster Form

```
Q(name)    K_C    K_B    K_E    Mname
```

Dabei bezeichnet K_C den Namen des Kollektorknotens, K_B den Namen des Basisknotens und K_E den Namen des Emitterknotens. Mname kennzeichnet das verwendete Transistormodell, dessen Parameter in einer gesonderten .MODEL-Anweisung aufgeführt werden. Für einen npn-Transistor besitzt diese die Form

```
.MODEL    Mname    NPN      (Modell-Parameter)
```

Die bereits erläuterten Größen I_S, B_F, B_R und V_{AF} dienen auch als Modellparameter zur Beschreibung des Bipolartransistors in SPICE. Ohmsche Bahnwiderstände $R_{BB'}$, $R_{CC'}$ und $R_{EE'}$ können durch Angabe der Parameter RB, RC sowie RE definiert werden. Werden in der .MODEL-Anweisung für einen Bipolartransistor nur diese Kenngrößen spezifiziert, so berechnet SPICE die Schaltungseigenschaften auf der Grundlage des elementaren Großsignalmodells. Für nicht spezifizierte Kenngrößen werden *Ersatzwerte* verwendet: Für IS wird der Ersatzwert $I_S = 10^{-16}$ A, für BF der Ersatzwert $B_F = 100$ und für BR der Ersatzwert $B_R = 1$ angenommen. Liegen keine Angaben über Bahnwiderstände vor, so werden diese als null angenommen; die Early-Spannung wird bei fehlender Angabe als unendlich angesetzt, der Early-Effekt wird dann nicht berücksichtigt.

4.3.4 Eingangs- und Transferstromkennlinie

Die *Eingangskennlinie* $I_B(V_{BE})$ des Bipolartransistors beschreibt den Strom im Eingangskreis als Funktion der Eingangsspannung; die *Transferstromkennlinie* $I_C(V_{BE})$ beschreibt den Strom im Ausgangskreis als Funktion der Eingangsspannung. Eingangs- und Transferstromkennlinie werden häufig in Basisschaltung mit $V_{BC} = 0$ bestimmt und logarithmisch als sog. *Gummel-Plot* aufgetragen (vgl. Abb. 4.13). Aus dieser Auftragung lassen sich zusätzlich zu den hier eingeführten Parametern I_S und B_F weitere Parameter ermitteln, die eine genauere Beschreibung der Kennlinien ermöglichen [2,3].

Unter der Bedingung $V_{BC} = 0$ ist $I_{EC} = 0$, falls der Spannungsabfall am Kollektorbahnwiderstand vernachlässigbar klein ist. Kollektorstom und Basisstrom werden dann durch exponentiell von der Spannung V_{BE} abhängige Kennlinien beschrieben, wie sie von der Diode bekannt sind. Die *Vorwärtsstromverstärkung* $B_N = I_C/I_B$ folgt aus

$$I_C \approx I_{CE}\left(1 + \frac{V_{CE}}{V_{AF}}\right) \quad \text{und} \quad I_B = \frac{I_{CE}}{B_F}$$

zu

$$B_N = B_F\left(1 + \frac{V_{CE}}{V_{AF}}\right) , \qquad \cdot$$

ihr Wert steigt mit zunehmendem V_{CE} an.

4.3.5 Ausgangskennlinienfeld in Emitterschaltung

In Emitterschaltung interessiert die Abhängigkeit der Ströme I_B und I_C von V_{BE} und V_{CE}. Werden die Bahnwiderstände zunächst vernachlässigt, so folgt aus Gl. (4.14) mit $V_{BC} = V_{BE} - V_{CE}$ für den Transferstrom

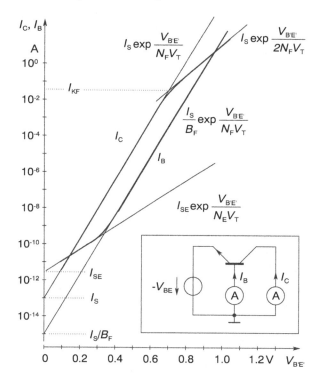

Abb. 4.13. Eingangs- und Transferstromkennlinie in Basisschaltung nach der in SPICE verwendeten Ersatzschaltung ($V_{BC} = 0$). Logarithmische Auftragung unter Vernachlässigung der Bahnwiderstände (nach [1]). Die Parameter I_{SE}, N_E, N_F, I_{KF} ermöglichen eine gegenüber dem elementaren Modell verbesserte Beschreibung der Kennlinien (vgl. [2])

$$I_T = \frac{I_S}{q_B} \exp\left(\frac{V_{BE}}{V_T}\right) \left[1 - \exp\left(-\frac{V_{CE}}{V_T}\right)\right] .$$

Für den *Kollektorstrom* $I_C = I_T - I_{DC}$ erhält man hiermit unter der Annahme $V_{BE} \gg V_T$ (bzw. $I_{CE} \gg I_S$)

$$I_C = \frac{I_S}{q_B} \exp\left(\frac{V_{BE}}{V_T}\right) \left[1 - \left(1 + \frac{q_B}{B_R}\right) \exp\left(-\frac{V_{CE}}{V_T}\right)\right] . \tag{4.22}$$

Wird I_C für $V_{BE} = $ const. über V_{CE} aufgetragen, so steigt I_C innerhalb eines Spannungsintervalls von der Breite weniger V_T auf

$$\frac{I_S}{q_B} \exp\left(\frac{V_{BE}}{V_T}\right) \approx I_S \left(1 + \frac{V_{CE}}{V_{AF}}\right) \exp\left(\frac{V_{BE}}{V_T}\right) \tag{4.23}$$

an und hängt in der Folge nur noch schwach von V_{CE} ab. Für $V_{BE} = $ const. beschreibt dies eine linear mit V_{CE} ansteigende Gerade. Der Ausdruck in der eckigen Klammer verschwindet für $V_{CE} = -V_{AF}$, die zu $I_C = 0$ hin extrapolierten Ausgangskennlinien sollten sich deshalb annähernd im selben Punkt – bei $V_{CE} \approx -V_{AF}$ – schneiden, wie dies in Abb. 4.14 dargestellt ist. Der *Basisstrom* ist in der betrachteten Näherung

$$I_B = I_{DE} + I_{DC} = \frac{I_{CE}}{B_F} + \frac{I_{EC}}{B_R} .$$

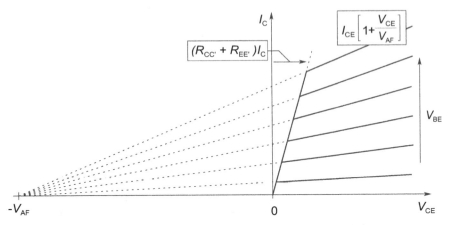

Abb. 4.14. Näherungsweise Bestimmung der Early-Spannung und Annäherung des Ausgangskennlinienfelds durch Knickkennlinien

Für $V_{CE} \gg V_T$ ist der Strom I_{DC} durch die BC-Diode klein gegenüber dem Strom I_{DE} durch die EB-Diode, so daß gilt

$$I_C \approx \frac{I_{CE}}{q_B} = \frac{B_F I_{DE}}{q_B} \approx B_F \left(1 + \frac{V_{CE}}{V_{AF}}\right) I_B = B_N I_B \; ;$$

die Stromverstärkung nimmt demzufolge mit V_{CE} zu. Für $V_{CE} \to 0$ verläuft der Kollektorstrom gegen

$$I_C = -\frac{I_{CE}}{B_R} = -\frac{I_B}{1 + B_R/B_F} \; .$$

In diesem Fall sind EB- und BC-Diode parallelgeschaltet, die Ströme I_{CE} und I_{EC} sind gleich groß. Der Basisstrom setzt sich zusammen aus einem Anteil I_{DE} und einem Anteil I_{DC}, mit einem durch die Stromverstärkungen B_F und B_R bestimmten Verhältnis; als Kollektorstrom tritt der Strom $-I_{DC}$ auf.

Wird der Spannungsabfall an $R_{EE'}$ und $R_{CC'}$ berücksichtigt, so ist in Gl. (4.22) V_{CE} durch $V_{C'E'}$ zu ersetzen, wobei gilt

$$V_{C'E'} = V_{CE} - R_{EE'} I_E - R_{CC'} I_C \approx V_{CE} - (R_{EE'} + R_{CC'}) I_C \; .$$

Im Kennlinienfeld wirkt sich dies in einer Verschiebung um $(R_{EE'} + R_{CC'}) I_C$ nach rechts aus. Unter Vernachlässigung des Spannungsabfalls $V_{C'E'}$ für $I_C \ll I_{CE}$ führt dies auf die in Abb. 4.14 dargestellte Annäherung der Ausgangskennlinien durch *Knickkennlinien*, die sich für Überschlagsrechnungen eignet.

Beispiel 4.3.2 Abbildung 4.15 zeigt die Ergebnisse einer SPICE-Simulation für das Ausgangskennlinienfeld eines Bipolartransistors für zwei verschiedene Werte des Kollektorbahnwiderstands. Als Parameter wurden spezifiziert $I_S = 10\,\text{fA}$, $B_F = 250$, $V_{AF} = 25\,\text{V}$, $B_R = 6$. Das Simulationsergebnis stimmt gut mit dem in Abb. 4.14 skiz-

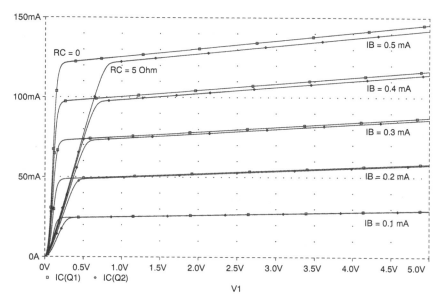

Abb. 4.15. Ausgangskennlinienfeld (SPICE-Simulation) eines Bipolartransistors für zwei verschiedene Werte von RC

zierten Kennlinienverlauf überein. Die Kennlinien für $R_C = 5\,\Omega$ sind wegen des Spannungsabfalls am Kollektorbahnwiderstand um $R_C I_C$ gegenüber den entsprechenden Kennlinien für $R_C = 0$ verschoben. In der Praxis können jedoch Abweichungen durch nicht ohmsches Verhalten des Kollektorbahnwiderstands auftreten. $\triangle$

Sättigung, Quasisättigung

Für $V_{BE} > 0$ und $V_{CE} < V_{BE}$ ist die BC-Diode flußgepolt. Der Kollektorstrom setzt sich dann aus dem Transferstrom und dem in der BC-Diode fließenden Strom zusammen: Die Stromverstärkung nimmt ab. Gilt $I_B \gg I_C/B_F$, so liegt $V_{C'E'}$ im Bereich weniger mV. Der Spannungsabfall V_{CE} am Transistor ist dann wesentlich durch die Bahnwiderstände bestimmt. Bedingt durch den Spannungsabfall an den Bahnwiderständen kann

$$V_{C'B'} = V_{CB} - R_{CC'}I_C + R_{BB'}I_B$$

negativ werden, obwohl die Klemmenspannung $V_{CB} > 0$ ist (vgl. Abb. 4.16). Dies wird als *Quasisättigung* bezeichnet. Das Auftreten der Quasisättigung ist mit Ladungsträgerinjektion in den Kollektor verbunden. Dies führt zum einen zu einer Zunahme des Basisstroms, die in der Eingangskennlinie sichtbar wird, zum anderen ist im Schaltfall die unerwünschte Speicherladung in der BC-Diode umzuladen, was eine Erhöhung der *Schaltzeiten* bedingt.

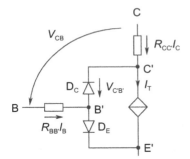

Abb. 4.16. Quasi-Sättigung

4.3.6 Temperaturabhängigkeit

Der Transfersättigungsstrom I_S ist proportional zu n_i^2 und damit stark temperaturabhängig; I_S wird in SPICE in der `.MODEL`-Anweisung für die Bezugstemperatur T_0 spezifiziert und für von T_0 abweichende Simulationstemperaturen T umgerechnet. Für den Transfersättigungsstrom wird dabei der bereits von der pn-Diode bekannte Ansatz

$$I_S(T) = I_S(T_0) \left(\frac{T}{T_0} \right)^{X_{TI}} \exp\left[\frac{E_G}{V_T} \left(\frac{T}{T_0} - 1 \right) \right] \tag{4.24}$$

verwendet. Die Größen X_{TI} und E_G ($\equiv$ Bandabstandsspannung V_g) werden auch hier durch für Silizium typische Werte ersetzt, falls sie nicht in der Modellanweisung spezifiziert werden.

Im Vorwärtsbetrieb gilt $I_C \approx I_{CE}$, für die Änderung der Flußspannung der EB-Diode mit der Temperatur bei konstantem Kollektorstrom kann deshalb das Ergebnis (2.32) übernommen werden, so daß

$$\boxed{\left(\frac{\partial V_{BE}}{\partial T} \right)_{I_C} \approx \frac{V_{BE} - V_g - X_{TI} V_T}{T}} \, . \tag{4.25}$$

Die Stromverstärkung des Bipolartransistors nimmt i. allg. mit der Temperatur zu, was hauptsächlich durch eine im Emitter gegenüber der Basis verringerte Energielücke bedingt ist. Dieser als *bandgap narrowing* bezeichnete Effekt ist eine Folge der hohen Dotierung im Emitter.[10] Für die intrinsische Dichte $n_{i,E}$ im Emitter folgt damit eine andere Temperaturabhängigkeit als für die intrinsische Dichte $n_{i,B}$ in der Basis. Da der Basisstrom proportional zu $n_{i,E}^2$, der Transferstrom jedoch proportional zu $n_{i,B}^2$ ist, wirkt sich die im Emitter um ΔW_g verringerte Energielücke auf die Stromverstärkung aus. Mit

---

[10]Die Abnahme ΔW_g der Energielücke aufgrund des Hochdotierungseffekts ist für Dotierstoffkonzentrationen kleiner als 10^{18} cm^{-3} vernachlässigbar. Für eine Darstellung der physikalischen Hintergründe, experimenteller Ergebnisse, sowie Näherungsbeziehungen sei auf [2, 4–6] verwiesen.

$$B_N \sim \frac{n_{i,B}^2}{n_{i,E}^2} \sim \exp\left(-\frac{\Delta W_g}{kT}\right)$$

folgt so eine Zunahme der Stromverstärkung mit steigender Temperatur T. In SPICE wird für die Temperaturabhängigkeiten der idealen Vorwärtsstromverstärkung B_F und der idealen Rückwärtsstromverstärkung B_R der Ansatz

$$B_F(T) = B_F(T_0)\left(\frac{T}{T_0}\right)^{X_{TB}} \quad \text{und} \quad B_R(T) = B_R(T_0)\left(\frac{T}{T_0}\right)^{X_{TB}} \quad (4.26)$$

verwendet.[11] Der Exponent X_{TB} wird dabei durch Anpassen einer Gerade an die doppeltlogarithmische Auftragung von $B_F(T)$ über der absoluten Temperatur T bestimmt. Er liegt typischerweise etwas unter dem Wert 2. Für den Temperaturkoeffizienten von B_F folgt damit

$$\alpha_{BF} = \frac{1}{B_F}\frac{dB_F}{dT} \approx \frac{X_{TB}}{T} . \qquad (4.27)$$

Mit $X_{TB} \approx 2$ folgt bei $T = 300$ K demnach ein Temperaturkoeffizient von $0.66\%/K$. Der Temperaturgang der Stromverstärkung ist bei der Schaltungsdimensionierung zu beachten.

4.3.7 Mitlaufeffekt, thermische Stabilität

Bei konstantem I_B oder V_{BE} führt eine Erhöhung von V_{CE} zu einer Erhöhung der im Transistor umgesetzten Verlustleistung

$$P = I_B V_{BE} + I_C V_{CE} \approx I_C V_{CE} .$$

Beim *langsamen* Durchlaufen der Ausgangskennlinie stellt sich deshalb für jeden Arbeitspunkt die der umgesetzen Verlustleistung entsprechende *Übertemperatur*

$$\Delta T \approx R_{th} V_{CE} I_C$$

ein. Dies wird als *Mitlaufeffekt* bezeichnet. Für die Steigung der Ausgangskennlinien bei konstantem V_{BE} folgt damit

$$\frac{dI_C}{dV_{CE}} = \left(\frac{\partial I_C}{\partial V_{CE}}\right)_T + \left(\frac{\partial I_C}{\partial T}\right)_{V_{CE}} \frac{dT}{dV_{CE}} ;$$

ihr Wert nimmt aufgrund der Eigenerwärmung zu (vgl. Abb. 4.17). Der erste Ausdruck auf der rechten Seite entspricht dabei dem Ausgangsleitwert y_{22e}. Wegen

---

[11]Da die Dotierstoffkonzentration im Kollektor sehr viel kleiner ist, als im Emitter, ist der Ansatz identischer Temperaturabhängigkeiten für $B_F(T)$ und $B_R(T)$ recht willkürlich und physikalisch nicht gerechtfertigt.

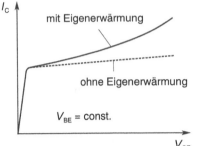

Abb. 4.17. Mitlaufeffekt

$$\frac{dT}{dV_{CE}} = \frac{dT}{dP}\frac{dP}{dV_{CE}} = R_{th}\left(I_C + V_{CE}\frac{dI_C}{dV_{CE}}\right) \tag{4.28}$$

folgt durch Zusammenfassen

$$\frac{dI_C}{dV_{CE}} = \frac{\left(\dfrac{\partial I_C}{\partial V_{CE}}\right)_T + R_{th}I_C\left(\dfrac{\partial I_C}{\partial T}\right)_{V_{CE}}}{1 - R_{th}V_{CE}\left(\dfrac{\partial I_C}{\partial T}\right)_{V_{CE}}}, \tag{4.29}$$

d. h. durch die Eigenerwärmung folgt eine *Aufsteilung* der Ausgangskennlinie. Der Ausdruck (4.29) divergiert für

$$R_{th}V_{CE}\left(\frac{\partial I_C}{\partial T}\right)_{V_{CE}} \to 1, \tag{4.30}$$

was einer *Instabilität* entspricht: Der Strom wächst unter diesen Bedingungen unkontrolliert immer stärker an. Bei ungünstiger Auslegung der Schaltung kann es auf diesem Weg zur Zerstörung des Transistors kommen. Problematisch ist hier insbesondere der Fall der *Spannungssteuerung*, da bei $V_{BE} = $ const.[12]

$$\left(\frac{\partial I_C}{\partial T}\right)_{V_{CE},V_{BE}} \approx \frac{I_C}{T}\left(\frac{V_g - V_{BE}}{V_T} + X_{TI}\right) \tag{4.31}$$

sehr viel größer ist als im Fall der *Stromsteuerung* ($I_B = $ const.), wo mit dem Temperaturkoeffizienten α_B der Stromverstärkung gilt

$$\left(\frac{\partial I_C}{\partial T}\right)_{V_{CE},I_B} \approx \alpha_B I_C. \tag{4.32}$$

Wird (4.31) in der Bedingung (4.30) verwendet, so folgt daß ein „Davonlaufen" des Arbeitspunkts ausgeschlossen ist, solange die im Ausgangskreis umgesetzte Leistung der Bedingung (4.30)

---

[12]Der Einfluß der Bahnwiderstände ist hier nicht berücksichtigt und wirkt sich stabilisierend aus.

$$P \approx V_{\mathrm{CE}} I_{\mathrm{CE}} < \frac{T}{R_{\mathrm{th}}} \frac{V_T}{V_{\mathrm{g}} - V_{\mathrm{BE}} + X_{\mathrm{TI}} V_T}$$

genügt.

Bei konstanter Steuerspannung und Gegenkopplung durch einen Emitterserienwiderstand gilt

$$\frac{\mathrm{d} V_{\mathrm{BE}}}{\mathrm{d} T} = -R_{\mathrm{E}} \frac{\mathrm{d} I_{\mathrm{E}}}{\mathrm{d} T} \approx -R_{\mathrm{E}} \frac{\mathrm{d} I_{\mathrm{C}}}{\mathrm{d} T}$$

sowie

$$\frac{\mathrm{d} I_{\mathrm{C}}}{\mathrm{d} T} = \left(\frac{\partial I_{\mathrm{C}}}{\partial T} \right)_{V_{\mathrm{CE}}} + \left(\frac{\partial I_{\mathrm{C}}}{\partial V_{\mathrm{BE}}} \right)_T \frac{\mathrm{d} V_{\mathrm{BE}}}{\mathrm{d} T} \approx \left(\frac{\partial I_{\mathrm{C}}}{\partial T} \right)_{V_{\mathrm{CE}}} + \frac{I_{\mathrm{C}}}{V_T} \frac{\mathrm{d} V_{\mathrm{BE}}}{\mathrm{d} T} \, .$$

Durch Zusammenfassen folgt

$$\frac{1}{I_{\mathrm{C}}} \frac{\mathrm{d} I_{\mathrm{C}}}{\mathrm{d} T} = \frac{1}{1 + R_{\mathrm{E}} I_{\mathrm{C}}/V_T} \frac{1}{I_{\mathrm{C}}} \left(\frac{\partial I_{\mathrm{C}}}{\partial T} \right)_{V_{\mathrm{CE}}} \, .$$

Die im Transistor umgesetzte Leistung, bei der die thermische Instabilität auftritt, wird demnach um den Faktor $(1 + R_{\mathrm{E}} I_{\mathrm{C}}/V_T)$ erhöht. Das Problem der thermischen Instabilität ist von besonderer Bedeutung in Anwendungen, in denen mehrere Transistoren *parallel* geschaltet werden (vgl. Abb. 4.18), da

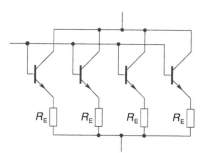

Abb. 4.18. Parallelschalten von Bipolartransistoren mit Emitterserienwiderständen zur Stabilisierung der Stromaufteilung

die umgesetzte Leistung die zulässige Verlustleistung eines Einzeltransistors überschreiten würde. Bei schlechter thermischer Kopplung der Transistoren ist hier durch Emitterserienwiderstände R_{E} sicherzustellen, daß nicht einer der Transistoren – aufgrund der thermischen Instabilität – den gesamten Strom auf sich vereint und überlastet wird.

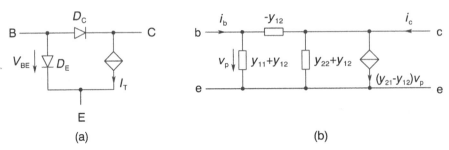

Abb. 4.19. (a) Elementares Großsignalmodell unter Vernachlässigung der Bahnwiderstände und (b) allgemeine Vierpolersatzschaltung

4.4 Kleinsignalbeschreibung

4.4.1 Das elementare Kleinsignalmodell

Im elementaren Großsignalmodell gilt im Vorwärtsbetrieb mit $V_{BE} \gg V_T$ unter Vernachlässigung der Bahnwiderstände (Abb. 4.19a)

$$I_C \approx I_S \left(1 + \frac{V_{CE}}{V_{AF}} \right) \exp \left(\frac{V_{BE}}{V_T} \right) \quad \text{und} \quad I_B = \frac{I_S}{B_F} \exp \left(\frac{V_{BE}}{V_T} \right) .$$

Für die NF-Kleinsignalleitwertparameter folgt hieraus durch Ableiten

$$y'_{11e} = \left(\frac{\partial I_B}{\partial V_{BE}} \right)_{V_{CE}} = \frac{I_B}{V_T} = g_\pi \tag{4.33}$$

$$y'_{12e} = \left(\frac{\partial I_B}{\partial V_{CE}} \right)_{V_{BE}} = 0 \tag{4.34}$$

$$y'_{21e} = \left(\frac{\partial I_C}{\partial V_{BE}} \right)_{V_{CE}} = \frac{I_C}{V_T} = g_m \tag{4.35}$$

$$y'_{22e} = \left(\frac{\partial I_C}{\partial V_{CE}} \right)_{V_{BE}} = \frac{I_C}{V_{CE} + V_{AF}} = g_o \tag{4.36}$$

Die Striche weisen darauf hin, daß es sich um die unter Vernachlässigung der Bahnwiderstände bestimmten *inneren Leitwertparameter* des Transistors handelt. Der Leitwertparameter y'_{12e} ist in dieser Näherung null; die allgemeine Ersatzschaltung für Vierpole in Leitwertbeschreibung nach Abb. 4.19b vereinfacht sich damit zu der in Abb. 4.20 dargestellten Kleinsignalersatzschaltung, wobei

$$g_\pi = \frac{I_B}{V_T}, \quad g_m = \frac{I_C}{V_T} \quad \text{und} \quad g_o = \frac{I_C}{V_{CE} + V_{AF}} . \tag{4.37}$$

Diese Beziehungen stellen Näherungen dar, die wie das elementare Großsignalmodell für Überschlagsrechnungen verwendet werden können. Die Größe

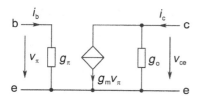

Abb. 4.20. Elementare Kleinsignalersatzschaltung des Bipolartransistors

g_π wird als *Eingangsleitwert*, g_m als *Übertragungsleitwert* und g_o als *Ausgangsleitwert* bezeichnet. Diese Größen werden von SPICE bei der Arbeitspunktberechnung ermittelt, falls der Transistor durch das elementare Großsignalmodell beschrieben wird.

Beispiel 4.4.1 Als Beispiel wird ein npn-Transistor simuliert, der durch die Modellanweisung

```
.MODEL BIPO NPN (IS=1F BF=250 VAF=25 BR=6 RB=10 RE=.5 RC=2)
```

beschrieben wird. Die Spannungen V_BE und V_CE wurden durch zwei Gleichspannungsquellen mit 0.75 V und 5 V festgelegt. Für diese Schaltung wurde eine .OP-Anweisung ausgeführt, die in der .OUT-Datei u.a. das folgende Ergebnis erzeugt:

```
NAME            Q1
MODEL           BIPO
IB              1.44E-05
IC              4.20E-03
VBE             7.50E-01
VBC             -4.25E+00
VCE             5.00E+00
BETADC          2.92E+02
GM              1.62E-01
RPI             1.80E+03
RO              6.95E+03
```

Die Angaben enthalten Ströme und Klemmenspannungen im Arbeitspunkt und die Stromverstärkung BETADC $= I_\mathrm{C}/I_\mathrm{B}$, die als Folge des Early-Effekts größer ist als die ideale Vorwärtsstromverstärkung B_F. Mit dem von SPICE berechneten Kollektorstrom I_C ergibt sich der Übertragungsleitwert

$$g_\mathrm{m} = \frac{I_\mathrm{C}}{V_T} \approx \frac{4.2\,\mathrm{mA}}{25.9\,\mathrm{mV}} = 162\,\mathrm{mS}\;;$$

der Eingangswiderstand $r_\pi = 1/g_\pi$ des inneren Transistors folgt entsprechend mit dem von SPICE berechneten Basisstrom

$$r_\pi = \frac{V_T}{I_\mathrm{B}} = \frac{25.9\,\mathrm{mV}}{14.4\,\mu\mathrm{V}} = 1.8\,\mathrm{k}\Omega\;,$$

während der Ausgangswiderstand $r_\mathrm{o} = 1/g_\mathrm{o}$ nach Gl. (4.37) mit

$$r_\mathrm{o} = \frac{V_\mathrm{CE} + V_\mathrm{AF}}{I_\mathrm{C}} = \frac{5\,\mathrm{V} + 25\,\mathrm{V}}{4.2\,\mathrm{mA}} = 7.14\,\mathrm{k}\Omega$$

folgt. Die Größen g_m und r_π stimmen vollständig mit dem Ergebnis der SPICE-Simulation überein, für r_o ergibt sich jedoch eine leichte Abweichung, die von der in Gl. (4.20) gemachten Näherung für q_B herrührt, die nicht ganz dem Ansatz in SPICE entspricht. $\triangle$

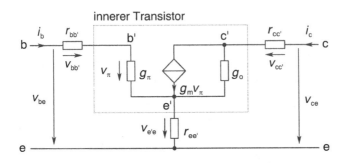

Abb. 4.21. NF-Kleinsignalmodell mit Bahnwiderständen

Bahnwiderstände. Die Bahnwiderstände lassen sich durch Ergänzen des Kleinsignalmodells um *Kleinsignalbahnwiderstände* $r_{bb'}$, $r_{cc'}$ und $r_{ee'}$ gemäß Abb. 4.21 erfassen. Im Fall arbeitspunktabhängiger Großsignalbahnwiderstände sind diese von den zugehörigen Kleinsignalbahnwiderständen verschieden. Zur Erläuterung wird der arbeitspunktabhängige Basisbahnwiderstand $R_{BB'}$ betrachtet.

Der Basisbahnwiderstand ist eine Funktion des Basisstroms I_B. Der Strom I_B im Arbeitspunkt ruft an diesem den Spannungabfall

$$V_{BB'} = R_{BB'} I_B \tag{4.38}$$

hervor. Wird dem Basisstrom I_B ein Kleinsignalanteil i_b überlagert, so ändert der Basisbahnwiderstand seinen Wert

$$R_{BB'}(I_B + i_b) \approx R_{BB'} + i_b \left.\frac{\mathrm{d}R_{BB'}}{\mathrm{d}I_B}\right|_{I_B} ,$$

wobei $R_{BB'} = R_{BB'}(I_B)$; der Spannungsabfall am Basisbahnwiderstand ist damit

$$
\begin{aligned}
V_{BB'} + v_{bb'} &\approx \left(R_{BB'} + i_b \left.\frac{\mathrm{d}R_{BB'}}{\mathrm{d}I_B}\right|_{I_B} \right)(I_B + i_b) \\
&= R_{BB'} I_B + i_b \left(R_{BB'} + I_B \left.\frac{\mathrm{d}R_{BB'}}{\mathrm{d}I_B}\right|_{I_B} \right) + i_b^2 \left.\frac{\mathrm{d}R_{BB'}}{\mathrm{d}I_B}\right|_{I_B} .
\end{aligned}
$$

Werden nur Terme erster Ordnung in i_b berücksichtigt, so folgt mit Gl. (4.38)

$$v_{bb'} = r_{bb'} i_b ,$$

wobei

$$r_{bb'} = R_{BB'} + I_B \left. \frac{\mathrm{d}R_{BB'}}{\mathrm{d}I_B} \right|_{I_B}$$

den *Kleinsignalbasisbahnwiderstand* bezeichnet. Der Kleinsignalbasisbahnwiderstand wird bei einer .OP-Analyse aus dem in SPICE verwendeten Modell des Basisbahnwiderstands [2] berechnet und als RX in der .OUT-Datei ausgegeben.

Rückwirkungsleitwert. Der verschwindende Leitwert $g_\mu \approx 0$ bei Vorwärtsbetrieb ist eine Folge der vernachlässigten Rekombination im Basisbahngebiet. Der bei Vorwärtsbetrieb fließende Basisstrom $I_B = I_{BE} + I_{BB} + I_{BC}$ ist damit nahezu ausschließlich durch I_{BE} gegeben, so daß (ohne Berücksichtigung der Bahnwiderstände)

$$y'_{12e} = \left(\frac{\partial I_B}{\partial V_{CE}} \right)_{V_{BE}} = 0$$

resultiert. Beim Übergang zur Vierpolersatzschaltung in Leitwertdarstellung

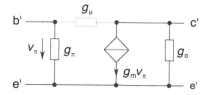

Abb. 4.22. Zur Bedeutung des Rückwirkungsleitwerts bei Vorwärtsbetrieb

ergibt sich so das in Abb. 4.22 skizzierte Giacoletto-Modell des inneren Transistors für NF-Betrieb. In realen Transistoren wird I_B zum Teil durch die Rekombination im Basisvolumen bestimmt, was in der Kleinsignalersatzschaltung durch einen (in Abb. 4.22 gestrichelt eingetragenen) Leitwert g_μ zu berücksichtigen ist. Mit der Basistransitzeit τ_B und der Elektronenlebensdauer in der Basis τ_n gilt die Näherung (vgl. Beispiel 4.3.1)

$$I_{BB} \approx \frac{\tau_B}{\tau_n} I_T .$$

Dies führt auf einen nicht verschwindenden *Rückwirkungsleitwert*

$$y'_{12e} = \left(\frac{\partial I_{BB}}{\partial V_{CE}} \right)_{V_{BE}} \approx \frac{I_T}{\tau_n} \left(\frac{\partial \tau_B}{\partial V_{CE}} \right)_{V_{B'E'}} + \frac{\tau_B}{\tau_n} \left(\frac{\partial I_T}{\partial V_{CE}} \right)_{V_{BE}} .$$

Mit $\tau_B \approx d_B^2/(2D_n)$ folgt

$$\left(\frac{\partial \tau_B}{\partial V_{CE}} \right)_{V_{BE}} = \frac{d_B}{D_n} \left(\frac{\partial d_B}{\partial V_{CE}} \right)_{V_{BE}} = \frac{2\,\tau_B}{d_B} \left(\frac{\partial d_B}{\partial V_{CE}} \right)_{V_{BE}} .$$

Da der Transferstrom I_T umgekehrt proportional zu d_B ist und bei Niederinjektion nur durch den Early-Effekt von V_{CE} abhängt, gilt weiter

$$\left(\frac{\partial I_{\mathrm{T}}}{\partial V_{\mathrm{CE}}}\right)_{V_{\mathrm{BE}}} = g_0 \approx -\frac{I_{\mathrm{T}}}{d_{\mathrm{B}}}\left(\frac{\partial d_{\mathrm{B}}}{\partial V_{\mathrm{CE}}}\right)_{V_{\mathrm{BE}}}$$

bzw.

$$\left(\frac{\partial d_{\mathrm{B}}}{\partial V_{\mathrm{CE}}}\right)_{V_{\mathrm{BE}}} = -\frac{d_{\mathrm{B}}}{I_{\mathrm{T}}}\,g_0 \,.$$

Zusammenfassen liefert für den Rückwirkungsleitwert

$$g_\mu = -y'_{12\mathrm{e}} = \frac{\tau_{\mathrm{B}}}{\tau_{\mathrm{n}}}\,g_0 \,. \tag{4.39}$$

Würden keine Löcher in den Emitter injiziert, so wäre $I_{\mathrm{B}} \approx I_{\mathrm{BB}}$ und das Verhältnis $\tau_{\mathrm{B}}/\tau_{\mathrm{n}}$ gleich dem Kehrwert der Stromverstärkung B_{N}; unter diesen Umständen ergibt sich die gelegentlich angegebene Beziehung $g_\mu = g_0/B_{\mathrm{N}}$. Da in modernen Transistoren $I_{\mathrm{BE}} \gg I_{\mathrm{BB}}$ bzw. $B_{\mathrm{N}}\,\tau_{\mathrm{B}} \ll \tau_{\mathrm{n}}$ gilt, ist bei Vorwärtsbetrieb die Annahme

$$\boxed{g_0/B_{\mathrm{N}} \gg g_\mu \approx 0} \tag{4.40}$$

gerechtfertigt.

4.4.2 NF-Hybridparameter

Die NF-Hybridparameter sind als Ableitungen definiert und können, wie Abb. 4.23 zeigt, als Steigungen der Kennlinien des Bipolartransistors im Vierquadranten-Kennlinienfeld aufgefaßt werden. Die Parameter

$$h_{11\mathrm{e}} = \left(\frac{\partial V_{\mathrm{BE}}}{\partial I_{\mathrm{B}}}\right)_{V_{\mathrm{CE}}} \quad \text{und} \quad h_{21\mathrm{e}} = \left(\frac{\partial I_{\mathrm{C}}}{\partial I_{\mathrm{B}}}\right)_{V_{\mathrm{CE}}}$$

werden dabei unter der Bedingung $V_{\mathrm{CE}} = \text{const.}$ ermittelt, der Kleinsignalanteil v_{ce} ist hier null, was einem *Kurzschluß* im Ausgangskreis der Kleinsignalersatzschaltung entspricht (vgl. Abb. 4.24a). Die Parameter

$$h_{12\mathrm{e}} = \left(\frac{\partial V_{\mathrm{BE}}}{\partial V_{\mathrm{CE}}}\right)_{I_{\mathrm{B}}} \quad \text{und} \quad h_{22\mathrm{e}} = \left(\frac{\partial I_{\mathrm{C}}}{\partial V_{\mathrm{CE}}}\right)_{I_{\mathrm{B}}}$$

werden dagegen unter der Bedingung $I_{\mathrm{B}} = \text{const.}$ ermittelt; hier ist der Kleinsignalanteil i_{b} im Eingangskreis null, was dem *Leerlauf* am Eingang der Kleinsignalersatzschaltung entspricht (vgl. Abb. 4.24b).

Die in Abb. 4.24 dargestellten Kleinsignalersatzschaltungen können zur Bestimmung der NF-Hybridparameter verwendet werden. Aus Abb. 4.24a folgt der als *(Kurzschluß-)Eingangswiderstand* bezeichnete Parameter $h_{11\mathrm{e}}$ zu

$$h_{11\mathrm{e}} = \frac{v_{\mathrm{be}}}{i_{\mathrm{b}}} = r_{\mathrm{bb'}} + r_\pi + r_{\mathrm{ee'}}(h_{21\mathrm{e}} + 1) \,. \tag{4.41}$$

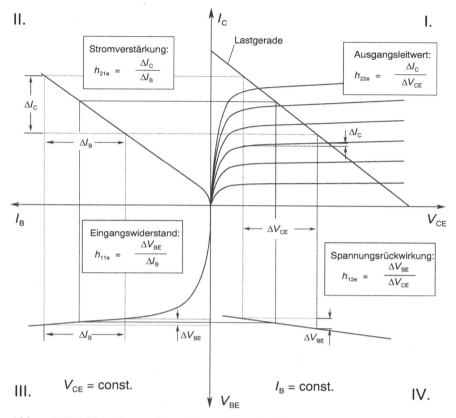

Abb. 4.23. Vierpolparameter interpretiert als Steigungen im Vierquadranten-Kennlinienfeld

Der Eingangswiderstand ergibt sich demnach als Reihenschaltung dreier Widerstände. Dabei ist jedoch zu berücksichtigen, daß der Emitterbahnwiderstand $r_{ee'}$ zusätzlich vom Strom im Ausgangskreis durchflossen wird, der über die gesteuerte Stromquelle mit dem Strom im Eingangskreis zusammenhängt. Unter Vernachlässigung der Bahnwiderstände folgt die Näherung

$$h_{11e} \approx r_\pi \approx V_T/I_B \,,$$

die für grobe Abschätzungen taugt.

Ebenfalls aus Abb. 4.24a kann die als *(Kurzschluß-)Stromverstärkung* bezeichnete Kenngröße h_{21e} ermittelt werden

$$h_{21e} = \frac{i_c}{i_b} = \frac{g_m/g_\pi - r_{ee'} g_0}{1 + g_0(r_{ee'} + r_{cc'})} \,. \tag{4.42}$$

Unter Vernachlässigung der Bahnwiderstände folgt die Näherung

$$\boxed{h_{21e} = \beta \approx g_m/g_\pi \,,} \tag{4.43}$$

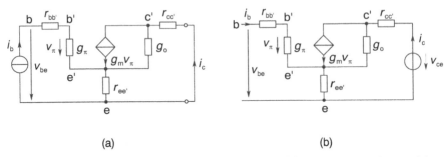

Abb. 4.24. Kleinsignalersatzschaltungen zur Berechung (a) der Parameter h_{11e} und h_{21e} sowie (b) der Parameter h_{12e} und h_{22e}

die in der Regel sehr gut erfüllt ist. Der Kleinsignalwert β der Stromverstärkung ist mit dem Großsignalwert $B_N = I_C/I_B$ der Stromverstärkung über die Beziehung

$$\beta = \left(\frac{\partial I_C}{\partial I_B}\right)_{V_{CE}} = \left(\frac{\partial B_N I_B}{\partial I_B}\right)_{V_{CE}} = B_N + I_B\left(\frac{\partial B_N}{\partial I_B}\right)_{V_{CE}} \tag{4.44}$$

verknüpft.[13] Die beiden Größen stimmen nur dann überein, wenn die Großsignalstromverstärkung B_N arbeitspunktunabhängig ist, was in der Regel jedoch nicht der Fall ist. Die Kleinsignalstromverstärkung β wird bei der Arbeitspunktberechnung (.OP-Analyse) bestimmt und als `BETAAC` in der .OUT-Datei ausgedruckt.

Der Parameter h_{22e} wird als *Ausgangsleitwert* bei offenem Eingang bezeichnet; er folgt aus der Kleinsignalersatzschaltung nach Abb. 4.24b zu

$$h_{22e} = \frac{i_c}{v_{ce}} = \frac{g_o}{1 + g_o(r_{ee'} + r_{cc'})} . \tag{4.45}$$

Unter Vernachlässigung der Bahnwiderstände resultiert die Näherung

$$\boxed{h_{22e} \approx g_o ,} \tag{4.46}$$

die in der Regel sehr gut erfüllt ist.

Der Parameter h_{12e} heißt *Spannungsrückwirkung* bei offenem Eingang und läßt sich ebenfalls anhand von Abb. 4.24b ermitteln

$$h_{12e} = \frac{v_{be}}{v_{ce}} = \frac{r_{ee'}}{r_{cc'} + r_o + r_{ee'}} . \tag{4.47}$$

Da im Nenner i. allg. r_o dominiert, gilt die Näherung

---

[13]Da $(\partial B_N/\partial I_B) = \beta(\partial B_N/\partial I_C)$ gilt, läßt sich auch schreiben

$$\beta = \frac{B_N}{1 - I_B(\partial B_N/\partial I_C)}$$

$$\boxed{h_{12e} \approx r_{ee'}g_o \ll 1}$$ (4.48)

Für die meisten Anwendungen kann h_{12e} gleich null angenommen werden. Das folgende Beispiel zeigt, wie die Hybridparameter eines Bipolartransistors aus den Kenngrößen der Großsignalersatzschaltung berechnet werden können.

Beispiel 4.4.2 Betrachtet wird ein Bipolartransistor, der durch die Parameter

```
IS=1F  BF=200  VAF=20  RB=10  RE=0.5  RC=2
```

beschrieben ist. Die Betriebstemperatur sei $T = 300$ K; im Arbeitspunkt $V_{CE} = 5$ V fließt der Kollektorstrom $I_C = 10$ mA. Die Stromverstärkung im Arbeitspunkt ist

$$B_N \approx B_F\left(1 + \frac{V_{CE}}{V_{AF}}\right) = 200\left(1 + \frac{5}{20}\right) = 250.$$

Damit folgt für den Basisstrom

$$I_B = I_C/B_N = 40~\mu A.$$

Die Elemente g_m, r_π und g_o der Kleinsignalersatzschaltung ergeben sich mit der Temperaturspannung $V_T = 25.9$ mV zu

$$g_m \approx I_C/V_T = 386~\text{mS}$$ (4.49)
$$r_\pi \approx V_T/I_B = 647~\Omega$$ (4.50)
$$g_o \approx I_C/(V_{AF} + V_{CE}) = 0.4~\text{mS}.$$ (4.51)

Hieraus folgt für die NF-Hybridparameter h_{21e} und h_{22e} unter Vernachlässigung der Bahnwiderstände

$$h_{21e} \approx \frac{g_m}{g_\pi} = 250 \quad \text{und} \quad h_{22e} \approx g_o = 0.4~\text{mS}.$$

Aus den Gln. (4.42) und (4.46) folgt unter Berücksichtigung der Bahnwiderstände $h_{21e} = 249.7$ und $h_{22e} = 0.3996$ mS: Die Vernachlässigung der Bahnwiderstände war hier gerechtfertigt. Bei der Berechnung von h_{11e} und h_{12e} spielen die Bahnwiderstände eine bedeutendere Rolle

$$h_{11e} \approx r_{bb'} + r_\pi + r_{ee'}(h_{21e} + 1) = 10~\Omega + 647~\Omega + 251 \cdot 0.5~\Omega = 782~\Omega$$

$$h_{12e} = \frac{r_{ee'}}{r_{cc'} + r_o + r_{ee'}} = \frac{0.5~\Omega}{2~\Omega + 2.5~\text{k}\Omega + 0.5~\Omega} = 2 \cdot 10^{-4}.$$

Unter Vernachlässigung der Bahnwiderstände ergibt sich $h_{12e} = 0$ und $h_{11e} = 647~\Omega$, was deutlich abweicht. Für Überschlagsrechnungen ist die Vernachlässigung der Bahnwiderstände dennoch sinnvoll, da r_π wegen des hier nicht berücksichtigten Emissionskoeffizienten der EB-Diode bereits deutlich fehlerbehaftet sein kann. $\triangle$

Die Werte der Hybridparameter hängen vom Arbeitspunkt, d. h. vom Kollektorstrom I_C und der Spannung V_{CE} ab. Zur schnellen Bestimmung der NF-Hybridparameter werden diese gelegentlich in Datenbüchern in normierter Form angegeben.

4.5 Transistorkapazitäten und Grenzfrequenzen

Mit jedem pn-Übergang des Bipolartransistors sind die aus Kap. 2 bekannten Sperrschicht- und Diffusionsladungen verbunden. Diese werden in SPICE auf dieselbe Art wie bei der pn-Diode beschrieben. Mit den Kapazitäten CJE, CJC, den Diffusionsspannunge VJE, VJC und den Gradationsexponenten MJE, MJC werden die Sperrschichtkapazitäten c_{je} und c_{jc} von EB- und BC-Diode bis zu den Spannungen $F_C V_{JE}$ bzw. $F_C V_{JC}$ durch

$$c_{je}(V_{BE}) = \frac{C_{JE}}{\left(1 - \dfrac{V_{BE}}{V_{JE}}\right)^{M_{JE}}} \quad \text{und} \quad c_{jc}(V_{BC}) = \frac{C_{JC}}{\left(1 - \dfrac{V_{BC}}{V_{JC}}\right)^{M_{JC}}}$$

beschrieben. Die mit der EB- und der BC-Diode verbundenen Diffusionsladungen Q_{TE} und Q_{TC} werden mit der *Vorwärtstransitzeit* (Parameter TF) und der *Rückwärtstransitzeit* (Parameter TR) durch

$$Q_{TE} = T_F \frac{I_{CE}}{q_B} \quad \text{und} \quad Q_{TC} = T_R \frac{I_{EC}}{q_B} \tag{4.52}$$

beschrieben.

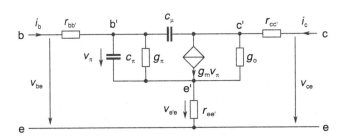

Abb. 4.25. Kleinsignalersatzschaltung nach Giacoletto

In der Kleinsignalersatzschaltung sind bei höheren Frequenzen zusätzlich zwei Kapazitäten c_π (zwischen Basis und Emitter) und c_μ (zwischen Basis und Kollektor) zu berücksichtigen. Auf diesem Weg folgt die in Abb. 4.25 dargestellte Kleinsignalersatzschaltung nach Giacoletto. Bei Vorwärtsbetrieb ist nur die EB-Diode flußgepolt, mit der BC-Diode ist unter diesen Umständen keine Diffusionsladung verbunden. Bezeichnet c_{je} die EB-Sperrschichtkapazität und c_{jc} die BC-Sperrschichtkapazität, so läßt sich schreiben

$$c_\pi = c_{je} + T_F g_m \quad \text{und} \quad c_\mu = c_{jc} , \tag{4.53}$$

wobei[14] $T_F g_m$ die *Diffusionskapazität* der EB-Diode angibt. Die *Vorwärtstransitzeit* T_F kann für Abschätzungen gleich der Basistransitzeit τ_B gesetzt wer-

---

[14]Die Diffusionsladung ist bei Vorwärtsbetrieb $Q_{TE} = T_F I_C$, woraus durch Ableiten nach V_{BE} die Diffusionskapazität $T_F g_m$ folgt.

den, da die Diffusionsladung der EB-Diode wegen der im Vergleich zum Emitter geringen Basisdotierung hauptsächlich im Basisgebiet liegt.

Die Kapazitäten beeinflussen das elektrische Verhalten des Transistors bei höheren Frequenzen. Hier wird nur das für die Praxis besonders wichtige Verhalten der Stromverstärkung $\underline{h}_{21e}$ und des Übertragungsleitwerts $\underline{y}_{21e}$ betrachtet, wobei die Bahnwiderstände $r_{ee'}$ und $r_{cc'}$ der Einfachheit halber nicht berücksichtigt werden. Abbildung 4.26 zeigt die unter diesen Umständen maßgebliche Ersatzschaltung; der Ausgangsleitwert g_0 wurde gestrichelt gezeichnet, da er wegen des Kurzschlusses am Ausgang überbrückt wird.

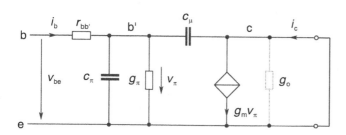

Abb. 4.26. Kleinsignalersatzschaltung mit kurzgeschlossenem Ausgang zur Bestimmung von $\underline{h}_{21e}$ und $\underline{y}_{21e}$

Der Eingangsstrom i_b teilt sich auf in einen Strom durch g_π sowie einen Strom durch die parallel liegenden Kapazitäten c_π und c_μ. Mit zunehmender Frequenz wird g_π kapazitiv kurzgeschlossen, der Spannungsabfall $\underline{v}_\pi$ nimmt dann umgekehrt proportional zur Frequenz ab, und damit auch der von dieser Spannung gesteuerte Transferstrom. Wird der Beitrag des Stroms durch c_μ zum Kollektorstrom vernachlässigt, so folgt aus der *Stromteilerregel*

$$\underline{i}_c = g_m \underline{v}_\pi = g_m r_\pi \frac{g_\pi}{g_\pi + j\omega(c_\pi + c_\mu)} \underline{i}_b = \frac{\beta}{1 + jf/f_\beta} \underline{i}_b$$

mit der *β-Grenzfrequenz*

$$f_\beta = \frac{1}{2\pi} \frac{g_\pi}{c_\pi + c_\mu} . \tag{4.54}$$

Für $\underline{h}_{21e}$ gilt demzufolge in erster Ordnung der Frequenz f

$$\boxed{\underline{h}_{21e}(f) \approx \frac{\beta}{1 + jf/f_\beta} .} \tag{4.55}$$

Der Betrag von $\underline{h}_{21e}$ zeigt deshalb für Frequenzen $f \gg f_\beta$ einen Abfall $\sim f^{-1}$.

$$|\underline{h}_{21e}(f)| \approx \frac{\beta f_\beta}{f} = \frac{f_T}{f} .$$

Die Größe

$$f_{\mathrm{T}} = \beta f_\beta \qquad\qquad\qquad\qquad\qquad\qquad (4.56)$$

wird dabei als *Transitfrequenz* des Transistors bezeichnet. Für $f = f_{\mathrm{T}}$ ist der Näherungsausdruck für $|\underline{h}_{21\mathrm{e}}|$ gleich eins. Dieses Verhalten ist in Abb. 4.27 für einen Bipolartransistor mit $\beta = 100$ schematisch dargestellt.

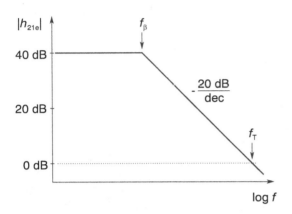

Abb. 4.27. Frequenzabhängigkeit von $|\underline{h}_{21\mathrm{e}}|$ eines Bipolartransistors mit $\beta = 100$

Für $r_{\mathrm{ee'}} \neq 0$ und $r_{\mathrm{cc'}} \neq 0$ ergibt sich mit Gl. (4.53) unter Vernachlässigung des Early-Effekts ($g_\mathrm{o} = 0$) aus dem Giacoletto-Modell

$$\frac{1}{f_{\mathrm{T}}} = 2\pi \cdot \left[\frac{c_\pi + c_\mu}{g_\mathrm{m}} + (r_{\mathrm{ee'}} + r_{\mathrm{cc'}})\, c_\mu \right]$$
$$= 2\pi \cdot \left[\frac{(c_{\mathrm{je}} + c_{\mathrm{jc}})\, V_T}{I_\mathrm{C}} + T_\mathrm{F} + (r_{\mathrm{ee'}} + r_{\mathrm{cc'}})\, c_{\mathrm{jc}} \right] . \qquad (4.57)$$

Die Transitfrequenz erweist sich damit als eine vom Arbeitspunkt abhängige Größe. Für kleine Ströme I_C dominiert der erste Term auf der rechten Seite

$$f_{\mathrm{T}} \approx \frac{I_\mathrm{C}}{2\pi(c_{\mathrm{je}} + c_{\mathrm{jc}})V_T} \, ,$$

die Transitfrequenz nimmt hier mit zunehmendem I_C zu. Für große I_C kann der erste Term in (4.57) vernachlässigt werden; dann gilt

$$f_{\mathrm{T}} \approx \frac{1}{2\pi \left[T_\mathrm{F} + (r_{\mathrm{ee'}} + r_{\mathrm{cc'}})c_{\mathrm{jc}} \right]} \, .$$

Die Transitfrequenz würde danach gegen einen konstanten Wert streben – dies wird in der Praxis nicht beobachtet, da die Vorwärtstransitzeit im Bereich hoher Ströme ansteigt. Dies erklärt die in Abb. 4.28 dargestellte Arbeitspunktabhängigkeit der Transitfrequenz. Der maximal erreichbare Wert der Transitfrequenz nimmt mit ansteigendem Wert von V_{CE} zu, da c_{jc} und die von der Basisweite abhängige Vorwärtstransitzeit mit zunehmender Sperrspannung abnehmen.

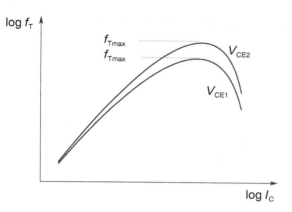

Abb. 4.28. Abhängigkeit der Transitfrequenz f_T vom Kollektorstrom I_C für zwei verschiedene Werte von V_{CE} (schematisch)

Beispiel 4.5.1 Als Beispiel wird die Transitfrequenz eines integrierten Bipolartransistors berechnet. Für diesen sei bekannt: $c_{je} = 10\,\mathrm{fF}$, $c_{jc} = 11\,\mathrm{fF}$, $T_F = 8\,\mathrm{ps}$, $r_{cc'} = 80\,\Omega$ und $r_{ee'} = 25\,\Omega$. Die Temperaturspannung V_T sei $25\,\mathrm{mV}$, einer Temperatur von $290\,\mathrm{K}$ entsprechend; der Strom im Arbeitspunkt betrage $I_C = 0.1\,\mathrm{mA}$. Durch Einsetzen folgt

$$
\begin{aligned}
\frac{1}{2\pi f_T} &= \frac{(c_{je} + c_{jc})V_T}{I_C} + T_F + r_{ee'}c_{jc} + r_{cc'}c_{jc} = \\
&= 5.0\,\mathrm{ps} + 8.0\,\mathrm{ps} + 0.3\,\mathrm{ps} + 0.8\,\mathrm{ps} = 14.1\,\mathrm{ps}
\end{aligned}
$$

was auf eine Transitfrequenz von 11.3 GHz führt. Mit $\beta = 100$ würde eine β-Grenzfrequenz von 113 MHz resultieren. $\qquad\qquad\qquad\qquad\qquad\qquad\triangle$

Der *Übertragungsleitwert* $\underline{y}_{21e}$ ist maßgeblich bei Spannungssteuerung und wird durch den am Eingang wirkenden Spannungsteiler aus $r_{bb'}$ und der Parallelschaltung von g_π und $(c_\pi + c_\mu)$ bestimmt. Mit dem Spannungsteilerverhältnis (Abb. 4.26)

$$
\frac{\underline{v}_\pi}{\underline{v}_{be}} = \frac{[g_\pi + j\omega(c_\pi + c_\mu)]^{-1}}{r_{bb'} + [g_\pi + j\omega(c_\pi + c_\mu)]^{-1}} = \frac{1}{1 + g_\pi r_{bb'} + j\omega r_{bb'}(c_\pi + c_\mu)}
$$

folgt für den Übertragungsleitwert näherungsweise (solange $\omega c_\mu \ll g_m$)

$$
\underline{y}_{21e} \approx g_m \frac{\underline{v}_\pi}{\underline{v}_{be}} \approx \frac{g_m}{1 + r_{bb'}g_\pi} \frac{1}{1 + jf/f_y}, \tag{4.58}
$$

wobei

$$
f_y = \frac{1 + r_{bb'}g_\pi}{2\pi r_{bb'}(c_\pi + c_\mu)} \approx \frac{1}{2\pi r_{bb'}(c_\pi + c_\mu)} \tag{4.59}
$$

die sog. *Steilheitsgrenzfrequenz* bezeichnet. Die betrachtete Näherung ist für Abschätzungen geeignet; eine weitergehende Untersuchung der HF-Leitwertparameter ist in [2] zu finden.

4.6 Sperrverhalten, Grenzdaten, SOAR-Diagramm

4.6.1 Restströme

Als *Restströme* werden die bei Sperrpolung zwischen zwei Anschlüssen eines Bipolartransistors fließenden Ströme bezeichnet.

Der Kollektorreststrom I_{CBO} ist der bei gesperrter BC-Diode und offenem Emitterkontakt fließende Strom. Im elementaren Transistormodell ist I_{CBO} durch die Diode D_C bestimmt, so daß gilt

$$I_{CBO} = I_S/B_R .\tag{4.60}$$

Die Indizierung ist so, daß der Spannungspfeil der angelegten positiven Spannung vom Anschluß C (an erster Stelle) zum Anschluß B (an zweiter Stelle) zeigt, während der nicht angeschlossene Emitterkontakt durch O (an dritter Stelle) kenntlich gemacht wird. In diesem Sinne bezeichnet der Emitter-

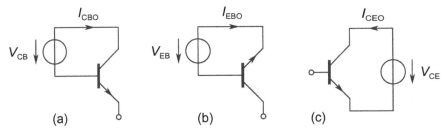

Abb. 4.29. Restströme in Bipolartransistoren. (a) Kollektorreststron I_{CBO}, (b) Emitterreststrom I_{EBO}, (c) Kollector–Emitter Reststrom bei offener Basis I_{CEO}

reststrom I_{EBO} den bei gesperrter EB-Diode und offenem Kollektorkontakt fließenden Strom. Dieser fließt im elementaren Transistormodell durch D_E, und es gilt

$$I_{EBO} = I_S/B_F .\tag{4.61}$$

Für den zwischen Kollektor und Emitter fließenden Reststrom werden unterschiedliche Werte abhängig von der Beschaltung des Basisanschlusses definiert. Der Kollektor-Emitter-Reststrom bei *offener* Basis I_{CEO} ist durch den in der sperrgepolten BC-Diode generierten Strom gegeben. Dieser fließt als Elektronenstrom in den Kollektor ab. Die beim Generationsvorgang ebenfalls erzeugten Löcher fließen in die Basis, wirken wie ein von außen zugeführter Basisstrom und rufen einen um die Stromverstärkung B_N verstärkten Transferstrom hervor,

$$I_{CEO} = (B_N + 1)I_{CBO} .\tag{4.62}$$

Werden Emitter und Basis bei der Bestimmung des Kollektor-Emitter-Rest-
stroms *kurzgeschlossen*, so fließt der Reststrom

$$I_{CES} \approx I_{CBO} \tag{4.63}$$

Darüber hinaus wird gelegentlich der Kollektor-Emitter-Reststrom I_{CER} angegeben, wobei die Basis über einen Widerstand R mit dem Emitter verbunden wird sowie der Kollektor-Emitter-Restrom I_{CEV}, wobei die EB-Diode
sperrgepolt wird.

Alle Sperrströme sind stark von der Temperatur abhängig und wachsen
gewöhnlich proportional zu n_i^γ an, wobei der Exponent γ typischerweise Werte
im Bereich zwischen eins und zwei aufweist.

4.6.2 Grenzspannungen, Durchbrüche

Bipolartransistoren weisen drei Anschlüsse auf. Für jedes Paar von Anschlüssen wird vom Hersteller eine maximal zulässige *Grenzspannung* definiert, deren Wert durch die entsprechende Durchbruchspannung bestimmt
wird. Die Werte der Durchbruchspannungen werden über den Spannungsabfall bei eingeprägtem Strom gemessen. Die Grenzspannungen beziehen sich
i. allg. auf den *Dauerbetrieb* – für kurze Impulse mit geringer Pulsleistung
dürfen sie meist überschritten werden, ohne einen Totalausfall zur Folge zu
haben. Eine Änderung elektrischer Kenngrößen – z. B. eine Abnahme der
Stromverstärkung – kann dennoch die Folge sein.

Kollektor-Basis-Grenzspannung

Der Lawinendurchbruch der BC-Diode definiert die Kollektor-Basis-Grenz-
spannung V_{BRCBO} (auch BV_{CBO}), die nicht überschritten werden darf. Ihr
Wert nimmt mit zunehmender Kollektordotierung ab: Spezielle Hochvolttransistoren weisen V_{BRCBO}-Werte von mehr als 1 kV auf; integrierte Bipolartransistoren für schnelle Schaltanwendungen besitzen dagegen V_{BRCBO}-Werte von
wenigen Volt.

Emitter-Basis-Grenzspannung

Die Emitter-Basis-Grenzspannung V_{BREBO} (auch BV_{EBO}) wird durch den
Durchbruch der EB-Diode bestimmt. Ihr Wert nimmt mit zunehmender Basisdotierung ab. Bei Einzeltransistoren ist V_{BREBO} i. allg. durch den Lawineneffekt bestimmt; integrierte Bipolartransistoren weisen jedoch meist eine so
hohe Basisdotierung auf, daß der Durchbruch über den Zener-Effekt erfolgt.
Da beide Mechanismen durch die Feldstärke beeinflußt werden und diese bei
Planartransistoren wegen der Krümmung am Rand des Emitterfensters am
höchsten ist, tritt der EB-Durchbruch gewöhnlich am Rand auf (Abb. 4.30).

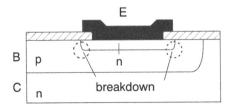

Abb. 4.30. Der Durchbruch der EB-Diode erfolgt gewöhnlich in der Seitenwand

Eine Sperrpolung der EB-Diode tritt in der Praxis vorwiegend bei Schaltvorgängen auf; Abbildung 4.31 zeigt ein einfaches Beispiel – den sog. Emitterfolger mit kapazitiver Last. Ist C_L für $t < 0$ auf $v_1(0^-) - V_{BEon}$ geladen und wird bei $t = 0$ der Wert von v_1 auf $v_1(0^+)$ verringert, so fällt an der EB-Diode zunächst die Sperrspannung $v_1(0^-) - v_1(0^+) - V_{BEon}$ ab, da die Spannung v_2 im Schaltpunkt unverändert bleibt. Wird dabei V_{BREBO} überschritten, so kommt es zum Durchbruch der EB-Diode; der Kondensator entlädt sich dann über die EB-Diode. Die dabei in der EB-Sperrschicht umgesetzte Leistung kann zur Überhitzung und Zerstörung des Bauteils führen.

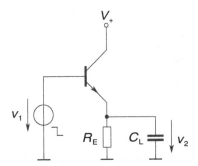

Abb. 4.31. Emitterfolger mit kapazitiver Last

Kollektor-Emitter-Grenzspannung

Die Kollektor-Emitter-Grenzspannung V_{BRCEO} (auch BV_{CEO}) bei offener Basis definiert eine Obergrenze für die zulässige Spannung V_{CE} bei *Stromansteuerung*: Für $V_{CE} > V_{BRCEO}$ kann der Strom im Ausgangskreis nicht mehr durch einen Basisstrom im Eingangskreis gesteuert werden. Abhängig von Basisweite und Dotierstoffkonzentration in der Basis kann der Durchbruch aufgrund des Lawineneffekts in der BC-Diode oder als Folge eines Durchgreifens der BC-Raumladungszone durch die Basis (*punchthrough*) erfolgen.

Beim Durchbruch aufgrund des *Lawineneffekts* tritt eine Instabilität aufgrund einer positiven *Rückkopplung* auf. Wird bei offener Basis die Spannung zwischen Kollektor und Emitter erhöht, so fließt zunächst nur ein verhältnismäßig geringer Strom I_{CEO}. Die angelegte Spannung fällt vorzugsweise

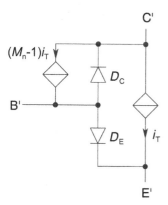

Abb. 4.32. Erweiterte Ersatzschaltung zur Modellierung des Lawineneffekts in der BC-Diode

als Sperrspannung an der BC-Diode ab. Mit zunehmendem V_{CE} erhöht sich deshalb die Feldstärke in der BC-Diode. Dort wird der die Raumladungszone durchfließende Strom durch Stoßionisation um den Multiplikationsfaktor M_n vermehrt, was in der Ersatzschaltung durch eine vom Transferstrom i_T gesteuerte Stromquelle berücksichtigt wird (vgl. Abb. 4.32).

Die bei der Stoßionisation entstehenden Löcher wirken wie ein Basisstrom, so daß gilt

$$I_C = M_n \left[\frac{B_N}{1 - B_N(M_n - 1)} + 1 \right] I_{CBO} .$$

Dieser Ausdruck weist für

$$\boxed{B_N(M_n - 1) = 1} \tag{4.64}$$

eine *Polstelle* auf, die den *Durchbruch* markiert. Die so ermittelte Durchbruchspannung V_{BRCEO} ist in der Regel deutlich kleiner als V_{BRCBO}; die *Kollektor-Emitter-Grenzspannung* V_{BRCEO} bestimmt die maximale Spannung, die ein Transistor in Emitterschaltung bei hochohmiger Ansteuerung schalten kann.

Der Durchbruch bei offener Basis bzw. konstantem I_B beschreibt den ungünstigsten Fall: Der durch Stoßionisation zusätzlich erzeugte Basisstrom kann hier nur in den Emitter abfließen. Bei Spannungsteuerung (V_{BE} vorgegeben) kann V_{CE} auf Werte größer als V_{BRCEO} erhöht werden. Der Basisstrom ändert bei $V_{CE} = V_{BRCEO}$ sein Vorzeichen und fließt für $V_{CE} > V_{BRCEO}$ nach außen. Wird parallel zur EB-Diode ein Widerstand geschaltet oder die EB-Diode sperrgepolt, so vergrößert sich die Durchbruchspannung. Die entsprechenden Werte V_{BRCER} für die CE-Durchbruchspannung (bei einem parallel zur EB-Diode geschalteten Widerstand R) sowie V_{BRCEV} (bei einer an der Diode angelegten Sperrspannung) liegen zwischen den Werten V_{BRCEO} und V_{BRCBO}, wobei die Durchbruchspannung um so näher bei V_{BRCBO} liegt, je niederohmiger die Basis angeschlossen ist.

Beim Durchbruch aufgrund des *punchthrough* ist die Basisweite so gering, daß die BC-Sperrschicht an die EB-Sperrschicht anstößt. Durch thermische Emission [3, 7] von Ladungsträgern über die dann verringerte Potentialbarriere kommt es zu einem starken Anstieg im Strom. Eine Unterscheidung zwischen beiden Mechanismen ist durch Vergleich der Werte von V_{BRCEO} und V_{BRCES} möglich: Gilt $V_{BRCES} \geq V_{BRCEO}$, so ist der Lawineneffekt maßgeblich. Abgesehen von speziellen HF-Transistoren wird die Basisweite jedoch i. allg. so groß gewählt, daß der Kollektor-Emitter-Durchbruch auf den Lawineneffekt zurückzuführen ist.

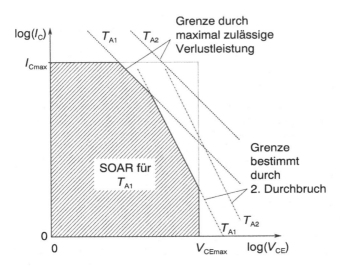

Abb. 4.33. SOAR-Diagramm eines Bipolartransistors (schematisch)

4.6.3 Der sichere Arbeitsbereich

Abbildung 4.33 zeigt ein SOAR-Diagramm[15] für einen npn-Bipolartransistor bei statischem Betrieb. Die schraffierte Fläche markiert dabei die Menge der zulässigen – innerhalb der Spezifikation liegenden – Arbeitspunkte. Die Menge der zulässigen Arbeitspunkte in der $(V_{CE}|I_C)$-Ebene wird eingeschränkt durch:

1. Den maximal zulässigen Kollektor(dauer)strom I_{Cmax}. Dieser darf einen bestimmten Wert nicht überschreiten ($I_C < I_{Cmax}$), andernfalls besteht die Gefahr, daß ein Anschlußdraht oder die Metallkontaktierung abschmilzt bzw. langfristig durch Elektromigration ausfällt.

2. Die maximal zulässige Kollektor-Emitter-Spannung V_{CEmax}. V_{CE} ist i. allg. kleiner zu wählen als der kleinere der beiden Werte von BV_{CEO} und

---

[15] Die Abkürzung steht für englisch: <u>s</u>afe <u>o</u>perating <u>a</u>rea.

BV_{CES}. Andernfalls besteht die Gefahr, daß die Steuerbarkeit des Ausgangskreises verlorengeht.

3. Die maximal zulässige Verlustleistung P_{zul}. Diese ist eine Funktion der Umgebungstemperatur und nimmt mit zunehmender Umgebungstemperatur ϑ_A ab. Bei der gewählten doppeltlogarithmischen Auftragung stellen die Kurven konstanter Verlustleistung im Ausgangskreis ($V_{CE} I_C =$ const.) Geraden der Steigung -1 dar. Die zulässige Verlustleistung ist unter Berücksichtigung des Kühlkörpers sowie der Umgebungstemperatur aus der Lastminderungskurve zu entnehmen. Bei größeren Werten von V_{CE} kann der sog. *zweite Durchbruch* auftreten, der eine weitere Einschränkung der zulässigen Arbeitspunkte bedingt.

4. Der *zweite Durchbruch* des Bipolartransistors. Dieser ist mit einer Stromeinschnürung und lokalen Überhitzung des Bipolartransistors verbunden, die zur Zerstörung des Bauteils führen kann. Mögliche Ursachen hierfür sind:

- *Thermische Instabilität:* Da die im Transistor erzeugte Wärme zu den Rändern hin abfließt, tritt im Zentrum des Transistors ein Temperaturmaximum auf. Dort ist die Transfersättigungsstromdichte und die Sättigungsstromdichte der BC-Diode größer, was i. allg. zu einer lokal erhöhten Verlustleistung im Zentrum führt. Bei Transistoren mit großen lateralen Abmessungen kann es auf diesem Weg zur Bildung von *hot spots* [8, 9] kommen, in denen die Sättigungsstromdichte unkontrolliert auf Werte ansteigt, die zur Zerstörung des Transistors führen. Dieser Mechanismus ist bei Werten $V_{CE} < BV_{CEO}$ dominierend.

- *Pinch-in-Effekt:* Ist $V_{CE} > BV_{CEO}$, so fließt der Basisstrom nach außen. Durch den Spannungsabfall im Basisbahngebiet ist hier die Spannung $v_{B'E'}$ im Inneren des Transistors größer als die Klemmenspannung v_{BE}. Dies führt zu einer lokalen Erhöhung des Transferstroms, was zu einer instabilen Stromverteilung führen kann [10].

Die Gefährdung eines Transistors durch den zweiten Durchbruch ist um so größer, je größer der Flächenwiderstand der Basisschicht ist.

Das in Abb. 4.33 dargestellte Diagramm gilt für den *statischen* Betrieb eines Transistors. Bei *Impulsbetrieb* sind häufig höhere Kollektorströme und höhere Verlustleistungen zulässig; die SOAR vergrößert sich hierbei abhängig von Impulsdauer und Wiederholfrequenz, jedoch unter Beibehaltung der Spannungsobergrenze.

4.7 Bauformen

Viele Standard-Transistorschaltungen sind heute als integrierte Schaltung
verfügbar. Einzeltransistoren werden daneben nur noch eingesetzt, falls kein
geeigneter IC zur Verfügung steht oder falls die geforderten Transistoreigenschaften mit der Technologie der integrierten Schaltung nicht vereinbar
sind (Leistungs- und Hochvolttransistoren, besonders rauscharme Transistoren für das NF-Gebiet). Eine Auswahl von Datenblättern ist im Ordner Da-
tenblätter/Bipolartransistoren auf der mitgelieferten CD-ROM zu finden.

4.7.1 Einzeltransistoren

Bei der Herstellung werden durch eine Abfolge von Oxidations-, Ätz- und
Diffusionsprozessen mehrere tausend Transistoren auf einer Siliziumscheibe
(Wafer) erzeugt. Diese werden noch auf der Scheibe einem automatisierten
Test unterworfen – schlechte Transistoren werden mit einem Farbpunkt gekennzeichnet. Nur gute Transistoren werden nach dem Zerteilen der Scheibe
in Einzeltransistoren in ein Gehäuse montiert. Dieser letzte Schritt der Tran-
sistorfertigung ist besonders kostenintensiv und beeinflußt die Zuverlässigkeit
des Bauelements maßgeblich.

Kleinsignaltransistoren finden als Vorstufentransistoren, Treiber sowie als
schnelle Schalter Verwendung. Sie müssen als Vorstufentransistoren Kollektorströme kleiner 100 mA liefern und als Treiber in Verstärkern kleiner Leistung Kollektorströme bis ca. 1 A. Die Sperrspannungen liegen im Bereich
bis 100 V, die Stromverstärkungen typischerweise zwischen 100 und 1000 und
die Transitfrequenzen in der Größenordnung von 100 MHz. Einzeltransistoren
für Kleinsignalanwendungen werden i. allg. mit kammförmigem Emitter in
Planartechnologie gefertigt. Ein entsprechender Aufbau ist in Abb. 4.34 dargestellt. Auf einem n^+-Substrat wird dabei eine niedrig dotierte n-Schicht
epitaxial aufgewachsen, in die anschließend Basisbahn- und Emitterbahngebiet diffundiert werden. Man spricht in diesem Zusammenhang auch von dop-
peltdiffundierten Transistoren. Durch Parallelschalten mehrerer „Emitterfinger" wird eine große Fläche der EB-Sperrschicht mit einem geringen Wert
des Basisbahnwiderstands kombiniert.

Für schnelle Schaltanwendungen werden Transistoren mit dünner Basis und
schmalen Emitterfingern verwendet, was zu großen Werten der Transitfrequenz und der Steilheitsgrenzfrequenz führt. Für NF-Anwendungen kommen
spezielle *rauscharme* Vorstufentransistoren zum Einsatz, die aufgrund ihrer
Herstellung und durch Selektion ein besonders niedriges $1/f$-Rauschen zeigen.

Die Herstellung von *Leistungstransistoren* für den NF-Bereich ist gegenüber
der Planartechnik häufig wesentlich vereinfacht. Als Beispiel werden sog. *Epi-
basistransistoren* betrachtet. Bei diesen wird eine p-Typ-Basisschicht (Dicke
typischerweise $5 - 20\,\mu\text{m}$) auf ein hochdotiertes und damit niederohmiges n-

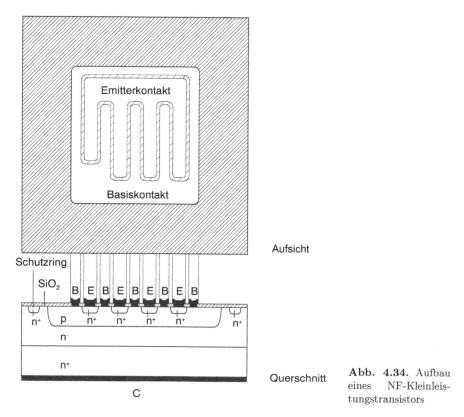

Aufsicht

Querschnitt

Abb. 4.34. Aufbau eines NF-Kleinleistungstransistors

Substrat[16] aufgewachsen. Der Emitter wird dann in das epitaxiale p-Gebiet diffundiert. Dieser sehr einfache Prozeß erfordert nur einen Diffusionsvorgang und bietet eine hohe Ausbeute.

Hochspannungstransistoren erfordern ein sehr ausgedehntes, niedrig dotiertes Kollektorbahngebiet. Deshalb wird hier meist ein niedrig dotiertes Substratmaterial verwendet, in das von der Rückseite her ein hochdotiertes Kollektoranschlußgebiet und von der Vorderseite her das Basisbahn- und das Emitterbahngebiet diffundiert wird. Man spricht in diesem Zusammenhang auch von der *Dreifachdiffusionstechnik*. Die Trennung der Transistoren erfolgt hier meist nicht durch Sägen oder Brechen, sondern durch eine naßchemische Ätzung (sog. Mesaätzung) von der Rückseite her. Auf diesem Weg entsteht ein abgeschrägter pn-Übergang (vgl. Abb. 4.35) mit einer besonders günstigen Feldverteilung und damit großer Durchbruchspannung.

Transistoren für Anwendungen in der HF- und Mikrowellentechnik müssen in lateraler und vertikaler Richtung geringe Abmessungen aufweisen. Geringe Abmessungen in vertikaler Richtung, insbesondere eine geringe Basisweite,

---

[16]Werden besonders hohe Durchbruchspannungen gefordert, so wird auf das n^+-Substrat zunächst eine schwach n-dotierte epitaxiale Schicht aufgewachsen.

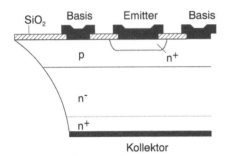

Abb. 4.35. Dreifachdiffusionstechnik

sind für eine geringe Transitzeit erforderlich; geringe Abmessungen in lateraler Richtung führen zu kleinen Werten der Transistorkapazitäten und des Basisbahnwiderstands. Beides sind notwendige Voraussetzungen für hohe Werte der Transitfrequenz f_T und der Steilheitsgrenzfrequenz f_y.

Um diese Forderungen zu erfüllen, werden HF- und Mikrowellentransistoren häufig durch Parallelschalten mehrerer sehr schmaler *Emitterfinger* (sog. *Streifentransistoren*) realisiert. Die Breite der Emitterfinger wird dabei durch die Grenzen der verfügbaren Lithographie bestimmt und liegt heutzutage unter 1 µm. Für einen niederohmigen Anschluß des Basisbahngebiets werden i. allg. *selbstjustierende* (vgl. [2,3]) Techniken eingesetzt.

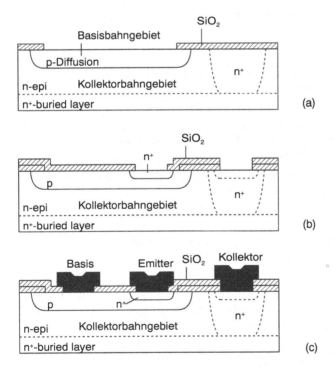

Abb. 4.36. Herstellung von Emitter- und Basisbahngebiet integrierter Bipolartransistoren in konventioneller Planartechnik. **(a)** Diffusion des Basisbahngebiets durch ein Oxidfenster, **(b)** Diffusion des Emitterbahngebiets durch ein bezüglich des Basisbahngebiets justiertes Oxidfenster und **(c)** Herstellung der Metallkontakte nach Kontaktlochätzung

4.7.2 Integrierte Bipolartransistoren

Bipolartransistoren werden in integrierten Analog- und Digitalschaltungen eingesetzt. Die Kollektoren der einzelnen Transistoren können dabei nicht wie bei Einzeltransistoren von der Rückseite kontaktiert werden und müssen außerdem gegeneinander isoliert sein. Die Isolation erfolgt durch Einbetten der n-dotierten Kollektorgebiete in ein p-Typ-Substrat, das auf den Minuspol der Versorgungsspannung gelegt wird, so daß die Kollektor-Substrat-pn-Übergänge bei den im Betrieb auftretenden Kollektorpotentialen zuverlässig sperren. Um einen niederohmigen Kollektoranschluß zu erhalten, werden i. allg. stark n-dotierte vergrabene Schichten (buried layers) unter dem schwach n-dotierten Kollektorbahngebiet erzeugt. Abb. 4.36 zeigt die Prozeßführung im klassischen Planarprozeß. Die Forderung nach einer hohen Packungsdichte und geringen Werten der Kollektor-Substrat-Kapazität führte zur Entwicklung neuartiger verbesserter Techniken zur Isolation der Kollektorbahngebiete. Zur Verringerung von Basisbahnwiderstand und BC-Sperrschichtkapazität werden außerdem selbstjustierende Techniken eingesetzt (vgl. [2, 3]). Abbildung 4.37 zeigt exemplarisch den Querschnitt eines integrierten Bipolartransistors mit selbstjustierter EB-Diode und Grabenisolation.

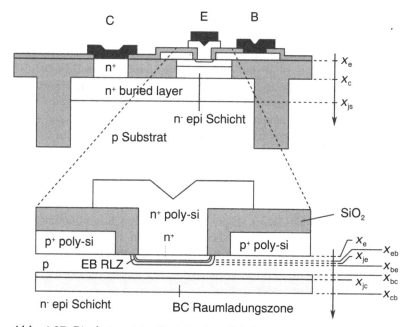

Abb. 4.37. Bipolartransistor für integrierte Schaltungen mit Trench-Isolation und selbstjustierender EB-Diode

4.8 Heterostruktur-Bipolartransistoren (HBTs)

Mit Hetero-pn-Übergängen aufgebaute Bipolartransistoren (*HBTs*) bieten
verbesserte elektrische Eigenschaften hinsichtlich der Stromverstärkung, der
Basistransitzeit und der Early-Spannung. Während ursprünglich nahezu ausschließlich III-V-Verbindungshalbleiter zur Herstellung von HBTs verwendet
wurden [12], geraten neuerdings Si-Ge-Mischkristalle [13], [14], [15] in das
Zentrum des Interesses, da diese mit der weiterentwickelten Siliziumprozeß-
technik kompatibel sind [16] und kostengünstige Großintegration ermöglichen.

Emitter mit großer Energielücke. Weist der Emitter eine größere Energielücke auf als die Basis ($W_{g,E} > W_{g,B}$), so werden im Vorwärtsbetrieb bei
derselben Transferstromdichte weniger Ladungsträger in den Emitter injiziert
als beim konventionellen Bipolartransistor. Die Stromverstärkung ändert sich
wie die Injektionsverhältnisse, d. h. sie nimmt exponentiell mit der Änderung
$\Delta W_g = W_{g,E} - W_{g,B}$ der Energielücke zu $B_N \sim \exp(\Delta W_g/k_B T)$. Im Gegensatz zu konventionellen Bipolartransistoren, bei denen aufgrund des sog.
bandgap narrowing die Energielücke im Emitter kleiner ist als in der Basis
($W_{g,E} < W_{g,B}$), nimmt hier die Stromverstärkung mit steigender Temperatur
i. allg. ab.

Durch den Einsatz von Emittern mit großer Energielücke kann die Basis
stärker dotiert werden als der Emitter, ohne daß die Stromverstärkung all-
zusehr leidet. Dies ist für die Realisierung extrem schneller Transistoren von
großer Bedeutung, da die Basisweite mit zunehmender Dotierstoffkonzentration verringert werden kann, ohne daß der Flächenwiderstand des Basisbahngebiets und damit der interne Basisbahnwiderstand zunehmen. Die geringe
Basisweite bedingt sehr geringe Basistransitzeiten: Die *Vorwärtstransitzeit*
von HBTs ist kleiner als die konventioneller Bipolartransistoren, wobei sich
auch die bei erhöhter Stromverstärkung verringerte Speicherladung im Emitter bemerkbar macht.

Bandgap-grading. Durch eine Änderung in der Zusammensetzung des Misch-
kristalls kann eine allmähliche Änderung der Energielücke über der Basis erreicht werden (graded base). Eine zum Kollektor hin abnehmende
Energielücke wirkt sich auf den Transferstrom wie ein zusätzliches Drift-
feld aus. Die *Vorwärtstransitzeit* nimmt bei HBTs mit graded base ab. Zur
Abschätzung der Transitzeit kann die von Krömer [17] angegebene Beziehung

$$\tau_B = \int_{x_{be}}^{x_{bc}} \int_{x}^{x_{bc}} \frac{p(y)}{p(x)} \frac{n_i^2(x)}{n_i^2(y)} \frac{1}{D_n(y)} \, dy \, dx \tag{4.65}$$

für die Basistransitzeit verwendet werden. Die Dotierstoffkonzentration im
Basisvolumen wird sehr groß und homogen gewählt – auf diesem Weg kann
die Basisweite für gegebene Anforderungen an den Flächenwiderstand des Ba-

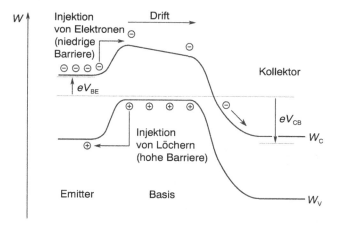

Abb. 4.38. Heterostrukturbipolartransistor mit ortsabhängiger Energielücke im Basisbahngebiet (graded base)

sisbahngebiets und die Durchgreifspannung (Punchthrough) minimal gewählt werden. Das „grading" der Energielücke in der Basis wirkt sich auch positiv auf die *Early-Spannung* aus, die zunimmt [15].

Kollektor mit großer Energielücke. Durch Verwenden eines Kollektors mit einer im Vergleich zur Basis großen Energielücke ($W_{g,C} > W_{g,B}$) kann die Injektion von Löchern in den Kollektor bei Sättigung oder Quasisättigung reduziert werden. Dies führt bei großen Stromstärken zu einem „Löcherstau" am Heteroübergang [18], [15], mit der Folge eines Gegenfelds für die Elektronen, was sich in einer Zunahme der Transitzeit und damit einer Abnahme der Transitfrequenz auswirkt. Um diesen Effekt zu reduzieren wird der Heteroübergang deshalb gewöhnlich gegenüber dem metallurgischen pn-Übergang in Richtung Kollektor verschoben.

HBTs mit SiGe-Basis

Durch Gasphasenepitaxie im Ultrahochvakuum (UHVCVD) oder durch Molekularstrahlepitaxie (MBE) lassen sich Bipolartransistoren herstellen, deren Basiszone einen zum Kollektor hin zunehmenden Anteil von Ge-Atomen aufweist. Auf diesem Weg entsteht ein HBT mit graded base. Der kollektorseitige Heteroübergang wird dabei leicht gegenüber dem metallurgischen pn-Übergang in das n-dotierte Gebiet verschoben – dies verringert den Löcherstaueffekt bei großen Stromstärken und ermöglicht kürzere Transitzeiten [15].

Der bei einer bestimmten Flußspannung V_{BE} fließende Basisstrom nimmt gegenüber einem konventionellen Siliziumbipolartransistor nicht ab. Wegen der gegenüber Siliziumtransistoren verringerten Energielücke in der Basis nimmt der Transferstrom zu: Bipolartransistoren mit SiGe-Basis benötigen eine geringere Flußspannung, um einen bestimmten Transferstrom zu führen. Für den Transferstrom bei Vorwärtsbetrieb gilt nach [17] näherungsweise

$$I_T = e A_{je} \exp\left(\frac{V_{BE}}{V_T}\right) \bigg/ \int_{x_{be}}^{x_{bc}} \frac{p(x)}{D_n(x) n_i^2(x)} \, dx \, . \tag{4.66}$$

HBTs mit SiGe-Basis wurden als Labormuster bereits mit Transitfrequenzen größer als 200 GHz hergestellt.

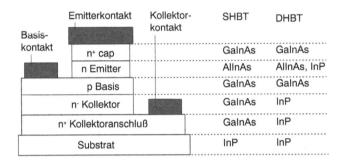

Abb. 4.39. Schichten in Einfach- (SHBT) und Doppel-Heterostrukturbipolartransistoren (DHBT) auf InP Substrat (nach [19])

HBTs mit III-V-Verbindungshalbleitern

Heterostrukturen mit III-V-Verbindungshalbleitern können mit einheitlicher Gitterkonstante hergestellt werden und ermöglichen deutliche Differenzen der Energielücken aneinander angrenzender Bahngebiete. Abbildung 4.39 zeigt ein Beispiel für die Schichtfolge in einem InP-HBT. Dieser zeichnet sich durch die hohe Elektronenbeweglichkeit und die geringe Oberflächenrekombinationsgeschwindigkeit von InGaAs aus. Die Energielücke des üblicherweise als Basismaterial verwendeten $In_{0.53}Ga_{0.47}As$ beträgt 0.75 V, was zu geringen Flußspannungen führt und sich günstig auf die Verlustleistung in Digitalschaltungen auswirkt. Der Transistor wird durch ein CVD-Verfahren auf einem InP-Substrat hergestellt und weist eine sehr hoch dotierte Basis (p-dotiertes GaInAs, $W_{g,B} \approx 0.75$ eV) und einen Emitter mit großer Energielücke (n-dotiertes AlInAs, $W_{g,E} \approx 1.45$ eV) auf; die Dotierstoffkonzentration im Emitter ist wesentlich geringer als in der Basiszone. Die auf dem Emitterbahngebiet abgeschiedene, ebenfalls n-dotierte Doppelschicht aus AlInAs und GaInAs verringert den Emitterbahnwiderstand. Der Kollektor ist als niedrig n-dotiertes GaInAs ausgeführt und auf einem hochdotierten Kollektoranschlußgebiet (buried layer) abgeschieden. Wegen seiner im Vergleich zu Silizium größeren Energielücke ist die intrinsische Dichte in InP geringer als in Silizium: Undotiertes InP weist deshalb einen vergleichsweise hohen spezifischen Widerstand auf. Alternativ zu InGaAs/InP-HBTs werden AlGaAs/GaAs-HBTs hergestellt.

4.9 Beispielschaltungen

Der Bipolartransistor kann auf vielfältige Weise eingesetzt werden. Als Anwendungsbeispiele werden hier die Emitterschaltung im Kleinsignal- und Schaltbetrieb sowie der Differenzverstärker behandelt.

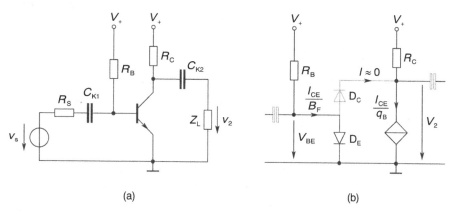

Abb. 4.40. Bipolarverstärker in Emitterschaltung. **(a)** Schaltbild, **(b)** vereinfachtes Netzwerkmodell bei Vorwärtsbetrieb

4.9.1 Emitterschaltung

Betrachtet wird der Bipolarverstärker in Emitterschaltung[17] (Abb. 4.40a). Das zu verstärkende Wechselsignal v_s wird über C_{K1} eingekoppelt und der durch R_B bestimmten Spannung V_{BE} im Arbeitspunkt überlagert. Das Wechselsignal moduliert den Kollektorstrom und damit den Spannungsabfall an R_C, was bei geeigneter Dimensionierung zur Verstärkung führt. Das verstärkte Wechselsignal wird dann über C_{K2} ausgekoppelt.

Arbeitspunkt und Spannungsübertragungsfaktor

Der Arbeitspunkt wird so gewählt, daß sich der Transistor im Vorwärtsbetrieb ($V_{BE} > 0$, $V_{BC} < 0$) befindet. Der Strom durch die in Abb. 4.40b getrichelt eingezeichnete BC-Diode D_C ist dann vernachlässigbar klein – D_C kann zur Berechnung des Arbeitspunkts aus der Ersatzschaltung entfernt werden; der Strom durch die Transferstromquelle ist annähernd $I_C = I_{CE}/q_B$.

---

[17]Wegen ihrer Einfachheit wird einführend diese Schaltung untersucht. In der Praxis wird sie gewöhnlich nicht eingesetzt, da die Stabilisierung des Arbeitspunkts gegenüber Streuungen und Temperaturgang der Stromverstärkung problematisch ist (vgl. Beispiel 4.9.3). Hier erweisen sich *gegengekoppelte* Schaltungen als dankbarer.

Die *Festlegung des Arbeitspunkts* erfolgt durch den Widerstand R_B. Ausgangspunkt der Dimensionierung ist gewöhnlich die gewünschte Spannung V_2 im Arbeitspunkt, bzw. der Spannungsabfall an R_C

$$R_C I_C = V_+ - V_2 \, .$$

Bei gegebenem R_C liefert dies den geforderten Kollektorstrom im Arbeitspunkt

$$I_C = \frac{V_+ - V_2}{R_C} = B_N I_B \, ,$$

aus dem nach Division durch die Vorwärtsstromverstärkung $B_N \approx B_F/q_B$ sofort der zugehörige Basisstrom I_B folgt. I_B wird über R_B zugeführt und verursacht dort den Spannungsabfall

$$R_B I_B = V_+ - V_{BE} \, .$$

Diese Beziehung liefert bei bekanntem I_B den Wert des Basiswiderstands R_B, wobei V_{BE} näherungsweise gleich der Schleusenspannung der EB-Diode gesetzt wird. Sind I_C und V_{CE} im Arbeitspunkt bekannt, so lassen sich die Leitwertparameter und daraus der *Spannungsübertragungsfaktor* des unbelasteten Verstärkers ermitteln.

Beispiel 4.9.1 Sei $R_C = 470\,\Omega$, $B_F = 250$, $V_{AF} = 30$ V, $V_+ = 15$ V und $T = 300$ K. Der Vorwiderstand soll nun so festgelegt werden, daß der Arbeitspunkt der Ausgangsspannung bei $V_2 = 8$ V liegt. Aus dieser Forderung ergibt sich zunächst der Spannungsabfall am Hubwiderstand R_C zu

$$R_C I_C = 7\,\text{V} \, ,$$

was mit $R_C = 470\,\Omega$ auf $I_C = 14.9$ mA führt. Mit der Vorwärtsstromverstärkung

$$B_N = B_F(1 + V_{CE}/V_{AF}) \approx 317$$

folgt hieraus der aufzubringende Basisstrom

$$I_B = \frac{I_C}{B_N} = 47\,\mu\text{A} \, .$$

I_B bringt die EB-Diode in Flußrichtung und sorgt dafür, daß zwischen Basis und Emitter ein Spannungsabfall von näherungsweise 0.7 V auftritt.[18] Der am Vorwiderstand R_B auftretende Spannungsabfall berechnet sich damit zu

$$R_B I_B = V_+ - V_{BE} \approx 14.3\,\text{V} \, ,$$

was mit $I_B = 47\mu$A auf das Ergebnis $R_B = 304$ kΩ führt. Als nächster Wert aus der Reihe E24 wird 300 kΩ gewählt. Mit dem resultierenden Kollektorstrom $I_C = 15.1$ mA folgt für die Leitwertparameter

---

[18] Dies stellt eine einfache Abschätzung dar, die für große Werte der Betriebsspannung durchaus gerechtfertigt ist. Nennenswerte Fehler, die eine genauere Bestimmung von $V_{BE}(I_B)$ erfordern, treten nur bei kleinen Versorgungsspannungen auf.

$$g_{\mathrm{m}} \approx \frac{I_{\mathrm{C}}}{V_T} \approx 583\,\mathrm{mS} \quad \text{und} \quad g_{\mathrm{o}} \approx \frac{I_{\mathrm{C}}}{V_{\mathrm{CE}} + V_{\mathrm{AF}}} = 397\,\mathrm{\mu S}\,,$$

was auf den Spannungsübertragungsfaktor

$$\underline{H}_v = -\frac{g_{\mathrm{m}}R_{\mathrm{C}}}{1 + g_{\mathrm{o}}R_{\mathrm{C}}} = -\frac{0.583 \cdot 470}{1 + 470 \cdot 397 \cdot 10^{-6}} = -\frac{274}{1 + 0.187} \approx -231$$

führt. Wegen unvermeidlicher Serienwiderstände kann dieser Wert in der Praxis allerdings nicht erreicht werden. △

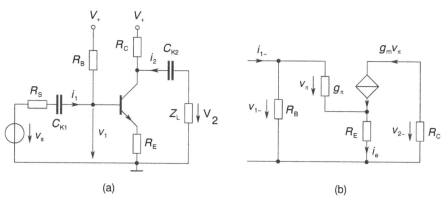

(a)   (b)

Abb. 4.41. (a) Verstärker in Emitterschaltung mit seriengegenkopplung und (b) zugehörige NF-Kleinsignalersatzschaltung für $g_{\mathrm{o}} = 0$

Seriengegenkopplung

Durch einen Emitterserienwiderstand R_{E} (vgl. Abb. 4.41a) verringert sich die Spannung an R_{B} um den Spannungsabfall an R_{E}. Damit wird

$$I_{\mathrm{B}} = \frac{V_+ - V_{\mathrm{BE}}}{R_{\mathrm{B}} + R_{\mathrm{E}}(B_{\mathrm{N}} + 1)}\,.$$

Solange $R_{\mathrm{E}}B_{\mathrm{N}} \ll R_{\mathrm{B}}$ gilt, bedingt R_{E} demnach nur eine unwesentliche Änderung von I_{B} und damit des Arbeitspunkts. Der Einfluß auf die Spannungsverstärkung ist jedoch bedeutend.

Für die Berechnung des Spannungsübertragungsfaktors des unbelasteten Verstärkers wird die in Abb. 4.41b abgebildete Kleinsignalersatzschaltung herangezogen, wobei der Ausgangsleitwert g_{o} des Transistors der Einfachheit halber vernachlässigt wurde. Mit $\beta = g_{\mathrm{m}}/g_{\pi}$ folgt

$$v_{1\sim} = v_{\pi} + R_{\mathrm{E}}i_{\mathrm{e}} \approx v_{\pi} + R_{\mathrm{E}}(\beta + 1)i_{\mathrm{b}} = \left[1 + R_{\mathrm{E}}g_{\mathrm{m}}\left(1 + \frac{1}{\beta}\right)\right]v_{\pi}\,.$$

Von $v_{1\sim}$ fällt nur der Bruchteil $v_{\pi}/v_{1\sim}$ an r_{π} ab, und nur dieser Anteil wirkt sich auf den Kollektorstrom aus. Für $\beta \gg 1$ gilt näherungsweise

$$\frac{v_\pi}{v_{1\sim}} \approx \frac{1}{1 + R_\mathrm{E} g_\mathrm{m}} \tag{4.67}$$

bzw. für den *Spannungsübertragungsfaktor*

$$\boxed{\frac{v_{2\sim}}{v_{1\sim}} \approx -\frac{R_\mathrm{C} g_\mathrm{m}}{1 + R_\mathrm{E} g_\mathrm{m}} \cdot} \tag{4.68}$$

Die Spannungsverstärkung ist um den Faktor

$$\frac{1}{1 + R_\mathrm{E} g_\mathrm{m}} \approx \frac{1}{1 + R_\mathrm{E} I_\mathrm{C} / V_T}$$

kleiner als beim Verstärker mit $R_\mathrm{E} = 0$. Im Fall *starker Gegenkopplung* ($R_\mathrm{E} g_\mathrm{m} \gg 1$) kann die Eins im Nenner von Gl. (4.68) vernachlässigt werden, g_m läßt sich dann kürzen und für den Spannungsübertragungsfaktor verbleibt näherungsweise

$$\boxed{\frac{v_{2\sim}}{v_{1\sim}} \approx -\frac{R_\mathrm{C}}{R_\mathrm{E}} \cdot} \tag{4.69}$$

Der Strom in den Verstärkereingang ist

$$i_{1\sim} = \frac{v_{1\sim}}{R_\mathrm{B}} + \frac{v_\pi}{r_\pi} \, ;$$

wird der Arbeitspunkt demnach durch eine ideale Stromquelle eingestellt ($R_\mathrm{B} \to \infty$), so ergibt sich der *Eingangswiderstand*

$$r_\mathrm{i} = \frac{v_{1\sim}}{i_{1\sim}} = r_\pi \frac{v_{1\sim}}{v_\pi}$$

des gegengekoppelten Verstärkers mit der Näherung (4.67) zu

$$\boxed{r_\mathrm{i} \approx r_\pi \left(1 + g_\mathrm{m} R_\mathrm{E}\right) \cdot} \tag{4.70}$$

Ohne Gegenkopplungswiderstand ($R_\mathrm{E} = 0$) würde $r_\mathrm{i} = r_\pi$ gelten, d. h. durch die Seriengegenkopplung hat sich der Eingangswiderstand um den Faktor $(1 + g_\mathrm{m} R_\mathrm{E})$ *erhöht*. Die Bestimmung des Ausgangswiderstands wird dem Leser als Übungsaufgabe überlassen.

Beispiel 4.9.2 Als Beispiel wird die Auswirkung eines Emitterwiderstands $R_\mathrm{E} = 5\,\Omega$ auf die in Beispiel 4.9.1 untersuchte Verstärkerschaltung betrachtet. Einsetzen der Zahlenwerte liefert

$$I_\mathrm{B} \approx \frac{14.3\,\mathrm{V}}{300\,\mathrm{k\Omega} + 5 \cdot 318\,\Omega} \approx 47.4\,\mathrm{\mu A} \, .$$

Der Wert von I_B ändert sich demzufolge kaum, weswegen auch $I_\mathrm{C} \approx 15.1\,\mathrm{mA}$ und $g_\mathrm{m} \approx 582\,\mathrm{mS}$ weitgehend unverändert bleiben. Die Spannungsverstärkung ist um den Faktor

$$\frac{1}{1 + R_E g_m} \approx \frac{1}{1 + 0.582 \cdot 5} \approx \frac{1}{3.91}$$

kleiner als die Spannungsverstärkung ohne Emitterserienwiderstand: Durch Hinzufügen des Emitterserienwiderstands $R_E = 5\Omega$ nimmt die Spannungsverstärkung auf annähernd 25 % ihres ursprünglichen Werts ab. Statt der für $g_o = 0$ resultierenden Spannungsverstärkung von ca. 274 (vgl. Beispiel 4.9.1) ergibt sich somit nur eine von ca. 70. Der Eingangswiderstand r_i ist um annähernd den Faktor vier erhöht. Δ

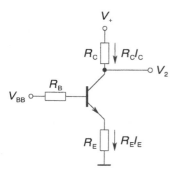

Abb. 4.42. Zur Auswirkung der Seriengegenkoplung auf die Stabilität des Arbeitspunkts

Beispiel 4.9.3 Die Seriengegenkopplung verringert den Einfluß von Bauteiltoleranzen und Temperaturschwankungen auf den Arbeitspunkt. Als Beispiel wird die Änderung des Arbeitspunkts V_2 der in Abb. 4.42 dargestellten Schaltung mit der Temperatur untersucht. Die Widerstände werden dabei als temperaturunabhängig angenommen. Aus

$$V_2 = V_+ - R_C I_C = V_+ - R_C B_N \frac{V_{BB} - V_{BE} - R_E I_E}{R_B}$$

folgt durch Ableiten nach der Temperatur

$$\frac{dV_2}{dT} = -\frac{1}{B_N}\frac{dB_N}{dT}R_C I_C + \frac{R_C}{R_B}B_N\frac{dV_{BE}}{dT} + R_C\frac{R_E B_N}{R_B}\frac{dI_E}{dT} .$$

Mit den Näherungen

$$\left(\frac{\partial V_{BE}}{\partial I_C}\right)_T \approx \frac{1}{g_m} \approx \frac{V_T}{I_C} \quad \text{und} \quad \frac{dV_2}{dT} = -R_C\frac{dI_C}{dT}$$

folgt

$$\frac{dV_{BE}}{dT} = \left(\frac{\partial V_{BE}}{\partial T}\right)_{I_C} + \left(\frac{\partial V_{BE}}{\partial I_C}\right)_T\frac{dI_C}{dT} = \left(\frac{\partial V_{BE}}{\partial T}\right)_{I_C} - \frac{V_T}{R_C I_C}\frac{dV_2}{dT} ,$$

Durch Zusammenfassen mit

$$-R_C\frac{dI_E}{dT} \approx -R_C\frac{dI_C}{dT} = \frac{dV_2}{dT}$$

führt dies auf

$$\frac{dV_2}{dT} = -\frac{R_C}{R_B + B_N(R_E + V_T/I_C)} \left[\frac{R_B I_C}{B_N} \frac{dB_N}{dT} + B_N \left(\frac{\partial V_{BE}}{\partial T} \right)_{I_C} \right] .$$

Im Grenzfall $R_E \to 0$ folgt unter der Voraussetzung $R_B I_C/V_T \gg B_N$ die Beziehung

$$\frac{dV_2}{dT} \approx -\frac{1}{B_N} \frac{dB_N}{dT} R_C I_C \approx -6 \, \frac{mV}{K} \cdot \frac{R_C I_C}{V} - 1.5 \, \frac{mV}{K} \frac{R_C}{R_B} B_N ,$$

wobei der TK der Stromverstärkung mit 0.6%/K angenommen wurde. V_{BB} wirkt in Verbindung mit einem hochohmigen Basiswiderstand R_B näherungsweise als *Stromquelle*; wegen des Temperaturkoeffizienten der Stromverstärkung ergibt sich hier eine beachtliche Temperaturdrift der Ausgangsspannung (ca. $-30\,\text{mV/K}$ für $R_C I_C = 5\,\text{V}$ und $R_B \to \infty$). Aus diesem Grund wird die Arbeitspunkteinstellung ohne Emitterserienengegenkopplung ($R_E = 0$) in der Praxis i. allg. nicht eingesetzt. Günstiger ist der Fall $R_B \to 0$. In diesem Fall resultiert die Näherung

$$\frac{dV_2}{dT} \approx \frac{R_C}{R_E + V_T/I_C} \left(\frac{\partial V_{BE}}{\partial T} \right)_{I_C} \approx -1.5 \, \frac{mV}{K} \cdot \frac{R_C}{R_E} .$$

Für Werte von R_C/R_E in der Größenordnung von eins ergibt dies eine wesentlich geringere Temperaturdrift des Arbeitspunkts. △

Arbeitspunkteinstellung mit Seriengegenkopplung. Abbildung 4.43 a zeigt eine Verstärkerstufe mit Bipolartransistor in Emitterschaltung. Der Arbeitspunkt wird hier durch den Basisspannungsteiler R_{B1}, R_{B2} und den Emitterserienwiderstand R_E eingestellt. Parallel zu R_E wurde eine Kapazität C_E geschaltet, die den Emitterserienwiderstand für große Frequenzen mit dem niederohmigen Parallelwiderstand R_E' überbrückt.

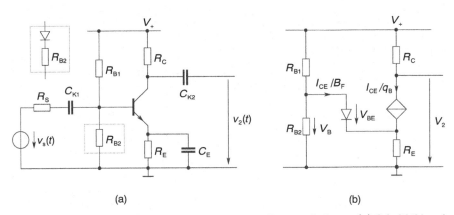

(a)　　　　　　　　　　　　　　　　　　　(b)

Abb. 4.43. Verstärkerstufe mit Bipolartransistor in Emitterschaltung. (a) Schaltbild und (b) Ersatzschaltung (DC) zur Berechnung des Arbeitspunkts

Zur Bestimmung des Arbeitspunkts der Schaltung kann $v_s(t) = 0$ angenommen werden; Zweige mit den unter diesen Umständen keinen Strom führenden Kapazitäten dürfen dann aus der Ersatzschaltung entfernt werden. Ist die Schaltung so ausgelegt, daß der Transistor nicht in Sättigung arbeitet und wird dieser durch das elementare Transistormodell beschrieben, so folgt die in Abb. 4.43 b gezeigte Ersatzschaltung. Im Grenzfall großer Stromverstärkung gilt bei gewähltem $I_C = B_N I_B$

$$V_B \approx \frac{R_{B2}}{R_{B1} + R_{B2}} V_+ \quad \text{und} \quad R_E \approx \frac{V_B - V_{BE}}{I_C}.$$

Die Widerstände R_{B1}, R_{B2} und R_E werden gewöhnlich so gewählt, daß an R_E ein Spannungsabfall von der Größenordnung $(2-3)$ V auftritt. Ein größerer Wert des Spannungsabfalls an R_E bedingt zwar eine bessere Stabilisierung des Arbeitspunkts, begrenzt aber andererseits den verfügbaren Hub am Ausgang. Bei der Dimensionierung des Spannungsteilers ist ein Kompromiß zu schließen: Einerseits sollten die Widerstandswerte möglichst groß gewählt werden, damit die im Spannungsteiler umgesetzte Leistung gering wird, andererseits sollten die Widerstandswerte klein gewählt werden, um die Belastung des Spannungsteilers durch den Basisstrom $I_B = I_C/B_N$ klein zu halten. R_{B1} sollte deshalb stets so gewählt werden, daß $R_{B1}I_C/B_N \ll V_+$ gilt.

Die Änderung des Arbeitspunkts mit der Temperatur folgt aus

$$V_2 = V_+ - R_C I_C \approx V_+ - R_C \frac{V_B - V_{BE}}{R_E}$$

zu

$$\frac{dV_2}{dT} \approx -\frac{R_C}{R_E}\left(\frac{dV_B}{dT} - \frac{dV_{BE}}{dT}\right).$$

Hierbei wurde das Widerstandsverhältnis R_C/R_E als temperaturunabhängig angenommen. Dies ist sinnvoll, falls die beiden Widerstandswerte denselben Temperaturkoeffizienten aufweisen. Der Arbeitspunkt ist demnach näherungsweise temperaturunabhängig, falls $dV_B/dT = dV_{BE}/dT$ erfüllt ist. Gilt $V_+ \gg V_{BE}$, so kann diese Bedingung durch Erweitern des Basisspannungsteilers um eine Diode (vgl. Abb. 4.43) in guter Näherung erfüllt werden.

Frequenzgang

Zur Berechnung des Frequenzgangs der in Abb. 4.43a dargestellten Verstärkerschaltung wird die Kleinsignalersatzschaltung nach Abb. 4.44 herangezogen. Der Ausgang wurde dabei der Einfachheit halber als unbelastet angenommen,[19] die in der Kleinsignalersatzschaltung parallel zum Eingangstor liegenden Widerstände R_{B1} und R_{B2} wurden zu $R_B = R_{B1} \parallel R_{B2}$ zusammengefaßt, die Elemente R_E, C_E und R'_E zur Impedanz $\underline{Z}_E$.

Der *Spannungsübertragungsfaktor* ist hier wegen der Transistorkapazitäten, der kapazitiven Einkopplung und der frequenzabhängigen Gegenkopplung von

---

[19]Bei belastetem Ausgang wäre parallel zu R_C die Lastimpedanz wirksam.

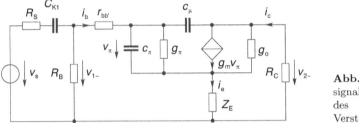

Abb. 4.44. Kleinsignalersatzschaltung des beschalteten Verstärkers

der Frequenz abhängig. Das Verhalten wird anhand des folgenden Beispiels erläutert.

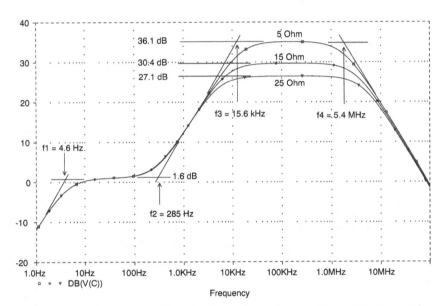

Abb. 4.45. Verstärkungsmaß als Funktion der Frequenz für verschiedene Werte von R_E'

Beispiel 4.9.4 Abbildung 4.45 zeigt das Verstärkungsmaß des gemäß Beispiel 4.9.2 ausgelegten Verstärkers. Dieses wurde für verschiedene Werte von R_E' mit der SPICE .AC-Analyse berechnet; der Transistor wurde dabei durch die folgenden Modellparameter beschrieben

```
IS=10F   BF=200   BR=6   RC=1   RB=10   CJE=20P   MJE=0.4
+ VJE=0.75   CJC=10P   MJC=0.35   VJC=0.75   TF=500P
```

Die Koppelkapazität wurde mit $C_{K1} = 10\,\mu F$ und $C_E = 1\,\mu F$ gewählt. Der Frequenzgang weist vier charakteristische Frequenzen f_1, f_2, f_3 und f_4 auf, die durch unterschiedliche Komponenten der Schaltung bestimmt werden.

Für $f < f_2$ ist die durch R_E, R'_E und C_E gebildete Serienimpedanz $\underline{Z}_E$ in guter Näherung gleich R_E. Hier liegt der Fall *starker Gegenkopplung* vor; unter Vernachlässigung der Bahnwiderstände gilt damit für den Spannungsübertragungsfaktor

$$\frac{\underline{v}_2}{\underline{v}_1} \approx -\frac{R_C}{R_E} = -\frac{680\,\Omega}{560\,\Omega} = -1.21 \,.$$

Dies entspricht einem Verstärkungsmaß von ca. 1.7 dB (vgl. Abb. 4.45).

Für $f < f_1$ ist ein *Hochpaßverhalten* zu beobachten: Das Verstärkungsmaß steigt hier mit 20 dB pro Dekade an. Die Ursache hierfür liegt in der kapazitiven Einkopplung des zu verstärkenden Signals. Der Koppelkondensator C_{K1} bildet mit $R_B = R_{B1} \| R_{B2}$ und dem Eingangswiderstand r_i der Transistorstufe (vgl. Abb. 4.46) einen Hochpaß mit der Grenzfrequenz [20] $f_1 \approx 1/[\,2\pi C_{K1}(R_B \| r_i)\,]$.

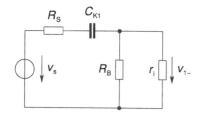

Abb. 4.46. Zum Hochpaßverhalten

Der Eingangswiderstand r_i der Transistorstufe folgt mit $g_m \approx 193\,\text{mS}$ aus Gl. (4.70)

$$r_i = r_\pi\,(1 + g_m\,R_E) = 1.04\,\text{k}\Omega \cdot (1 + 0.193\,\text{mS} \cdot 560\,\Omega) \approx 113\,\text{k}\Omega \,.$$

Die Grenzfrequenz f_1 des durch die kapazitive Einkopplung bedingten Hochpasses errechnet sich damit zu

$$f_1 = \frac{1}{2\pi \cdot 10\,\mu\text{F}} \left(\frac{1}{10\,\text{k}\Omega} + \frac{1}{5.6\,\text{k}\Omega} + \frac{1}{113\,\text{k}\Omega} \right) \approx 4.6\,\text{Hz} \,.$$

Dieses Verhalten wird sehr gut durch die SPICE-Simulation bestätigt (vgl. Abb. 4.45).

Für $f_2 < f < f_3$ wird ein *Hochpaßverhalten* beobachtet, da nun über die Reihenschaltung von C_E und R'_E ein niederohmiger Parallelleitwert zu R_E wirksam wird. Oberhalb von f_3 kann C_E dann als Kurzschluß betrachtet werden. In diesem Fall gilt näherungsweise

$$\frac{1}{\underline{Z}_E} = \frac{1}{R_E} + \frac{1}{R'_E} \approx \frac{1}{R'_E} \,.$$

Dies führt mit $R'_E = 5\,\Omega$ in Gl.(4.68) auf die Spannungsverstärkung

$$\frac{g_m R_C}{1 + g_m R'_E} = 66.8 \,,$$

was einem Verstärkungsmaß von 36.5 dB entspricht (vgl. Abb. 4.45). Die Grenzfrequenzen f_2 und f_3, die den Übergang von $\underline{Z}_E$ vom hochohmigen in den niederohmigen Zustand markieren, sind unter der Voraussetzung $R_E \gg R'_E$

---

[20] Dabei wird angenommen, daß C_{K1}, wie in der Praxis üblich, groß gegenüber der Eingangskapazität des Verstärkers ist.

$$f_2 \approx \frac{1}{2\pi R_E C_E} \approx 284\,\text{Hz}$$

bzw. mit $g_m \gg g_\pi$ (vgl. Abb. 4.47)

$$f_3 \approx \frac{1}{2\pi\left(R_E' + 1/g_m\right)C_E} \approx 15.7\,\text{kHz}\;.$$

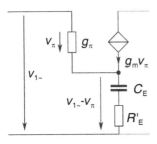

Abb. 4.47. Zur Auswirkung der Seriengegenkopplung auf den Frequenzgang

Auch diese Ergebnisse werden durch Abb. 4.45 bestätigt. Für $f < f_4$ ist der Frequenzgang des Verstärkers ausschließlich durch die externe Beschaltung bestimmt; die Vierpolkenngrößen des Transistors können in diesem Frequenzbereich als reelle Größen aus der NF-Kleinsignalersatzschaltung ermittelt werden.

Für $f > f_4$ sind die internen Kapazitäten des Transistors von Bedeutung. Das Verhalten des Verstärkers bei hohen Frequenzen läßt sich anhand der vereinfachten Ersatzschaltung nach Abb. 4.48 erläutern. Die Koppelkapazität wurde dabei durch

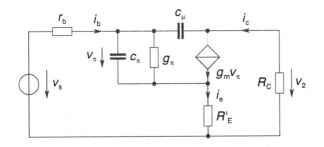

Abb. 4.48. Vereinfachte Ersatzschaltung zur Berechnung der Grenzfrequenz f_4

einen Kurzschluß ersetzt, R_B und r_o wurden aus der Ersatzschaltung entfernt und die Serienimpedanz $\underline{Z}_E$ durch R_E' ersetzt. Der Widerstand $r_b = R_S + r_{bb'} = 60\,\Omega$ entspricht der Reihenschaltung des Generatorwiderstands R_S und des Basisbahnwiderstands $r_{bb'}$. Mit $c_\mu = 5.64$ pF sowie $g_m = 193$ mS folgt für den Spannungsübertragungsfaktor unter der Bedingung $\omega c_\mu \ll g_m$

$$\frac{\underline{v}_{2\sim}}{\underline{v}_\pi} \approx -\frac{g_m R_C}{1 + \mathrm{j}\omega R_C c_\mu} = -\frac{131}{1 + \mathrm{j}\,\dfrac{f}{41.5\,\text{MHz}}}\;.$$

Zur Berechnung von f_4 kann die Frequenzabhängigkeit vernachlässigt und der Spannungsübertragungsfaktor durch $-g_m R_C$ ersetzt werden. In 1. Ordnung von ω gilt damit

$$\underline{v}_s = r_b \underline{i}_b + \underline{v}_\pi + R'_E \underline{i}_e = [1 + r_b g_\pi + R'_E (g_m + g_\pi)] (1 + \mathrm{j} f / f_g) \underline{v}_\pi$$

mit der durch

$$\frac{1}{2\pi f_g} = \frac{r_b (c_\pi + c_\mu) + r_b c_\mu [R'_E (g_m + g_\pi) + g_m R_C] + R'_E c_\pi}{1 + r_b g_\pi + R'_E (g_m + g_\pi)}$$

gegebenen Grenzfrequenz. Unter der Voraussetzung $r_b g_\pi \ll 1$ und $R'_E g_\pi \ll 1$ ergibt sich so der Spannungsübertragungsfaktor

$$\frac{\underline{v}_\pi}{\underline{v}_s} \approx \frac{1}{1 + R'_E g_m} \frac{1}{1 + \mathrm{j} f / f_g},$$

mit dem für $R'_E \ll R_C$ gültigen Näherungsausdruck für die Grenzfrequenz

$$f_g \approx \frac{1}{2\pi} \frac{1 + R'_E g_m}{r_b (c_\pi + c_\mu g_m R_C)}.$$

Der Spannungsübertragungsfaktor der Verstärkerschaltung ergibt sich auf diesem Weg näherungsweise zu

$$\underline{H}_v = \frac{\underline{v}_\pi}{\underline{v}_s} \frac{\underline{v}_{2\sim}}{\underline{v}_\pi} \approx -\frac{g_m R_C}{1 + g_m R'_E} \frac{1}{1 + \mathrm{j} f / f_g}.$$

Im betrachteten Beispiel folgt mit $c_\pi = 132\,\mathrm{pF}$ für die Grenzfrequenz

$$f_g = \frac{1 + r_b g_\pi + R'_E (g_m + g_\pi)}{2\pi \{ r_b [c_\pi + c_\mu (1 + g_m R_C + g_m R'_E + g_\pi R'_E)] + R'_E c_\pi \}} \approx 6\,\mathrm{MHz}$$

in guter Übereinstimmung mit dem Ergebnis des Näherungsausdrucks sowie dem Simulationsergebnis.   △

Schaltbetrieb

Transistoren ermöglichen die Realisierung schneller Schalter für kleine und mittlere Leistungen.[21] Maßgebliche Größen zur Charakterisierung eines Schalters sind der über den geöffneten Schalter fließende Reststrom, die über dem geschlossenen Schalter abfallende Restspannung und die beim Ein- und Ausschalten auftretenden Schaltverzögerungen.

Restspannung und Reststrom. Abbildung 4.49 a zeigt einen Transistorschalter im *Serienbetrieb* mit ohmscher Last. Im ausgeschalteten Zustand ist im Idealfall $i_B = 0$; durch die Last fließt dann der Reststrom I_{CEO}. Im eingeschalteten Zustand fällt nahezu die gesamte Versorgungsspannung an der Last ab, die am Transistor abfallende Restspannung V_{CE} wird wesentlich durch die *Bahnwiderstände* des Transistors bestimmt, wobei näherungsweise gilt

---

[21]Die Bedeutung des klassischen Transistors als Schalter hat in den vergangenen Jahren stark abgenommen. Das Studium der Schalteigenschaften des Bipolartransistors ist dennoch wichtig, da „Bipolartransistoren" in zahlreichen elektronischen Bauteilen (IGBT, Thyristor, CMOS-Schaltkreis, etc.) auftreten.

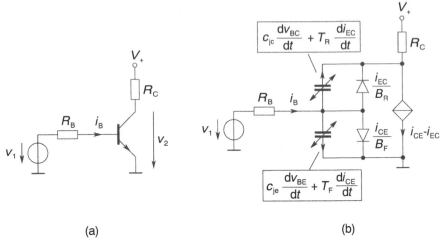

(a)   (b)

Abb. 4.49. Transistorschalter mit ohmscher Last. (a) Schaltplan und (b) Ersatzschaltung

$$V_{CE} \approx V_{C'E'} + \frac{R_{CC'} + R_{EE'}}{R_C} V_+ \,. \tag{4.71}$$

Der Kollektorbahnwiderstand $R_{CC'}$ nimmt dabei wegen der *Leitfähigkeitsmodulation* des Kollektorbahngebiets mit zunehmendem Kollektorstrom ab. Die Kollektor-Emitter-Restspannung wird als Sättigungsspannung V_{CEsat} häufig in Datenblättern als Funktion des Kollektorstroms I_C für eine gegebene Stromverstärkung $I_C/I_B = B \ll B_F$ angegeben (vgl. Abb. 4.50); der zugehörige Wert von V_{BE} wird entsprechend als V_{BEsat} spezifiziert. V_{CEsat} wächst i. allg. mit zunehmender Temperatur an, was vor allem auf die Zunahme des Bahnwiderstands zurückzuführen ist.

Schaltverhalten bei ohmscher Last. Bei dem in Abbildung 4.49a gezeigten Transistorschalter wird der Basisstrom $i_B(t)$ von einer Spannungsquelle $v_1(t)$ geliefert und über einen Basiswiderstand R_B eingespeist, so daß

$$i_B(t) = \frac{v_1(t) - v_{BE}(t)}{R_B} \,. \tag{4.72}$$

Im stationären Betrieb ersetzt der Basisstrom die im Transistor rekombinierenden Löcher. Im Schaltfall muß er zusätzlich die mit der EB- bzw. der BC-Diode verbundenen Diffusions- und Sperrschichtladungen umladen. Die im Transistor gespeicherte Löcherladung wird dabei in einen mit der EB-Diode verknüpften Anteil (Ladung der EB-Sperrschichtkapazität und der EB-Diode zugeordnete Diffusionsladung $\tau_f i_{CE}$) sowie einen mit der BC-Diode verknüpften Anteil (Ladung der BC-Sperrschichtkapazität und der BC-Diode zugeordnete Diffusionsladung $\tau_r i_{EC}$) aufgeteilt (vgl. Abb. 4.49b). Die im allgemeinen arbeitspunktabhängigen Größen τ_f und τ_r werden im F olgenden durch die in

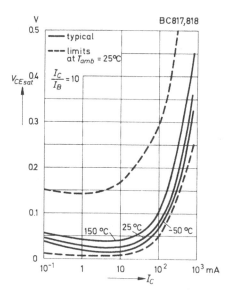

Abb. 4.50. Restspannung V_{CEsat} über dem „geschlossenen Transistorschalter" (Sättigung), nach einem Datenblatt der Firma Infineon

SPICE verwendeten Modellparameter T_{F} und T_{R} ersetzt um den Einschalt- und den Ausschaltvorgang zu untersuchen.

Einschaltvorgang. Springt v_1 zur Zeit $t = 0$ von null auf den Wert V_+, so ist zunächst v_{BE} kleiner als die Schleusenspannung V_{BEon} der EB-Diode. Die Ströme i_{CE} und i_{EC} lassen sich hier näherungsweise vernachlässigen, so daß zunächst $v_{\mathrm{CE}} \approx$ const. gilt. Aus der Ersatzschaltung 4.49b folgt damit

$$i_{\mathrm{B}}(t) = (c_{\mathrm{je}} + c_{\mathrm{jc}}) \frac{dv_{\mathrm{BE}}}{dt} = \frac{V_+ - v_{\mathrm{BE}}}{R_{\mathrm{B}}} .$$

Für eine Abschätzung der zum Erreichen der Schleusenspannung benötigten Zeit t_1 können die aufzubringenden Ladungen

$$\Delta Q_{\mathrm{JE1}} = \int_0^{V_{\mathrm{BEon}}} c_{\mathrm{je}} \, dV_{\mathrm{BE}} \quad \text{und} \quad \Delta Q_{\mathrm{JC1}} = \int_{-V_+}^{-(V_+ - V_{\mathrm{BEon}})} c_{\mathrm{jc}} \, dV_{\mathrm{BC}}$$

betrachtet werden. Unter der meist zutreffenden Bedingung $V_+ \gg V_{\mathrm{BEon}}$ läßt sich der Basisstrom durch einen Mittelwert ($i_{\mathrm{B}} \approx (V_+ - V_{\mathrm{BEon}}/2)/R_{\mathrm{B}}$) ersetzen, so daß

$$t_1 \approx R_{\mathrm{B}} \frac{\Delta Q_{\mathrm{JE1}} + \Delta Q_{\mathrm{JC1}}}{V_+ - V_{\mathrm{BEon}}/2} . \tag{4.73}$$

Sobald v_{BE} den Wert V_{BEon} erreicht hat, kann das weitere Aufladen der EB-Sperrschichtkapazität vernachlässigt werden. Nun beginnt i_{CE} anzusteigen; i_{EC} kann für $v_{\mathrm{CE}} > V_{\mathrm{CEon}}$ vernachlässigt werden, da die BC-Diode noch

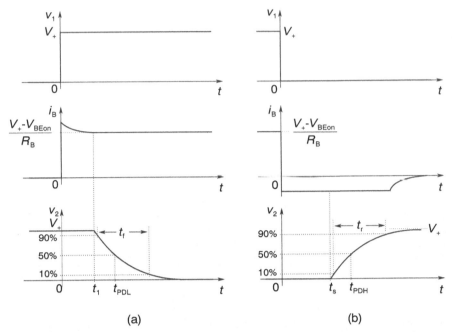

Abb. 4.51. Zum Schaltverhalten bei ohmscher Last. **(a)** Einschaltvorgang und Definition der Abfallverzögerungszeit t_{PDL}, **(b)** Ausschaltvorgang und Definition der Anstiegsverzögerungszeit t_{PDH}

nicht nennenswert in Flußrichtung gepolt ist. Mit $dv_{\mathrm{BE}}/dt \approx 0$ gilt dann näherungsweise

$$i_{\mathrm{B}}(t) \;=\; I_{\mathrm{B}} \;=\; \frac{V_+ - V_{\mathrm{BEon}}}{R_{\mathrm{B}}} \;=\; \frac{i_{\mathrm{CE}}}{B_{\mathrm{F}}} + T_{\mathrm{F}}\,\frac{di_{\mathrm{CE}}}{dt} + c_{\mathrm{jc}}\,\frac{dv_{\mathrm{BC}}}{dt}\;. \tag{4.74}$$

Durch Integration von t_1 bis zur *Abfallverzögerungszeit* t_{PDL} folgt

$$I_{\mathrm{B}}\,(t_{\mathrm{PDL}} - t_1) \;=\; T_{\mathrm{F}}\,i_{\mathrm{CE}}(t_{\mathrm{PDL}}) + \int_{t_1}^{t_{\mathrm{PDL}}} c_{\mathrm{jc}}\,\frac{dv_{\mathrm{BC}}}{dt}\,dt\;, \tag{4.75}$$

wobei der während dieser Zeit fließende Rekombinationsstrom $i_{\mathrm{CE}}/B_{\mathrm{F}}$ vernachlässigt wurde. Die rechte Seite von Gl. (4.75) bestimmt die von I_{B} aufzubringende Ladungsmenge. Der erste Term beschreibt dabei die Änderung ΔQ_{TE} der Diffusionsladung. Mit $i_{\mathrm{CE}}(t_{\mathrm{PDL}}) \approx V_+/(2R_{\mathrm{C}})$ folgt

$$\Delta Q_{\mathrm{TE}} \;=\; T_{\mathrm{F}}\,i_{\mathrm{CE}}(t_{\mathrm{PDL}}) \;\approx\; \frac{T_{\mathrm{F}} V_+}{2 R_{\mathrm{C}}}\;.$$

Der zweite Term auf der rechten Seite beschreibt die Änderung ΔQ_{JC2} der Sperrschichtladung in der BC-Diode

$$\Delta Q_{\mathrm{JC2}} \;=\; \int_{t_1}^{t_{\mathrm{PDL}}} c_{\mathrm{jc}}\,\frac{dv_{\mathrm{BC}}}{dt}\,dt \;=\; \int_{-(V_+ - V_{\mathrm{BEon}})}^{-(V_+/2 - V_{\mathrm{BEon}})} c_{\mathrm{jc}}\,dV_{\mathrm{BC}}$$

wenn sich v_{CB} vom Wert $V_+ - V_{BEon}$ auf $V_+/2 - V_{BEon}$ vermindert. Aus Gl. (4.75) folgt für die Abfallverzögerungszeit

$$t_{PDL} = t_1 + \frac{\Delta Q_{TE} + \Delta Q_{JC2}}{I_B} \, . \tag{4.76}$$

Die *Abfallzeit* t_f folgt entsprechend zu

$$t_f = \left(0.8 \frac{T_F V_+}{R_C} + \Delta Q_{JC3} \right) \Big/ \left(\frac{V_+ - V_{BEon}}{R_B} \right) . \tag{4.77}$$

Hier bezeichnet

$$\Delta Q_{JC3} = \int_{-(0.9V_+ - V_{BEon})}^{-(0.1V_+ - V_{BEon})} c_{jc}(v_{BC}) \, dv_{BC}$$

die Ladungsänderung in der Kollektorsperrschicht, die mit der Abnahme der Ausgangsspannung vom Wert $0.9 \cdot V_+$ auf $0.1 \cdot V_+$ verbunden ist. Sobald v_2 den Wert V_{CEon} unterschreitet, beginnt i_{EC} auf den Wert

$$I_{EC} = I_C \frac{B_R}{B_F + B_R + 1} \left(\frac{B_F}{B} - 1 \right)$$

anzusteigen; v_{BE} erhöht sich dabei nur noch geringfügig auf den Wert V_{BEsat}, während v_{CE} geringfügig auf den Wert V_{CEsat} abnimmt.

Ausschaltvorgang. Nimmt v_1 zur Zeit $t = 0$ sprunghaft vom Wert V_+ auf null ab, so werden sich die Spannungen v_{BE} und v_{CE} zunächst nur wenig ändern, da zuvor die durch die Flußpolung der BC-Diode bedingte Speicherladung $T_R i_{EC}(0)$ abgebaut werden muß. Die hierfür erforderliche Zeit wird als *Speicherzeit* t_s bezeichnet. Mit dem Umschaltvorgang springt der Basisstrom auf den zunächst konstanten Wert

$$i_B(t) = -\frac{v_{BE}(t)}{R_B} \approx -\frac{V_{BEsat}}{R_B} = -|I_B| \, .$$

Aus der Ersatzschaltung 4.49b folgt damit

$$-|I_B| = \frac{i_{CE}}{B_F} + \frac{i_{EC}}{B_R} + T_R \frac{di_{EC}}{dt} \, , \tag{4.78}$$

wobei der Term $T_F \, di_{CE}/dt$ wegen $T_F \ll T_R$ vernachlässigt wurde. Unter der Annahme $B_F \gg B_R$ folgt

$$B_R T_R \frac{di_{EC}}{dt} + i_{EC} = -B_R |I_B| \, . \tag{4.79}$$

Dies ist eine Differentialgleichung 1. Ordnung für i_{EC} mit konstanten Koeffizienten; ihre Lösung lautet

$$i_{EC}(t) = [i_{EC}(0) + B_R |I_B|] \exp\left(-\frac{t}{T_R B_R} \right) - B_R |I_B| \, .$$

Aus der Bedingung $i_{EC}(t_s) = 0$ folgt für die *Speicherzeit* die Abschätzung

$$t_s = T_R B_R \ln\left[\frac{i_{EC}(0)}{B_R|I_B|} + 1\right] . \tag{4.80}$$

Für $t > t_s$, d. h. nach Abbau der Speicherladung $T_R i_{EC}(0)$ muß die BC-Sperr-schichtladung und die Diffusionsladung $T_F i_{CE}$ umgeladen werden; die Span-nung an der EB-Diode bleibt dabei zunächst annähernd konstant. Aus der Ersatzschaltung 4.49b folgt für die *Anstiegsverzögerungszeit* t_{PDH} in Analogie zu Gl.(4.76) die Abschätzung

$$t_{PDH} = t_s + \left(\frac{T_F V_+}{2R_C} + \Delta Q_{JC4}\right)\bigg/ \frac{V_{BEon}}{R_B} , \tag{4.81}$$

wobei

$$\Delta Q_{JC4} = \int_{-(0.5V_+ - V_{BEon})}^{-(V_{CEon} - V_{BEon})} c_{jc}(v_{BC}) \, dv_{BC}$$

die Ladungsänderung in der Kollektorsperrschicht bezeichnet, die mit der Abnahme von v_{CE} vom Wert $0.5\,V_+$ auf V_{CEon} verbunden ist. Die *Anstiegszeit* t_r folgt entsprechend zu

$$t_r = \left(0.8\,\frac{T_F V_+}{R_C} + \Delta Q_{JC3}\right)\bigg/ \frac{V_{BEon}}{R_B} , \tag{4.82}$$

wobei ΔQ_{JC3} die Ladungsänderung in der Kollektorsperrschicht bezeichnet, die mit der Abnahme von v_{CE} vom Wert $0.9\,V_+$ auf $0.1\,V_+$ verbunden ist.

4.9.2 Differenzverstärker

Mit Bipolartransistoren aufgebaute Differenzverstärker werden für viele Ana-logschaltungen benötigt und bilden die Grundlage für die ECL-Technik. Die einfachste Ausführung eines (emittergekoppelten) Differenzverstärkers mit Bipolartransistoren ist in Abb. 4.52 dargestellt. Dabei wurde, wie in der ECL-Technik üblich, der positive Pol der Versorgungsspannung als Bezugspotential (Betriebsspannung $V_{EE} < 0$) verwendet.

Übertragungskennlinie. Die Ausgangsspannungen sind durch die Spannungs-abfälle an den Hubwiderständen definiert

$$V_{A1} = -R_C I_{C1} \quad \text{und} \quad V_{A2} = -R_C I_{C2} . \tag{4.83}$$

Solange Sättigung ausgeschlossen ist, werden die Ströme I_{C1} und I_{C2} nur durch die Steuerspannungen $V_{BE1} = V_{IN1} - V_E$ und $V_{BE2} = V_{IN2} - V_E$ be-stimmt. Im Fall identischer Transistoren folgt aus dem elementaren Transis-tormodell unter Vernachlässigung des Early-Effekts ($q_B = 1$) für das Verhält-nis der beiden Kollektorströme

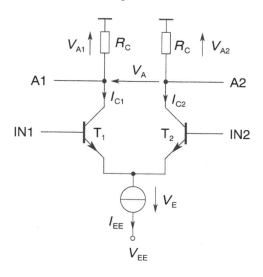

Abb. 4.52. Emittergekoppelter Differenzverstärker

$$\frac{I_{C2}}{I_{C1}} = \exp\left(-\frac{V_D}{V_T}\right) , \tag{4.84}$$

wobei $V_D = V_{IN1} - V_{IN2}$ die *Differenzeingangsspannung* bezeichnet. Im Fall großer Stromverstärkungen können die Kollektorströme näherungsweise den jeweiligen Emitterströmen gleichgesetzt werden, deren Summe durch die Stromquelle festgelegt wird

$$I_{EE} = I_{E1} + I_{E2} \approx I_{C1} + I_{C2} . \tag{4.85}$$

Die beiden Gleichungen lassen sich nun nach I_{C1} bzw. I_{C2} auflösen mit dem Ergebnis

$$I_{C1} \approx \frac{I_{EE}}{1 + \exp(-V_D/V_T)} \quad \text{und} \quad I_{C2} \approx \frac{I_{EE}}{1 + \exp(V_D/V_T)} . \tag{4.86}$$

Mittels Gl. (4.83) folgen aus Gl. (4.86) die Ausgangsspannungen V_{A1} und V_{A2}. Für die Ausgangsspannungsdifferenz $V_A = V_{A2} - V_{A1}$ folgt damit

$$\boxed{V_A = V_S \tanh\left(\frac{V_D}{2V_T}\right) .}$$

Die Größe $V_S \approx R_C I_{EE}$ bezeichnet dabei den maximalen *Spannungshub* des Verstärkers.

Offsetspannung. Unsymmetrien im Aufbau des Differenzverstärkers führen zu einer nichtverschwindenden *Eingangsoffsetspannung* V_O; diese ist definiert als die Differenzeingangsspannung die angelegt werden muß, damit die Ausgangsspannung verschwindet. Hauptursachen für das Auftreten der Offsetspannung sind: (1) Streuungen der Kollektorwiderstandswerte bzw. allgemeiner der Lastkennlinie, falls der Differenzverstärker mit aktiver Last ausgeführt wird. (2) Streuungen der Sättigungsströme der Transistoren. Dies kann zum einen fertigungstechnische Gründe haben (unterschiedliche Basisweiten oder Abweichungen im Layout) oder auf eine unterschiedliche Temperatur der Transistoren zurückzuführen sein. Differenzverstärker mit geringer Offsetspannung lassen sich deshalb nur in *integrierter* Form herstellen. Dabei werden die Transistoren der Differenzstufe meist durch Parallelschalten mehrerer Transistoren realisiert, um eine gute thermische Kopplung sowie einen Ausgleich systematischer Veränderungen der Transistoreigenschaften über der Chipoberfläche zu erzielen (z. B. Verkopplung „über Kreuz").

Differenz- und Gleichtaktverstärkung. Die *Differenzspannungsverstärkung* des symmetrischen Inverters beschreibt die Änderung der Ausgangsspannung mit der Differenzeingangsspannung bei reiner Gegentaktaussteuerung

$$A_D = -\frac{dV_{A1}}{dV_D} = \frac{dV_{A2}}{dV_D} = \frac{1}{2}\frac{d}{dV_D}\Delta V_A = \frac{V_S}{4V_T} .$$

Wird I_{EE} durch eine ideale Stromquelle eingeprägt und ist somit unabhängig von V_E, so ist die Gleichtaktverstärkung null, d. h. die Ausgangsspannungen V_{A1} und V_{A2} ändern sich nicht, falls V_{IN1} und V_{IN2} um denselben Wert verändert werden. In der Praxis läßt sich eine derart perfekte Stromquelle nicht realisieren. I_{EE} wird von V_E und damit von der Gleichtaktspannung V_{GL} abhängen.

Bei *Gleichtaktaussteuerung* gilt $V_{IN1} = V_{IN2} = V_{GL}$; für die Gleichtakteingangsspannung V_{GL} folgt mit $V_{BE1} = V_{BE2} = V_{BE}$ daraus

$$V_{GL} = V_{BE} + V_E .$$

Da der Ausgangswiderstand der Stromquelle

$$r_{ee} = dV_E/dI_{EE}$$

groß im Vergleich zum Kehrwert $1/g_m$ des Übertragungsleitwerts der Transistoren ist, gilt $dV_E/dV_{GL} \approx 1$, d. h. die Spannung an den EB-Dioden der beiden Dioden kann bei Gleichtaktaussteuerung als nahezu konstant angenommen werden. Wegen $V_{A1} = V_{A2} \approx -R_C I_{EE}/2$ folgt damit für die *Gleichtaktverstärkung*

$$A_{GL} = -\frac{dV_{A1}}{dV_{GL}} = -\frac{dV_{A1}}{dI_{EE}}\frac{dI_{EE}}{dV_E}\frac{dV_E}{dV_{GL}} \approx \frac{R_C}{2\,r_{ee}} . \tag{4.87}$$

Für die *Gleichtaktunterdrückung* CMRR bedeutet dies

$$\text{CMRR} = \frac{A_D}{A_{GL}} \approx \frac{R_C I_{EE}}{4V_T}\frac{2r_{ee}}{R_C} = \frac{r_{ee} I_{EE}}{2V_T} ; \tag{4.88}$$

sie ist um so größer, je größer der Ausgangswiderstand der verwendeten Stromquelle ist.

Kleinsignalanalyse durch Netzwerkaufteilung

Die Ergebnisse des vorausgegangenen Abschnitts lassen sich auch aus der in Abb. 4.53 dargestellten Kleinsignalersatzschaltung des Differenzverstärkers gewinnen.

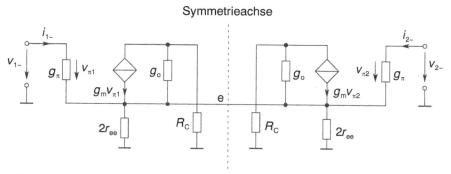

Abb. 4.53. Kleinsignalersatzschaltung des Differenzverstärkers

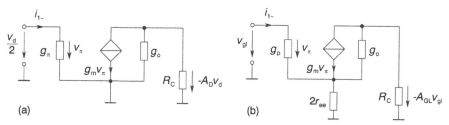

Abb. 4.54. Kleinsignalersatzschaltung des Differenzverstärkers für **(a)** Gegentaktbetrieb und **(b)** Gleichtaktbetrieb

Der den Ausgangswiderstand der Stromquelle beschreibende Widerstand r_{ee} wurde in zwei parallel geschaltete Widerstände $2r_{ee}$ aufgespalten, um die *Symmetrie* der Schaltung zu unterstreichen. Zur Bestimmung des Übertragungsverhaltens können nach dem Überlagerungssatz Gegentakt- und Gleichtaktbetrieb getrennt untersucht werden.

- Bei reiner *Gegentaktaussteuerung* bleibt das Potential des Knotens e unverändert, d. h. der Knoten e kann für diesen Betrieb als Masse angesehen werden. Für die Bestimmung der Differenzverstärkung genügt es die in Abb. 4.54a gezeigte Teilschaltung zu untersuchen.

- Bei reiner *Gleichtaktaussteuerung* fließt kein Strom über die in Abb. 4.53 eingezeichnete Symmetrielinie – es genügt deshalb die Untersuchung der in Abb. 4.54b gezeigten Halbschaltung.

Aus der in Abb. 4.54a gezeigten Schaltung folgt für die Differenzverstärkung

$$A_{\mathrm{D}} = \frac{g_{\mathrm{m}}}{2}\,(R_{\mathrm{C}}\,\|\,r_{\mathrm{o}}) \quad \mathrm{mit} \quad g_{\mathrm{m}} \approx \frac{1}{V_T}\frac{I_{\mathrm{EE}}}{2}\,,$$

vom Faktor $1/2$ abgesehen, derselbe Werte wie für die Verstärkerstufe in Emitterschaltung ohne Gegenkopplung. Die Teilschaltung (b) zur Berechnung der Gleichtaktverstärkung entspricht der Verstärkerstufe in Emitterschaltung mit starker Gegenkopplung, so daß nach Gl. (4.69)

$$A_{\mathrm{GL}} = R_{\mathrm{C}}/2r_{\mathrm{ee}}$$

resultiert. Die durchgeführte Symmetriebetrachtung ist auch bei hohen Frequenzen anwendbar, wenn die Transistorkapazitäten in der Ersatzschaltung berücksichtigt werden müssen. Für die Differenzverstärkung ergibt sich so beispielsweise ein Frequenzgang, wie bei der nicht gegengekoppelten Verstärkerstufe in Emitterschaltung.

4.10 Aufgaben

Aufgabe 4.1 Ein npn-Bipolartransistor habe homogen dotierte Bahngebiete (Dotierstoffkonzentration im Emitter $N_{\mathrm{DE}} = 2 \cdot 10^{19}$ cm^{-3}, Dotierstoffkonzentration in der Basis $N_{\mathrm{AB}} = 2.5 \cdot 10^{17}$ cm^{-3}, Dotierstoffkonzentration im Kollektor $N_{\mathrm{DC}} = 5 \cdot 10^{15}$ cm^{-3}) und den in Abb. 4.55 skizzierten Querschnitt sowie die Weite (senkrecht zur Zeichenebene) $W = 50$ µm (Elektronenbeweglichkeit in der Basis $\mu_n = 500$ cm$^2/(\mathrm{Vs})$, $\epsilon_{\mathrm{r,Si}} = 11.9$, $T = 300$ K).

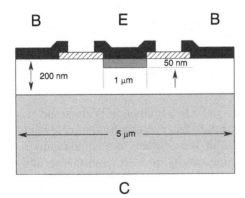

Abb. 4.55. Zu Aufgabe 4.1 und 4.2

(a) Wie groß ist die Basisweite d_{B} bei $V_{\mathrm{BE}} = 0.8$ V, $V_{\mathrm{CB}} = 4$ V, wie groß bei $V_{\mathrm{CB}} = 5$ V? Welchen Wert weist der Transferstrom unter diesen Bedingungen auf? Welche Early-Spannung hat der Transistor?
(b) Zeichnen Sie die Kleinsignalersatzschaltung (ohne Bahnwiderstände) und ermitteln Sie die Kenngrößen der Elemente sowie die Transitfrequenz f_{T} des Bipolartransistors für den Arbeitspunkt $V_{\mathrm{BE}} = 0.8$ V, $V_{\mathrm{CB}} = 5$ V; die Stromverstärkung im

Arbeitspunkt ist $B_N = \beta = 100$.

Aufgabe 4.2 Ein Silizium npn-Transistor besitze den in Abb. 4.55 skizzierten Querschnitt (Dotierstoffkonzentration im Emitter $N_{DE} = 10^{19}$ cm^{-3}, Dotierstoffkonzentration in der Basis $N_{AB} = 3 \cdot 10^{17}$ cm^{-3}, Dotierstoffkonzentration im Kollektor $N_{DC} = 10^{15}$ cm^{-3}). Die Ausdehnung des Transistors senkrecht zum skizzierten Querschnitt sei 80 µm. Bahnwiderstandseffekte sollen vernachlässigbar klein sein.
(a) Berechnen Sie die SPICE-Parameter V_{JE}, C_{JE}, V_{JC}, C_{JC}, Q_{B0}, I_S und τ_B mit Hilfe der Sperrschichtnäherung (bei $T = 300$K). Bahnwiderstände, die Rekombination von Elektronen im Basisbahngebiet und Randeffekte dürfen dabei vernachlässigt werden (Beweglichkeit für Elektronen im Basisbahngebiet: $\mu_n = 450$cm^2/(Vs), $\epsilon_{r,Si} \approx 11.9$).
(b) Der Transistor wird in Emitterschaltung (Versorgungsspannung $V_+ = 15$ V) mit dem Lastwiderstand $R_L = 1$ kΩ betrieben und mit einer Spannungsquelle angesteuert. Welche Spannung V_{BE} muß diese liefern, damit der Transferstrom $I_T = 10$ mA fließt? (Nehmen Sie $q_B \approx 1$ an.)
(c) Nehmen Sie die Vorwärtstransitzeit τ_f gleich τ_B und $I_C = I_T$ an und berechnen Sie die Änderung der Löcherladung im Transistor wenn V_{BE} von 0 auf den unter (b) berechneten Wert angehoben wird. Wie lange benötigt eine Stromquelle, die 0.2 mA liefern kann um diese Ladung bereitzustellen?

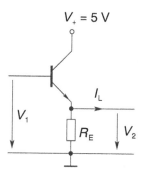

Abb. 4.56. Zu Aufgabe 4.3

Aufgabe 4.3 Für den in Abb. 4.56 skizzierten Transistor seien die folgenden Daten bekannt. $I_S = 10^{-16}$ A, $B_F = 100$ ($T = 300$ K, Early-Effekt vernachlässigt).
(a) Berechnen Sie die Ströme I_B, I_C, I_E und die Eingangsspannung V_1 für die Ausgangsspannung $V_2 = 3$ V, $I_L = 0$ und $R_E = 1$ kΩ.
(b) Stellen Sie eine allgemeine Beziehung zwischen V_2 und V_1 bei $I_L = 0$ auf. Folgerungen?
(c) Stellen Sie eine allgemeine Beziehung zwischen V_2 und I_L bei $V_1 = 3$ V auf und diskutieren Sie Ihr Ergebnis.

Aufgabe 4.4 Gegeben sei ein npn-Transistor mit einer homogen dotierten Basis der Dicke $d_B = 1$ µm.
(a) Berechnen Sie die Basistransitzeit τ_B. Die Rekombination in der Basis braucht dabei nicht berücksichtigt zu werden.
(b) Wie groß ist die in der Basis gespeicherte Elektronenladung falls ein Transferstrom $I_T = 2$ mA durch die Basis fließt?

(Angaben: $\mu_n = 800\,\text{cm}^2/\text{Vs}$, $V_T = 25\,\text{mV}$).

Aufgabe 4.5 Ein Transistor weise den thermischen Widerstand $R_{th} = 300\,\text{K/W}$ zur Umgebung von auf. Welche Sperrschichttemperatur T_J ergibt sich bei der Umgebungstemperatur 20°C falls $I_C = 10\,\text{mA}$ bei $V_{CE} = 10\,\text{V}$?

Aufgabe 4.6 Der Elektronenstrom in der Basis eines npn-Bipolartransistors sei ein reiner Diffusionsstrom. Wie muß V_{BE} geändert werden, damit sich der Elektronenstrom bei einer Halbierung der Basisweite nicht ändert?

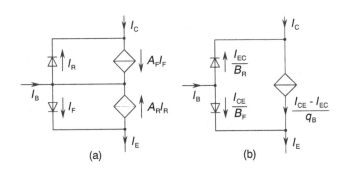

Abb. 4.57. zu Aufgabe 4.7

Aufgabe 4.7 Das Ebers-Moll-Modell (vgl. Abb. 4.57a) stellt eine Alternative zu dem im Text behandelten elementaren Transistormodell (vgl. Abb. 4.57b) dar. Für die Ströme I_F und I_R wird angesetzt

$$I_F = I_{ES}\left[\exp\left(\frac{V_{BE}}{V_T}\right) - 1\right], \qquad I_R = I_{CS}\left[\exp\left(\frac{V_{BC}}{V_T}\right) - 1\right]$$

eine arbeitspunktabhängige Basisladung wird nicht modelliert. Wie hängen die Parameter I_{ES}, I_{CS}, A_F und A_R des Ebers/Moll-Modells mit den Größen I_S, B_F, B_R des elementaren Transistormodells zusammen? Nehmen Sie hierzu $q_B = 1$ an. Zeigen Sie, daß die Reziprozitätsbeziehung $A_F I_{ES} = A_R I_{CS}$ erfüllt ist.

Aufgabe 4.8 Gegeben sei ein Bipolartransistor mit einer Emitter-Sperrschichtfläche $A_{je} = 50\,\mu\text{m}^2$. Emitter, Basis und Kollektor seien homogen dotiert mit Dotierstoffkonzentrationen $N_{DE} = 2 \cdot 10^{19}\,\text{cm}^{-3}$ (im Emitter), $N_{AB} = 2 \cdot 10^{17}\,\text{cm}^{-3}$ (in der Basis), $N_{DC} = 10^{16}\,\text{cm}^{-3}$ (im Kollektor). Die Beweglichkeiten für Elektronen und Löcher in der Basis sind $\mu_n = 600\,\text{cm}^2/\text{Vs}$ und $\mu_p = 200\,\text{cm}^2/\text{Vs}$, die Temperatur ist $T = 300\,\text{K}$.

(a) Welchen Wert muß die metallurgische Basisweite mindestens aufweisen, damit bei $V_{BE} = 0.6\,\text{V}$ und $V_{CB} = 10\,\text{V}$ der Schichtwiderstand des Basisbahngebiets den Wert $10\,\text{k}\Omega$ nicht unterschreitet?

(b) Berechnen Sie für den so ausgelegten Transistor die Early-Spannung V_{AF} und den Ausgangsleitwert $(\partial I_C/\partial V_{CE})_{V_{BE}}$ unter Vernachlässigung von Bahnwiderstandseffekten für $V_{BE} = 0.7\,\text{V}$, $V_{CB} = 5\,\text{V}$.

Aufgabe 4.9 Ein npn-Bipolar-Transistor sei durch die folgende Liste von SPICE-Parametern vollständig beschrieben. Die Betriebstemperatur ist $\vartheta = 20°\text{C}$.

```
IS=1E-15, BF=100, CJE=10P, CJC=20P, MJE=0.5, MJC=0.5,
+ VJE=0.9, VJC=0.8, TF=400P
```

(a) Welcher Kollektorstrom fließt bei $V_{BE} = 700\,\mathrm{mV}$, $V_{CE} = 5\,\mathrm{V}$?
(b) Bestimmen Sie die Elemente g_π, g_m, g_o, c_π und c_μ der Kleinsignalersatzschaltung. Wie groß ist die β-Grenzfrequenz?

Aufgabe 4.10 Betrachten Sie die Kurzschlußstromverstärkung

$$h_{21\mathrm{e}}(0) = \left(\frac{\partial I_\mathrm{C}}{\partial I_\mathrm{B}}\right)_{V_{CE}}$$

bei nicht vernachlässigbarer Ladungsträgermultiplikation in der BC-Diode eines npn-Transistors (Ersatzschaltung Abb. 4.32).
(a) Wie hängt $h_{21\mathrm{e}}(0)$ von der idealen Vorwärtsstromverstärkung B_F und vom Multiplikationsfaktor M_n für injizierte Elektronen ab?
(b) Welcher Wert ergibt sich für $B_\mathrm{F} = 80$ und $M_\mathrm{n} = 1.01$?

Aufgabe 4.11 Ein npn-Bipolartransistor (Emitterfläche $A_{je} = 100\,\mu\mathrm{m}^2$, $T = 300\,\mathrm{K}$) besitze bei $V_{BE} = 800\,\mathrm{mV}$, $V_{BC} = 0$ die Basisweite 200 nm. Die Basis sei homogen dotiert mit $N_\mathrm{A} = 5 \cdot 10^{17}\ \mathrm{cm}^{-3}$, die Beweglichkeit der Elektronen in der Basis ist $\mu_\mathrm{n} = 800\,\mathrm{cm}^2/(\mathrm{Vs})$.
(a) Berechnen Sie den Wert der Elektronendichte in der Basis im thermischen Gleichgewicht!
(b) Berechnen Sie den Wert der Elektronendichte am emitterseitigen Sperrschichtrand bei $V_{BE} = 0.8\,\mathrm{V}$ (Bahnwiderstände seien vernachlässigbar).
(c) Warum fließen für $V_{BE} = 0.8\,\mathrm{V}$, $V_{CB} = 0\,\mathrm{V}$ Elektronen vom Emitter zum Kollektor?
(d) Berechnen Sie den Wert des Transferstroms bei $V_{BE} = 0.8\,\mathrm{V}$, $V_{CB} = 0\,\mathrm{V}$ (Rekombination in der Basis darf vernachlässigt weden).
(e) Berechnen Sie die Basistransitzeit τ_B.
(f) Die Kollektordotierung besitze den Wert $N_\mathrm{D} = 10^{17}\ \mathrm{cm}^{-3}$. Bei welcher Spannung V_{CB} ist die Basisweite auf 150 nm reduziert?
(g) Berechnen Sie den Ausgangsleitwert g_o des Transistors im Arbeitspunkt $V_{BE} = 0.8\,\mathrm{V}$, $V_{CE} = 5\,\mathrm{V}$.

Aufgabe 4.12 Betrachten Sie das Datenblatt des Tansistors PBSS4350D. Dieser soll als Schalter für den Strom $I_\mathrm{C} = 1\,\mathrm{A}$ eingesetzt werden. Der Basisstrom soll über einen Vorwiderstand R_B von einer 5V-Quelle geliefert werden. Wie ist R_B zu wählen, daß auch unter ungünstigen Bedignungen $I_\mathrm{C}/I_\mathrm{B} \leq 20$ erfüllt ist? Welche Verlustleistung wird im geschlossenen „Transistorschalter" umgesetzt?

Aufgabe 4.13 (a) Betrachten Sie das Datenblatt des Transistors BC868 und ermitteln Sie die Early-Spannung und den Transfersättigungsstrom.
(c) Ermitteln Sie die im Bauteil umgesetzte Leistung als Funktion von V_{CE}. Wie groß ist die Erwärmung des Bauteils im thermischen eingeschwungenen Zustand für die verschiedenen Werte von V_{CE}. Welche Konsequenzen hat dies für die Messung der Spannungsübertragungskennlinie (Messpunkte im thermisch eingeschwungenen Zustand).

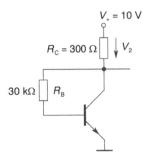

Abb. 4.58. Zu Aufgabe 4.14

Aufgabe 4.14 Ein Bipolartransistor mit der arbeitspunktunabhängigen Stromverstärkung $B_F = 200$ wird in der in Abb. 4.58 skizzierten Schaltung eingesetzt.
(a) Berechnen Sie den Kollektorstrom I_C (elementares Transistormodell, $q_B = 1$).
(b) Berechnen Sie die Änderung von V_2 mit der Versorgungsspannung V_+.
(c) Kann der Transistor bei dieser Schaltung in Sättigung gelangen?

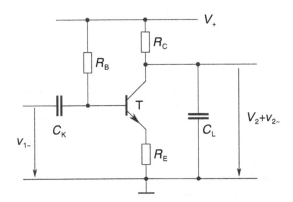

Abb. 4.59. Zu den Aufgaben 4.15 und 4.16

Aufgabe 4.15 Ein Transistor ($I_S = 10^{-15}$A, $B_F = 100$, $B_R = 1$, $V_+ = 10$V, $T = 300$K), wird in der Schaltung nach Abb. 4.59 mit $R_B = 200$ kΩ, $R_C = 1$ kΩ, $R_E = C_L = 0$ betrieben.
(a) Wie groß ist die Kleinsignalspannungsverstärkung des Verstärkers? (C_K darf für Wechselsignale als Kurzschluß betrachtet werden).
(b) Wie ändert sich das Ergebnis, wenn parallel zu R_C eine Spule der Induktivität 100 nH und ein Kondensator der Kapazität 1 μF geschaltet wird? Diskutieren Sie die Frequenzabhängigkeit der Kleinsignalspannungsverstärkung.

Aufgabe 4.16 Der in Abb. 4.59 skizzierte Verstärker wird bei der Temperatur $T = 300K$ mit $V_+ = 15$ V betrieben. Die Vorwärtsstromverstärkung des Transistors ist $B_F = 250$ (elementares Transistormodell, $q_B = 1$). Der Koppelkondensator C_K darf bei allen Teilaufgaben als Kurzschluß hinsichtlich der zu verstärkenden Kleinsignalspannung behandelt werden?
(a) Bestimmen Sie einen Ausdruck für die Kleinsignalspannungsverstärkung als Funktion von R_B und R_C für $R_E = 0$.

(b) Bestimmen Sie R_C so, daß die Grenzfrequenz des Verstärkers bei der Lastkapazität $C_L = 50\,\text{pF}$ gleich $10\,\text{MHz}$ ist. Bestimmen Sie (für $R_E = 0$) zu diesem Wert von R_C den Wert von R_B so, daß für die Ausgangsspannung im Arbeitspunkt $V_2 = 8V$ gilt. Wie groß ist dann die statische Verlustleistung des Verstärkers?
(c) Wählen Sie $R_B = 200\,\text{k}\Omega$ und $R_C = 400\,\Omega$. Bestimmen Sie I_C als Funktion von R_E. Welcher Wert resultiert für $R_E = 20\,\Omega$? Berechnen Sie für diesen Fall den Betrag der Kleinsignalspannungsverstärkung.

Aufgabe 4.17 Für einen Bipolartransistor mit der Kleinsignalstromverstärkung $\beta = 100$ wurden bei unterschiedlichen Werten des Kollektorstroms I_C und $V_{CE} = 5\,\text{V}$ die folgenden Werte für die Transitfrequenz ermittelt.

I_C	50 µA	100 µA	0.2 mA	0.5 mA	1 mA	2 mA	5 mA
f_T/MHz	28	51.5	88.7	156.3	209.7	240.8	245

(a) Zeichnen Sie den frequenzabhängigen Verlauf der Kurzschlußstromverstärkung h_{21e} bei $I_C = 1\,\text{mA}$ und $V_{CE} = 5\,\text{V}$ in ein Bode-Diagramm ein.
(b) Ermitteln Sie die Vorwärtstransitzeit T_F des Bipolartransistors durch eine geeignete Auftragung der Daten (alle Punkte auswerten, aufgetragene Werte auch in Tabellenform angeben, auf sinnvolle Skalenwahl achten).
(c) Bei $I_C = 1\,\text{mA}$ und $V_{CE} = 5\,\text{V}$ wurde die Steilheitsgrenzfrequenz des Transistors zu $f_y = 30\,\text{MHz}$ ermittelt. Wie groß ist der Basisbahnwiderstand?

4.11 Literaturverzeichnis

[1] I.E. Getreu. *Modeling the Bipolar Transistor.* Tektronix, Beaverton, 1976.

[2] M. Reisch. *Elektronische Bauelemente - Funktion, Grundschaltungen, Modellierung mit SPICE.* 2. Auflage Springer, Heidelberg, 2007.

[3] M. Reisch. *High-frequency Bipolar Transistors.* Springer, Heidelberg, 2003

[4] H.S. Bennett. Heavy doping effects on bandgaps, effective intrinsic carrier concentrations and carrier mobilities and lifetimes. *Solid-State Electron.*, 28(1):193–200, 1985.

[5] R.J. von Overstraeten, R.P. Mertens. Heavy doping effects in silicon. *Solid-State Electron.*, 30(11):1077–1087, 1987.

[6] J. Wagner, J.A. del Alamo. Band-gap narrowing in heavily doped silicon: A comparison of optical and electrical data. *J. Appl. Phys.*, 63(2):425–429, 1988.

[7] J. Lohstroh, J.J.M. Koomen, A.T. van Zanten, R.H.W. Salters. Punchthrough-currents in pnp and npn sandwich structures – I. Introduction and basic calculations. *Solid-State Electron.*, 24(9):805–814, 1981.

[8] R.M. Scarlett, W. Shockley. Secondary breakdown and hot spots in power transistors. *IEEE Intern. Conv. Rec., pt.3*, pages 3–13, 1963.

[9] F. Weitzsch. Zur Theorie des zweiten Durchbruchs bei Transistoren. *A.E.Ü.*, 19(1):27–42, 1965.

[10] H.M. Rein, T. Schad, R. Zühlke. Der Einfluß des Basisbahnwiderstandes und der Ladungsträgermultiplikation auf des Ausgangskennlinienfeld von Planartransistoren. *Solid-State Electron.*, 15:481–500, 1972.

[11] G. Blasquez, G. Barbottin, V. Boisson. *Instabilities in Bipolar Devices*, in 'Instabilities in Silicon Devices', G. Barbottin, A. Vapaille (Eds.). Elsevier, North Holland, 1989.

[12] H. Krömer. Heterostructure bipolar transistors and integrated circuits. *Proc. IEEE*, 70(1):13–25, 1982.

[13] R. People. Physics and applications of Ge_xSi_{1-x}/Si strained-layer heterostructures. *IEEE J. Quantum Electronics*, 22(9):1696–1710, 1986.

[14] S.S. Iyer, G.L. Patton, J.M.C. Stork, B.S. Meyerson, D.L. Harame. Heterojunction bipolar transistors using Si-Ge alloys. *IEEE Trans. Electron Devices*, 36(10):2043–2064, 1989.

[15] D.L. Harame, J.H. Comfort, J.D. Cressler, E.F. Crabbe, J.Y.-C. Sun, B.S. Meyerson, T. Tice. Si/SiGe epitaxial-base transistors - part I: Materials, physics, and circuits. *IEEE Trans. Electron Devices*, 42(3):455–468, 1995.

[16] D.L. Harame, J.H. Comfort, J.D. Cressler, E.F. Crabbe, J.Y.-C. Sun, B.S. Meyerson, T. Tice. Si/SiGe epitaxial-base transistors - part II: Process intgration and analog applications. *IEEE Trans. Electron Devices*, 42(3):469–482, 1995.

[17] H. Krömer. Two integral relations pertaining to the electron transport through a bipolar transistor with a nonuniform energy gap in the base region. *Sol. St. Electron.*, 28(11):1101–1103, 1985.

[18] H. Morkoc, B. Sverdlov, G.-B. Gao. Strained layer heterostructures, and their applications to MODFET's, HBT's and lasers. *Proc. IEEE*, 81(4):493–556, 1993.

[19] G. Raghavan, M. Sokolich, W. Stanchina. Indium phosphide ICs unleash the high-frequency spectrum. *IEEE Spectrum*, 37(10):47–52, 2000.

5 Feldeffekttransistoren

Feldeffekttransistoren (FETs) sind aktive Bauelemente, bei denen der Stromfluß durch einen leitenden Kanal mit Hilfe einer Steuerelektrode moduliert werden kann. Der prinzipielle Aufbau eines FET ist in Abb. 5.1 dargestellt: Der zwischen den Anschlüssen *Source* (**S**) und *Drain*[1] (**D**) fließende Strom wird durch das sog. *Gate* (**G**) gesteuert.

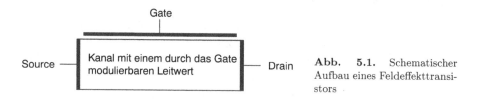

Abb. 5.1. Schematischer Aufbau eines Feldeffekttransistors

Feldeffekttransistoren werden gelegentlich auch als *Unipolartransistoren* bezeichnet, da bei FETs im Gegensatz zu Bipolartransistoren nur Ladungsträger einer Polarität zum Strom beitragen. Der Aufbau von Feldeffekttransistoren ist häufig symmetrisch – die Kennlinien ändern sich nicht, wenn die Rolle von Source und Drain vertauscht wird. Die vom Hersteller spezifizierten Anschlüsse sollten dennoch eingehalten werden, da FETs für Verstärkeranwendungen häufig so aufgebaut werden, daß die Kapazität zwischen Gate und Drain geringer ist als die Kapazität zwischen Gate und Source,[2] so daß es günstiger ist, den Drainanschluß mit dem Ausgang einer Verstärkerschaltung zu verbinden.

Ist der Kanal für $V_{\mathrm{GS}} = 0$ bereits leitfähig, so spricht man von einem Feldeffekttransistor vom *Verarmungstyp* (Depletion-Typ); wird der Kanal erst durch eine entsprechende Gatespannung V_{GS} leitfähig, so liegt ein Feldeffekttransistor vom *Anreicherungstyp* (Enhancement-Typ) vor. Abhängig davon, ob die Ladungsträger im Kanal Elektronen oder Löcher sind, unterscheidet man ferner *n-Kanal-* und *p-Kanal-Feldeffekttransistoren.*

Die Steuerung des Drainstroms erfolgt – zumindest im NF-Bereich – in sehr guter Näherung *leistungslos*, da zwischen Kanal und Steuerelektrode bei intakten Bauelementen i. allg. nur ein vernachlässigbar kleiner Leckstrom fließt. Abhängig von der Realisierung der Steuerelektrode unterscheidet man JFETs, MESFETs, MOSFETs und MODFETs (HEMTs):

---

[1] Über Source (deutsch: Quelle) werden die Ladungsträger in den Kanal eingespeist, über Drain (deutsch Abfluß) werden sie aus dem Kanal abgezogen.

[2] Diese Kapazität ist wegen des Miller-Effekts besonders kritisch. Bei MOSFETs mit nur drei Anschlußklemmen ist die Symmetrie darüber hinaus durch einen Kurzschluß zwischen Source und Bulk verletzt.

Steuerelektrode ausgeführt als	Bezeichnung
pn-Diode	JFET
Schottky-Diode	MESFET
MOS-Kondensator	MOSFET
Heteroübergang	MODFET, HEMT

Wegen der herausragenden Rolle des MOSFET liegt der Schwerpunkt dieses Kapitels auf diesem Bauelement.

5.1 MOSFETs - Eine Einführung

Abbildung 5.2 zeigt schematisch Querschnitte der verschiedenen MOSFET-Typen und ihre Schaltzeichen. Der MOSFET ist ein Bauteil mit vier An-schlüssen (Source, Gate, Drain und Bulk), die alle auf definiertem Potential liegen müssen. Schaltsymbole, bei denen der Bulk-Anschluß nicht explizit auf-geführt ist, setzen voraus, daß Source und Bulk intern kurzgeschlossen sind. Der Begriff MOSFET wird in der Folge, soweit nicht anderweitig vermerkt, für einen MOSFET vom Anreicherungstyp verwendet.

Der n-Kanal-MOSFET vom Anreicherungstyp ist aus einem MOS-Konden-sator (zwischen Gate und dem gewöhnlich als *Bulk* bezeichneten p-Substrat) und zwei pn-Übergängen aufgebaut. Der MOSFET wird normalerweise so betrieben, daß keiner der beiden pn-Übergänge in Flußrichtung gerät. Ein Stromfluß zwischen Source und Drain tritt nur auf, wenn sich durch Anlegen einer Gatespannung $V_{GS} > 0$ ein *Inversionskanal* unter dem Gateoxid bildet. Durch die von der Gatespannung abhängige Ladung im Inversionskanal des MOS-Kondensators kann der Strom zwischen Source und Drain gesteuert werden. Derartige Transistoren werden auch als *Normally-off-Transistoren* bezeichnet, da für den Aufbau eines Kanals erst eine Steuerspannung angelegt werden muß.

MOSFETs vom Anreicherungstyp werden als n-Kanal-Transistoren (mit p-Typ Bulk) und als p-Kanal-Transistoren (mit n-Typ Bulk) verwendet. Im Gegensatz zu den Anreicherungstypen stehen die *Buried-channel-MOSFETs* (*Verarmungstyp*). Da bei diesen i. allg. auch ohne Anlegen einer Steuerspan-nung ein leitender Kanal zwischen Source und Drain besteht, werden derartige Transistoren auch als *Normally-on-Transistoren* bezeichnet.

5.1.1 Gegenüberstellung von Bipolartransistor und MOSFET

Abbildung 5.3 weist auf wesentliche Unterschiede zwischen npn-Bipolartransis-tor und n-Kanal-MOSFET hin.

1. Der *Eingangsleitwert* eines intakten MOSFET bei NF-Betrieb ist vernach-lässigbar klein – der MOSFET benötigt im Gegensatz zum Bipolar-

Typ	Aufbau (schematisch)	Schaltkreisymbole
n-Kanal- Anreicherungstyp Normally-off	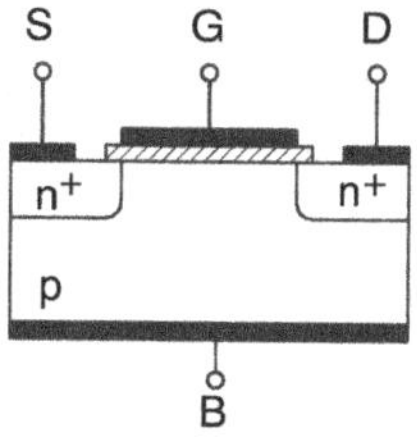	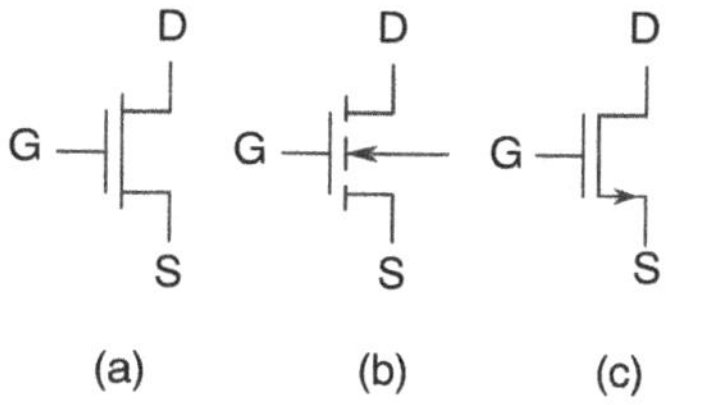
n-Kanal- Buried-channel Normally-on	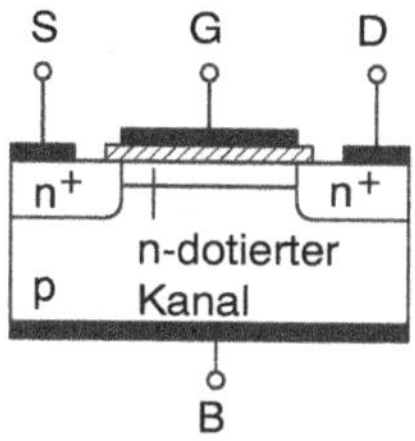	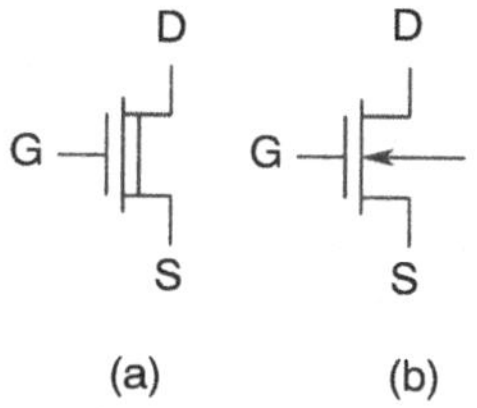
p-Kanal- Anreicherungstyp Normally-off	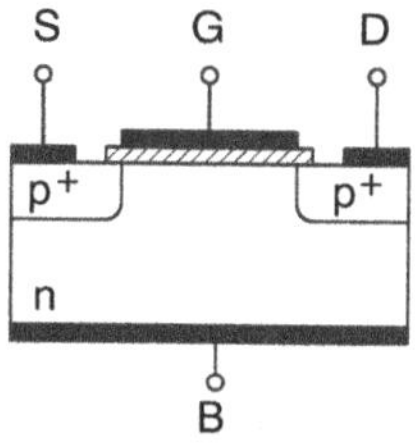	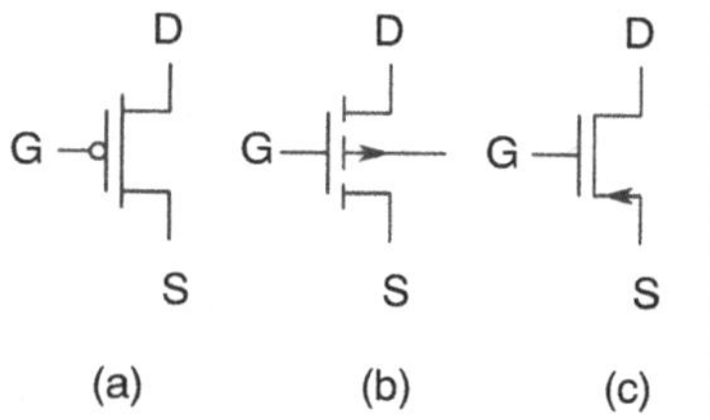
p-Kanal- Buried-channel Normally-on	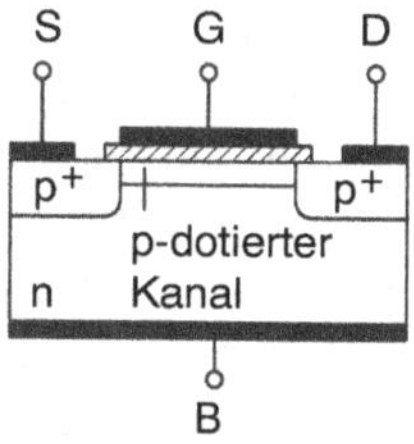	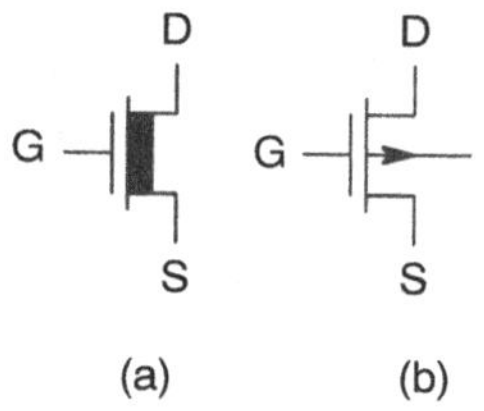

Abb. 5.2. Aufbau und Schaltzeichen der verschiedenen MOSFET-Typen

transistor keinen Steuerstrom. Neben Strom und Spannung kann deshalb in MOS-Schaltungen auch die *Ladung* als Signalgröße dienen. Dies ermöglicht schaltungstechnische Ansätze, wie die dynamische CMOS-Logik, die mit Bipolartransistoren nicht verwirklicht werden können.

2. In Bipolartransistoren tritt im *Schaltbetrieb* im niederohmigen Zustand (Sättigung) eine große Speicherladung auf, die beim Ausschaltvorgang zu einer unerwünschten Speicherzeit führt. Da MOSFETs keinen vergleichbaren Effekt zeigen, eignen sich diese i. allg. besser als schnelle Schalter bei Aussteuerung bis an die Grenzen der Versorgungsspannung. MOS-

Bauelement	Bipolar-Transistor	n-Kanal-MOSFET
Aufbau (schematisch)	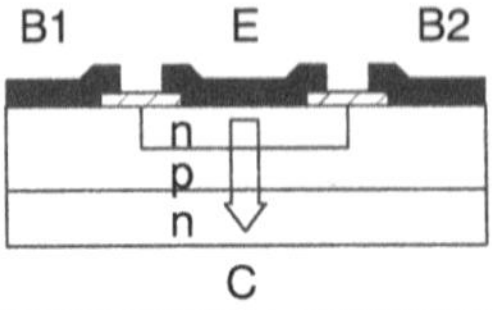 B1 E B2 n n p n C	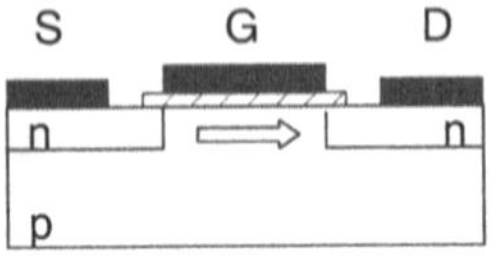 S G D n n p
Stromfluß	vertikal	lateral
kritische Abmessung für Grenzfrequenz	Basisweite	Kanallänge
Rauschen (Hauptursachen)	Schrotrauschen, Widerstandsrauschen	Widerstandsrauschen 1/f-Rauschen
Strom-Spannungs-charakteristik	exponentiell	quadratisch (im Sättigungsgebiet)
Übertragungsleitwert, Steilheit	$g_m = \dfrac{I_C}{V_T}$	$g_m = \sqrt{2\beta_n I_D}$
Steuerstrom	$I_B = I_C / B_N$	$I_G = 0$
Kontrolle der Schaltschwelle	besser	schlechter

Abb. 5.3. Gegenüberstellung von npn-Bipolartransistor und n-Kanal-MOSFET

FETs für große Schaltspannungen profitieren dafür im Gegensatz zu Bipolartransistoren nicht von der Leitfähigkeitsmodulation (vgl.5.4.3) und weisen deshalb groe Einschaltwiderstaände auf.

3. Die exponentielle Kennlinie des Bipolartransistors führt zu einer vergleichsweise geringen Abhängigkeit der *Schleusenspannung* (vgl. Gl. (7.17))

$$V_{\mathrm{BEon}} \approx V_T \ln\left(\frac{I_C}{I_S}\right) \approx V_T \ln\left(\frac{I_C N_A d_{B0}}{e A_{je} D_n n_i^2}\right)$$

von den Abmessungen (Basisweite d_{B0} und Sperrschichtfläche A_{je}) und der Dotierstoffkonzentration N_A des Basisbahngebiets. Weicht die Emitterfläche beispielsweise um 10 % vom Sollwert ab, so verändert sich $V_{\mathrm{BEon}} \approx 0.8$ V um $\Delta V_{\mathrm{BEon}} \approx V_T \ln(1.1) \approx 2.5$ mV bei Raumtemperatur, was einer relativen Änderung $\Delta V_{\mathrm{BEon}}/V_{\mathrm{BEon}} \approx 0.3\%$ entspricht. Bei MOS-FETs mit kurzen Kanallängen wird eine wesentlich größere Abhängigkeit der Einsatzspannung von Fehlern in der lateralen Abmessung beobachtet: Eine Abweichung der Kanallänge um 10 % vom Nominalwert kann in ungünstigen Fällen eine relative Änderung der Einsatzspannung um mehr als 10 % zur Folge haben. Mit Bipolartransistoren aufgebaute Differenzverstärker weisen aus diesem Grund i. allg. eine wesentlich geringere *Offsetspannung* auf als Differenzverstärker, die mit MOSFETs realisiert wurden. Ein weiterer Vorzug des Bipolartransistors ist die bessere *Langzeitstabilität* der Schleusenspannung.

4. Bipolartransistoren weisen eine exponentielle Transferstromkennlinie und damit eine sehr viel ausgeprägtere Abhängigkeit des Ausgangsstroms $I_C(V_{BE})$ von der Steuerspannung auf als MOSFETs, die eine annähernd quadratische Abhängigkeit $I_D(V_{GS})$ (im Sättigungsbereich) aufweisen. Der Übertragungsleitwert g_m des Bipolartransistors ist deshalb i. allg. größer als der des MOSFET.[3]

5. Da die Transferstromkennlinie des MOSFET weniger stark gekrümmt ist als die des Bipolartransistors, sind *Verzerrungen* im Großsignalbetrieb in der Regel geringer. Endstufen von NF-Verstärkern werden heute vorzugsweise mit MOSFETs ausgeführt.

6. Der Stromfluß in Bipolartransistoren erfolgt vertikal, in MOSFETs lateral. Die für die Schaltzeiten *kritischen Abmessungen*, Basisweite bzw. Kanallänge, werden entsprechend im Fall des Bipolartransistors durch Diffusion, Implantation oder Schichtabscheidung, im Fall des (integrierten) MOSFET in der Regel durch einen lithographischen Schritt bestimmt.

7. Bei konstanten Klemmenspannungen führt eine Temperaturerhöhung i. allg. zu einer Abnahme des Drainstroms beim MOSFET, während beim Bipolartransistor ein Anstieg des Kollektorstroms zu beobachten ist. Eine Parallelschaltung mehrerer MOSFETs ist deshalb unproblematisch, während bei Bipolartransistoren in der Regel Emitterserienwiderstände verwendet werden müssen.

8. MOSFETs besitzen bei hohen Frequenzen i. allg. günstigere *Rauscheigenschaften* als Bipolartransistoren. Der Grund hierfür liegt im geringeren Rauschstrom, der in Verbindung mit hochohmigen Signalquellen zu geringen Rauschspannungen am Ausgang führt. Da die Rauschspannungen von Bipolartransistor und MOSFET jedoch vergleichbar groß sind, ergeben sich bei niederohmigen Signalquellen keine nennenswerten Vorteile. Bei niedrigen Frequenzen können MOSFETs vom Anreicherungstyp, als Folge eines Einfangs von Elektronen in oberflächennahe Zustände an der Si-SiO$_2$-Grenzfläche, ein erhöhtes $1/f$-Rauschen aufweisen.

---

[3]Aus den in Abb. 5.3 angegebenen groben Näherungsbeziehungen ergibt sich unter der Annahme $I_C = I_D = I$ für den MOSFET eine größere Steilheit, falls

$$\sqrt{2\beta_n I} > \frac{I}{V_T} \quad \text{bzw.} \quad \beta_n > \frac{I}{2V_T^2}$$

gilt. Dies erfordert jedoch für typische Ströme im Bereich von 1 mA sehr große Werte für den Parameter β_n (Definition Gl. (5.11)), was zu großen Transistorflächen und Eingangskapazitäten führt.

5.1.2 Der n-Kanal-MOSFET in einfachster Näherung

Abbildung 5.4 erläutert die unterschiedliche Wirkungsweise von Bipolartransistor und MOSFET anhand des Bändermodells – im Fall des MOSFET ist dabei der Verlauf der Bandkanten an der Si-SiO$_2$-Grenzfläche wiedergegeben. In beiden Fällen liegt eine npn-Struktur vor; eine Spannung $V_{CE} > 0$ bzw. $V_{DS} > 0$ fällt für $V_{BE} = 0$ bzw. $V_{SB} = 0$ als Sperrspannung an der BC- bzw. BD-Diode ab.

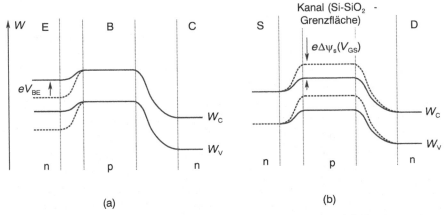

Abb. 5.4. Vergleich der Steuermechanismen des Transferstroms in (**a**) Bipolartransistor und (**b**) n-Kanal-MOSFET

Damit im Bipolartransistor Elektronen vom Emitter zum Kollektor fließen können, muß durch eine Flußpolung der EB-Diode die von den Elektronen zu überwindende Potentialbarriere abgebaut werden (vgl. Abb. 5.4a) – dies ermöglicht eine Elektroneninjektion in das Basisgebiet und damit den Transferstrom. Beim MOSFET wird dagegen $V_{SB} = 0$ nicht verändert – ein Abbau der Potentialbarriere erfolgt hier in einer dünnen Zone unterhalb des Gateoxids durch den *Feldeffekt* (vgl. Abb. 5.4b), d. h. durch die Änderung $\Delta\psi_s$ des Oberflächenpotentials aufgrund der angelegten Gatespannung. Bei geringer Bandverbiegung im Gebiet schwacher Inversion verhält sich der MOSFET ähnlich wie ein Bipolartransistor: Durch den Kanal fließt ein *Diffusionsstrom*, der auch als Subthresholdstrom bezeichnet wird. Mit zunehmender Gatespannung V_{GS} wird die Potentialbarriere jedoch so weit abgebaut, daß die Elektronen nahezu ungehindert vom Sourcegebiet in den Kanal gelangen können. Der Stromfluß erfolgt dann weitgehend als *Driftstrom*. Im Bänderschema Abb. 5.4b würde sich dies in einer Neigung der Bandkanten im Bereich des Kanals bemerkbar machen.

Drainstrom

Die folgende Betrachtung bietet einen einfachen Zugang zur Drainstrom-kennlinie eines n-Kanal-MOSFET. Der Subthresholdstrom wird dabei nicht berücksichtigt: Für die Flächenladungsdichte im Kanal wird die Approximation durch eine Knickkennlinie gemäß Kap. 2.8 verwendet. Danach bildet sich für $V_{GS} > V_{TH}$ ein Inversionskanal unter der Gateelektrode aus, der eine leitende Verbindung zwischen Source und Drain herstellt. Der Drainstrom I_D ist bei stationärem Betrieb gleich dem durch den Inversionskanal fließenden Transferstrom I_T. Da die Elektronen von Source nach Drain fließen ($V_{DS} > 0$)

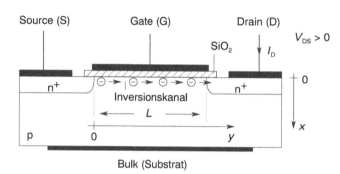

Abb. 5.5. Querschnitt durch einen n-Kanal-MOSFET (Anreicherungstyp)

bezeichnet der in Abb. 5.5 angegebene Strompfeil einen positiven Drainstrom. Der durch den Kanal transportierte Transferstrom I_T und damit der Drainstrom I_D wird als proportional zur Elektronenladung Q_n im Kanal angesetzt

$$I_D = -Q_n/\tau_K \; . \tag{5.1}$$

Die *Transitzeit* τ_K bezeichnet dabei die Zeit, die ein Elektron im Mittel benötigt, um den Kanal zu durchlaufen. Für die Transitzeit folgt aus der in Abb. 5.5 definierten *Kanallänge* L und der mittleren Geschwindigkeit $\langle v_n \rangle$ der Elektronen im Kanal

$$\tau_K = L/\langle v_n \rangle \; . \tag{5.2}$$

Unter Vernachlässigung der Feldstärkeabhängigkeit der Beweglichkeit gilt die Näherung

$$\langle v_n \rangle = -\langle \mu_s E_y \rangle \approx \mu_s \frac{V_{DS}}{L} \; , \tag{5.3}$$

wobei μ_s die Beweglichkeit der Elektronen im Kanal, E_y die Komponente des elektrischen Felds in Stromflußrichtung (vgl. Abb. 5.5) und $\langle .. \rangle$ die Mittelung über den Kanalbereich bezeichnet. Für die Transitzeit folgt so

$$\tau_K \approx \frac{L^2}{\mu_s} \frac{1}{V_{DS}} \; . \tag{5.4}$$

Die Ladung im Kanal wird durch eine Knickkennlinie näherungsweise beschrieben

$$Q_n = \begin{cases} 0 & \text{für} \quad V_{GS} \leq V_{TH} \\ -c'_{ox}WL\,(V_{GS}-V_{TH}) & \text{für} \quad V_{GS} > V_{TH} \end{cases} \quad . \tag{5.5}$$

Dabei gibt die *Kanalweite* W die Abmessungen des Kanals senkrecht zur Zeichenebene in Abb. 5.5 an, V_{TH} bezeichnet die Einsatzspannung (vgl. S. 229). Für den Drainstrom I_D folgt für $V_{GS} > V_{TH}$ durch Zusammenfassen

$$I_D \approx K_P \frac{W}{L}(V_{GS} - V_{TH})V_{DS} \ . \tag{5.6}$$

Dabei bezeichnet

$$K_P = \mu_s c'_{ox} \tag{5.7}$$

den sog. *Übertragungsleitwertparameter*. Diese Größe wird auch im SPICE-Modell des MOSFET verwendet.

Beispiel 5.1.1 Betrachtet wird ein n-Kanal-MOSFET mit der Oxiddicke $d_{ox} = 25$ nm und der Elektronenbeweglichkeit im Kanal $\mu_s = 430$ cm^2/(Vs). Für die flächenspezifische Oxidkapazität folgt in diesem Fall

$$c'_{ox} = \frac{\epsilon_{SiO2}}{d_{ox}} = \frac{8.85 \cdot 10^{-14}\,\text{F/cm} \cdot 3.9}{25 \cdot 10^{-7}\,\text{cm}} = 138\,\frac{\text{nF}}{\text{cm}^2}$$

und für den Übertragungsleitwertparameter

$$K_P = \mu_s c'_{ox} = 60\,\frac{\mu\text{A}}{\text{V}^2} \ . \qquad\qquad \triangle$$

Gleichung (5.6) liefert lediglich für kleine Werte von V_{DS} eine sinnvolle Beschreibung der Kennlinie. Der MOSFET zeigt hier das Verhalten eines ohmschen Widerstands, dessen Widerstandswert durch V_{GS} verändert werden kann. Dieser Widerstand wird in Datenblättern als R_{DSon} spezifiziert – er bestimmt den Serienwiderstand eines MOSFET im Schaltbetrieb bei „geschlossenem" Schalter.

Mit zunehmendem V_{DS} wird die Flächenladungsdichte im Kanal ortsabhängig (vgl. Abb. 5.6): Durch den Spannungsabfall über dem Kanal nimmt die Potentialdifferenz zwischen Gate und Kanal und damit die Flächenladungsdichte vom Wert

$$Q'_n(0) = -c'_{ox}\,(V_{GS} - V_{TH})$$

bei Source zu Drain hin ab auf den Wert

$$Q'_n(L) = -c'_{ox}\,(V_{GS} - V_{TH} - V_{DS}) \ .$$

Dies läßt sich bei der Beschreibung des Drainstroms I_D näherungsweise berücksichtigen, wenn in Gl. (5.1) eine mittlere Flächenladung

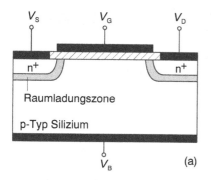

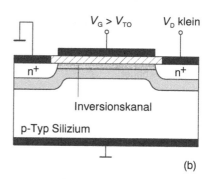

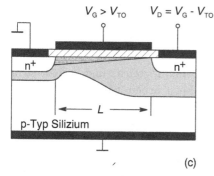

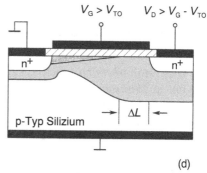

Abb. 5.6. Unterschiedliche Betriebszustände eines n-Kanal-MOSFET (Enhancement-Typ, $V_{SB} = 0$, so daß $V_{TH} = V_{TO}$). (**a**) Sperrbetrieb, (**b**) Widerstandsbereich ($V_{DS} \ll V_{GS} - V_{TH}$), (**c**) Übergang in das Sättigungsgebiet ($V_{DS} = V_{GS} - V_{TH}$), (**d**) Sättigung ($V_{DS} > V_{GS} - V_{TH}$)

$$Q_n \approx \frac{WL}{2} \left[Q'_n(0) + Q'_n(L) \right] = -c'_{ox} WL \left(V_{GS} - V_{TH} - \frac{V_{DS}}{2} \right)$$

verwendet wird. Die Strom-Spannungs-Beziehung nimmt damit die Form

$$I_D = K_P \frac{W}{L} \left(V_{GS} - V_{TH} - \frac{V_{DS}}{2} \right) V_{DS} \tag{5.8}$$

an. Diese Gleichung beschreibt eine Parabel mit einem Maximum bei der *Sättigungsspannung* (auch Abschnürspannung)

$$V_{Dsat} = V_{GS} - V_{TH} . \tag{5.9}$$

Für $V_{DS} > V_{Dsat}$ würde der Drainstrom demnach wieder abnehmen, was aber physikalisch nicht sinnvoll ist. Tatsächlich bleibt der Drainstrom für $V_{DS} > V_{Dsat}$ annähernd konstant, man spricht hier auch von einer *Sättigung* des Drainstroms (vgl. Abb. 5.7). Für $V_{GS} > V_{TH}$ läßt sich die Kennlinie demzufolge in zwei Bereiche unterteilen: Für $V_{DS} \leq V_{Dsat}$ arbeitet der MOSFET

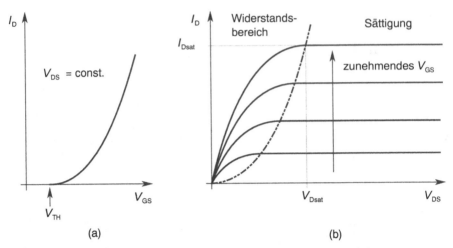

Abb. 5.7. Kennlinien des n-Kanal-MOSFET in einfachster Näherung. (a) Transferstrom-kennlinie (Steuerkennlinie) und (b) Ausgangskennlinienfeld

im *Widerstandsbereich* (auch Trioden- oder Anlaufbereich) und verhält sich wie ein *nichtlinearer Widerstand*; für $V_{DS} > V_{Dsat}$ arbeitet er im *Sättigungs-bereich* (auch Abschnürbereich) und verhält sich annähernd wie eine von V_{GS} gesteuerte *Stromquelle*. Im Sättigungsbereich gilt – zumindest bei großen Ka-nallängen L – näherungsweise

$$I_D \approx I_{Dsat} \approx \frac{1}{2} K_P \frac{W}{L} V_{Dsat}^2 \ . \tag{5.10}$$

Zur Abkürzung der Schreibweise wird häufig der *Übertragungsleitwertfaktor*

$$\beta_n = K_P \frac{W}{L} \tag{5.11}$$

verwendet. In der betrachteten Näherung ist im Sperrbereich, Widerstandsbe-reich und Sättigungsbereich jeweils eine eigene Strom-Spannungs-Beziehung gültig. Die folgende Tabelle 5.1 gibt eine Übersicht für den n-Kanal-MOSFET; der Einfluß der Bahnwiderstände auf die Kennlinien wird in dieser Näherung vernachlässigt.

Tabelle 5.1 Strom-Spannungs-Beziehungen für den n-Kanal-MOSFET

Betriebsbereich	V_{GS}	V_{DS}	I_D
Sperrbereich	$< V_{TH}$	beliebig	0
Widerstandsbereich	$> V_{TH}$	$< V_{GS} - V_{TH}$	$\beta_n \left(V_{GS} - V_{TH} - \dfrac{V_{DS}}{2} \right) V_{DS}$
Sättigungsbereich	$> V_{TH}$	$\geq V_{GS} - V_{TH}$	$\dfrac{\beta_n}{2} \left(V_{GS} - V_{TH} \right)^2$

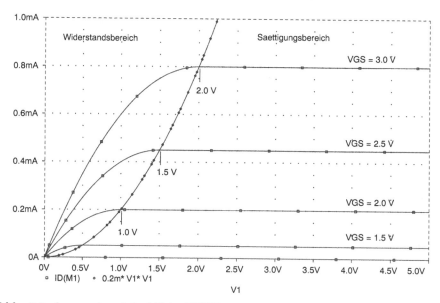

Abb. 5.8. Ausgangskennlinienfeld im LEVEL 1 − Modell (vgl. Kap. 5.1.3) in einfachster Näherung

Beispiel 5.1.2 Abbildung 5.8 zeigt das Ergebnis einer SPICE-DC-Analyse für das Ausgangskennlinienfeld eines MOSFET mit $L = 5\,\mu\text{m}$ sowie $W = 100\,\mu\text{m}$ für den in der .MODEL-Anweisung nur die Kenngrößen $K_P = 20\,\mu\text{A}/\text{V}^2$ und $V_{TH} = V_{TO} = 1$ V angegeben wurden (vgl. Kap. 5.1.3). Für diesen Transistor gilt

$$\beta_n = K_P \frac{W}{L} = 0.4\,\frac{\text{mA}}{\text{V}^2}\,.$$

Der Übergang vom Widerstandsbereich zum Sättigungsbereich erfolgt bei $V_{\text{Dsat}} = V_{GS} - V_{TH}$. Dabei fließt jeweils der Strom $I_{\text{Dsat}} = \beta_n V_{\text{Dsat}}^2/2$. Die Grenze zwischen Widerstandsbereich und Sättigungsbereich in der $(V_{\text{DS}}|I_{\text{D}})$-Ebene liegt demnach für unterschiedliche Werte von V_{GS} auf der Parabel

$$I_D = \frac{1}{2}\beta_n V_{\text{DS}}^2 = 0.2\,\text{mA} \cdot \left(\frac{\text{V1}}{\text{V}}\right)^2,$$

was durch die Simulationsergebnisse in Abb. 5.8 veranschaulicht wird. △

Substratsteuereffekt

Wird zwischen Source und Bulk eine Sperrspannung angelegt, so vergrößert sich der Wert der Einsatzspannung. Dies wird als *Substratsteuereffekt* oder *Body-Effekt* bezeichnet. Zur Veranschaulichung wird das Bändermodell nach Abb. 5.9 a betrachtet, in der der Verlauf der Bandkanten an der Si-SiO₂-Grenzfläche für $V_{SB} = 0$ und $V_{SB} > 0$ dargestellt ist. Durch Anlegen der

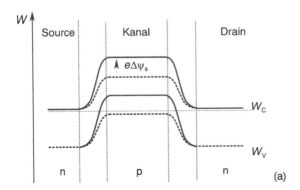

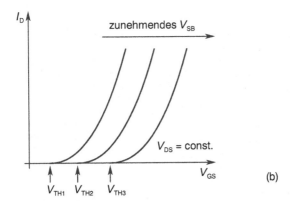

Abb. 5.9. Zum Substrat-steuereffekt. (a) Vergrößerung der Potentialbarriere zwischen Source und Drain für $V_{GS} = V_{DS} = 0$ durch eine Sub-stratvorspannung $V_{SB} > 0$, (b) Auswirkung der Substrat-vorspannung auf die Transfer-stromkennlinie

Sperrspannung V_{SB} vergrößert sich die von den Elektronen auf ihrem Weg von Source nach Drain zu überwindende Potentialbarriere um $e\Delta\psi_s$. Für $V_{SB} > 0$ muß die Leitungsbandkante durch den Feldeffekt demnach stärker abgesenkt werden als bei $V_{SB} = 0$, damit es zu einem Transferstrom kommen kann; dies wiederum erfordert eine größere Steuerspannung V_{GS}.

Durch die Substratvorspannung $V_{SB} > 0$ vergrößert sich die als Bulkladung bezeichnete Ladung Q_B in der Raumladungszone. Für ein homogen dotiertes Substrat gilt dabei näherungsweise (vgl. Kap. 2.8)

$$Q_B = -\gamma\, c_{ox} \sqrt{\Phi + V_{SB}}\,,$$

wobei

$$\Phi = 2\phi_F$$

das Oberflächenpotential beim Einsetzen starker Inversion und

$$\gamma = \frac{1}{c'_{ox}} \sqrt{2\epsilon_{Si} e N_A^-}$$

den ebenfalls aus Kap. 2.8 bekannten *Substratsteuerungsfaktor* bezeichnet. Da für die Ladung im Inversionskanal bei starker Inversion nach Kap. 2.8

$$Q_\mathrm{n} = -c_\mathrm{ox}\left(V_\mathrm{GS} - V_\mathrm{FB} - \Phi + \frac{Q_\mathrm{B}}{c_\mathrm{ox}}\right) = -c_\mathrm{ox}(V_\mathrm{GS} - V_\mathrm{TH})$$

gilt, folgt für die Einsatzspannung

$$V_\mathrm{TH} = V_\mathrm{FB} + \Phi + \gamma\sqrt{\Phi + V_\mathrm{SB}}$$

bzw.

$$\boxed{V_\mathrm{TH} = V_\mathrm{TO} + \gamma\left(\sqrt{\Phi + V_\mathrm{SB}} - \sqrt{\Phi}\right)\,,} \tag{5.12}$$

wobei V_TO den Wert der *Einsatzspannung* für $V_\mathrm{SB} = 0$ angibt. Die Erhöhung der Einsatzspannung wirkt sich in einer Parallelverschiebung der Transferstromkennlinie[4] aus (vgl. Abb. 5.9b).

Im folgenden Beispiel wird gezeigt, wie die Parameter V_TO, γ und Φ ermittelt werden können. Zur Bestimmung dieser drei Größen sind mindestens drei für unterschiedliches V_SB bestimmte Werte der Einsatzspannung V_TH erforderlich.

Beispiel 5.1.3 Für einen n-Kanal MOSFET wurde $V_\mathrm{TH} = 1.1$ V für $V_\mathrm{SB} = 0$, $V_\mathrm{TH} = 1.62$ V für $V_\mathrm{SB} = 2$ V und $V_\mathrm{TH} = 1.95$ V für $V_\mathrm{SB} = 4$ V ermittelt, woraus sofort

$$V_\mathrm{TO} = 1.1\,\mathrm{V}$$

folgt. Aus Gl. (5.12) ergibt sich damit das folgende Gleichungssystem für γ und Φ

$$0.52\,\mathrm{V} = \gamma\left(\sqrt{2\,\mathrm{V} + \Phi} - \sqrt{\Phi}\right)$$
$$0.85\,\mathrm{V} = \gamma\left(\sqrt{4\,\mathrm{V} + \Phi} - \sqrt{\Phi}\right).$$

Durch Division kann γ eliminiert werden, so daß mit $0.85/0.52 = 1.635$ folgt

$$\sqrt{4\,\mathrm{V} + \Phi} - \sqrt{\Phi} = 1.635 \cdot \left(\sqrt{2\,\mathrm{V} + \Phi} - \sqrt{\Phi}\right)$$

bzw.

$$\sqrt{4\,\mathrm{V} + \Phi} = 1.635 \cdot \sqrt{2\,\mathrm{V} + \Phi} - 0.635 \cdot \sqrt{\Phi}\,.$$

Quadrieren dieses Ausdrucks bringt

$$4\,\mathrm{V} + \Phi = 5.344\,\mathrm{V} + 2.672\,\Phi + 0.403\,\Phi - 2.075 \cdot \sqrt{(2\,\mathrm{V} + \Phi) \cdot \Phi}\,.$$

Nach Isolieren der Wurzel und erneutem Quadrieren folgt hieraus für Φ die quadratische Gleichung

---

[4]Auch als Steuerkennlinie bezeichnet.

$$(2\,\mathrm{V} + \Phi) \cdot \Phi = (0.648\,\mathrm{V} + \Phi)^2$$

bzw.

$$\Phi^2 + 2\,\mathrm{V} \cdot \Phi = \Phi^2 + 1.296\,\mathrm{V} \cdot \Phi + 0.42\,\mathrm{V}^2 = 0\,,$$

mit der Lösung

$$\Phi = 0.596\,\mathrm{V}\,.$$

Nach Rücksubstitution folgt für den Substratsteuerungsfaktor

$$\gamma = \frac{0.52\,\mathrm{V}}{\sqrt{2.596\,\mathrm{V}} - \sqrt{0.596\,\mathrm{V}}} = 0.62\,\sqrt{\mathrm{V}}\,,$$

womit sämtliche Parameter bestimmt sind. Δ

5.1.3 Kennlinien im LEVEL1-Modell

In SPICE sind unterschiedliche MOSFET-Modelle verfügbar, von denen hier nur das einfachste (LEVEL1-Modell) erläutert wird. Die MOSFET-Modelle wurden ursprünglich für den Entwurf integrierter Schaltkreise entwickelt. Die Elementanweisung ermöglicht deshalb Angaben über die Geometrie des MOS-FET, soweit sie der Designer über das Layout beeinflussen kann. Aus diesen Angaben errechnet SPICE dann mit dem in der .MODEL-Anweisung angegebenen Parametersatz die Kenngrößen der Ersatzschaltung.

Dieser Abschnitt beschränkt sich auf die Darstellung des LEVEL1-Modells für den Gleichbetrieb unter Vernachlässigung der Bahnwiderstände und bei Sperrbetrieb der Bulk-Source- sowie der Bulk-Drain-Diode. Die Kennlinien können dann durch eine spannungsgesteuerte *Transferstromquelle* zwischen Drain und Source beschrieben werden. Die *Elementanweisung* für einen MOS-FET in der SPICE-Netzliste lautet im einfachsten Fall

```
M(name)   K_d   K_g   K_s   K_b   Mname   ⟨L=L⟩   ⟨W=W⟩
```

Dabei bezeichnet K_d den Namen des Drainknotens, K_g den Namen des Gateknotens, K_s den Namen des Sourceknotens und K_b den Namen des Bulkknotens; Mname kennzeichnet das verwendete Transistormodell, dessen Parameter in einer gesonderten .MODEL-*Anweisung* aufgeführt werden. Die Angabe der Abmessungen L und W in der Elementanweisung ist nicht zwingend. Diese Größen können auch in der .MODEL-Anweisung oder in der .OPTIONS-Anweisung (mittels DEFL und DEFW) spezifiziert werden.

Für n-Kanal- und p-Kanal-MOSFETs werden unterschiedliche Modellanweisungen verwendet.

```
.MODEL   Mname   NMOS      (Modell-Parameter)
.MODEL   Mname   PMOS      (Modell-Parameter)
```

Die folgende Betrachtung beschränkt sich auf den n-Kanal-MOSFET (Modelltyp NMOS); die Beziehungen für den p-Kanal-MOSFET (Modelltyp PMOS) sind – von einigen Vorzeichen abgesehen – identisch. Tabelle 5.2 gibt die zur Beschreibung der Drainstromkennlinie in einfachster Näherung benötigten Parameter an; wird eine Kenngröße nicht spezifiziert, so verwendet SPICE automatisch den entsprechenden Ersatzwert.

Tabelle 5.2 Ausgewählte Parameter des LEVEL 1 - Modells

Bedeutung	Parameter	Einheit	Ersatzwert
Einsatzspannung	V_{TO}, VTO	V	0
Übertragungsleitwertparameter	K_P, KP	A/V^2	$2 \cdot 10^{-5}$
Substratsteuerungsfaktor	γ, GAMMA	$\sqrt{V}$	0
Oberflächenpotential	Φ, PHI	V	0.6
Kanallängenmodulationsparameter	λ, LAMBDA	$1/V$	0

Die Kennlinie der Transferstromquelle wird im LEVEL 1 - Modell durch die in Kap. 5.1.2 betrachtete quadratische $I(V)$-Abhängigkeit beschrieben. Die Kenngrößen V_{TO}, K_P, γ und Φ wurden dort bereits erläutert. Als einzige Ergänzung wird der sog. *Kanallängenmodulationsparameter* λ eingeführt, der den endlichen Ausgangsleitwert des MOSFET im Sättigungsbereich erfaßt. Diese Kenngröße besitzt die Einheit $1/V$ und entspricht dem Kehrwert der Early-Spannung des Bipolartransistors.

Im *Sperrbereich* (für $v_{GS} \leq V_{TH}$) wird angesetzt

$$\boxed{i_T = 0 \,,}$$
(5.13)

im *Widerstandsbereich* (für $v_{GS} > V_{TH}$, $0 < v_{DS} < v_{GS} - V_{TH}$)

$$\boxed{i_T = K_P \frac{W}{L} \left(v_{GS} - V_{TH} - \frac{v_{DS}}{2} \right) v_{DS} \left(1 + \lambda v_{DS} \right)}$$
(5.14)

und im *Sättigungsbereich* (für $v_{GS} > V_{TH}$, $v_{DS} > v_{GS} - V_{TH}$)

$$\boxed{i_T = \frac{1}{2} K_P \frac{W}{L} (v_{GS} - V_{TH})^2 (1 + \lambda v_{DS}) \,.}$$
(5.15)

Die *Einsatzspannung* V_{TH} wird dabei beschrieben durch

$$\boxed{V_{TH} = V_{TO} + \gamma \left(\sqrt{\Phi - v_{BS}} - \sqrt{\Phi} \right) \,.}$$
(5.16)

Das LEVEL 1 - Modell verwendet demnach fünf Parameter (K_P, V_{TO}, γ, Φ und λ) zur Beschreibung der Transferstromquelle.

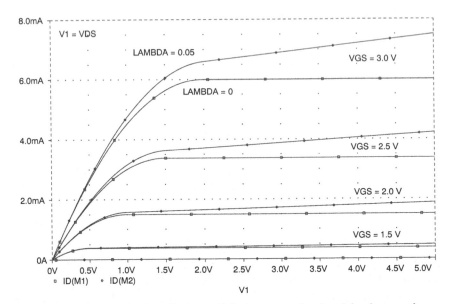

Abb. 5.10. Auswirkung des Kanallängenmodulationsparameters λ auf das Ausgangskennlinienfeld eines n-Kanal-MOSFET

Beispiel 5.1.4 Abbildung 5.10 zeigt die Auswirkung des Kanallängenmodulationsparameters λ auf das Ausgangskennlinienfeld anhand einer Beispielsimulation. Für die Simulation wurde $L = 2\,\mu\text{m}$, $W = 100\,\mu\text{m}$, $V_{\text{TO}} = 1\,\text{V}$, $K_P = 60\,\mu\text{A}/\text{V}^2$ und $V_{\text{BS}} = 0$ angesetzt. Wie die Simulation zeigt, wird der Stromwert für $\lambda \neq 0$ nicht nur im Sättigungsbereich, sondern auch im Widerstandsbereich vergrößert – andernfalls ergäbe sich für $V_{\text{DS}} = V_{\text{Dsat}}$ ein Sprung im Wert von $g_{\text{o}} = \partial I_{\text{D}}/\partial V_{\text{DS}}$, d. h. eine Unstetigkeit im Ausgangsleitwert. $\hfill \triangle$

Parameterbestimmung

Die Kenngrößen V_{TO}, $\beta_{\text{n}} = K_P W/L$, γ und Φ lassen sich mit der in Abb. 5.11a dargestellten Meßanordnung bestimmen. Wegen $V_{\text{GS}} = V_{\text{DS}} > V_{\text{GS}} - V_{\text{TH}}$ wird der MOSFET für $V_{\text{GS}} > V_{\text{TH}}$ im Sättigungsbereich betrieben, so daß gilt

$$I_{\text{D}} \approx \frac{\beta_{\text{n}}}{2}(V_{\text{DS}} - V_{\text{TH}})^2 \quad \text{bzw.} \quad \sqrt{I_{\text{D}}} = \sqrt{\frac{\beta_{\text{n}}}{2}}(V_{\text{DS}} - V_{\text{TH}}) \,.$$

Eine Auftragung von $\sqrt{I_{\text{D}}}$ über V_{DS} müßte demnach eine Gerade der Steigung $\sqrt{\beta_{\text{n}}/2}$ ergeben, die die Abszisse bei $V_{\text{DS}} = V_{\text{TH}}$ schneidet. Aus Achsenabschnitt und Steigung folgen demnach sofort β_{n} und V_{TH}. Wird diese Messung für mindestens drei verschiedene Werte der Substratvorspannung V_{SB} wieder-

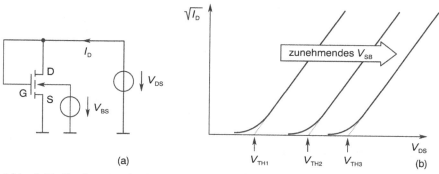

Abb. 5.11. Bestimmung der Einsatzspannung im LEVEL 1 - Modell

holt (vgl. Abb. 5.11b), so erhält man drei verschiedene Werte von V_{TH}, aus denen sich die Kenngrößen V_{TO}, γ und Φ entsprechend der Vorgehensweise in Beispiel 5.1.3 gewinnen lassen.

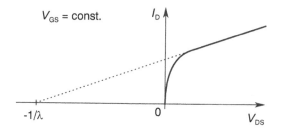

Abb. 5.12. Bestimmung des Parameters λ

Der Kanallängenmodulationsparameter λ ergibt sich aus der Steigung der Ausgangskennlinie im Sättigungsbereich und wird auf dieselbe Weise bestimmt wie die Early-Spannung des Bipolartransistors: Die zu $I_D = 0$ extrapolierte Ausgangskennlinie weist den Achsenabschnitt $-1/\lambda$ auf (vgl. Abb. 5.12).

Bei dem angegebenen Meßverfahren werden die Parameter K_P, V_{TO}, γ und Φ bei Betrieb im Sättigungsbereich bestimmt. Daneben besteht die Möglichkeit für sehr kleines V_{DS} (≤ 50 mV) den Leitwert zwischen Source und Drain auszuwerten. Dort gilt unter Vernachlässigung der Bahnwiderstände

$$I_D \approx \beta_n(V_{GS} - V_{TH})V_{DS} = V_{DS}/R_{DSon}.$$

Wird $1/R_{DSon}$ über V_{GS} aufgetragen, so resultiert eine Gerade der Steigung β_n mit dem Achsenabschnitt $V_{GS} = V_{TH}$. Durch Verändern von V_{SB} lassen sich so unterschiedliche Einsatzspannungen bestimmen, aus denen dann V_{TO}, γ und Φ auf dieselbe Weise wie oben ermittelt werden. Der so aus dem Verhalten des MOSFET im Widerstandsbereich bestimmte Parametersatz weicht etwas von dem im Sättigungsbereich bestimmten ab, da das Modell wegen einiger stark vereinfachender Annahmen, wie der Vernachlässigung der Feldstärkeabhängigkeit der Beweglichkeit, nicht sehr genau ist.

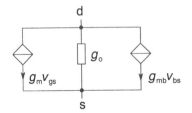

Abb. 5.13. Elementares Kleinsignalmodell (NF) des MOSFET

5.1.4 NF-Kleinsignalbeschreibung

Bei NF-Betrieb kann das Kleinsignalverhalten des MOSFET durch das in Abb. 5.13 dargestellte Netzwerk beschrieben werden. Lediglich der Transferstrom weist einen von null verschiedenen Kleinsignalanteil

$$i_\mathrm{d} = \frac{\partial I_\mathrm{D}}{\partial V_\mathrm{GS}}\, v_\mathrm{gs} + \frac{\partial I_\mathrm{D}}{\partial V_\mathrm{BS}}\, v_\mathrm{bs} + \frac{\partial I_\mathrm{D}}{\partial V_\mathrm{DS}}\, v_\mathrm{ds}$$

$$= g_\mathrm{m} v_\mathrm{gs} + g_\mathrm{mb} v_\mathrm{bs} + g_\mathrm{o} v_\mathrm{ds} \tag{5.17}$$

auf, wobei g_m den *Übertragungsleitwert*, g_o den *Ausgangsleitwert* (häufig auch als „Drainleitwert" g_d bezeichnet) und g_mb die *Substratsteilheit* des (inneren) Transistors bezeichnen.

Die Werte von g_m, g_o und g_mb sind arbeitspunktabhängig und folgen durch Ableiten der Kennliniengleichungen des Großsignalmodells. Im hier zugrunde gelegten LEVEL1-Modell ist der Drainstrom I_D im *Subthresholdbereich* ($V_\mathrm{GS} < V_\mathrm{TH}$) null und damit

$$g_\mathrm{m} = g_\mathrm{o} = g_\mathrm{mb} = 0\,.$$

Diese Näherung ist bei Arbeitspunkten in der Nähe der Einsatzspannung häufig unbefriedigend: Der Transferstrom genügt dort einer exponentiellen Strom-Spannungs-Beziehung (vgl. z.B. [1,2]).

Im *Widerstandsbereich* ($V_\mathrm{GS} > V_\mathrm{TH}$, $V_\mathrm{DS} < V_\mathrm{Dsat}$) folgt mit $\beta_\mathrm{n} = K_\mathrm{P} W/L$ durch Ableiten der Gln. (5.14) und (5.15)

$$g_\mathrm{m} = \beta_\mathrm{n} V_\mathrm{DS}(1 + \lambda V_\mathrm{DS}) \approx \beta_\mathrm{n} V_\mathrm{DS} \tag{5.18}$$

$$g_\mathrm{mb} = -g_\mathrm{m}\frac{\mathrm{d} V_\mathrm{TH}}{\mathrm{d} V_\mathrm{BS}} = \frac{g_\mathrm{m}\gamma}{2\sqrt{\Phi + V_\mathrm{SB}}} \approx \frac{\beta_\mathrm{n}\gamma V_\mathrm{DS}}{2\sqrt{\Phi + V_\mathrm{SB}}} \tag{5.19}$$

$$g_\mathrm{o} = \beta_\mathrm{n}(V_\mathrm{GS} - V_\mathrm{TH})(1 + 2\lambda V_\mathrm{DS}) - \beta_\mathrm{n} V_\mathrm{DS}(1 + 3\lambda V_\mathrm{DS}/2)$$

$$\approx \beta_\mathrm{n}(V_\mathrm{GS} - V_\mathrm{TH} - V_\mathrm{DS})\,, \tag{5.20}$$

während im *Sättigungsbereich* folgt

$$g_{\mathrm{m}} = \beta_{\mathrm{n}} V_{\mathrm{Dsat}} (1 + \lambda V_{\mathrm{DS}}) \approx \beta_{\mathrm{n}} (V_{\mathrm{GS}} - V_{\mathrm{TH}}) \qquad (5.21)$$

$$g_{\mathrm{mb}} = \frac{\beta_{\mathrm{n}} \gamma V_{\mathrm{Dsat}} (1 + \lambda V_{\mathrm{DS}})}{2\sqrt{\Phi + V_{\mathrm{SB}}}} \approx \frac{\beta_{\mathrm{n}} \gamma V_{\mathrm{Dsat}}}{2\sqrt{\Phi + V_{\mathrm{SB}}}} \qquad (5.22)$$

$$g_{\mathrm{o}} = \frac{\lambda}{2} \beta_{\mathrm{n}} V_{\mathrm{Dsat}}^2 \approx \lambda I_{\mathrm{D}} . \qquad (5.23)$$

Diese Beziehungen können für Überschlagsrechnungen im NF-Bereich herangezogen werden.

5.1.5 Temperaturverhalten

Der Drainstrom eines MOSFET ist von der Temperatur abhängig. Bei Betrieb im Widerstands- bzw. Sättigungsbereich, d. h. bei starker Inversion, liegt die Ursache hierfür in der temperaturabhängigen Beweglichkeit μ_{s} im Kanal sowie im Temperaturgang der Einsatzspannung. Für konstante angelegte Spannungen ergibt sich der Temperaturkoeffizient des Drainstroms zu

$$\frac{1}{I_{\mathrm{D}}} \frac{\mathrm{d} I_{\mathrm{D}}}{\mathrm{d} T} = \frac{1}{I_{\mathrm{D}}} \left(\frac{\partial I_{\mathrm{D}}}{\partial \mu_{\mathrm{s}}} \frac{\mathrm{d}\mu_{\mathrm{s}}}{\mathrm{d} T} + \frac{\partial I_{\mathrm{D}}}{\partial V_{\mathrm{TH}}} \frac{\mathrm{d} V_{\mathrm{TH}}}{\mathrm{d} T} \right) . \qquad (5.24)$$

Für die Temperaturabhängigkeit der Beweglichkeit gilt annähernd ein Potenzgesetz [5]

$$\mu_{\mathrm{s}}(T) \approx \mu_{\mathrm{s}}(T_0) \, (T/T_0)^{-m} \quad \text{wobei} \quad m \approx 1.5 ,$$

so daß wegen $I_{\mathrm{D}} \sim \mu_{\mathrm{s}}(T)$

$$\frac{1}{I_{\mathrm{D}}} \frac{\partial I_{\mathrm{D}}}{\partial \mu_{\mathrm{s}}} \frac{\mathrm{d}\mu_{\mathrm{s}}}{\mathrm{d} T} = \frac{1}{\mu_{\mathrm{s}}} \frac{\mathrm{d}\mu_{\mathrm{s}}}{\mathrm{d} T} \approx -\frac{m}{T} \qquad (5.25)$$

resultiert. Die Temperaturabhängigkeit der Einsatzspannung läßt sich häufig mit ausreichender Genauigkeit durch eine lineare Temperaturabhängigkeit

$$V_{\mathrm{TH}}(T) = V_{\mathrm{TH}}(T_0) \, [1 + \alpha \, (T - T_0)]$$

beschreiben. Der *Temperaturkoeffizient*

$$\alpha = \frac{1}{V_{\mathrm{TH}}} \left. \frac{\mathrm{d} V_{\mathrm{TH}}}{\mathrm{d} T} \right|_{T_0}$$

---

[5]Diese Abhängigkeit wird in SPICE bei der temperaturabhängigen Modellierung des Parameters K_{P} berücksichtigt; weicht T von der Bezugstemperatur T_0 ab, so wird $K_{\mathrm{P}}(T)$ mittels

$$K_{\mathrm{P}}(T) = K_{\mathrm{P}} \cdot \left(\frac{T}{T_0} \right)^{-1.5}$$

berechnet.

der Einsatzspannung hängt dabei von der Substratvorspannung, der Substrat-dotierung sowie vom gewählten Gatematerial ab und liegt typischerweise im Bereich von $-0.05\,\%/\text{K}$ bis $-0.3\,\%/\text{K}$.

Da die Abnahme der Beweglichkeit mit der Temperatur zu einer Verringerung des Drainstroms, die Abnahme der Einsatzspannung mit der Temperatur zu einer Zunahme von I_D führt, existiert ein Arbeitspunkt, der sog. *Kompensationspunkt* V_{GSK} in dem der Drainstrom temperaturunabhängig ist. Ist $V_{GS} < V_{GSK}$, so weist der Drainstrom einen positiven Temperaturkoeffizienten auf, für Werte $V_{GS} > V_{GSK}$ einen negativen Temperaturkoeffizienten.

Wird im MOSFET die Leistung $P = V_{DS}I_D$ umgesetzt, so liegt seine Temperatur im thermisch eingeschwungenen Zustand um $\Delta\vartheta = R_{th}V_{DS}I_D$ über der Umgebungstemperatur ϑ_A, falls R_{th} den thermischen Widerstand des MOSFET zur Umgebung bezeichnet. Da sich beim Durchlaufen einer Ausgangskennlinie die im Bauteil umgesetzte Leistung stetig ändert, wird der Kennlinienverlauf durch die Eigenerwärmung des Bauteils beeinflußt. Für Steuerspannungen $V_{GS} < V_{GSK}$ wirkt sich dies in einer Aufsteilung der Kennlinie aus; für $V_{GS} > V_{GSK}$ wird eine Abflachung beobachtet, die so weit gehen kann, daß die Ausgangskennlinie mit zunehmendem V_{DS} abfällt (vgl. Abb. 5.14).

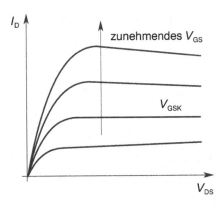

Abb. 5.14. Auswirkung der Eigenerwärmung auf den Verlauf der Ausgangskennlinien

5.1.6 Transistorkapazitäten, Transitfrequenz

MOSFETs weisen bei Gleichbetrieb eine im Idealfall unendlich große Stromverstärkung auf; bei Wechselbetrieb treten jedoch Blindströme über die mit der Gateelektrode verbundenen Kapazitäten auf, die zu einem endlichen Gatestrom führen. Wie beim Bipolartransistor läßt sich eine Transitfrequenz f_T definieren als die Frequenz, bei der in Sourceschaltung (vgl. Kap. 5.2) bei Kurzschluß am Ausgang betragsmäßig derselbe Strom fließt wie am Eingang.

Die folgende Betrachtung ist beschränkt auf den Fall $V_{BS} = 0$, d. h. Kurzschluß zwischen Source und Bulk. Dieser Fall ist beispielsweise bei

Einzelhalbleiter-MOSFETs mit drei Anschlüssen gegeben. Zwischen den Anschlüssen treten dann die Kapazitäten[6] c_{gs}, c_{gd} und c_{ds} auf, die in Abb. 5.15 als zusätzliche Kapazitäten illustriert sind.

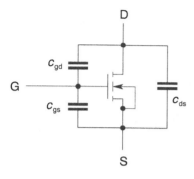

Abb. 5.15. Transistorkapazitäten eines MOSFET

In Datenblättern wird in der Regel die Eingangskapazität c_{iss}, die Ausgangskapazität c_{oss} und die Rückwirkungskapazität c_{rss} in Sourceschaltung angegeben. Die *Eingangskapazität*

$$c_{iss} \approx c_{gs} + c_{gd} \tag{5.26}$$

bestimmt dabei die Kapazität zwischen Gate und Source bei Kurzschluß am Ausgang. Die *Ausgangskapazität*

$$c_{oss} \approx c_{ds} + c_{gd} \tag{5.27}$$

bestimmt die Kapazität zwischen Drain und Source bei kurzgeschlossenem Eingang (Meßaufbau sinngemäß). Die *Rückwirkungskapazität*

$$c_{rss} \approx c_{gd} \tag{5.28}$$

schließlich bestimmt die Kapazität zwischen Gate und Drain. Diese Kapazitäten können bei Leistungs-MOSFETs im Bereich von Nanofarad liegen (vgl. Kap. 5.4) und erfordern in schnellen Schaltanwendungen hinreichend dimensionierte Treiberschaltungen.

Abbildung 5.16 zeigt eine Kleinsignalersatzschaltung, die die Kapazitäten c_{gd}, c_{gs} und c_{ds} berücksichtigt. Aus dieser läßt sich die Transitfrequenz f_T, bei der $|\underline{i}_d/\underline{i}_g| = 1$ gilt, leicht gewinnen. Bei Kurzschluß am Ausgang werden die Elemente g_o und c_{ds} überbrückt. Für den Gatestrom folgt dann

$$\underline{i}_g = j\omega(c_{gs} + c_{gd})\underline{v}_{gs} = j\omega c_{iss}\underline{v}_{gs} \,,$$

während der Kleinsignalanteil des Drainstroms durch

$$\underline{i}_d = g_m\underline{v}_{gs} - j\omega c_{gd}\underline{v}_{gd} \approx g_m\underline{v}_{gs}$$

---

[6]Diese sind nichtlinear und streng genommen nur als Kleinsignalkapazitäten definiert.

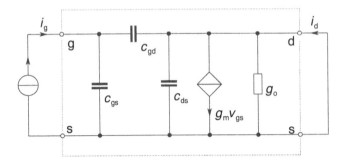

gegeben ist. Die beiden Ströme sind betragsmäßig gleich groß bei der *Transitfrequenz*

$$f_T = \frac{g_m}{2\pi c_{iss}} . \tag{5.29}$$

Die Werte von g_m und c_{iss} sind arbeitspunktabhängig. Mit den Abschätzungen

$$c_{iss} \approx c_{ox} = c'_{ox}WL$$

und

$$g_m = \mu_s c'_{ox} \frac{W}{L} (V_{GS} - V_{TH})$$

folgt für den Betrieb im Sättigungsbereich

$$f_T \approx \frac{\mu_s(V_{GS} - V_{TH})}{2\pi L^2} = f_{T0} . \tag{5.30}$$

Der Wert von f_{T0} ist umgekehrt proportional zum Quadrat der Kanallänge L. Mit typischen Werten für die Oberflächenbeweglichkeit und Kanallängen im Bereich von einem Mikrometer ergeben sich hieraus Transitfrequenzen in der Größenordnung mehrer GHz. Gleichung (5.30) ist nur qualitativ richtig: Messungen an MOSFETs mit unterschiedlichen Kanallängen L im Mikrometerbereich zeigen deutliche Abweichungen von diesem einfachen Zusammenhang, bestätigen jedoch die im GHz-Bereich liegenden Transitfrequenzen [3].

5.1.7 Der n-Kanal-MOSFET als Schalter

MOSFETs vom Anreicherungstyp lassen sich als Schalter einsetzen: Ein typischer Anwendungsfall ist das Umladen einer Kapazität über einen n-Kanal-MOSFET. Die folgende Untersuchung dieses Vorgangs zeigt, daß sich der n-Kanal-MOSFET gut zum Entladen eignet, beim Aufladen einer Kapazität auf die volle Versorgungsspannung aber Probleme bereitet. Der Substratsteuereffekt wird dabei der Einfachheit halber vernachlässigt. Die umzuladende Kapazität wird ferner als linear und groß im Vergleich zu den Transistorkapazitäten angenommen, so daß diese nicht berücksichtigt werden müssen.

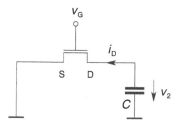

Abb. 5.17. Entladen einer Kapazität über einen n-Kanal MOSFET

Entladen

Das Entladen einer Kapazität über einen n-Kanal-MOSFET wird anhand der in Abb. 5.17 dargestellten Schaltung diskutiert. Für $t < 0$ sei die Kapazität auf $v_2(0^-) = V_{DD}$ aufgeladen, während das Gatepotential auf Nullpotential liegt. Unter diesen Bedingungen sperrt der n-Kanal-MOSFET und verhindert, daß sich die Kapazität entlädt. Wird für $t = 0$ das Gatepotential auf V_{DD} angehoben, so wird der MOSFET leitend und führt zu einem Entladestrom $i_D(t)$. Da direkt nach dem Umschalten $V_{GS} = V_{DS} = V_{DD}$ gilt, arbeitet der MOSFET zunächst im Sättigungsbereich, bis die Ausgangsspannung um V_{TH} abgenommen hat. In diesem Bereich ist der Drainstrom konstant

$$I_D = \frac{1}{2}\beta_n(V_{GS} - V_{TH})^2 \,.$$

Die zur Absenkung der Ausgangsspannung um V_{TH} benötigte Zeit berechnet sich nun aus

$$\frac{dv_2}{dt} = -\frac{1}{C}I_D$$

zu

$$t_1 = -\frac{C}{I_D}[v_2(t_1) - v_2(0)] = \frac{CV_{TH}}{I_D} \,.$$

Für $t > t_1$ gilt $v_2 = v_{DS} < V_{GS} - V_{TH}$, der MOSFET befindet sich nun im Widerstandsbereich, so daß gilt

$$i_D = \beta_n\left(V_{GS} - V_{TH} - \frac{v_2}{2}\right)v_2 = -C\frac{dv_2}{dt} \,.$$

Diese Differentialgleichung für $v_2(t)$ läßt sich durch Trennung der Variablen lösen. Nach der Umformung in

$$\frac{dv_2}{(V_{GS} - V_{TH} - v_2/2)v_2} = -\frac{\beta_n}{C}dt$$

folgt die zum Absenken der Ausgangsspannung von $V_{DD} - V_{TH}$ auf v_2 benötigte Zeit $t - t_1$ durch Integration ($V_{GS} = V_{DD}$)

$$-\frac{\beta_n}{C}(t-t_1) = \int_{V_{DD}-V_{TH}}^{v_2} \frac{dv}{(V_{GS}-V_{TH}-v/2)v}$$

$$= \frac{1}{V_{DD}-V_{TH}} \ln\left(\frac{v_2/2}{V_{DD}-V_{TH}-v_2/2}\right) .$$

Die Zeit t die benötigt wird um die Ausgangsspannung auf den Wert $v_2 < V_{DD}-V_{TH}$ abzusenken, ergibt sich damit zu

$$t = t_n\left[\frac{2V_{TH}}{V_{DD}-V_{TH}} + \ln\left(\frac{V_{DD}-V_{TH}-v_2/2}{v_2/2}\right)\right] , \qquad (5.31)$$

mit der Zeitkonstanten

$$t_n = \frac{C}{\beta_n(V_{DD}-V_{TH})} = CR_{DSon} . \qquad (5.32)$$

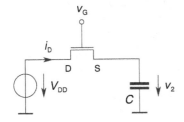

Abb. 5.18. Aufladen einer Kapazität mit n-Kanal MOSFET

Aufladen

Ist die Kapazität C entladen ($v_2(0^-) = 0$), das Drainpotential gleich V_{DD} und springt die Spannung am Gate vom Wert 0 auf V_{DD} (vgl. Abb. 5.18), so fließt ein Ladestrom in den Kondensator. Der mit dem Kondensator verbundene Anschluß wirkt deshalb als Source. Wegen $V_{GS} = V_{DS}$ arbeitet der MOSFET im Sättigungsbereich, so daß gilt

$$I_D = \frac{\beta_n}{2}(V_{DD}-v_2-V_{TH})^2 = C\frac{dv_2}{dt}$$

Durch Trennung der Variablen

$$dt = \frac{2C}{\beta_n}\frac{dv_2}{(V_{DD}-v_2-V_{TH})^2}$$

und anschließende Integration folgt

$$t = \int_0^t dt = \frac{2C}{\beta_n}\int_0^{v_2(t)} \frac{dv}{(V_{DD}-v-V_{TH})^2}$$

$$= \frac{2C}{\beta_n}\left(\frac{1}{V_{DD}-v_2(t)-V_{TH}} - \frac{1}{V_{DD}-V_{TH}}\right) .$$

Wird diese Beziehung nach $v_2(t)$ aufgelöst, so resultiert

$$v_2(t) = (V_{DD} - V_{TH}) \left[1 - \frac{1}{1 + t/(2t_n)} \right] . \tag{5.33}$$

Der Wert von $v_2(t)$ nähert sich asymptotisch der Spannung $V_{DD} - V_{TH}$, kann diese aber nicht übersteigen, da der MOSFET zuvor in den Sperrzustand geht.[7] Um eine Kapazität trotz der beschriebenen Schwierigkeit über einen n-Kanal-MOSFET auf V_{DD} aufladen zu können, muß während des Ladevorgangs das Gatepotential um mindestens V_{TH} über V_{DD} liegen. Dies kann erforderlichenfalls durch eine kapazitive Spannungsüberhöhung erreicht werden. Ein praktisches Beispiel hierfür ist die Ansteuerung der Wortleitungen in MOS-Speicherbausteinen.

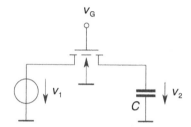

Abb. 5.19. Zu Beispiel 5.1.5

Beispiel 5.1.5 Betrachtet wird das Umladen einer Kapazität $C = 10$ nF über einen n-Kanal-MOSFET mit $L = 3\,\mu m$, $W = 100\,\mu m$, $K_P = 60\,\mu A/V^2$ und $V_{TO} = 1$ V. Das Bulkpotential wurde dabei auf Masse gelegt (vgl. Abb. 5.19). Um den Einfluß des Substratsteuereffekts zu verdeutlichen, wurden Substratsteuerungsfaktor γ und Oberflächenpotential Φ nur bei einer Simulation mit $\gamma = 0.4\,\sqrt{V}$ und $\Phi = 0.6$ V in der `.MODEL`-Anweisung spezifiziert. In der Vergleichssimulation wurden diese Größen nicht angegeben – der von SPICE gewählte Ersatzwert $\gamma = 0$ läßt den Body-Effekt unberücksichtigt. Beim *Entladen* der Kapazität ist $V_{SB} = 0$, der Substratsteuereffekt ist hier ohne Bedeutung. Die Zeit, die benötigt wird, um C auf 0.5 V zu entladen folgt aus Gl. (5.31) zu

$$t_f = \frac{C}{\beta_n(V_{DD} - V_{TH})} \left[\frac{2V_{TH}}{V_{DD} - V_{TH}} + \ln\left(\frac{V_{DD} - V_{TH} - v_2/2}{v_2/2} \right) \right]$$

$$= 1.25\,\mu s \left[\frac{2}{4} + \ln\left(\frac{4 + 0.25}{0.25} \right) \right] = 4.16\,\mu s ,$$

in guter Übereinstimmung mit dem in Abb. 5.20 dargestellten Simulationsergebnis.

Beim *Aufladen* der Kapazität wirkt der mit dem Kondensator verbundene Anschluß als Source, so daß $v_2 = v_{SB}$ gilt: Mit zunehmender Ladespannung wird der Substratsteuereffekt bedeutsam, wodurch sich die Einsatzspannung vergrößert. Bei Berück-

---

[7]Wegen des Subthresholdstroms gilt diese Aussage allerdings nur streng in der betrachteten Näherung.

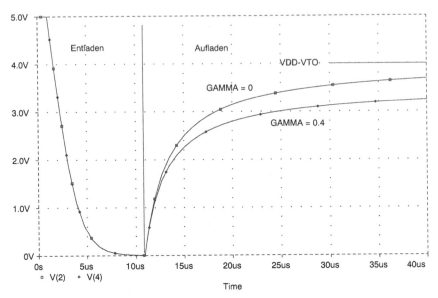

Abb. 5.20. Entladen und Aufladen einer Kapazität über einen n-Kanal-MOSFET

sichtigung des Substratsteuereffekts verläuft $v_2(t)$ demnach gegen ein geringeren Endwert als ohne Substratsteuereffekt. In beiden Fällen liegt die asymptotisch erreichte
Spannung jedoch deutlich unterhalb der Versorgungsspannung V_{DD} (Abb. 5.20). Δ

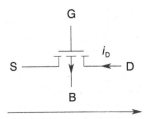

Flußrichtung der Löcher   **Abb. 5.21.** Schaltzeichen des p-Kanal MOSFET

5.1.8 P-Kanal-MOSFETs

In p-Kanal-MOSFETs vom Anreicherungstyp wird der Strom zwischen Source und Drain von Löchern in einem Inversionskanal in einem n-Typ Bulk getragen. Wegen der positiven Löcherladung ist der von Source (Löcherquelle)
nach Drain (Löchersenke) fließende Strom positiv – bei einem in den Drainkontakt weisenden Strompfeil für I_D (vgl. Abb. 5.21) ist der Drainstrom des
p-Kanal-MOSFET demnach bei normalem Betrieb negativ (vgl. Abb. 5.22).
Damit die Löcher von Source nach Drain fließen, muß $V_{DS} < 0$ gewählt
werden, d.h. das Drainpotential liegt in der Schaltung für einen p-Kanal-

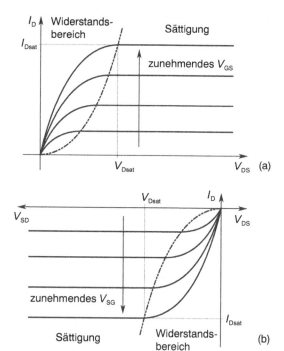

Abb. 5.22. Ausgangskennlinienfeld für **(a)** n-Kanal- und **(b)** p-Kanal-MOSFET

MOSFET unterhalb des Sourcepotentials. Entsprechend muß auf dem Gate eine hinreichend große negative Ladung aufgebracht werden, damit sich auf der gegenüber liegenden Seite des Gateoxids ein Inversionskanal mit Löchern bildet. Die Steuerspannung V_{GS} ist demzufolge im Normalbetrieb negativ.

Die Strom-Spannungs-Beziehungen des p-Kanal-MOSFET ergeben sich aus denen des n-Kanal-MOSFET durch Vertauschen der Vorzeichen. Bezeichnet $\beta_p = K_P W/L$ den *Übertragungsleitwertfaktor* [8] des p-Kanal-MOSFET, so gelten die in Tabelle 5.3 zusammengestellten Beziehungen. Auch hier wird zwischen Sperr-, Widerstands- und Sättigungsbereich unterschieden.

Die Einsatzspannung V_{TH} ist hier als *negative* Größe definiert. Ohne Substratvorspannung ist

$$V_{TH} = V_{TO} = V_{FB} - \Phi - \gamma\sqrt{\Phi}\,, \tag{5.34}$$

wobei $\Phi = -2\phi_F$ das positiv genommene Oberflächenpotential beim Einsetzen starker Inversion und γ den Substratsteuerungsfaktor

$$\gamma = \frac{1}{c'_{ox}}\sqrt{2e\epsilon_{Si}N_D^+} \tag{5.35}$$

---

[8]Da die Löcherbeweglichkeit im Inversionskanal nur etwa halb so groß ist wie die Elektronenbeweglichkeit, gilt für das Verhältnis der Übertragungsleitwertfaktoren β_n und β_p von n-Kanal- und p-Kanal-MOSFET bei identischen Abmessungen als Anhaltspunkt $\beta_n \approx 2\beta_p$. Dies muß beim Layout von CMOS-Schaltungen beachtet werden.

Tabelle 5.3 Strom-Spannungs-Beziehungen für den p-Kanal-MOSFET

Betriebsbereich	V_{GS}	V_{DS}	I_{D}
Sperrbereich	$> V_{\mathrm{TH}}$	beliebig	0
Widerstandsbereich	$< V_{\mathrm{TH}}$	$> V_{\mathrm{GS}} - V_{\mathrm{TH}}$	$-\beta_{\mathrm{p}} \left(V_{\mathrm{GS}} - V_{\mathrm{TH}} - \dfrac{V_{\mathrm{DS}}}{2} \right) V_{\mathrm{DS}}$
Sättigungsbereich	$< V_{\mathrm{TH}}$	$< V_{\mathrm{GS}} - V_{\mathrm{TH}}$	$-\dfrac{\beta_{\mathrm{p}}}{2} \left(V_{\mathrm{GS}} - V_{\mathrm{TH}} \right)^2$

des p-Kanal-MOSFET bezeichnet. Eine Substratvorspannung verschiebt die Einsatzspannung auf den Wert

$$V_{\mathrm{TH}} = V_{\mathrm{TO}} - \gamma \left(\sqrt{\Phi - V_{\mathrm{SB}}} - \sqrt{\Phi} \right) \ . \tag{5.36}$$

Damit der p-Kanal-MOSFET leitend wird muß $V_{\mathrm{GS}} < V_{\mathrm{TH}}$ gelten. Während der n-Kanal-MOSFET leitend wird, sobald V_{GS} die Einsatzspannung *überschreitet*, wird der p-Kanal-MOSFET leitend sobald die Einsatzspannung *unterschritten* wird. Man sagt deshalb auch: n-Kanal- und p-Kanal-MOSFET sind zueinander *komplementär*. Besonders deutlich wird dies, wenn ein Schalter mit n-Kanal-MOSFET mit einem Schalter mit p-Kanal-MOSFET verglichen wird. Dabei wird angenommen, daß die Eingangsspannung v_1 nur die

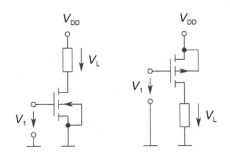

Abb. 5.23. n-Kanal MOSFETs eignen sich als Schalter zum Minuspol, p-Kanal MOSFETs als Schalter zum Pluspol

Werte 0 ($\equiv$ LO) sowie V_{DD} ($\equiv$ HI) annehmen darf. Der Schalter mit n-Kanal-MOSFET ist dann eingeschaltet, wenn die Eingangsspannung auf V_{DD} liegt, andernfalls ausgeschaltet. Der Schalter mit p-Kanal-MOSFET verhält sich genau umgekehrt: vom Standpunkt der binären Logik zeigt dieser dasselbe Verhalten wie ein Schalter mit n-Kanal-MOSFET dem ein Inverter vorgeschaltet ist. Deshalb sind in der Digitaltechnik die in Abb. 5.2a aufgeführten Schaltsymbole, bei denen sich p-Kanal-MOSFET und n-Kanal-MOSFET nur durch einen Invertierungskreis unterscheiden, sehr beliebt. n-Kanal- und p-Kanal-MOSFETs weisen auch komplementäre *Schalteigenschaften* auf: n-Kanal-MOSFETs eignen sich gut zum Entladen einer Kapazität zu Masse (Pull-down-Funktion), während p-Kanal-MOSFETs gut zum Aufladen einer

Kapazität auf das Potential der positiven Versorgungsspannung geeignet sind (Pull-up-Funktion). Dies wird in der CMOS-Schaltungstechnik ausgenutzt, bei der beide Transistortypen so eingesetzt werden, daß sich ihre spezifischen Vorzüge ergänzen.

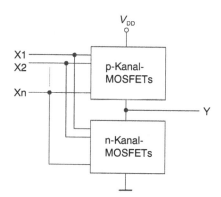

Abb. 5.24. Statische CMOS-Logik: Prinzipieller Aufbau eines Gatters

Abbildung 5.24 zeigt den prinzipiellen Aufbau eines CMOS-Gatters: Dieses besteht aus einem Netzwerk von p-Kanal-MOSFETs über das der Ausgang niederohmig mit der positiven Versorgungsspannung kurzgeschlossen werden kann und einem Netzwerk von n-Kanal-MOSFETs, das eine niederohmige Verbindung zu Masse ermöglicht. Die Transistoren sind so verschaltet, daß bei HI oder LO an den Eingängen nur jeweils einer der beiden Blöcke niederohmig wird. Zu diesem Zweck wird jeder Eingang mit dem Gate eines p-Kanal- und eines n-Kanal-MOSFET verbunden.

5.2 Grundschaltungen

5.2.1 Sourceschaltung und nMOS-Inverter

Abbildung 5.25 zeigt einen n-Kanal-MOSFET in Sourceschaltung. Diese Schaltung kann als Verstärker oder als Inverter in der Digitaltechnik eingesetzt werden.

Übertragungskennlinie. Für $V_1 < V_{TH}$ sperrt der MOSFET, so daß $V_2 \approx V_{DD}$ gilt. Für $V_1 > V_{TH}$ und $V_2 > V_1 - V_{TH}$ arbeitet der MOSFET im Sättigungsbereich. Bei vernachlässigbarem Ausgangsstrom I_2 gilt dabei

$$I_D = \frac{\beta_n}{2}(V_1 - V_{TH})^2 = \frac{V_{DD} - V_2}{R_D}$$

bzw.

$$V_2 = V_{DD} - \frac{\beta_n R_D}{2}(V_1 - V_{TH})^2 \, , \tag{5.37}$$

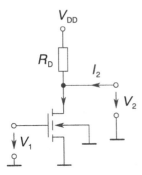

Abb. 5.25. n-Kanal MOSFET in Source-Schaltung

d. h. die Übertragungskennlinie besitzt hier einen parabelförmigen Verlauf. Gilt $V_2 < V_1 - V_{TH}$ bzw.

$$V_1 > V_{TH} + \frac{1}{\beta_n R_D} \left(\sqrt{1 + 2\beta_n R_D V_{DD}} - 1 \right) ,$$

so arbeitet der MOSFET im Widerstandsbereich und es gilt

$$I_D = \beta_n \left(V_1 - V_{TH} - \frac{V_2}{2} \right) V_2 = \frac{V_{DD} - V_2}{R_D} .$$

Diese quadratische Beziehung kann nach V_2 aufgelöst werden

$$V_2 = \frac{1}{\beta_n R_D} + V_1 - V_{TH} - \sqrt{\left(\frac{1}{\beta_n R_D} + V_1 - V_{TH} \right)^2 - \frac{2V_{DD}}{\beta_n R_D}} . \qquad (5.38)$$

Die Übertragungskennlinie[9] $V_2(V_1)$ wird in diesem Bereich mit zunehmendem V_1 flacher.

Beispiel 5.2.1 Als Beispiel wird ein nMOS-Inverter betrachtet. Für den n-Kanal-MOSFET seien die Kenngrößen $K_P = 20\,\mu A/V^2$ und $V_{TO} = 1$ V vorgegeben, sowie $L = 5\,\mu m$ und $W = 100\,\mu m$. Damit folgt $\beta_n = 0.4\,mA/V^2$. Der Widerstandswert von R_D soll so gewählt werden, daß für $V_1 = 2.5$ V die Ausgangsspannung $V_2 = 2.5$ V resultiert. Da der MOSFET unter diesen Umständen im Sättigungsbereich arbeitet, führt dies auf die Forderung

$$\frac{V_{DD} - V_2}{R_D} = \frac{\beta_n}{2} (V_1 - V_{TO})^2 ,$$

was mit $V_1 = V_2 = 2.5$ V und $V_{DD} = 5$ V den Wert

$$R_D = \frac{2(V_{DD} - 2.5\,V)}{\beta_n(2.5\,V - V_{TO})^2} \approx 5.6\,k\Omega$$

---

[9]Für die Darstellung der Kennlinie ist es einfacher $V_1(V_2)$ zu berechnen mit dem Ergebnis

$$V_1 = \frac{1}{\beta_n R_D} \left(\frac{V_{DD}}{V_2} - 1 \right) + V_{TH} + \frac{V_2}{2} .$$

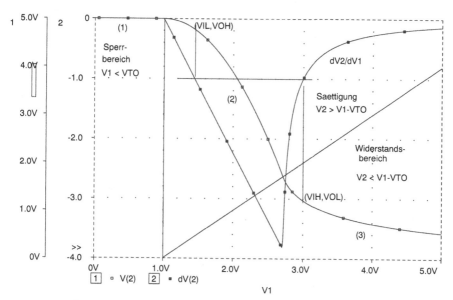

Abb. 5.26. Übertragungskennlinie $V_2(V_1)$ des nMOS-Inverters (Beispiel 5.2.1) und ihre Ableitung dV_2/dV_1

ergibt. Dieser Wert wurde einer SPICE-DC-Analyse zugrundegelegt; die so berechnete Übertragungskennlinie des Inverters ist in Abb. 5.26 zu sehen. $\triangle$

Einsatz als Verstärker, Seriengegenkopplung. Aus den Kleinsignalbeziehungen

$$v_{2\sim} = -R_D i_d \quad \text{und} \quad i_d = g_m v_{gs} + g_o v_{ds} \tag{5.39}$$

folgt mit

$$v_{gs} = v_{1\sim} \quad \text{und} \quad v_{ds} = v_{2\sim} \tag{5.40}$$

für den Spannungsübertragungsfaktor des unbelasteten Inverters ($i_{2\sim} = 0$)

$$\frac{v_{2\sim}}{v_{1\sim}} = -\frac{g_m R_D}{1 + g_o R_D}, \tag{5.41}$$

in völliger Analogie zu dem Ergebnis für den Bipolartransistor in Emitterschaltung. Bei Betrieb in Sättigung folgt mit den Gln. (5.21) und (5.23) demnach

$$\frac{v_{2\sim}}{v_{1\sim}} = -\frac{\beta_n R_D (V_1 - V_{TH})}{1 + \lambda R_D I_D}. \tag{5.42}$$

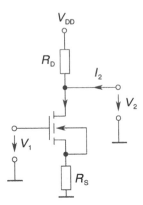

Abb. 5.27. Sourceschaltung mit Seriengegenkopplung

Bei *Seriengegenkopplung* des Verstärkers mit R_S entsprechend Abb. 5.27 sind die in (5.40) angegebenen Kleinsignalbeziehungen durch

$$v_{1\sim} = v_{gs} + R_S i_d \quad \text{und} \quad v_{2\sim} = v_{ds} + R_S i_d \tag{5.43}$$

zu ersetzen. Zusammenfassen dieser Beziehungen mit den in (5.39) angegebenen Kleinsignalbeziehungen ergibt den *Spannungsübertragungsfaktor*

$$\boxed{\frac{v_{2\sim}}{v_{1\sim}} = -\frac{g_m R_D}{1 + R_S(g_m + g_o) + R_D g_o}.} \tag{5.44}$$

Durch eine Seriengegenkopplung wird wie beim Bipolartransistor die Steilheit des Transistors verringert und die Verstärkung herabgesetzt. Ferner ergibt sich eine Linearisierung der Kennlinie und damit eine Verringerung der Verzerrungen bei Großsignalbetrieb.

Liegt der Bulkanschluß auf Masse, so ist bei Seriengegenkopplung die vom Drainstrom abhängige Substratvorspannung $V_{SB} = R_S I_D$ wirksam. Die Kleinsignalbeziehung für den Drainstrom ist nun allgemein mit

$$i_d = g_m v_{gs} + g_o v_{ds} + g_{mb} v_{bs}$$

anzusetzen. Wegen $v_{bs} = -R_S i_d$ folgt durch Zusammenfassen

$$\frac{v_{2\sim}}{v_{1\sim}} = -\frac{g_m R_D}{1 + R_S(g_m + g_{mb} + g_o) + R_D g_o}.$$

Als Folge des *Substratsteuereffekts* ergibt sich demnach eine weitere Veringerung der Spannungsverstärkung $|v_{2\sim}/v_{1\sim}|$.

Konstantstromquelle. Abildung 5.28 zeigt eine Stromquelle mit n-Kanal-MOSFET. Für die Klemmenspannungen des MOSFET gilt

$$V_{GS} = \frac{R_2}{R_1 + R_2} V_+ - R_S I_A, \quad \text{so daß} \quad v_{gs} = -R_S i_a$$

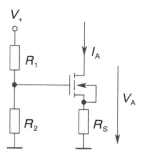

Abb. 5.28. Konstantstromquelle mit n-Kanal MOSFET

sowie

$$V_{DS} = V_A - R_S I_A , \quad \text{so daß} \quad v_{ds} = v_a - R_S i_a .$$

Wird dies in der Kleinsignalbeziehung

$$i_a = g_m v_{gs} + g_o v_{ds}$$

verwendet, so folgt für den *Ausgangswiderstand* der Stromquelle

$$r_a = \frac{v_a}{i_a} = \frac{1 + R_S(g_m + g_o)}{g_o} .$$

Für $R_S g_m \gg 1$ ist $r_a \gg 1/g_o$; der Ausgangswiderstand wächst dann proportional zu R_S an

$$r_a \approx R_S \frac{g_m}{g_o} ,$$

d. h. wird eine Seriengegenkopplung mit sehr großem R_S verwendet – in der Praxis könnte eine solche mit einer Transistorstromquelle realisiert werden – so lassen sich Konstantstromquellen mit extrem hohem Ausgangswiderstand verwirklichen. Stromquellen mit Bipolartransistor ermöglichen dagegen auch im Fall starker Seriengegenkopplung nur endliche Ausgangswiderstände β/g_o.

5.2.2 Grundlagen der CMOS-Technik

Die CMOS-Schaltungstechnik[10] nutzt die *komplementären* Eigenschaften von n- und p-Kanal-MOSFET zum Aufbau von Logikschaltungen, die eine vernachlässigbar kleine Verlustleistung im statischen Betrieb aufweisen. Erst durch diese Technik konnten hochintegrierte Logikschaltungen, wie die modernen 32 Bit- und 64Bit-Mikroprozessoren, auf einem Chip realisiert werden. Weitere Vorzüge der CMOS-Technologie sind der einfache Schaltungsentwurf, die gute Skalierbarkeit, d. h. die leichte Übertragbarkeit bestehender Schaltungslayouts auf weiterentwickelte CMOS-Prozesse sowie die große *Störsicherheit*. Die CMOS-Technik hat heute auf dem Gebiet der digitalen Schaltkreise den größten Marktanteil.

---

[10]Die Abkürzung CMOS steht für $\underline{C}$omplementary MOS.

Der CMOS-Inverter

Beim *CMOS-Inverter* wird der Lastwiderstand durch einen ebenfalls vom Eingang gesteuerten p-Kanal-MOSFET ersetzt. Über diesen kann der Ausgangsknoten leicht auf das Potential der Versorgungsspannung gezogen werden (vgl. Abb. 5.31), wodurch der gesamte Versorgungsspannungsbereich als Schalthub zur Verfügung steht. Wegen der Komplementarität der beiden Transistoren

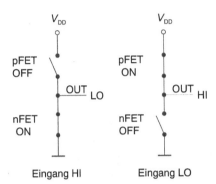

Abb. 5.29. Schaltermodell zur Erläuterung der Wirkungsweise eines CMOS-Inverters

ist stets einer von diesen im Sperrzustand, falls das Potential am Eingang auf LO ($V_1 \approx 0$) oder auf HI ($V_1 \approx V_{DD}$) liegt. Im Fall vernachlässigbar geringer Subthresholdströme kann der CMOS-Inverter demnach als eine Reihenschaltung zweier Schalter angesehen werden (vgl. Abb. 5.29), von denen stets einer geöffnet ist – sofern am Eingang LO oder HI anliegt. Eine nennenswerte *Verlustleistung* fällt nur im Schaltvorgang an: Die mittlere Verlustleistung wird deshalb proportional zur *Schaltfrequenz f* ansteigen[11]

$$P = \frac{1}{2} f C V_{DD}^2 , \tag{5.45}$$

wobei C die umzuladende Kapazität bezeichnet. Bei geringer Schaltfrequenz f und Versorgungsspannung V_{DD} lassen sich deshalb elektronische Schaltungen konstruieren, die extrem verlustarm arbeiten. Dies wird z. B. in Armbanduhren oder in solarbetriebenen Taschenrechnern ausgenutzt.

Während des *Einschaltvorgangs* (Aufladen von C) liefert die Spannungsquelle die Ladung CV_{DD} und verrichtet dabei die Arbeit CV_{DD}^2. Hiervon wird jedoch nur die Hälfte, d. h. $CV_{DD}^2/2$, als Verlustleistung im p-Kanal-MOSFET verbraucht, die andere Hälfte wird in der Kapazität gespeichert. Beim *Ausschaltvorgang* liefert die Spannungsquelle keinen Strom, da der p-Kanal-MOSFET sperrt. Hier wird die auf dem Kondensator gespeicherte

---

[11]Die Kapazität C wird als mit dem Ausgang des Inverters verknüpfte Lastkapazität behandelt. Gleichung (5.45) vernachlässigt Anstiegs- und Abfallzeiten des Eingangssignals sowie interne Kapazitäten. Interne Transistorkapazitäten lassen sich in C berücksichtigen, wobei jedoch zu beachten ist, daß einzelne Kapazitäten wegen des Miller-Effekts um den doppelten Hub umgeladen werden müssen.

Energie $CV_{DD}^2/2$ im n-Kanal-MOSFET in Verlustleistung umgesetzt. Pro Schaltvorgang fällt damit die Verlustenergie $CV_{DD}^2/2$ an. Multiplikation mit der mittleren Schaltfrequenz f führt auf den Effektivwert der Verlustleistung.

Da in getakteten CMOS-Schaltungen meistens ein Großteil der Gatter während eines Taktzyklus seinen Zustand beibehält, ist die mittlere *Schaltfrequenz* f i. allg. wesentlich geringer als die *Taktfrequenz* f_ϕ. CMOS ist derzeit die einzige Schaltungstechnik, die es erlaubt 10^6 oder mehr logische Funktionen auf einem Chip zu integrieren.

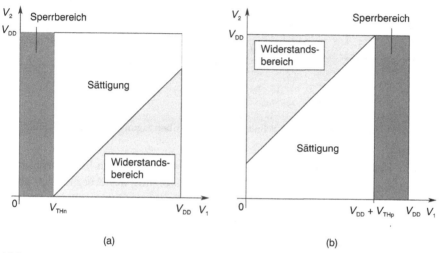

(a)   (b)

Abb. 5.30. Betriebszustände von **(a)** n-Kanal-MOSFET und **(b)** p-Kanal-MOSFET in einem CMOS-Inverter als Funktion der Spannungen an Ein- und Ausgang

Übertragungskennlinie. Die *Übertragungskennlinie* des unbelasteten CMOS-Inverters ergibt sich aus der Forderung $I_{D1} + I_{D2} = 0$, wobei für I_{D1} und I_{D2} die zu den jeweiligen Betriebszuständen (vgl. Abb. 5.31a und Abb. 5.30) gehörenden Strom-Spannungs-Beziehungen zu verwenden sind. Insgesamt sind dabei fünf Bereiche zu unterscheiden:

1. Für $V_1 < V_{THn}$ sperrt der n-Kanal-MOSFET, so daß $I_{D1} = 0$ und damit auch $I_{D2} = 0$ gilt. Der unbelastete CMOS-Inverter führt keinen Strom und es gilt $V_2 = V_{DD}$.

2. Für $V_{THn} < V_1$ und $V_2 > V_1 - V_{THp}$ arbeitet der n-Kanal-MOSFET im Sättigungsbereich, der p-Kanal-MOSFET im Widerstandsbereich, so daß gilt

$$I_{D1} = \frac{1}{2}\beta_n(V_1 - V_{THn})^2$$

$$I_{D2} = -\beta_p(V_{DD} - V_2)\left(\frac{V_{DD} + V_2}{2} - V_1 + V_{THp}\right).$$

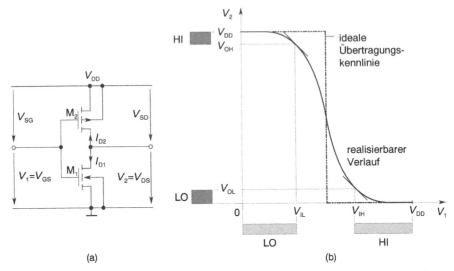

Abb. 5.31. CMOS Inverter. **(a)** Schaltplan und **(b)** Übertragungskennlinie (schematisch)

3. Für $V_{THn} < V_1$ und $V_1 - V_{THn} < V_2 < V_1 - V_{THp}$ arbeiten beide Transistoren im Sättigungsbereich. Unter Vernachlässigung des Ausgangsleitwerts der Transistoren gilt

$$I_{D1} = \frac{1}{2}\beta_n(V_1 - V_{THn})^2$$

und

$$I_{D2} = -\frac{1}{2}\beta_p(V_{DD} - V_1 + V_{THp})^2 \; .$$

Die Übertragungskennlinie verläuft in dieser Näherung im betrachteten Bereich senkrecht.

4. Für $V_{THn} < V_1 < V_{DD} + V_{THp}$ und $V_2 < V_1 - V_{THn}$ arbeitet der n-Kanal-MOSFET im Widerstandsbereich, der p-Kanal-MOSFET im Sättigungsbereich, wobei gilt

$$I_{D1} = \beta_n(V_1 - V_{THn} - V_2/2)V_2 \; ,$$

$$I_{D2} = -\frac{1}{2}\beta_p(V_{DD} - V_1 + V_{THp})^2 \; .$$

5. Für $V_1 > V_{DD} + V_{THp}$ sperrt der p-Kanal-MOSFET, so daß $I_{D2} = 0$ und damit auch $I_{D1} = 0$ gilt. Der unbelastete CMOS-Inverter führt keinen Strom und es gilt $V_2 = 0$.

Die analytische Berechnung der Übertragungskennlinie wird dem Leser als Übungsaufgabe überlassen.

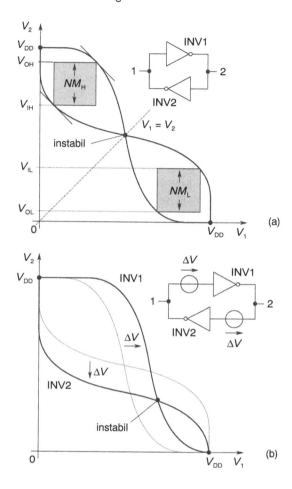

Abb. 5.32. Zustände eines Flipflops und Bestimmung des statischen Störabstands. **(a)** stabile Zustände ohne Störspannungen und **(b)** Einfluß von statischen Störspannungen

Störsicherheit. Bedingt durch die nichtlineare Übertragungskennlinie des Inverters erfolgt eine „Regenerierung" digitaler Signale, wodurch die bei Analogrechnern nach mehreren Rechenschritten problematische Fehlerfortpflanzung vermieden werden kann. Am Eingang des Gatters kann dem korrekten Signal eine vergleichsweise große Störspannung überlagert sein, ohne daß am Ausgang große Abweichungen vom korrekten Signalpegel auftreten (vgl. Abb. 5.31). Die Störsicherheit von Gattern wird durch den *statischen Störabstand* bestimmt. Zur Definition des statischen Störabstands wird meist das aus zwei rückgekoppelten Invertern bestehende Flipflop betrachtet [4,5]. Dieses besitzt zwei stabile Arbeitspunkte, die sich als Schnittpunkte der beiden Inverterkennlinien bestimmen lassen (vgl. Abb. 5.32a). Durch eine Störspannung ΔV an den Eingängen der beiden rückgekoppelten Inverter (vgl. Abb. 5.32b) verschieben sich die Kennlinien und der instabile Punkt verschiebt sich zusehends zu null (für $\Delta V < 0$) bzw. V_{DD} (für $\Delta V > 0$), wodurch nach Überschreiten einer kritischen Störspannung der zweite stabile Arbeitspunkt verloren geht. Der Betrag der Störspannung, ab der nur noch ein stabiler Arbeitspunkt des Flipflops existiert, wird als *statischer Störabstand* bezeichnet. Er läßt sich grafisch als Seitenlänge eines zwischen die Inverterkennlinien einbeschriebenen Quadrats interpretieren (vgl. Abb. 5.32a). Bei unsymmetrischen Inverterkennlinien ergeben sich auf diesem Weg zwei Störspannungsabstände

$$N_{\mathrm{ML}} = V_{\mathrm{IL}} - V_{\mathrm{OL}} \qquad \text{sowie} \qquad N_{\mathrm{MH}} = V_{\mathrm{OH}} - V_{\mathrm{IH}} . \tag{5.46}$$

Als Maß für die Störsicherheit ist dabei der kleinere der beiden Werte anzusehen, da der Schaltzustand in der Regel nicht bekannt ist. Für maximale Störsicherheit sollte der instabile Punkt des Flipflops deswegen möglichst nahe bei $V_1 = V_2 = V_{\mathrm{DD}}/2$ liegen. Dies hat Konsequenzen für den Entwurf statischer CMOS-Logikschaltungen: Bei betragsmäßig gleich großen Einsatzspannungen für n- und p-Kanal-MOSFET sind die Übertragungsleitwertfaktoren β_{n} und β_{p} ebenfalls gleich groß zu wählen.[12] Da für Kanallängen um 1 μm annähernd $\mu_{\mathrm{n}}/\mu_{\mathrm{p}} \approx 2$ gilt, sind die Weiten W_{n} und W_{p} von n-Kanal- und p-Kanal-MOSFET so zu wählen, daß $W_{\mathrm{p}} \approx 2W_{\mathrm{n}}$ gilt, d. h. die p-Kanal-MOSFETs benötigen deutlich mehr Chipfläche als die n-Kanal-MOSFETs.

Statische CMOS-Logik

Der prinzipielle Aufbau eines Gatters in statischer CMOS-Logik wurde in Abb. 5.24 erläutert. Um ein Gatter für eine bestimmte logische Funktion zu entwerfen, betrachtet man am besten zunächst das Teilnetzwerk der n-Kanal-MOSFETs. Hier erfordert die NAND-Funktion eine Reihenschaltung, die NOR-Funktion eine Parallelschaltung der Transistoren. Das jeweils zugehörige Netzwerk aus p-Kanal-MOSFETs ergibt sich dann aus der Forderung, daß dieses genau dann niederohmig ist, wenn das Netzwerk der n-Kanal-MOSFETs hochohmig ist. Offensichtlich müssen dazu die p-Kanal-MOSFETs parallel geschaltet werden, wenn die n-Kanal-MOSFETs in Reihe liegen und umgekehrt. Abbildung 5.33 zeigt das CMOS-NAND und das CMOS-NOR als zwei einfache Vertreter statischer CMOS-Gatter.

Sind mehr als drei Eingänge miteinander zu verknüpfen, so ist es i. allg. unzweckmäßig dies in einem CMOS-Gatter der beschriebenen Form durchzuführen, da dann vier oder mehr MOSFETs in Reihe geschaltet sind, was zu großen Schaltzeiten führt. Günstiger ist es in solchen Fällen die logische Verknüpfung durch Zusammenschalten mehrerer Gatter mit verringerter Anzahl von Eingängen (sog. Komplexgatter) oder aber als nMOS-Logik auszuführen. Kann eine bestimmte logische Verknüpfung sowohl mit NAND- als auch mit NOR-Gattern verwirklicht werden, so sind i. allg. NAND-Gatter vorzuziehen,

---

[12]Unter diesen Bedingungen sind auch Anstiegs- und Abfallzeiten beim Umschalten kapazitiver Lasten identisch.

(a) NAND

(b) NOR

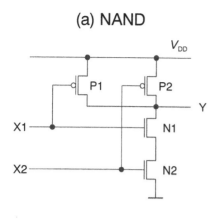

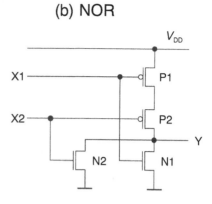

X1	X2	N1	P1	N2	P2	Y
0	0	OFF	ON	OFF	ON	1
0	1	OFF	ON	ON	OFF	1
1	0	ON	OFF	OFF	ON	1
1	1	ON	OFF	ON	OFF	0

X1	X2	N1	P1	N2	P2	Y
0	0	OFF	ON	OFF	ON	1
0	1	OFF	ON	ON	OFF	0
1	0	ON	OFF	OFF	ON	0
1	1	ON	OFF	ON	OFF	0

Abb. 5.33. Logische Verknüpfungen in CMOS. (a) CMOS-NAND-Gatter und (b) CMOS-NOR-Gatter mit je zwei Eingängen (0 ≡ LO, 1 ≡ HI)

da bei diesen die besser leitenden n-Kanal-MOSFETs in Serie liegen, wodurch der Flächenbedarf der n-Kanal- und p-Kanal-MOSFETs besser ausgeglichen werden kann.

Transfergate

Die Parallelschaltung (vgl. Abb. 5.34) eines n-Kanal- und eines p-Kanal-MOSFET, deren Gates mit komplementären Signalen angesteuert werden, wird als *Transfergate* bezeichnet. Transfergates werden als bidirektionale Schalter eingesetzt, über die ein Knoten sowohl auf- als auch entladen werden kann. Liegt das Gatepotential des n-Kanal-MOSFET auf LO, das des p-Kanal-MOSFET auf HI, so sind beide MOSFETs im Sperrzustand: Das Transfergate ist dann hochohmig und entspricht einem geöffneten Schalter. Liegt das Gatepotential des n-Kanal-MOSFET auf HI und das des p-Kanal MOSFET auf LO, so leitet mindestens einer der beiden Transistoren: Das Transfergate ist niederohmig und entspricht einem geschlossenen Schalter.

Transfergates ermöglichen den Aufbau von Logikschaltungen, die nur eine sehr geringe Anzahl von Transistoren erfordern. Abbildung 5.34 zeigt drei Beispiele hierfür: Den Multiplexer mit zwei Eingängen, das XOR-Gatter und das XNOR-Gatter. Der Nachweis (durch Aufstellen der Wahrheitstabelle), daß die Gatter die angegebene Funktion erfüllen, wird dem Leser als Übungsaufgabe überlassen.

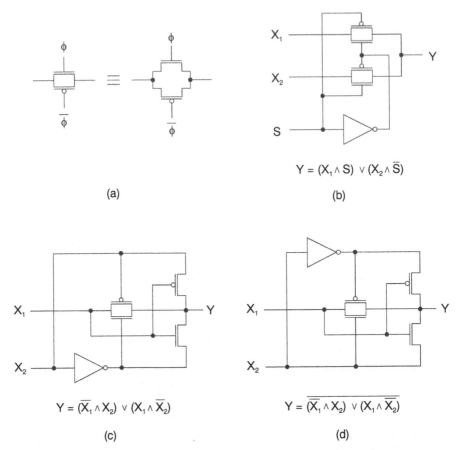

(a)   (b)

(c)   (d)

Abb. 5.34. CMOS-Transfergate **(a)** Aufbau und logische Verknüpfungen mit Transfergates:
(b) Multiplexer, **(c)** XOR und **(d)** XNOR

Für Überschlagsrechnungen kann das Transfergate, wie Beispiel 5.2.2 zeigt,
durch einen effektiven Widerstand R_{eff} in Serie zu einem idealen Schalter
ersetzt werden. Zur Abschätzung des effektiven Widerstands wird angenommen, daß die volle Versorgungsspannung über dem Transfergate abfällt (vgl.
Abb. 5.35 a). Dabei arbeiten beide Transistoren im Sättigungsbereich. Der
Strom durch das Transfergate ist damit

$$I_{\text{D}1} - I_{\text{D}2} = \frac{1}{2}\beta_{\text{n}}(V_{\text{DD}} - V_{\text{THn}})^2 + \frac{1}{2}\beta_{\text{p}}(V_{\text{DD}} + V_{\text{THp}})^2 \,.$$

Für den effektiven Widerstand R_{eff} kann so abgeschätzt werden

$$\frac{1}{R_{\text{eff}}} = \frac{I_{\text{D}1} - I_{\text{D}2}}{V_{\text{DD}}} = \frac{\beta_{\text{n}}(V_{\text{DD}} - V_{\text{THn}})^2}{2V_{\text{DD}}} + \frac{\beta_{\text{p}}(V_{\text{DD}} + V_{\text{THp}})^2}{2V_{\text{DD}}} \,. \quad (5.47)$$

Bei symmetrischer Auslegung ($\beta_n = \beta_p$ und $V_{THp} = -V_{THn}$) vereinfacht sich
dies zu

$$R_{\text{eff}} = \frac{V_{DD}}{\beta_n (V_{DD} - V_{THn})^2} .$$
(5.48)

Mit dieser Beziehung kann die für das Umladen kapazitiver Lasten C maßgebliche Zeitkonstante $R_{\text{eff}}C$ rasch abgeschätzt werden.

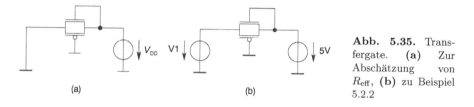

Abb. 5.35. Trans-
fergate. **(a)** Zur
Abschätzung von
R_{eff}, **(b)** zu Beispiel
5.2.2

Beispiel 5.2.2 Abbildung 5.36 zeigt den mit der SPICE-DC-Analyse berechneten
Strom durch den n-Kanal- sowie den p-Kanal-MOSFET eines CMOS-Transfergates
mit einer Beschaltung entsprechend Abb. 5.35b. Die Abmessungen der Transistoren

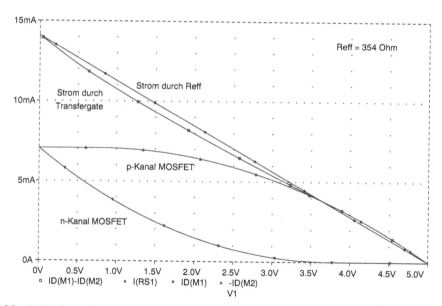

Abb. 5.36. Strom durch eine CMOS-Transfergate als Funktion der Ausgangsspannung.
Simulation nach Beispiel 5.3.2

wurden so gewählt, daß $\beta_n = \beta_p$ gilt; für den n-Kanal-MOSFET wurden $L = 1\,\mu m$
sowie $W = 8\,\mu m$ vorgegeben und für den p-Kanal-MOSFET $L = 1\,\mu m$ sowie $W =
20\,\mu m$. Die Beschreibung erfolgte im LEVEL1-Modell mit den Modellanweisungen

```
.MODEL   Mnmos1   NMOS   (VTO=0.8   KP=1E-4   GAMMA=0.35   PHI=0.78)
.MODEL   Mpmos1   PMOS   (VTO=-0.8  KP=4E-5   GAMMA=0.4    PHI=0.7)
```

Der n-Kanal-MOSFET arbeitet bis zu $V1 = 5\,\text{V} - V_{\text{THn}}$ im Sättigungsbereich und sperrt für größere Werte von V1. Der p-Kanal-MOSFET dagegen arbeitet für kleine

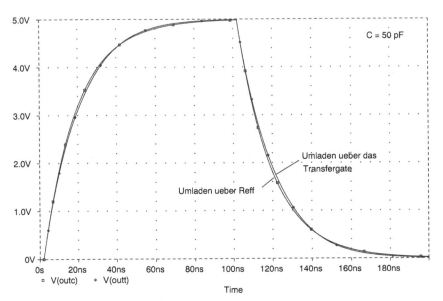

Abb. 5.37. Ausgangsspannungsverlauf beim Umladen einer Kapazität $C = 50$ pF über ein Transfergate und über den effektiven Widerstand R_{eff} des Transfergates

Werte von V1 im Sättigungsbereich und transportiert einen konstanten Strom um dann für größere Werte von V1 in den Widerstandsbereich überzugehen. Werden die beiden Ströme addiert, so ergibt sich ein annähernd linearer Verlauf, wie er einem ohmschen Widerstand entspricht (vgl. Abb. 5.36). Zum Vergleich wurde der Strom durch den nach. Gl. (5.48) berechneten Widerstand R_{eff} des Transfergates eingetragen. Mit $\beta_{\text{n}} = \beta_{\text{p}} = 0.8$ mA/V^2 folgt

$$R_{\text{eff}} = \frac{5\,\text{V}}{\dfrac{0.8\,\text{mA}}{\text{V}^2}\,(5\,\text{V} - 0.8\,\text{V})^2} = 354\,\Omega\,.$$

Wie die Simulation zeigt, stimmt der Strom durch R_{eff} weitgehend mit dem Strom durch das Transfergate überein. Der effektive Widerstand R_{eff} eignet sich demzufolge für eine näherungsweise Beschreibung des Umladens kapazitiver Lasten über ein Transfergate. Dies wird auch durch Abb. 5.37 bestätigt, in der das Ergebnis einer Transientenanalyse für die Spannung über einer Kapazität $C = 50$ pF über der Zeit aufgetragen ist. Die Eingangsspannung wurde mit einer PULSE-Quelle als Rechteckspannung vorgegeben. Δ

Tristate-Treiber

Sind mehrere Ausgangstreiber an eine Leitung eines Bussystems angeschlossen, so darf stets nur einer auf die Leitung wirken. Die restlichen Treiber müssen von der Leitung entkoppelt werden, d. h. sie dürfen keine niederohmige Verbindung zur Versorgungsspannung oder zur Masse herstellen. Der Ausgang derartiger *Tristate-Treiber* verfügt zusätzlich zu den Zuständen LO und HI über einen gewöhnlich mit Z bezeichneten Zustand mit schwebendem Ausgangsknoten. Ob sich der Treiber im hochohmigen Z-Zustand befindet

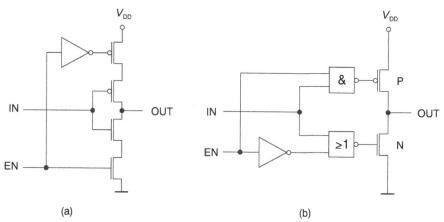

(a)   (b)

Abb. 5.38. Tristate-Treiber, (a) für geringe kapazitive Last und (b) für große kapazitive Last

wird durch das Auswahlsignal EN bestimmt.

Sind nur geringe kapazitive Lasten zu treiben, so eignet sich die in Abb. 5.38a dargestellte Schaltung zum Aufbau eines Tristate-Treibers: Ist EN auf LO-Potential, so sperren die in Serie zum Inverter angeordneten Transistoren und der Ausgang ist hochohmig, andernfalls verhält sich der Treiber wie ein gewöhnlicher Inverter. Da ein Umladen des Ausgangsknotens hier über zwei Transistoren mit einem relativ großen Serienwiderstand erfolgt, wird für Ausgangstreiber meist die in Abb. 5.38b dargestellte Schaltung verwendet. Die Wirkungsweise der Schaltung ergibt sich aus der folgenden Wahrheitstabelle.

EN	IN	$\overline{EN \wedge IN}$	$\overline{IN \vee \overline{EN}}$	N	P	OUT
0	0	1	0	OFF	OFF	Z
0	1	1	0	OFF	OFF	Z
1	0	1	1	ON	OFF	0
1	1	0	0	OFF	ON	1

Dynamische CMOS-Logik

Die Möglichkeit, Ladung als Signalgröße auf der Gatekapazität von MOS-FETs zu speichern, wird in den dynamischen Logikschaltungen ausgenutzt. Die Verwendung dieser Schaltungstechniken erfordert im Gegensatz zur statischen Logik getaktete Schaltungen.

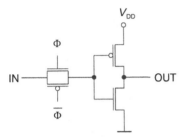

Abb. 5.39. Dynamisches Latch

Abbildung 5.39 zeigt ein *dynamisches Latch*, bestehend aus einem CMOS-Inverter mit vorgeschaltetem Transfergate. Solange das Transfergate leitend ist, wird der Eingang des Inverters auf das Potential des Knoten IN aufgeladen. Beim Schließen des Transfergates wird diese Information als Ladung auf der Eingangskapazität *gespeichert*. Für große Zeiten geht die Ladung durch Leckströme zwar wieder verloren – für Zeitintervalle von der Größenordnung eines Taktzyklus in einer integrierten Schaltung ist dies jedoch vernachlässigbar.

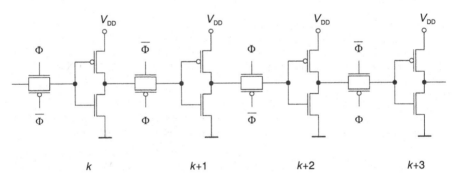

Abb. 5.40. Dynamisches Schieberegister

Durch Hintereinanderschalten mehrerer gegenphasig getakteter dynamischer Latches gelangt man zum dynamischen *Schieberegister*, von dem in Abb. 5.40 zwei Stufen – bestehend aus je zwei Latches – dargestellt sind. Zur Erläuterung der Wirkungsweise wird zunächst der Fall $\Phi = $ LO betrachtet. Dann ist das Transfergate von Latch $k+1$ sowie das Transfergate von Latch $k+3$ niederohmig, während die übrigen Transfergates hochohmig sind. Während dieser Phase wird deshalb die Information von Latch k auf Latch $k+1$ übertragen und entsprechend von Latch $k+2$ auf Latch $k+3$. In der nächsten Phase ($\Phi =$ HI) sind die zuvor niederohmigen Transfergates hochohmig, während die zuvor hochohmigen niederohmig sind. Nun wird die Information von Latch $k+1$ auf Latch $k+2$ übertragen.

Als Nachteil dynamischer Schaltungstechniken ist der erhöhte *Entwurfsaufwand* zu nennen – nur durch sorgfältige Auslegung der Schaltungen kann eine zuverlässige Funktion und eine hohe Störsicherheit sichergestellt werden. Trotz der höheren Schaltgeschwindigkeit und der geringeren Chipfläche spielen die dynamischen Schaltungstechniken aus diesem Grund eine Außenseiterrolle für die Realisierung von Logikschaltungen. Dort liegt ihre Bedeutung vor allem in der Realisierung von Gattern die sehr viele Eingänge aufweisen. Daneben wird die auf einem MOS-Kondensator gespeicherte Ladung in sog. dRAM-Speicherbausteinen als Signalgröße verwendet. Da bei dieser Technik für eine Speicherzelle nur ein Kondensator und ein Auswahltransistor benötigt wird, ist der Flächenbedarf einer Zelle sehr gering, was die kostengünstige Integration von bis zu einer Milliarde Speicherzellen auf einem Halbleiterchip mit einer Fläche von wenigen cm^2 ermöglicht.

5.3 MOSFETs in integrierten Schaltungen

Integrierte CMOS-Schaltungen dominieren heute auf dem Gebiet der Digitaltechnik. Daneben haben integrierte Analogschaltungen in CMOS-Technik als reine Analogbausteine (z. B. Operationsverstärker) oder als Analogzellen in gemischten analog-digitalen Systemen zunehmend an Bedeutung gewonnen. Durch fortschreitende Strukturverkleinerung konnten Integrationsgrad und Taktfrequenz der Schaltkreise kontinierlich gesteigert werden. Maßgeblich für die Leistungsfähigkeit einer „Technologiegeneration" ist die minimale Strukturgröße λ, die in Digitalschaltungen in der Regel gleich der Gatelänge gewählt wird. Dieser Wert liegt derzeit unter 0.1 µm, wobei eine weitergehende Reduktion in den Bereich unter 0.05 µm abzusehen ist. Bei der Strukturverkleinerung sind insbesondere die abnehmenden Durchbruchspannungen, zu Änderungsausfällen (Driftausfällen) führende Degradationseffekte, eine zunehmende Empfindlichkeit gegenüber elektrostatischen Entladungen sowie ein elektrisches Verhalten, das nicht mehr durch das Langkanalmodell (LEVEL 1) beschrieben wird, zu beachten.

Beim Übergang zur nächsten Technologiegeneration mit feinerer Lithographie sollten bestehende Schaltungen einfach übertragen werden können. Bis zu $\lambda = 0.5$ µm konnte die Betriebsspannung V_{DD} konstant bei 5 V gehalten werden. Bei konstant gehaltenem V_{DD} ergibt sich als Folge der abnehmenden Oxiddicke d_{ox} eine Steigerung des auf die Weite bezogenen Drainstroms

I_{Dsat}/W beim Übergang zur nächsten Technologiegeneration.[13] Die Gatter-
laufzeit τ_d eines CMOS-Gatters ist durch die umzuladende Kapazität C und
den hierfür zur Verfügung stehenden Strom bestimmt: Da die auf die Weite
W bezogene Kapazität C/W beim Übergang von einer Technologiegeneration
zur nächsten weitgehend konstant bleibt, nimmt τ_d bei konstant gehaltenem
V_{DD} annähernd umgekehrt proportional zu I_{Dsat}/W ab [6]. Dies ermöglicht
eine Steigerung der Taktfrequenz f_ϕ. Die in einem CMOS-Schaltkreis umgesetzte *Leistung* ist proportional zur umzuladenden Kapazität und zur Taktfrequenz

$$P \sim f_\phi C V_{\mathrm{DD}}^2$$

und bleibt wegen der gleichzeitig verringerten Kapazität C annähernd konstant. Da die Fläche der Schaltung jedoch $\sim \lambda^2$ abnimmt, steigt die je
Flächeneinheit anfallende Verlustleistung an. Bei gleichbleibender Chipfläche
(und höherem Integrationsgrad) erhöht sich die Verlustleistung demzufolge
stark. Wegen der quadratischen Abhängigkeit der Verlustleistung von der
Betriebsspannung kann dies durch eine Verringerung von V_{DD} zumindest teilweise kompensiert werden. Eine Verminderung der Betriebsspannung ist bei
fortschreitender Strukturverkleinerung auch zur Begrenzung der Feldstärke
erforderlich: Wegen unerwünschter Tunnelströme und der Gefahr des Gate-
durchbruchs kann die Feldstärke im Oxid und damit auch das Verhältnis
$V_{\mathrm{DD}}/d_{\mathrm{ox}}$ nicht beliebig erhöht werden. Die zulässige Feldstärke im Halbleiter ist durch Alterungseffekte (Degradation) und die Ladungsträgermultiplikation vor Drain begrenzt. Da mit der Versorgungsspannung V_{DD} auch die
Einsatzspannung V_{TH} verringert werden muß, führt die Verringerung der Versorgungsspannung zu einem deutlichen Anstieg der Subthresholdströme. Für
die Digitaltechnik bedeutet dies, daß die CMOS-Gatter auch bei definierten
logischen Zuständen an den Eingängen eine erhebliche Verlustleistung aufweisen. Diese ist unabhängig von der Taktfrequenz und beträgt in modernen
Mikroprozessorbaustinen bereits mehrere Watt.

5.3.1 Zur Herstellung integrierter MOSFETs

Abbildung 5.41 zeigt exemplarisch ein Prozeßschema zur Herstellung eines
sog. LDD-MOSFETs mit Salicide-Kontakten.[14] Derartige Transistoren bieten einen Kompromiß zwischen den konkurrierenden Forderungen nach geringen Bahnwiderständen (erfordert hohe Dotierung des Drainbahngebiets) und
geringer Feldstärke vor Drain (erfordert geringe Dotierung des Drainbahngebiets).

---

[13]Die bei Kurzkanaltransistoren mit L abnehmende Sättigungsspannung verstärkt diesen
Effekt.
[14]Die Abkürzung LDD steht für l̲ightly d̲oped d̲rain, die Abkürzung Salicide für s̲elf
a̲ligned sil̲icide.

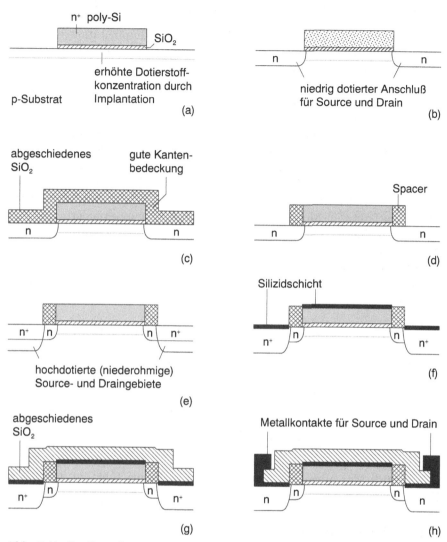

Abb. 5.41. Zur Herstellung von LDD-MOSFETs mit Salicide-Kontakten

Nach Herstellung des Gateoxids (durch Oxidation der Siliziumoberfläche in heißem Sauerstoff) und der Kanalimplantation[15] zur Einstellung der Einsatzspannung wird n-dotiertes, polykristallines Silizium als Gateelektrode abgeschieden. Durch einen anisotropen Ätzvorgang (Plasmaätzen) wird das poly-

---

[15]Durch Implantation kann die Dotierstoffkonzentration in einer dünnen Schicht unterhalb des Gateoxids verändert werden. Bei geringen Veränderungen wirkt sich dies in einer Verschiebung der *Einsatzspannung* aus und wird in der Praxis zur Einstellung derselben eingesetzt. Bei hinreichend großer Implantationsdosis kann das Bulk in einer dünnen Zone unter dem Gateoxid umdotiert werden: Es entsteht ein sog. Buried-channel-MOSFET.

kristalline Silizium und das thermische Oxid bis auf einen Steg der Breite L_m entfernt (a). Dieser wird in der Folge als Maske für die Implantation des Lightly Doped Drain (LDD) verwendet (b), d. h. eines schwach n-dotierten Gebiets am source- und drainseitigen Rand des Kanals. Durch Abscheiden eines gut kantenbedeckenden Oxids (c) und anschließendes anisotropes Rückätzen (d) läßt sich am Rand der Gateelektrode ein als *Spacer* bezeichnetes Ätzresiduum herstellen, das die Gateelektrode zu Source und Drain hin isoliert. Nach Implantation von Source- und Draingebiet (e) erfolgt die Silizidierung. Die Waferoberfläche wird dabei mit einem dünnen Metallfilm überzogen. Kommt dieser über Silizium zu liegen, so bildet sich in einem Temperschritt ein sog. *Silizid*, d. h. eine Metallsilizumverbindung. Liegt Oxid unter dem Metallfilm, so kommt es zu keiner Reaktion mit der Unterlage. Ein anschließender Ätzvorgang entfernt den Metallfilm, läßt das Silizid aber unverändert: Die Siliziumflächen sind nun mit einer niederohmigen Silizidschicht überzogen (f). Dieser Schritt erfordert keine zusätzliche Fotolithographie: Es liegt ein selbstjustierender Vorgang vor (salicide). Durch Abscheiden eines Oxids (g), Kontaktlochätzen, Abscheiden einer Metallschicht und Strukturierung derselben, werden die elektrischen Anschlüsse [16] hergestellt.

5.3.2 Elektrisches Verhalten von Kurzkanal-MOSFETs

Bei MOSFETs im Submikrometerbereich wird der Kennlinienverlauf in starkem Maß durch die Bahnwiderstände bestimmt. Diese sind durch den jeweiligen Kontaktwiderstand, den Ausbreitungswiderstand in der darunter liegenden diffundierten Schicht und bei LDD-Transistoren durch den Widerstand des niedrig dotierten Drainbahngebiets bedingt. Das aus Kap. 5.1 bekannte Langkanalmodell (LEVEL 1)liefert nur eine sehr ungenaue Beschreibung des elektrischen Verhaltens eines MOSFET mit einer Kanallänge im Submikrometerbereich. Vor allem die Geschwindigkeitssättigung führt zu deutlichen Abweichungen im Kennlinienverlauf.

Subthresholdstrom

Der für $V_{GS} < V_{TH}$ und $V_{DS} > 0$ fließende Subthresholdstrom hängt exponentiell von der Spannung V_{GS} ab (vgl. Abb. 5.42). Zur Charakterisierung der Abhängigkeit wird in der Regel der sog. *gate voltage swing*

$$S = V_T \ln(10) \frac{dV_{GS}}{d\psi_s} = \ln 10 \cdot V_T \left(1 + \frac{c'_s}{c'_{ox}}\right)$$

angegeben, das ist die Spannungsänderung ΔV_{GS} die eine Änderung des Subthresholdstroms um eine Dekade bewirkt. Mit $mV_T = \log(e) S \approx 0.43 S$

---

[16]Im Bild sind nur die Anschlüsse von Source und Drain gezeigt.

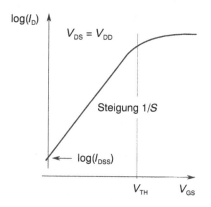

Abb. 5.42. Subthresholdstrom im n-Kanal MOSFET

läßt sich der Drainstrom im Subthresholdbereich für $V_{DS} \gg V_T$ näherungsweise durch

$$I_D \approx I_{DSS} \exp\left(\frac{V_{GS}}{mV_T}\right) \approx I_{DSS} \exp\left(\frac{V_{GS}}{0.43\,S}\right)$$

beschreiben. Der im Fall $V_{GS} = 0$ und $V_{DS} = V_{DD}$ fließende Drainreststrom I_{DSS} ist exponentiell von der Einsatzspannung und dem Gate voltage swing abhängig

$$I_{DSS} \sim \exp\left(-\frac{V_{TH}}{0.43\,S}\right) .$$

Dieser Reststrom führt zu statischer Verlustleistung in CMOS-Schaltkreisen und entlädt die Speicherkapazität in DRAM-Bausteinen, was verkürzte Refresh-Zyklen (vgl. Kap. 8.4) bedingt und damit die *Verlustleistung* erhöht. Typische Werte für S sind 80 mV/dec bei Raumtemperatur und 100 mV/dec bei 85°C. Eine Verringerung der Einsatzspannung um 100 mV würde bei $\vartheta = 85°$ demnach eine Verzehnfachung der Verlustleistung im Standby-Betrieb verursachen.

Einsatzspannung, Kurzkanaleffekte

Die Einsatzspannung wurde in der Vergangenheit in praktischen CMOS-Schaltungen weitgehend einheitlich zwischen 600 mV und 900 mV gewählt. Dies stellt einen Kompromiß dar in bezug auf den statischen Störabstand, die Schaltgeschwindigkeit und die im Sperrbereich fließenden Ströme.

Durch die *Kanalimplantation* läßt sich die Einsatzspannung V_{TH} unabhängig von der Austrittsarbeit der Gateelektrode einstellen. Die Substratdotierung bestimmt dann die Einsatzspannung nur noch unwesentlich, ist aber nach wie vor maßgeblich für den Substratsteuereffekt. Mit zunehmender Dotierung nimmt die elektrische Feldstärke E_x (senkrecht zur Si-SiO$_2$-Grenzfläche) im

Kanalbereich zu, was sich, wegen der dann zunehmenden Oberflächenstreuung der Ladungsträger, in einer Abnahme der Beweglichkeit auswirkt.[17]

Eine Besonderheit tritt in CMOS-Schaltungen auf. Hier wurde[18] in der Regel n$^+$-poly-Silizium als Gatematerial sowohl für n-Kanal- als auch p-Kanal-MOSFETs verwendet. Unter diesen Umständen muß die Kanaldotierung des p-Kanal-MOSFET vom p-Typ sein, damit eine Einsatzspannung von -700 mV erreicht wird, d. h. der p-Kanal-MOSFET ist ein Buried-channel-MOSFET vom Normally-off-Typ.

Bei Kanallängen im Mikrometerbereich erweist sich die Einsatzspannung als *geometrieabhängig*: Sie nimmt in der Regel mit der Kanallänge L ab (Kurzkanaleffekt) und mit der Kanalweite W zu (Schmalkanaleffekt). Die Ursache hierfür ist, daß die zur Neutralisierung der Gateladung wirksame Bulkladung durch die Raumladungszonen vor Source und Drain verringert wird (Kurzkanaleffekt) und sich andererseits etwas über die Kanalweite W hinaus unter das LOCOS-Oxid ausdehnt (Schmalkanaleffekt).

Durch die von V_{DS} abhängige Ausdehnung der Raumladungszone vor Drain kommt es darüber hinaus zu einer Abnahme der Einsatzspannung mit zunehmendem V_{DS}. Dieser als Drain-induced barrier lowering (DIBL) bezeichnete Effekt bestimmt bei Submikrometertransistoren maßgeblich die Steigung des Ausgangskennlinienfelds im Sättigungsbereich. Zur Charakterisierung des DIBL-Effekts wird gewöhnlich der Spannungsdurchgriff $\Delta V_{GS}/\Delta V_{DS}$ bei konstantem Drainstrom I_D bestimmt. Die Kanaldotierung und die Oxiddicke wird dann in der Regel so groß gewählt, daß der Betrag des Spannungsdurchgriffs geringer wird als 25 mV/V. Mit abnehmender Kanallänge nimmt der Spannungsdurchgriff zu. Um die Geometrieabhängigkeit der Einsatzspannung zu reduzieren wird in Submikrometer-MOSFETs eine lateral und vertikal inhomogene Dotierstoffverteilung im Bulk eingesetzt.

---

[17]Für Kanaldotierungen der Größenordnung 10^{17} cm^{-3} und darüber wird die Beweglichkeit zusätzlich durch erhöhte Streuung an Störstellen verringert.

[18]In modernen CMOS-Prozessen werden die Gateelektroden von n- und p-Kanal MOSFET unterschiedlich dotiert (dual workfunction gate), da sich die geforderten Einsatzspannungen durch Kanalimplantation allein nicht befriedigend einstellen lassen.

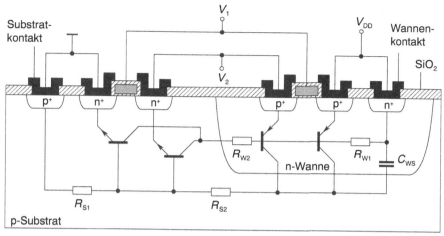

Abb. 5.43. Querschnitt durch einen CMOS-Inverter (n-Wannen-Prozeß). Die beim Latch-up beteiligten parasitären Bipolartransistoren, Serienwiderstände, und Kapazitäten sind gekennzeichnet.

Latchup

Integrierte CMOS-Schaltungen erfordern die Herstellung von n-Kanal- und p-Kanal-MOSFETs auf einem Chip. Da n-Kanal-MOSFETs ein p-Typ-Substrat und p-Kanal-MOSFETs ein n-Typ-Substrat erfordern, müssen Teilgebiete des Wafers umdotiert werden um beide Transistortypen herstellen zu können. Im einfachsten Fall werden hierzu sog. n-Wannen in einem p-Typ Substrat oder aber p-Wannen in einem n-Typ-Substrat erzeugt. Abbildung 5.43 zeigt einen schematisierten Querschnitt durch einen CMOS-Inverter mit n-Wanne. Bei diesem Aufbau entstehen npnp-Konfigurationen, die einen parasitären Thyristor (vgl. Kap. 7) bilden. Schaltet dieser in den niederohmigen Zustand, so kommt es zu einem großen Strom zwischen der positiven Versorgungsspannung und Masse, der zu einer thermischen Überlastung und damit in der Regel zu einer Zerstörung der integrierten CMOS-Schaltung führt. Dieses unerwünschte Verhalten wird als *Latchup* bezeichnet.

Für eine Diskussion des Latchup-Effekts wird die in Abb. 5.44 angegebene, vereinfachte Ersatzschaltung nach [8] betrachtet. Der Transistor T1 ist ein lateraler npn-Transistor zwischen Source des n-Kanal-MOSFET und der n-Wanne, T2 ist ein vertikaler pnp-Transistor zwischen der Source des p-Kanal-MOSFET und dem Substrat. Der *Substratwiderstand* R_S erfaßt den Spannungsabfall im Substrat, der *Wannenwiderstand* R_W den Spannungsabfall in der n-Wanne. Für die Kollektorströme der Transistoren läßt sich schreiben

$$I_{C1} = \frac{V_{EB2}}{R_W} + \frac{I_{C2}}{B_{N2}} \quad \text{und} \quad I_{C2} = \frac{V_{BE1}}{R_S} + \frac{I_{C1}}{B_{N1}} \ .$$

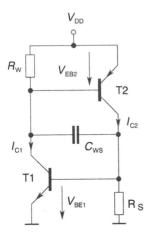

Abb. 5.44. Vereinfachte Ersatzschaltung zur Diskussion des Latchup-Effekts

Durch Zusammenfassen folgt für I_{C1} die Beziehung

$$I_{C1} = \frac{B_{N1}B_{N2}}{B_{N1}B_{N2} - 1} \left(\frac{V_{EB2}}{R_W} + \frac{V_{BE1}}{B_{N2}R_S} \right) \,,$$

d. h. I_{C1} kann über alle Grenzen wachsen, wenn die Schleifenverstärkung $B_{N1}B_{N2}$ der rückgekoppelten Transistoren den Wert 1 annimmt. Latchup kann demnach zuverlässig vermieden werden, falls für beliebige Ströme

$$\boxed{B_{N1}B_{N2} < 1}$$

gilt. Diese Bedingung kann häufig nicht erfüllt werden – insbesondere bei sehr dicht gepackten Transistoren treten wegen der dann geringen Basisweiten vergleichsweise große Stromverstärkungen auf. Um Latchup zu vermeiden, müssen der Substratwiderstand R_S sowie der Wannenwiderstand R_W so gering sein, daß der an ihnen auftretende Spannungsabfall nicht ausreicht, den Thyristor zu zünden. Zur Verringerung des Substratwiderstands R_S wird in der Regel ein *Episubstrat* verwendet, bei dem eine dünne niedrig dotierte Schicht auf einem hochdotierten und damit niederohmigen Träger aufgewachsen ist. Der Wannenwiderstand kann vom Designer durch Plazierung einer hinreichend großen Zahl von Wannenkontakten klein gehalten werden.

Verschiedene Mechanismen können zum Zünden des parasitären Thyristors führen:

1. Ein hoher *Sperrstrom* (z. B. als Folge thermischer Generation oder des Lawineneffekts), insbesondere des pn-Übergangs zwischen Wanne und Substrat kann in Verbindung mit einem ungünstig plazierten Wannenkontakt (R_W groß) die EB-Diode von T2 so weit in Flußrichtung polen, daß der Thyristor zündet. Um diesen Mechanismus auszuschließen, muß der Wannenkontakt sehr dicht beim Sourcegebiet angeordnet werden.

2. Bei Schaltvorgängen auftretende Über- oder Unterschwinger können ebenfalls zum Latchup führen. Dies ist z. B. bei *Ausgangstreibern*, die Lasten mit induktivem Anteil umladen, von Bedeutung. Gerät die Ausgangsspannung um mehr als die Schleusenspannung einer Diode außerhalb des Versorgungsspannungsbereichs, so kommt es zu einer Ladungsträgerinjektion in das Substrat. Um Latchup zu vermeiden, sind bei diesen Transistoren *Guard-Ringe* – das sind in Sperrichtung gepolte pn-Übergänge, die die injizierenden Gebiete ringförmig umschließen – vorzusehen, die die injizierten Ladungsträger „aufsammeln" und dem Rückkopplungszweig entziehen.

3. Durch *kapazitive Kopplung* eines Knotens zur Wanne kann ein Spannungssprung auf diese übertragen werden, sofern die Wanne nicht niederohmig angeschlossen ist.

Eine ausführliche Diskussion der unterschiedlichen Latchup-Mechanismen und Maßnahmen zur Abhilfe ist in [8] zu finden.

Degradation, Elektromigration

Die im Sättigungsbetrieb in der Raumladungszone vor Drain erzeugten energiereichen Ladungsträger können zu einer Schädigung des Oxids und der Si-SiO$_2$-Grenzfläche führen. Dies wirkt sich in der Regel in einer als *Degradation* bezeichneten Verschiebung wichtiger Bauteilkenngrößen wie der Einsatzspannung des MOSFET aus und kann zu Änderungsausfällen (Driftausfällen) führen, wenn die Verschiebungen so stark sind, daß der für die jeweilige Kenngröße spezifizierte Grenzwert überschritten wird.

Bei konventionellen n-Kanal-MOSFETs wird als Folge des Elektroneneinfangs im Oxid gewöhnlich eine Abnahme des Übertragungsleitwerts mit der Zeit beobachtet. Die Degradation von p-Kanal-MOSFETs erfolgt vorzugsweise durch den Einfang heißer Elektronen im Gateoxid. Diese werden durch Stoßionisation in der Raumladungszone vor Drain erzeugt und führen zu einer Verminderung der Einsatzspannung, einer Vergrößerung des Übertragungsleitwerts und damit einer Zunahme des Subthresholdstroms. Letzteres kann zum Verlust der Sperrfähigkeit des MOSFET führen und erhöht die Verlustleistung in statischen CMOS-Schaltungen.

5.3.3 Elektrostatische Entladungen

In einer typischen Arbeitsumgebung kann eine Person eine elektrostatische Ladung von ca. $0.6\,\mu C$ tragen. Bei einer Kapazität von $150\,pF$ entspricht dies einer Ladespannung von ca. $4\,kV$. Berührt eine derart geladene Person ein geerdetes Objekt (z. B. den Anschlußpin eines integrierten Schaltkreises), so kommt es zu einer Entladung. Diese läuft in ca. $0.1\,\mu s$ mit Strömen bis zu mehreren Ampere ab.

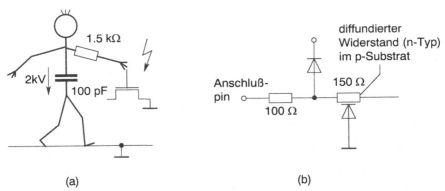

(a)   (b)

Abb. 5.45. (a) Elektrostatische Entladung nach dem human body model und (b) einfache Schutzbeschaltung für die Anschlüsse von CMOS-Bausteinen (nach [9])

Wegen der geringen Oxiddicken und Abmessungen der Leiterbahnen und pn-Übergänge führen elektrostatische Entladungen, die über MOS-Bausteine[19] verlaufen, i. allg. zur Zerstörung des Bauteils. Als Mechanismen sind hier vor allem Durchbruch des Gateoxids oder aber die Überhitzung von pn-Übergängen oder Leiterbahnen zu nennen. Ausgangspins sind dabei zumeist weniger empfindlich als Eingangspins, da die großen Drain-Substrat-Dioden der Ausgangstreibertransistoren ein größeres Energieaufnahmevermögen aufweisen.

Die bei einer typischen elektrostatischen Entladung umgesetzte Energie ist von der Größenordnung 0.1 mJ und nicht sehr groß. Wird diese Energie jedoch pulsförmig in einem Volumen von der Größenordnung wenige Kubikmikrometer umgesetzt, so kann durchaus eine Übertemperatur von mehr als 1000 K auftreten, wodurch das Silizium lokal aufschmilzt und kleine Krater in der Oberfläche entstehen. Die Eingangspins einer integrierten MOS-Schaltung müssen deshalb ESD-Schutzschaltungen wie die in Abb. 5.45b dargestellte aufweisen. Diese müssen für Eingangsspannungen innerhalb der Spezifikation

---

[19]Die beschriebenen Probleme sind zwar für MOS-Bausteine besonders ausgeprägt, aber nicht auf diese Technologie beschränkt: Insbesondere Mikrowellentransistoren mit sehr kleinen Abmesugen und integrierte Bipolartransistoren sind ebenfalls durch elektrostatische Entladungen gefährdet.

hochohmig, für abweichende Spannungen niederohmig sein sowie eine hohe Ansprechgeschwindigkeit aufweisen.

Zur Überprüfung der ESD-Festigkeit werden kontrollierte Entladungen nach dem sog. *human body model* durchgeführt. Die Person wird dabei durch eine Kapazität von 100 pF nachgebildet, der Entladewiderstand (z. B. der Hautwiderstand) mit 1.5 kΩ. CMOS-Schaltungen werden so spezifiziert, daß sie eine Entladung nach dem human body model mit mindestens 2 kV (bezüglich der Versorgungsanschlüsse und zwischen Paaren von Anschlußpins) unbeschadet überstehen. Bausteine, die einen derartigen Test nicht bestehen, zeigen erfahrungsgemäß eine stark erhöhte Ausfallwahrscheinlichkeit bei der Herstellung und beim Betrieb [10]. Mit zunehmender ESD-Festigkeit wurde eine abnehmende Ausfallwahrscheinlichkeit bei der Montage von Schaltungen beobachtet; für Bausteine, die ESD-Entladungen nach dem human body model mit mehr als 4 kV überstehen, wurde jedoch keine weitere Verringerung mehr festgestellt. Deshalb wird lediglich in der Automobilindustrie eine größere Robustheit verlangt.

Integrierte MOS-Bausteine müssen mit ESD-Schutzschaltungen versehen werden [9]. Trotz der ESD-Schutzbeschaltung sollten elektrostatische Entladungen beim Arbeiten mit MOS-Bauelementen nach Möglichkeit vermieden und die folgenden Regeln beim Arbeiten mit integrierten MOS-Bausteinen beachtet werden:

1. Baustein nur am Gehäuse und nicht an den Anschlußpins anfassen.

2. Leiterplatten, auf denen MOS-ICs montiert sind, nur am Rand anfassen.

3. Erdung der Person durch leitende Verbindung vom Handgelenk zum Schutzleiter. Um größere Ableitströme zu vermeiden, erfolgt die Erdung in der Regel über einen Serienwiderstand von der Größenordnung 1 MΩ. Weitere Verbesserungen bringen geerdete, elektrisch leitende Fußböden oder Fußmatten in Verbindung mit leitenden Sohlen und geerdeten Arbeitstischmatten.

4. Erdung der zur Montage verwendeten Werkzeuge; isolierte Griffe sollten vermieden werden.

5. Um Beschädigungen durch elektrostatische Auf- oder Entladung zu verhindern, sollten MOS-Halbleiter in Behältern aus antistatischem oder leitendem Material aufbewahrt und transportiert werden.

6. Zusätzlich kann die elektrostatische Aufladung durch hohe Luftfeuchtigkeit in den Arbeitsräumen sowie durch Erhöhen des Ionisationsgrads der Luft vermindert werden. Insbesondere im Winter mit der saisonal niedrigeren Luftfeuchtigkeit kommt es ansonsten vermehrt zu Ausfällen durch elektrostatische Entladungen.

5.4 Leistungs-MOSFETs und IGBTs

Durch Parallelschalten zahlreicher (i. allg. mehrerer tausend) MOSFETs auf einem Chip können Leistungs-MOSFETs für Drainströme bis zur Größenordnung 100 A hergestellt werden. Diese zeichnen sich gegenüber Leistungs-Bipolartransistoren vor allem durch kurze Schaltzeiten, Immunität gegenüber dem bei Bipolartransistoren problematischen zweiten Durchbruch und die reine Spannungssteuerung aus. Werden geringe Durchbruchspannungen im Ausgangskreis gefordert, so sind Leistungs-MOSFETs den Bipolartransistoren in vielen Anwendungen überlegen. Typische Anwendungen für Leistungs-MOSFETs sind: Herstellung von Schaltnetzteilen, Motorsteuerungen, Gleichspannungswandler, NF-Verstärker, Ultraschallgeneratoren mit Piezo-Wandlern etc.

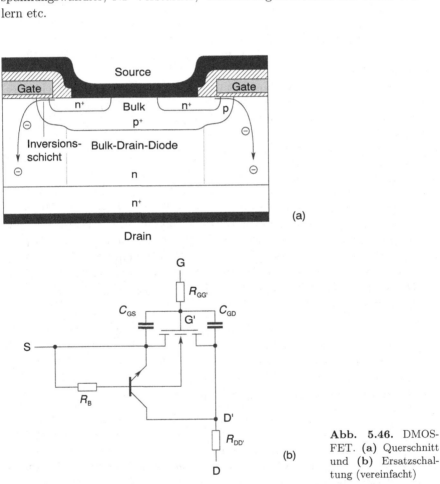

Abb. 5.46. DMOS-FET. **(a)** Querschnitt und **(b)** Ersatzschaltung (vereinfacht)

5.4.1 Aufbau von Leistungs-MOSFETs

Abbildung 5.46a zeigt schematisch den Querschnitt durch einen einzelnen n-Kanal-DMOSFET wie er üblicherweise in Leistungs-MOSFETs verwendet wird.[20] Durch eine die Chipoberfläche überziehende Source-Metallisierung werden die Einzeltransistoren parallelgeschaltet und $V_{BS} = 0$ eingestellt. Das Draingebiet wird als niedrig dotierte Epischicht (n-Typ) auf einem hochdotierten Substrat (n$^+$) hergestellt. Dotierstoffkonzentration und Dicke der Epischicht werden auf die geforderte Durchbruchspannung BV_{DSS} abgestimmt. Wie beim VMOSFET sind Source- und Drainkontakt auf gegenüberliegenden Seiten des Halbleiterchips angeordnet wodurch das Parallelschalten der einzelnen Transistoren erleichtert wird.

Der Gateanschluß erfolgt über einen Kontakt am Rand des Halbleiterchips. Dies bedingt einen *Gatebahnwiderstand* $R_{GG'}$ (vgl. Abb. 5.46b), der bei schnellen Schaltvorgängen stört. Um den Gatebahnwiderstand möglichst gering zu halten, wurden MOSFETs entwickelt, bei denen der Flächenwiderstand der polykristallinen Gateelektrode durch eine Silizidschicht verringert wird [11].

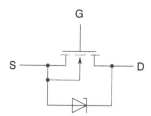

Abb. 5.47. Bulk-Drain-Diode

Der Querschnitt Abb. 5.46a zeigt die parallel zu Source und Drain liegende Bulk-Drain-Diode. Deren Durchbruchspannung kann auf einen spezifizierten Wert eingestellt werden, wodurch parallel zu Source und Drain eine Z-Diode wirksam ist (vgl. Abb. 5.47). DMOSFETs sind nur in Drain-Source-Richtung sperrfähig: Bei $V_{DS} < 0$ wird die Bulk-Drain-Diode leitend – der MOSFET verhält sich dann wie eine Gleichrichterdiode, was in Schaltanwendungen ausgenutzt werden kann. Die Diode kann dabei einen Strom entsprechend dem maximal zulässigen Drainstrom des MOSFET führen. Überschreitet V_{DS} andererseits die Durchbruchspannung der Diode, so kommt es zu einem Sperrstrom aufgrund des Lawineneffekts. Wegen der großen Fläche der Bulk-Drain-Diode kann ein vergleichsweise hoher Sperrstrom fließen, ohne daß die Diode zerstört wird. Auf diesem Weg gelangt man zu sog. *avalanche-festen* MOS-

---

[20]DMOSFETs werden auch als p-Kanal-Transistoren hergestellt, die bei gleicher zulässiger Sperrspannung und Chipfläche jedoch einen mehr als doppelt so großen Wert von R_{DSon} aufweisen als n-Kanal-MOSFETs.

FETs, die gerade beim Schalten induktiver Lasten große Bedeutung erlangt haben.

Die in Abb. 5.46b dargestellte vereinfachte Ersatzschaltung zeigt den zwischen Source und Drain liegenden parasitären npn-Bipolartransistor. Da Source und Bulk über die Sourcemetallisierung kurzgeschlossen sind, führt dieser Transistor in der Regel keinen Strom. Nur durch Spannungsabfälle in der p-dotierten Schicht (d. h. am Widerstand R_B der Ersatzschaltung), wie sie bei Schaltvorgängen auftreten, kann die Schleusenspannung der EB-Diode des npn-Transistors erreicht werden. Durch eine hohe Dotierung des Bulkgebiets unter den Sourcekontakten wird dieses deshalb möglichst niederohmig gemacht, so daß der parasitäre npn-Transistor i. allg. auch bei schnellen Schaltvorgängen die Schleusenspannung nicht erreicht und keinen Strom führt.

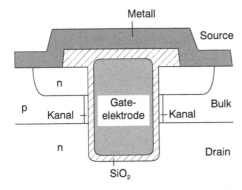

Abb. 5.48. Leistungs-MOSFET vom Trench-Typ

In Leistungs-MOSFETs vom Trench-Typ (vgl. Abb. 5.48) wird der Kanal in vertikaler Richtung angeordnet. Die Herstellung entspricht vom Prinzip der eines VMOSFET; anstatt der durch anisotrope naßchemische Ätzung erzeugten V-förmigen Gräben werden hier jedoch U-förmige Gräben (U-Grooves) durch *Plasmaätzen* erzeugt. Diese werden mit einer dünnen Oxidschicht versehen und mit hochdotiertem polykristallinem Silizium ausgefüllt, das als Gateelektrode dient und am Rand des Chips kontaktiert wird.

Leistungs-MOSFETs vom Trench-Typ ermöglichen eine deutliche Erhöhung der Packungsdichte der parallelgeschalteten Einzel-MOSFETs. Bei gleicher Chipfläche ergibt sich ein stark verringerter Wert von R_{DSon}, dessen Wert so bis auf die Größenordnung 10 mΩ reduziert wurde. Derart geringe Serienwiderstände sind insbesondere in der Automobiltechnik von Bedeutung, da hier in der Regel kleine Spannungen und große Ströme verwendet werden. Bei einem Strom von 10 A und $R_{DSon} = 10$ mΩ folgt ein Spannungsabfall am MOSFET von 100 mV und die Verlustleistung 1 W – ein für die meisten Anwendungen tolerabler Wert.

5.4.2 Eigenschaften und Kenndaten von Leistungs-MOSFETs

Einschaltwiderstand

Der Drain-Source-*Einschaltwiderstand* R_{DSon} bestimmt den Spannungsabfall

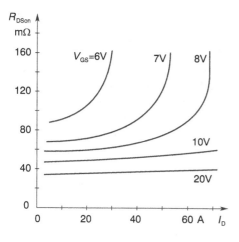

Abb. 5.49. R_{DSon}, Einschaltwiderstand

am geschlossenen MOSFET-Schalter und ist deshalb von großer Bedeutung. Sein Wert hängt von der Steuerspannung V_{GS}, wegen der Sättigung der Ausgangskennlinie aber auch vom Schaltstrom I_{D} ab. Abbildung 5.49 zeigt typische Verläufe von R_{DSon} als Funktion von I_{D} für verschiedene Werte von V_{GS} am Beispiel des Leistungs-MOSFET BUZ22 (Infineon, $V_{\mathrm{TH}} = 3$ V). Zum Schalten großer Ströme wird demnach eine große Steuerspannung V_{GS} benötigt, da andernfalls die im Schalter anfallende Verlustleistung $R_{\mathrm{DSon}}I_{\mathrm{D}}^2$ zu groß wird. Für den Schaltstrom $I_{\mathrm{D}} = 50$ A ergibt sich beispielsweise

Gatespannung V_{GS}, V	7	8	10	20
Einschaltwiderstand R_{DSon}, mΩ	110	75	55	38
Spannungsabfall $R_{\mathrm{DSon}}I_{\mathrm{D}}$, V	5.5	3.75	2.75	1.9
Verlustleistung $R_{\mathrm{DSon}}I_{\mathrm{D}}^2$, W	275	187	137	95

Die bei der Gehäusetemperatur 25°C zulässige Verlustleistung 125 W wird demnach nur bei der Steuerspannung $V_{\mathrm{GS}} = 20$ V nicht überschritten. Der Wert von R_{DSon} wird durch die Packungsdichte der Einzel-MOSFETs bestimmt und ist umgekehrt proportional zur Transistorfläche A; mit Leistungs-MOSFETs vom Trench-Typ wurden bereits spezifische Einschaltwiderstände $R_{\mathrm{DSon}} \cdot A$ der Größenordnung 1 mΩ cm^2 erzielt [12].

Durchbruchspannungen

In diskreten MOSFETs sind vor allem die durch den Durchbruch des Gateoxids bedingte Grenzspannung V_{GSmax} sowie die *Drain-Source-Durchbruchspannung* BV_{DSS} zu beachten. Der Wert von V_{GSmax} darf nicht überschritten werden (auch nicht kurzfristig), da eine zu große Gatespannung zum Durchbruch des Gateoxids und damit in der Regel zur Zerstörung des Bauteils führt.

Hohe Durchbruchspannungen BV_{DSS} erfordern ein ausgedehntes und sehr niedrig dotiertes Drainbahngebiet, mit der Folge eines hohen Werts von R_{DSon}. Der MOSFET ist deshalb als Hochvolttransistor dem Bipolartransistor unterlegen. Dieser muß zwar auch mit einem ausgedehnten und niedrig dotierten Kollektorbahngebiet versehen werden um hohe Durchbruchspannungen zu erreichen. Bedingt durch die bei hohen Strömen auftretende *Sättigung* bzw. Quasisättigung kommt es beim Bipolartransistor jedoch zu einer Überschwemmung des niedrig dotierten Kollektorbahngebiets mit Ladungsträgern, wodurch dieses niederohmig wird. Da dieser Mechanismus bei Leistungs-MOSFETs fehlt, ist eine Verringerung von R_{DSon} nur durch Parallelschalten einer größeren Anzahl von MOSFETs möglich. Die damit verbundene Vergrößerung der Chipfläche wirkt sich nachteilig auf die Herstellungskosten sowie die Transistorkapazitäten aus, die beim kurzfristigen Umladen zu hohen Stromimpulsen führen. Leistungs-MOSFETs sind deshalb besonders geeignet für Anwendungen bei denen Spannungen bis zu 100 V zu schalten sind.

Bulk-Drain-Diode

Bei Anwendungen, in denen die Bulk-Drain-Diode flußgepolt wird, ist die *Rückwärtserholzeit* t_{rr} zu beachten, während der die Diode als unerwünschter Kurzschluß wirkt. Wie bei der pn-Gleichrichterdiode ist t_{rr} abhängig vom abzuschaltenden Flußstrom I_F. Die Rückwärtserholzeit ist typabhängig und liegt je nach Sperrspannung des Transistors im Bereich zwischen ca. 100 ns und ca. 2 µs. Durch Implantation von Metallatomen in das Halbleitermaterial kann die Lebensdauer für Minoritäten und damit der Wert von t_{rr} verringert werden.

Die Bulk-Drain-Diode kann als *Freilaufdiode* z. B. in Motorsteuerungen eingesetzt werden. Bei schneller Kommutierung (di/dt groß) kann es dabei zum Einschalten des parasitären Bipolartransistors kommen, was durch Stromeinschnürung und lokale Überhitzung zur Zerstörung des Bauteils führen kann. Dies gilt insbesondere bei Transistoren mit hohen Sperrspannungen und entsprechend großen Sperrverzögerungszeiten.

Schaltbetrieb

Da in MOSFETs keine Diffusionsladung gespeichert wird, lassen sich elektronische Schalter mit MOSFETs wesentlich schneller abschalten als solche mit Bipolartransistoren. MOSFETs erfordern ferner keinen Steuerstrom im statischen Betrieb und weisen keinen zweiten Durchbruch auf. Die Schaltzeit wird durch die Eingangs- und Miller-Kapazität sowie den Gatebahnwiderstand und den Innenwiderstand der Treiberschaltung bestimmt. Insbesondere bei niederohmiger Ansteuerung ist darüber hinaus die im Steuer- und im Ausgangskreis wirksame *Zuleitungsinduktivität* zu beachten.

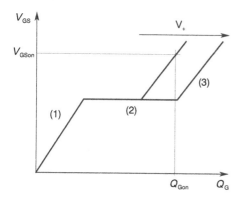

Abb. 5.50. Gatespannung als Funktion der Gateladung (schematisch)

Gateladung. Für die Dimensionierung von Treiberschaltungen ist die mit dem Schaltvorgang verbundene Änderung der Gateladung von Bedeutung. In Datenblättern wird diesbezüglich meist für einen gegebenen Schaltstrom I_D die Gatespannung V_{GS} als Funktion der Gateladung Q_G aufgetragen (vgl. Abb. 5.50). Der gestufte Verlauf erklärt sich folgendermaßen: Im Bereich (1) ist die Einsatzspannung zunächst noch nicht erreicht – der Wert von V_{GS} wächst mit Q_G an, überschreitet die Einsatzspannung und nimmt so lange zu, bis der Transistor den spezifizierten Drainstrom führen kann. Im Bereich (2) beginnt der Drainstrom I_D zu fließen und V_{DS} nimmt ab – die in diesem Bereich aufgebrachte Gateladung dient vornehmlich zum Umladen von C_{GD}. Die hierzu erforderliche Ladung, und damit die Breite des „Plateaus", nimmt mit der zu schaltenden Spannung V_+ zu (vgl. Abb. 5.50). Nach Umladen von C_{GD} wird die Eingangskapazität weiter auf die maximale Spannung V_{GSon} aufgeladen (3).

Ist die beim Schaltvorgang aufzubringende Gateladung Q_{Gon} bekannt, so läßt sich der erforderliche Steuerstrom i_G aus der gewünschten Schaltzeit Δt berechnen

$$i_G = \frac{Q_{Gon}}{\Delta t} . \tag{5.49}$$

Die bei periodischem Betrieb mit der Frequenz f von der Treiberschaltung aufzubringende Steuerleistung beträgt effektiv

$$P = Q_{\mathrm{Gon}} V_{\mathrm{GSon}} f \; . \tag{5.50}$$

Beispiel 5.4.1 Mit $Q_{\mathrm{Gon}} = 20$ nC bei $V_{\mathrm{GS}} = 10$ V und $I_{\mathrm{D}} = 15$ A sowie einer geforderten Schaltzeit von 100 ns muß der Treiber den Steuerstrom

$$i_{\mathrm{G}} = \frac{20\,\mathrm{nC}}{100\,\mathrm{ns}} = 200\,\mathrm{mA}$$

liefern; die Steuerleistung bei einer Schaltfrequenz $f = 500$ kHz beträgt dann

$$P = 20\,\mathrm{nC} \cdot 10\,\mathrm{V} \cdot 500\,\mathrm{kHz} = 100\,\mathrm{mW} \; . $$

Δ

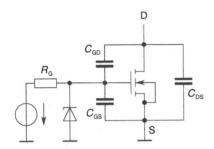

Abb. 5.51. Zur Erläuterung kapazitiver Effekte im Schaltfall

Kapazitive Effekte. Änderungen der Spannung im Ausgangskreis wirken sich durch kapazitive Kopplung auch auf die Steuerspannung V_{GS} im Eingangskreis aus. Zur Erläuterung wird Abb. 5.51 betrachtet. Wird das Gate des MOSFET hochohmig angesteuert, so bedingt ein Spannungshub ΔV_{DS} im Ausgangskreis eine durch das kapazitive Teilerverhältnis bestimmte Änderung der Eingangsspannung

$$\Delta V_{\mathrm{GS}} = \frac{C_{\mathrm{GD}}}{C_{\mathrm{GD}} + C_{\mathrm{GS}}} \Delta V_{\mathrm{DS}} \approx \frac{c_{\mathrm{rss}}}{c_{\mathrm{iss}}} \Delta V_{\mathrm{DS}} \; ,$$

die mit der Zeitkonstanten $R_{\mathrm{G}} c_{\mathrm{iss}}$ abklingt. Mit den typischen Werten $c_{\mathrm{rss}} = 250$ pF und $c_{\mathrm{iss}} = 1400$ pF folgt aus $\Delta V_{\mathrm{DS}} = 100$ V beispielsweise $\Delta V_{\mathrm{GS}} = 16.4$ V. Die eingekoppelte Spannung ΔV_{GS} kann einen MOSFET kurzfristig einschalten, obwohl die Steuerspannung auf null liegt. In ungünstigen Fällen kann die Spannung so groß werden, daß die zulässige Gate-Source-Spannung V_{GSmax} überschritten und der MOSFET zerstört wird. Um diesbezügliche Probleme zu vermeiden, kann eine Z-Diode zwischen Gate und Source des MOSFET geschaltet werden. Außerdem sollte der Ausgangswiderstand der Treiberschaltung R_{G} möglichst gering gewählt werden.

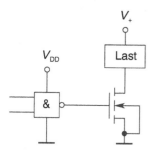

Abb. 5.52. Direkte Ansteuerung eines Leistungs-MOSFET mit Digitalgatter

Ansteuerung mit Logik-Gattern

Leistungs-MOSFETs lassen sich direkt mit den Ausgängen integrierter CMOS-Schaltungen ansteuern. Günstig ist hier eine möglichst große Betriebsspannung der CMOS-Bausteine. Um Leistungs-MOSFETs mit der in der Digitaltechnik üblichen Spannung 5V wirkungsvoll steuern zu können wurden spezielle Typen mit geringer Einsatzspannung (ca. 1 - 2 V) entwickelt, was um ca. 2 V unter dem Wert für konventionelle Leistungs-MOSFETs liegt. Die R_{DSon}-Werte dieser Typen sind bei $V_{GS} = 5$ V typischerweise gleich groß wie die konventioneller Typen bei $V_{GS} = 10$ V.

Die zum Schalten großer Ströme benötigten MOSFETs weisen eine große Eingangskapazität auf. Um diese im Schaltbetrieb schnell umladen zu können ist es in der Regel zweckmäßig, zwischen den Ausgang des Logik-Gatters und die Gateelektrode des Leistungs-MOSFETs einen CMOS-Treiberbaustein zu schalten.

Parallelschalten von MOSFETs

MOSFETs lassen sich parallel betreiben, ohne daß eine Instabilität in der Stromverteilung zu befürchten ist. Im Schaltbetrieb können jedoch unerwünschte Oszillationen auftreten. Zur Vermeidung sollten die Zuleitungen zu den einzelnen MOSFETs möglichst identisch ausgeführt werden; ergänzend werden die einzelnen Gateanschlüsse mit Dämpfungsperlen versehen oder Gateserienwiderstände verwendet.

ESD-Festigkeit

Wie bei allen MOS-Bausteinen ist auch bei Leistungs-MOSFETs eine Empfindlichkeit gegenüber elektrostatischen Entladungen zu beachten. Im Vergleich zu integrierten MOS-Schaltungen ist die Gefährdung als Folge der deutlich vergrößerten *Eingangskapazität* zwar verringert, dennoch sollten die für MOS-Bausteine vorgeschlagenen Maßnahmen beachtet werden.

5.4.3 IGBTs

IGBTs[21] kombinieren MOSFET und Bipolartransistor in einem Bauelement und ermöglichen eine im statischen Betrieb leistungslose Ansteuerung. IGBTs werden als Schalter beispielsweise in der Kfz-Technik (Zündungen), als Frequenzumrichter für Drehstromantriebe, in Schaltnetzteilen größerer Leistung, etc. eingesetzt.

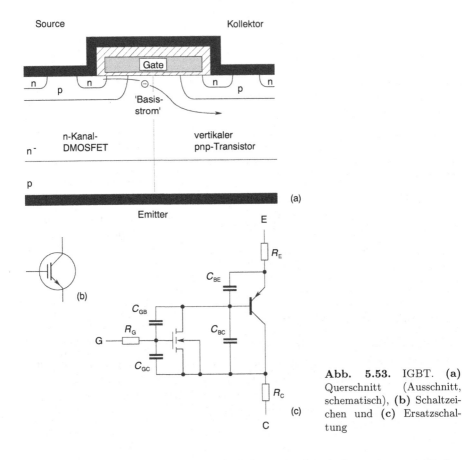

Abb. 5.53. IGBT. **(a)** Querschnitt (Ausschnitt, schematisch), **(b)** Schaltzeichen und **(c)** Ersatzschaltung

Der Querschnitt eines IGBT entspricht weitgehend dem eines vertikalen DMOSFET an dessen Rückseite jedoch ein zusätzlicher pn-Übergang angebracht ist. Auf diesem Weg entstehen vertikale pnp-Tansistoren, deren Basisstrom über einen n-Kanal-MOSFET gesteuert wird (vgl. Abb. 5.53). IGBTs sind Leistungs-MOSFETs bei hohen Sperrspannungen (typischerweise 600 V und mehr) überlegen, da reine MOSFETs als Folge der niedrigen Draindotierung hier einen großen Wert von R_{DSon} aufweisen.

---

[21]Von englisch: <u>i</u>nsulated <u>g</u>ate <u>b</u>ipolar <u>t</u>ransistor.

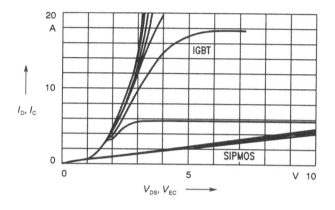

Abb. 5.54. Vergleich der Ausgangskennlinien von IGBT und DMOSFET (nach [13])

In IGBTs wird das niedrig dotierte Gebiet im EIN-Zustand jedoch mit Ladungsträgern überschwemmt und niederohmig, so daß bei hochsperrenden Schaltern mit IGBTs geringere Spannungsabfälle auftreten als an entsprechenden MOSFET-Schaltern. Beim Abschalten eines IGBT muß die Diffusionsladung in den Bahngebieten abgebaut werden, was sich in einem im Vergleich zum MOSFET langsameren Abfall des Stroms auswirkt. Die damit verbundenen, sog. *Tailverluste* sind insbesondere bei höheren Taktfrequenzen zu berücksichtigen.

Ein typisches Beispiel ist der IGBT BUP 202 der Fa. Infineon. Dieser weist eine zulässige Kollektor-Emitter-Sperrspannung $V_{CE} = 1000$ V und eine zulässige Verlustleistung von 100 W auf (bei der Gehäusetemperatur $\vartheta_C = 25°C$). Bei einer Steuerspannung $V_{GE} = 15$ V und $I_C = 5$ A tritt zwischen Kollektor und Emitter die Sättigungsspannung mit typisch $V_{CEsat} = 2.8$ V auf. Der Wert von V_{CEsat} nimmt mit der Temperatur zu und liegt bei 125°C typischerweise bei 3.8 V. Die Schaltzeiten liegen in der Größenordnung von 20 ns (Einschalten) und 100 ns bis 200 ns (Ausschalten).

In Verbindung mit dem parallel zum n-Kanal-MOSFET liegenden parasitären npn-Tranistor bildet der IGBT einen Thyristor, der zu *Latchup* führen kann. Der Strom zwischen Kollektor und Emitter ist bei Auftreten von Latchup nicht mehr über das Gate steuerbar – der IGBT wird dann häufig überlastet und zerstört. Zum Latchup kommt es in der Regel, wenn der Spannungsabfall im Bulkgebiet (in der nebenstehenden Ersatzschaltung am Widerstand R_B) größer wird als die Schleusenspannung der EB-Diode des npn-Transistors. Der Flächenwiderstand des unter dem Sourcekontakt liegenden Bulkgebietes wird deshalb so gering wie möglich gewählt. Durch diese Maßnahmen kann Latchup unter realistischen Schaltbedingungen weitgehend ausgeschlossen werden.

5.5 Aufgaben

Aufgabe 5.1 Ein n-Kanal MOSFET weist die Kanallänge $L = 2\,\mu m$ und die Kanalweite $W = 40\,\mu m$, sowie die Einsatzspannung $V_{TH} = 1.4\,V$ auf. Die Elektronenbeweglichkeit μ_s im Inversionskanal beträgt $600\,cm^2/(Vs)$. Welche Dicke muß das Gateoxid aufweisen, damit der MOSFET bei $V_{GS} = 5\,V$ den Einschaltwiderstand $R_{DSon} = 100\,\Omega$ aufweist? (Angaben: $\epsilon_0 = 8.85 \cdot 10^{-14}\,F/cm$, $\epsilon_{r,SiO_2} = 3.9$)

Aufgabe 5.2 Ein n-Kanal MOSFET weist die Einsatzspannung $1.5\,V$ bei $V_{SB} = 0$ auf. Wird zwischen Source und Bulk die Sperrspannung $2\,V$ angelegt, so erhöht sich die Einsatzspannung auf $2.4\,V$.
(a) Welches Vorzeichen besitzt V_{SB}?
(b) Welche Oxiddicke liegt vor, falls die Dotierstoffkonzentration im Substrat den Wert $5 \cdot 10^{16}\,cm^{-3}$ aufweist? ($T = 300\,K$, die Dielektrizitätszahl von Silizium beträgt 11.9, diejenige von SiO_2 besitzt den Wert 3.9.)

Aufgabe 5.3 An einem n-Kanal MOSFET ($T = 300\,K$) im Subthresholdbereich wird bei $V_{GS} = 580\,mV$ der Drainstrom $I_D = 10\,nA$ gemessen, bei $V_{GS} = 623\,mV$ der Drainstrom $I_D = 32\,nA$. Ermitteln Sie den Gate voltage swing S.

Aufgabe 5.4 Eine Aluminium-Leiterbahn (Austrittsarbeit $W_A = 4.1\,eV$) ist durch eine Oxidschicht ($\epsilon_r = 3.9$) der Dicke d_{ox} von dem darunter liegenden p-Typ Substrat (Silizium, Elektronenaffinität $W_{\chi,Si} = 4.15\,eV$, $N_A = 5 \cdot 10^{16}\,cm^{-3}$) isoliert. Das Potential der Leitung soll zwischen $0\,V$ und $5\,V$ umgeschaltet werden, das Substrat liegt auf dem Potential $0\,V$. Unter welchen Umständen kann sich eine unerwünschte Inversionsschicht im p-Substrat bilden ($T = 300\,K$, $N_V = 3.1 \cdot 10^{19}\,cm^{-3}$, $n_i = 1.08 \cdot 10^{10}\,cm^{-3}$)?

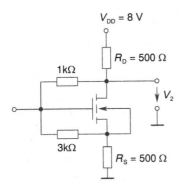

Abb. 5.55. Zu Aufgabe 5.5

Aufgabe 5.5 Welche Spannung v_2 stellt sich am Ausgang der in Abb. 5.55 skizzierten Schaltung im Arbeitspunkt ein. Die Kennlinien des MOSFET sind durch die Parameter $\beta_n = 5\,mA/V^2$ sowie $V_{TO} = 1.2\,V$ beschrieben.

Aufgabe 5.6 (a) Ein n-Kanal-MOSFET mit $\beta_n = 1\,mA/V^2$, $V_{TO} = 1\,V$, $\lambda = 0$ wird in Sourceschaltung entsprechend Abb. 5.56 betrieben ($V_+ = 10\,V$).
(a)Wie groß muß V_1 im Arbeitspunkt gewählt werden, damit der MOSFET bei Betrieb im Sättigungsbereich den Strom $2\,mA$ führt?

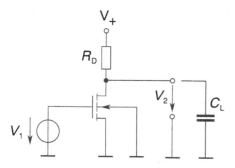

Abb. 5.56. Zu Aufgabe 5.6

(b) Welchen Wert darf R_D dann maximal aufweisen? Wählen Sie $R_\mathrm{D} = R_\mathrm{Dmax}/2$ und bestimmen Sie die Kleinsignalspannungsverstärkung für NF-Betrieb.

(c) An den Ausgang des Verstärkers wird nun die kapazitive Last $C_\mathrm{L} = 5\,\mathrm{nF}$ angeschlossen und die Anordnung als Schalter betrieben, wobei die Spannung am Eingang den Wert 0 V und 4 V annehmen kann. Bestimmen Sie für Ein- und Ausschaltvorgang die Zeit, nach der die Ausgangsspannung nur noch um 10 % von ihrem Endwert abweicht (unter Vernachlässigung der Transistorkapazitäten).

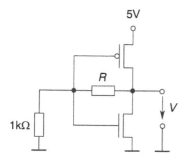

Abb. 5.57. Zu Aufgabe 5.7

Aufgabe 5.7 Der in Abb. 5.57 skizzierte CMOS-Inverter sei völlig symmetrisch aufgebaut, (d.h. $\beta_\mathrm{n} = \beta_\mathrm{p} = 2\,\mathrm{mA/V^2}$ und $V_\mathrm{THn} = |V_\mathrm{THp}| = 1\,\mathrm{V}$), Bahnwiderstände und Kanallängenmodulation seien vernachlässigbar ($\lambda = 0$). Legen Sie R so fest, daß die Ausgangsspannung V den Wert 2.5 V aufweist?

Aufgabe 5.8 Ein CMOS-Inverter ($\beta_\mathrm{n} = \beta_\mathrm{p} = 1\,\mathrm{mA/V^2}$, $V_\mathrm{THn} = -V_\mathrm{THp} = 1\,\mathrm{V}$, Kanallängenmodulation und Bahnwiderstände vernachlässigbar) wird mit $V_\mathrm{DD} = 5\,\mathrm{V}$ im Arbeitspunkt $V_1 = 2\,\mathrm{V}$ (Eingangsspannung) betrieben.

(a) Bestimmen Sie die Spannung V_2 am Ausgang.

(b) Bestimmen Sie die Kleinsignalspannungsverstärkung $|\mathrm{d}V_2/\mathrm{d}V_1|$ im Arbeitspunkt durch Ableiten.

(c) Zeichnen Sie nun die Kleinsignalersatzschaltung, ermitteln Sie die Kenngrößen der Elemente und bestimmen Sie damit die Kleinsignalspannungsverstärkung.

(d) Wie ist die Kleinsignalersatzschaltung zu verändern, falls die Kanallängenmodulation nicht vernachlässigbar ist? Welcher Wert ergibt sich für die Kleinsignalsspannungsverstärkung falls $\lambda = 0.05\ 1/\mathrm{V}$ für beide Transistoren und $V_1 = 2.5\,\mathrm{V}$ gilt?

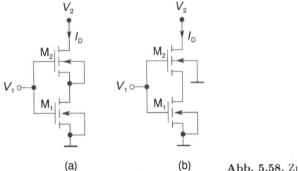

(a)   (b)   **Abb. 5.58.** Zu Aufgabe 5.9

Aufgabe 5.9 Zwei identische MOSFETs sind entsprechend Abb. 5.58 in Reihe geschaltet. In Variante (a) weisen die beiden MOSFETs unterschiedliches Bulk-Potential auf, so daß in beiden Fällen $V_{SB} = 0$ gilt. In Variante (b) sind beide MOSFETs im selben Substrat realisiert und weisen deshalb dasselbe Bulkpotential auf. Berechnen Sie in beiden Fällen (in Teilaufgabe (b) numerisch) den Strom durch die Anordnung für den Fall $V_1 = 5\,\text{V}$, $V_2 = 2\,\text{V}$. Die Parameter der Transistoren sind $\beta_n = 1\,\text{mA/V}^2$, $V_{TO} = 1\,\text{V}$, $\gamma = 0.8\,\sqrt{\text{V}}$, $\Phi = 0.6\,\text{V}$.

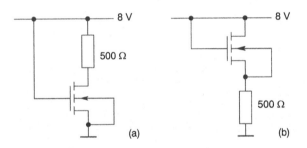

(a)   (b)   **Abb. 5.59.** Zu Aufgabe 5.10

Aufgabe 5.10 Gegeben Sei ein n-Kanal MOSFET mit

$$\beta_n = K_P\,\frac{W}{L} = 10\,\frac{\text{mA}}{\text{V}^2}; \qquad V_{THn} = 1.3\,\text{V}$$

Dieser Transistor soll als Schalter für die ohmsche Last 500 Ω verwendet werden. Berechnen Sie für die beiden in Abb. 5.59 dargestellten Konfigurationen den Spannungsabfall am Transistor (Es darf $\lambda = 0$ angenommen werden.).

Aufgabe 5.11 Der in Abb. 5.60 skizzierte CMOS-Inverter sei völlig symmetrisch aufgebaut, (d.h. $\beta_n = \beta_p = 2\,\text{mA/V}^2$ und $V_{THn} = |V_{THp}| = 1\,\text{V}$), Bahnwiderstände und Kanallängenmodulation seien vernachlässigbar ($\lambda = 0$). Welcher Strom fließt durch die Anordnung? Welche Spannung V ergibt sich, falls parallel zu M1 der Widerstand 1 kΩ geschaltet wird?

Aufgabe 5.12 (a) Die Z-Diode der in Abb. 5.61 abgebildeten Schaltung weist die Nenn-Z-Spannung $V_{ZN} = 5.6$ V auf (r_Z darf vernachlässigt werden); der n-Kanal-

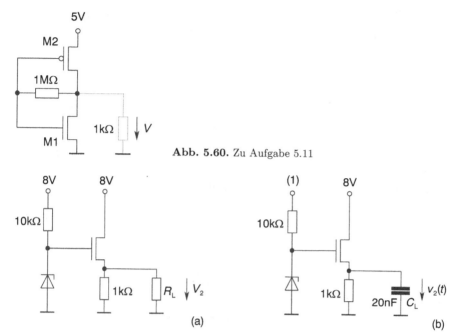

Abb. 5.60. Zu Aufgabe 5.11

Abb. 5.61. Zu Aufgabe 5.12

MOSFET wird in einfachster Näherung durch $\beta_n = 2$ mA/V^2 und $V_{TO} = 1$ V beschrieben. Berechnen Sie V_2 als Funktion des Lastwiderstands R_L; welcher Wert ergibt sich für $R_L = 500\,\Omega$?

(b) Nun wird R_L durch eine Lastkapazität $C_L = 20$ nF ersetzt. Die Spannung am Knoten (1) wird zur Zeit $t = 0$ von 0 auf 8 V angehoben. Wie lange dauert es, bis die Ausgangsspannung $v_2(t)$ nur noch 10 % von ihrem Endwert abweicht?

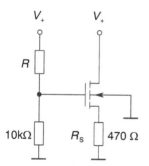

Abb. 5.62. Zu Aufgabe 5.13

Aufgabe 5.13 Ein n-Kanal-MOSFET wird im Langkanal-Modell (LEVEL 1) durch die Parameter

```
KP=60U VTO=1.1 GAMMA=0.62 PHI=0.6
```

beschrieben. Kanallänge und -weite sind durch $L = 2\,\mu m$ und $W = 100\,\mu m$ gegeben. Bestimmen Sie den Widerstand R in der in Abb. 5.62 dargestellten Schaltung ($V_+ = 5$ V) so, daß der MOSFET den Drainstrom 2 mA führt.

5.6 Literaturverzeichnis

[1] M. Reisch. *Elektronische Bauelemente - Funktion, Grundschaltungen, Modellierung mit SPICE*. 2. Auflage Springer, Heidelberg, 2007.

[2] Y.P. Tsividis. *Operation and Modeling of the MOS Transistor*. McGraw Hill, New York, 1988.

[3] J.M. Steininger. Understanding wide-band MOS transistors. *IEEE Circuits and Devices Magazine*, (May):26–31, 1990.

[4] J. Lohstroh. Static and dynamic noise margins of logic circuits. *IEEE J.Solid-State Circ.*, 14(3):591–598, 1979.

[5] E. Seevinck, F.J. List, J. Lohstroh. Static-noise margin analysis of MOS SRAM cells. *IEEE J. Solid-State Circ.*, 22(5):748–754, 1987.

[6] C. Hu. Future CMOS scaling and reliability. *Proc. IEEE*, 81(5):682–689, 1993.

[7] S.M. Sze (Ed.). *High-Speed Semiconductor Devices*. Wiley, New York, 1990.

[8] R.R. Troutman. *Latchup in CMOS Technology*. Kluwer, Boston, 1986.

[9] J.K. Keller. Protection of MOS integrated circuits from destruction by electrostatic discharge. *EOS/ESD Symp.*, Proc. vol. EOS-3:73–79, 1981.

[10] C. Duvvury, A. Amerasekera. ESD: A pervasive reliability concern for IC technologies. *Proc. IEEE*, 81(5):690–702, 1993.

[11] K. Shenai. Gate-resistance-limited switching frequencies of power MOSFETs. *IEEE Electron Dev. Lett.*, 11(11):544–546, 1990.

[12] B.J. Baliga. Power ICs in the saddle. *IEEE Spectrum*, (7):34–48, 1995.

[13] Infineon. *Halbleiter, Technische Erläuterungen und Kenndaten für Studierende*. Publicis MCD Corporate Publishing, Erlangen, 2001.

6 Optoelektronische Bauelemente

Optoelektronische Bauelemente dienen der Umwandlung optischer Strahlung in elektrische Signale oder umgekehrt. Die Anwendungen derartiger Bauelemente reichen von der Energiegewinnung (Solarzellen) über optische Nachrichtenübertragung, Detektion schwacher optischer Signale, Bildwandlung, Displays bis hin zu den unterschiedlichsten Aufgaben der Meß-, Steuerungs- und Regelungstechnik.

6.1 Grundlagen

Gegenstand dieses Abschnitts ist eine kurze Zusammenstellung der wichtigsten Grundlagen aus der Optik, die für die folgenden Abschnitte benötigt werden.

6.1.1 Licht

Licht – allgemeiner optische Strahlung – stellt einen Teilbereich des elektromagnetischen Strahlungsspektrums dar (vgl. Abb. 6.1). Unter *optischer*

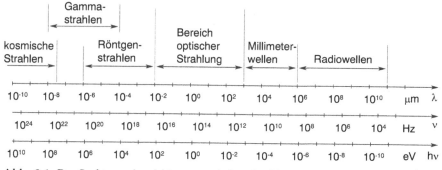

Abb. 6.1. Das Spektrum der elektromagnetischen Strahlung

Strahlung versteht man elektromagnetische Strahlung im Wellenlängenbereich zwischen 10 nm und 1 mm. Der Bereich optischer Strahlung wird zu kleinen Wellenlängen hin durch den Bereich der Röntgenstrahlen, zu großen Wellenlängen hin durch den Bereich der Millimeterwellen begrenzt. Die optische Strahlung wird eingeteilt in die Unterbereiche Ultraviolett (UV), sichtbares Licht und Infrarot (IR). Sichtbares Licht stellt nur einen geringen Anteil der optischen Strahlung, mit Wellenlängen im Bereich von 380 nm $< \lambda <$ 780 nm, dar.

Wellenlängenbereich	Bezeichnung
100 nm - 280 nm	UV-C
280 nm - 315 nm	UV-B
315 nm - 380 nm	UV-A
380 nm - 440 nm	violettes Licht
440 nm - 495 nm	blaues Licht
495 nm - 558 nm	grünes Licht
558 nm - 640 nm	gelbes Licht
640 nm - 750 nm	rotes Licht
750 nm - 1400 nm	IR-A
1.4 mm - 3 μm	IR-B
3 mm - 1000 μm	IR-C

Abb. 6.2. Wellenlängenbereiche optischer Strahlung

Abbildung 6.2 erläutert die in DIN 5031 definierte Einteilung der optischen Strahlung. *Monochromatisches* Licht ist Licht mit genau definierter Wellenlänge. Die meisten Lichtquellen emittieren nicht monochromatisch. Die spektrale Zusammensetzung oder kurz das *Spektrum* derartiger Lichtquellen beschreibt die Anteile der unterschiedlichen Wellenlängen.

Photonen

Elektromagnetische Strahlung im optischen Bereich entsteht i. allg. beim Übergang zwischen zwei erlaubten Zuständen der Elektronen in einem Atom, Molekül oder Festkörper.[1] Die beim Übergang freigesetzte Energie wird in Form von elektromagnetischer Strahlung als *Photon* abgegeben. Für die Energie eines solchen Photons gilt

$$W_{h\nu} = h\nu \,, \tag{6.1}$$

wobei h die *Plancksche Konstante*[2]

$$h = 6.626196 \cdot 10^{-34}\,\mathrm{Js} = 4.13569 \cdot 10^{-15}\,\mathrm{eVs}$$

und ν die *Frequenz* des Photons bezeichnet. Die Frequenz ν ist mit der Wellenlänge λ über die Beziehung

$$v_{\mathrm{ph}} = \nu\lambda \tag{6.2}$$

verknüpft. Die Größe v_{ph} ist die *Phasengeschwindigkeit* der Welle. Im Vakuum gilt $v_{\mathrm{ph}} = c$ mit der *Vakuumlichtgeschwindigkeit*

$$c = 2.997925 \cdot 10^8\,\mathrm{m\,s}^{-1} \,.$$

---

[1] Elektronenzustände in Atomen sind *quantisiert*, d. h. nur bestimmte Energiewerte sind zugelassen. Dies erklärt die Existenz genau definierter Spektrallinien: Da die Atome nur in bestimmten Zuständen existieren dürfen, fällt beim Übergang von einem Zustand in einen anderen ein genau definierter Energiebetrag ΔW an, der als Photon der Wellenlänge $hc/\Delta W$ emittiert wird.

[2] Auch als Plancksches Wirkungsquantum bezeichnet.

Zwischen der Energie eines Photons und seiner Wellenlänge λ besteht im Vakuum demnach die Beziehung

$$W_{h\nu} = \frac{hc}{\lambda} = 1.23985 \, \text{eV} \, \frac{\mu\text{m}}{\lambda} \, . \tag{6.3}$$

Je höher die Energie eines Photons, desto kleiner seine Wellenlänge. Photonen besitzen zwar keine Ruhemasse, aber dennoch einen *Impuls*, mit dem Wert

$$p = h/\lambda \, . \tag{6.4}$$

Photonen können somit bei Streuung an Teilchen Energie und Impuls an diese abgeben. Wie das folgende Beispiel 6.1.1 zeigt, ist der Impuls eines Photons im Bereich der optischen Strahlung gewöhnlich vernachlässigbar klein.

Beispiel 6.1.1 Ein Photon der Wellenlänge $\lambda = 500$ nm besitzt die Energie

$$W_{h\nu} = 1.23985 \, \text{eV} \, \frac{\mu\text{m}}{0.5 \, \mu\text{m}} \approx 2.48 \, \text{eV}$$

sowie den Impuls

$$p = \frac{6.626 \cdot 10^{-34} \, \text{J s}}{5 \cdot 10^{-7} \, \text{m}} = 1.325 \cdot 10^{-27} \, \text{N s} \, .$$

Ein (freies) Elektron mit demselben Impuls würde die Geschwindigkeit

$$v_{\text{e}} = \frac{p}{m_{\text{e}}} = \frac{1.325 \cdot 10^{-27} \, \text{N s}}{9.109 \cdot 10^{-31} \, \text{kg}} \approx 1455 \, \frac{\text{m}}{\text{s}}$$

aufweisen. Die damit verbundene Bewegungsenergie ist

$$W = \frac{p^2}{2m_{\text{e}}} \approx 6 \cdot 10^{-6} \, \text{eV} \, .$$

Sie ist klein im Vergleich zur mittleren Energie der Wärmebewegung der Elektronen (≈ 40 meV bei Raumtemperatur) sowie zur Energie des Photons. $\triangle$

Emission und Absorption von Photonen

Abbildung 6.3 zeigt schematisch die möglichen Übergänge zwischen den Energieniveaus W_1 und W_2 unter Beteiligung eines Photons. Die *Absorption* eines Photons der Energie $h\nu = W_2 - W_1$ durch ein Atom im Zustand W_1 überführt das Atom in den angeregten Zustand W_2. Überläßt man das Atom im angeregten Zustand W_2 sich selbst, so fällt es von sich aus in den Grundzustand zurück. Dies wird als *spontane Emission* bezeichnet. Der Übergang vom angeregten Zustand in den Grundzustand kann auch durch ein einfallendes Photon hervorgerufen werden. Dieser Vorgang wird als *stimulierte Emission* bezeichnet. Stimulierte Emission ermöglicht eine Verstärkung der optischen Strahlung. Wegen der gleichzeitig vorhandenen Absorption ist dies aber nur möglich, wenn *Besetzungsinversion* vorliegt, d. h. wenn sich mehr Elektronen im angeregten Zustand W_2 als im Grundzustand W_1 aufhalten.

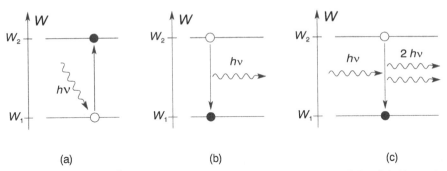

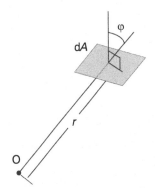

Abb. 6.3. Strahlende Übergänge zwischen zwei Energieniveaus W_1 und W_2. (a) Absorption, (b) spontane Emission und (c) stimulierte Emission

6.1.2 Strahlungsgrößen

Zur Charakterisierung der optischen Strahlung sind unterschiedliche Strahlungsgrößen definiert; dabei wird unterschieden zwischen *radiometrischen* (physikalischen) Strahlungsgrößen und *fotometrischen* (lichttechnischen) Strahlungsgrößen, welche zusätzlich die spektrale Empfindlichkeit des menschlichen Auges berücksichtigen.

Abb. 6.4. Zur Definition des Raumwinkelelements

Raumwinkel. Eine in der Strahlungsphysik häufig verwendete Größe ist der *Raumwinkel* Ω bzw. sein Differential $d\Omega$. Der Raumwinkel Ω, unter dem eine Fläche A von einem Punkt O aus gesehen wird, wird durch Zentralprojektion dieser Fläche auf eine Kugel vom Radius 1 definiert: Ω ist gleich der Fläche des projizierten Bildes auf der Kugeloberfläche. Der Raumwinkel ist eine dimensionslose Größe; zur Kennzeichnung einer Größe als raumwinkelbezogen wird dennoch üblicherweise das *Steradiant* (sr) verwendet. Da die Oberfläche der Einheitskugel gleich 4π ist, ist dem vollen Raum der Raumwinkel 4π sr zuzuordnen. Ein Flächenelement dA im Abstand r von O, dessen Normaleneinheitsvektor mit der Projektionsrichtung den Winkel φ einschließt (vgl. Abb. 6.4), wird unter dem differentiellen Raumwinkel

$$\boxed{d\Omega = \frac{\cos(\varphi)}{r^2} dA} \tag{6.5}$$

gesehen. Für das differentielle Raumwinkelelement $d\Omega$ läßt sich in Polarkoordinaten (r, ϑ, φ) schreiben

$$d\Omega = \sin\vartheta\, d\vartheta\, d\varphi\, . \tag{6.6}$$

Ein kreisförmiger Kegel mit Öffnungswinkel 2α schließt demnach den Raumwinkel

$$\Delta\Omega = \int_0^{2\pi} \int_0^{\alpha} \sin\vartheta\, d\vartheta\, d\varphi = 2\pi \int_0^{\alpha} \sin\vartheta\, d\vartheta = 2\pi\,(1 - \cos\alpha) \tag{6.7}$$

ein.

Radiometrische Strahlungsgrößen

Ist dW_e die von der Strahlungsquelle im Zeitintervall dt abgegebene Energie, so ist

$$\Phi_e = \frac{dW_e}{dt} \quad \text{in} \quad \text{W} \tag{6.8}$$

die *Strahlungsleistung* bzw. der *Strahlungsfluß*. Ist dA_S ein Oberflächenelement des Strahlers und $d\Phi_e$ der von diesem Oberflächenelement ausgehende Strahlungsfluß, so bezeichnet

$$M_e = \frac{d\Phi_e}{dA_S} \quad \text{in} \quad \frac{\text{W}}{\text{m}^2} \tag{6.9}$$

die *spezifische Ausstrahlung* des Strahlers. Bezeichnet $d\Phi_e$ die von einer Strahlungsquelle in das Raumwinkelelement $d\Omega = \sin\vartheta\, d\vartheta\, d\varphi$ abgestrahlte Leistung, so ist

$$I_e = \frac{d\Phi_e}{d\Omega} \quad \text{in} \quad \frac{\text{W}}{\text{sr}} \tag{6.10}$$

die *Strahlstärke* in diese Richtung. Die Strahlung heißt *isotrop*, falls die Strahlstärke unabhängig von ϑ und φ ist. Die Strahlungsleistung Φ_e ergibt sich durch Integration der Strahlstärke über alle Raumwinkelelemente $d\Omega$

$$\Phi_e = \int_\Omega I_e\, d\Omega\, . \tag{6.11}$$

Ist dI_e die von einem Flächenelement dA_S ausgehende Strahlstärke und ist φ_S der Winkel zwischen der Strahlungsrichtung und der Flächennormalen, so bezeichnet

$$L_e = \frac{1}{\cos(\varphi_S)} \frac{dI_e}{dA_S} \quad \text{in} \quad \frac{\text{W}}{\text{sr}\,\text{m}^2} \tag{6.12}$$

die *Strahldichte* der Strahlungsquelle. Aus der Strahldichte folgt die Strahlstärke durch Integration über die Oberfläche A_S des Strahlers

$$I_e = \int_{A_S} L_e \cos(\varphi_S)\,dA_S \,. \tag{6.13}$$

Durch Integration über sämtliche Raumwinkelelemente $d\Omega$ resultiert aus der Strahldichte andererseits die spezifische Ausstrahlung des Strahlers

$$M_e = \int_\Omega L_e \cos(\varphi_S)\,d\Omega \,. \tag{6.14}$$

Erfordert eine Lichtquelle eine Eingangsleistung P, um eine Strahlungsleistung Φ_e abzugeben, so heißt

$$\eta_e = \frac{\Phi_e}{P} \tag{6.15}$$

die *Strahlungsausbeute* der Strahlungsquelle.

Neben diesen die Strahlungsquelle (d. h. die Senderseite) charakterisierenden Größen sind noch die beiden die Empfängerseite charakterisierenden Strahlungsgrößen *Bestrahlungsstärke* und *Bestrahlung* gebräuchlich. Ist $d\Phi_e$ die auf das Flächenelement dA_E eines Empfängers auftreffende Strahlungsleistung, so bezeichnet

$$E_e = \frac{d\Phi_e}{dA_E} \quad \text{in} \quad W/m^2 \tag{6.16}$$

die *Bestrahlungsstärke*. Die gesamte auf den Empfänger auftreffende Strahlungsleistung errechnet sich hieraus durch Integration über die Empfängerfläche A_E

$$\Phi_e = \int_{A_E} E_e\,dA_E \,. \tag{6.17}$$

Die im Zeitintervall $[t_0, t_1]$ auf das Flächenelement dA_E auftreffende Strahlungsenergie

$$H_e = \int_{t_0}^{t_1} E_e\,dt \tag{6.18}$$

wird als *Bestrahlung* bezeichnet.

Ist die Normale auf das Empfängerflächenelement dA_E um den Winkel φ_E gegenüber der Einfallsrichtung der Strahlung verkippt (vgl. Abb. 6.5), so besteht zwischen der Bestrahlungsstärke E_e und der *Strahlungsflußdichte* D_e am Ort des Empfängerelements der Zusammenhang

$$D_e = \frac{E_e}{\cos(\varphi_E)} \quad \text{in} \quad W/m^2 \,. \tag{6.19}$$

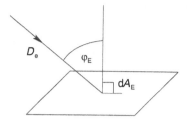

Abb. 6.5. Zur Definition der Strahlungsflußdichte

Die Strahlungsflußdichte ist bei senkrechtem Einfall gleich der Bestrahlungsstärke.

Alle bisher betrachteten Größen dienen der Kennzeichnung der Strahlung unabhängig von der Wellenlänge. Um Aussagen über die spektrale Zusammensetzung der Strahlung machen zu können, werden die entsprechenden spektralen Strahlungsgrößen benötigt. Als Beispiel wird hier der *spektrale Strahlungsfluß* $\Phi_{e,\lambda}$ betrachtet: Für nicht monochromatische Strahlungsquellen läßt sich die im Wellenlängenintervall zwischen λ und $\lambda + d\lambda$ abgegebene Strahlungsleistung $d\Phi_e$ mit dem spektralen Strahlungsfluß $\Phi_{e,\lambda}$ ausdrücken als

$$d\Phi_e = \Phi_{e,\lambda}\, d\lambda\ .$$

Der Strahlungsfluß Φ_e folgt aus $\Phi_{e,\lambda}$ durch Integration über alle Wellenlängen

$$\Phi_e = \int_0^\infty \Phi_{e,\lambda}\, d\lambda\ . \tag{6.20}$$

Die Definition der *spektralen spezifischen Ausstrahlung* $M_{e,\lambda}$, der *spektralen Strahlstärke* $I_{e,\lambda}$, der *spektralen Strahldichte* $L_{e,\lambda}$ und der *spektralen Bestrahlungsstärke* $E_{e,\lambda}$ verläuft analog. Stets läßt sich aus der Spektralverteilung die entsprechende radiometrische Größe durch Integration über alle Wellenlängen gewinnen.

Fotometrische Strahlungsgrößen

Die *fotometrischen* Strahlungsgrößen berücksichtigen die wellenlängenabhängige Empfindlichkeit des menschlichen Auges. Zu diesem Zweck werden die spektralen radiometrischen Strahlungsgrößen mit einer Bewertungsfunktion $V(\lambda)$ multipliziert und über λ integriert. Die einer beliebigen radiometrischen Strahlungsgröße X_e mit der spektralen Dichte $X_{e,\lambda}$ entsprechende fotometrische Strahlungsgröße[3] X_v ist demzufolge definiert durch

$$X_v = K_m \int_{380\,\mathrm{nm}}^{780\,\mathrm{nm}} X_{e,\lambda}\, V(\lambda)\, d\lambda\ . \tag{6.21}$$

---

[3]Radiometrische Strahlungsgrößen werden mit dem Index e, fotometrische Strahlungsgrößen mit dem Index v gekennzeichnet.

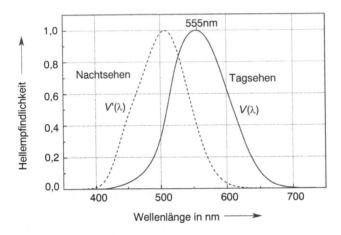

Abb. 6.6. Spektraler Hellempfindlichkeitsgrad für das Tagsehen, $V(\lambda)$, und für das Nachtsehen, $V'(\lambda)$, als Funktion der Lichtwellenlänge

Dabei bezeichnet $V(\lambda)$ den auf den Wert 1 normierten spektralen Hellempfindlichkeitsgrad und K_m einen dimensionsbehafteten Proportionalitätsfaktor, der üblicherweise als *Maximalwert des fotometrischen Strahlungsäquivalents für das Tagsehen* bezeichnet wird. Der spektrale Hellempfindlichkeitsgrad $V(\lambda)$ ist in Abb. 6.6 dargestellt. $V(\lambda)$ besitzt ein Maximum bei 555 nm. Ebenfalls eingezeichnet ist der spektrale Hellempfindlichkeitsverlauf $V'(\lambda)$ für das Nachtsehen. Das Maximum dieser Kurve ist zu kleineren Wellenlängen hin verschoben und liegt etwa bei 510 nm. Der Wert von K_m ist definiert als

$$K_\mathrm{m} = 683 \, \frac{\mathrm{cd\,sr}}{\mathrm{W}} \; ; \qquad (6.22)$$

die dabei auftretende Größe *Candela* (cd) ist die Maßeinheit der *Lichtstärke*[4]

$$I_\mathrm{v} = K_\mathrm{m} \int\limits_{380\,\mathrm{nm}}^{780\,\mathrm{nm}} I_{\mathrm{e},\lambda} \, V(\lambda) \, \mathrm{d}\lambda \qquad \text{in cd}\,, \qquad (6.24)$$

dem fotometrischen Analogon zur Strahlstärke I_e.

Tabelle 6.1 gibt einen Überblick über die radiometrischen Größen und die entsprechenden fotometrischen Größen, mit Definitionsgleichungen und verwendeten Einheiten.

---

[4]Wie aus Abb. 6.6 ersichtlich, ist $V(\lambda = 555\,\mathrm{nm}) = 1$. Im Sonderfall monochromatischer Strahlung dieser Wellenlänge gilt deshalb

$$I_\mathrm{v} = K_\mathrm{m} I_\mathrm{e} \, . \qquad (6.23)$$

Durch die Wahl von K_m ist 1 cd demnach festgelegt als die Lichtstärke, die einer monochromatischen Strahlungsquelle der Frequenz 540 THz (entsprechend einer Wellenlänge $\lambda = 555.2\,\mathrm{nm}$) und der Strahlstärke $1/683\,\mathrm{W\,sr^{-1}}$ entspricht.

Tabelle 6.1 Radiometrische und fotometrische Strahlungsgrößen

radiometr. Größe	Symbol, Einheit	Definition	fotometr. Größe	Symbol, Einheit
Strahlungs- leistung	Φ_e, W	$\dfrac{dW_e}{dt}$	Licht- strom	Φ_v, lm
Strahlungs- energie	W_e, J, Ws	$\int\limits_0^t \Phi_e\, dt$	Lichtmenge	W_v, lm s
spezifische Ausstrahlung	M_e, $\dfrac{W}{m^2}$	$\dfrac{d\Phi_e}{dA_S}$	spez. Licht- ausstrahlung	M_v, lx
Strahlungs- stärke	I_e, $\dfrac{W}{sr}$	$\dfrac{d\Phi_e}{d\Omega}$	Licht- stärke	I_v, cd
Strahldichte	L_e, $\dfrac{W}{sr\,m^2}$	$\dfrac{1}{\cos\varphi_S}\dfrac{dI_e}{dA_S}$	Leuchtdichte	L_v, lm
Strahlungs- flußdichte	D_e, $\dfrac{W}{m^2}$	$\dfrac{1}{\cos\varphi_E}\dfrac{d\Phi_e}{dA_E}$	Licht- stromdichte	D_v, lx
Bestrahlungs- stärke	E_e, $\dfrac{W}{m^2}$	$\dfrac{d\Phi_e}{dA_e}$	Beleuchtungs- stärke	E_v, lx
Bestrahlung	H_e, $\dfrac{W\,s}{m^2}$	$\int\limits_0^t E_e\, dt$	Belichtung	H_v, lm

Die der Strahlungsleistung entsprechende fotometrische Größe ist der *Licht-strom*. Die hierfür verwendete Größe Lumen (lm) ist definiert als

$$1\ \text{lm} = 1\ \text{cd sr}.$$

Die *Lichtausbeute* einer Quelle der Eingangsleistung P, die einen Lichtstrom Φ_v aussendet, ist definiert gemäß

$$\eta_v = \frac{\Phi_v}{P} = K\eta_e\,. \tag{6.25}$$

Die Größe K bezeichnet dabei das *fotometrische Strahlungsäquivalent* der Quelle. K ist definiert als der Quotient von Lichtstrom Φ_v und Strahlungsfluß Φ_e

$$K = \frac{\Phi_v}{\Phi_e} \leq K_m \,. \tag{6.26}$$

Durch Integration über die Zeit liefert der Lichtstrom das fotometrische Äquivalent der Strahlungsenergie, die sog. *Lichtmenge*

$$W_v = \int_{t_0}^{t_1} \Phi_v \, dt \qquad \text{in lm s} \,.$$

Der spezifischen Ausstrahlung entspricht in der Fotometrie die *spezifische Lichtausstrahlung*. Diese wird gewöhnlich in Lux (lx) angegeben, wobei gilt

$$1 \, \text{lx} = 1 \, \text{lm m}^{-2} = 1 \, \text{cd sr m}^{-2} \,.$$

Die *Beleuchtungsstärke* E_v ist das fotometrische Analogon zur Bestrahlungsstärke. Über die Zeit integriert, ergibt sich aus E_v die *Belichtung*

$$H_v = \int_0^t E_v(t) \, dt \,.$$

Beispiel 6.1.2 Eine Leuchtdiode strahle Licht der Wellenlänge $\lambda = 600$ nm ab. In 20 cm Entfernung von der Diode befinde sich ein Fotodetektor mit der Fläche $A_E = 0.5$ cm^2, die senkrecht zur Einfallsrichtung der Strahlung ausgerichtet sei. Zu berechnen ist der auf den Detektor treffende Lichtstrom, die Beleuchtungsstärke, die Bestrahlungsstärke und die Anzahl der pro Zeiteinheit auf den Detektor treffenden Photonen, falls die Lichtstärke der Diode $I_v = 80$ mcd beträgt.

Der Detektor erscheint von der Leuchtdiode aus gesehen unter dem Raumwinkelelement

$$\Delta\Omega = \frac{A_E}{r^2} = \frac{0.5 \, \text{cm}^2}{(20 \, \text{cm})^2} = 1.25 \cdot 10^{-3} \, \text{sr} \,.$$

Der auf den Detektor treffende Lichtstrom errechnet sich damit zu

$$\Phi_v = I_v \Delta\Omega = 80 \, \text{mcd} \cdot 1.25 \cdot 10^{-3} \, \text{sr} = 10^{-4} \, \text{lm} \,,$$

was der Beleuchtungsstärke

$$E_v = \frac{\Phi_v}{A_E} = 2 \, \text{lx}$$

entspricht. Diese Größe läßt sich mit dem spektralen Hellempfindlichkeitsgrad $V(600\text{nm}) = 0.631$ in die Bestrahlungsstärke umrechnen

$$E_e = \frac{E_v}{V(\lambda) \, K_m} = \frac{2 \, \text{lx}}{0.631 \cdot 683 \, \text{lx m}^2 \, \text{W}^{-1}} = 4.64 \cdot 10^{-7} \, \frac{\text{W}}{\text{cm}^2} \,.$$

Die auf den Detektor fallende Strahlungsleistung ist demnach

$$\Phi_e = E_e A_E = 0.232\,\mu\text{W}\,.$$

Mit der Photonenenergie

$$W = \frac{1.23985\,\text{eV}}{\lambda/\mu\text{m}} = 2.066\,\text{eV} = 3.31 \cdot 10^{-19}\,\text{J}$$

führt dies auf die pro Zeiteinheit auf den Detektor treffende Anzahl der Photonen

$$\frac{\mathrm{d}N_{h\nu}}{\mathrm{d}t} = \frac{\Phi_e}{W} = 7 \cdot 10^{11}\,\frac{\text{Photonen}}{\text{s}}\,.$$

6.1.3 Absorption und Dämpfung

Licht wird beim Durchgang durch ein Material *absorbiert*. Für einen parallelen Lichtstrahl, der sich in x-Richtung bewegt, nimmt der Strahlungsfluß mit zunehmendem x gemäß

$$\frac{\mathrm{d}\Phi_e}{\mathrm{d}x} = -\alpha\Phi_e(x) \tag{6.27}$$

ab. Der Parameter α bezeichnet dabei den *Absorptionskoeffizienten* des Materials. Der Kehrwert des Absorptionskoeffizienten heißt Absorptionslänge: Nach der Strecke $1/\alpha$ ist die Strahlungsleistung bedingt durch die Absorption auf $1/e$ ihres ursprünglichen Werts abgesunken. Bezeichnet $\Phi_e(0)$ den Strahlungsfluß für $x = 0$ und bewegt sich der Lichtstrahl für $x > 0$ durch ein Medium mit dem Absorptionskoeffizienten α, so folgt aus Gl. (6.27)

$$\frac{\Phi_e(x)}{\Phi_e(0)} = e^{-\alpha x}\,. \tag{6.28}$$

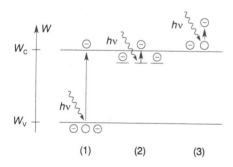

Abb. 6.7. Absorptionsmechanismen für Photonen in Halbleitermaterialien

In Halbleitern lassen sich drei Mechanismen für die Absorption optischer Strahlung unterscheiden (vgl. Abb. 6.7). Bei zwei von diesen führt die Absorption des Lichts zur Erzeugung freier Ladungsträger – diese Mechanismen werden zur Detektion optischer Strahlung sowie zur optisch-elektrischen Energiewandlung eingesetzt:

Tabelle 6.2 Energielücke, Grenzwellenlänge und Brechungsindex wichtiger Halbleiter bei $T = 300$ K

Material	Ge	Si	GaAs	GaP	InSb	SiC	GaSb	InP
W_g [eV]	0.66	1.12	1.43	2.26	0.18	$2.2 - 3$	0.73	1.35
λ_G [nm]	1880	1130	867	548	6900	500	1700	918
n	4.0	3.45	3.4	3.36	3.9	2.63	3.9	3.2

1. Bildung von Elektron-Loch-Paaren (Anregung von Elektronen vom Valenz- ins Leitungsband). Die Photonenenergie muß dabei der Bedingung

$$W_\mathrm{g} \leq h\nu = \frac{hc}{\lambda}$$

genügen, d. h. dieser Mechanismus kann nur für Licht der Wellenlänge

$$\lambda < \lambda_\mathrm{G} = \frac{hc}{W_\mathrm{g}}$$

auftreten; die Größe λ_G wird als *Grenzwellenlänge* bezeichnet. In der Nähe der Grenzwellenlänge wird eine starke Änderung des Absorptionskoeffizienten beobachtet. Tabelle 6.2 gibt einen Überblick über Energielücke, Grenzwellenlänge und Brechungsindex der wichtigsten Halbleitermaterialien für optoelektronische Bauelemente.

2. Übergänge zwischen Bändern und diskreten Störstellenniveaus, insbesondere von Donatorniveaus ins Leitungsband oder vom Valenzband in Akzeptorniveaus. Dieser Absorptionsmechanismus setzt voraus, daß die beteiligten Störstellenniveaus noch nicht auf thermischem Weg ionisiert wurden. Dies erfordert um so tiefere Temperaturen, je geringer die Energiedifferenz zwischen den Störstellen und der betreffenden Bandkante ist. Die Grenzwellenlänge für diesen Absorptionsmechanismus ist durch den Abstand der Störstellenniveaus von der Bandkante gegeben und wesentlich größer als die Grenzwellenlänge für die Erzeugung von Elektron-Loch-Paaren.

3. Absorption durch „freie" Ladungsträger. Dieser Mechanismus, bei dem Elektronen im Leitungsband und Löcher im Valenzband Energie aufnehmen, ist nicht mit einer Grenzwellenlänge verbunden; er führt zu einer Abnahme der Transparenz von Halbleitern im längerwelligen Bereich.

Der Absorptionskoeffizient steigt mit abnehmender Wellenlänge, d.h. kürzerwellige Strahlung wird stärker absorbiert als längerwellige. In Solarzellen werden deshalb die kurzwelligen Spektralanteile des Sonnenlichts in oberflächennahen Schichten absorbiert, während die längwerwelligen Anteile tiefer in die Zelle eindringen.

6.2 Fotodioden und Fototransistoren

Fotodioden und Fototransistoren dienen der Umwandlung von optischer Strahlungsleistung in elektrische Signale. Hierfür gibt es zahlreiche Anwendungen in der Nachrichtentechnik, Unterhaltungselektronik sowie in der Meß-, Steuerungs- und Regelungstechnik.

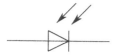

Abb. 6.8. Schaltsymbol der pin-Fotodiode

6.2.1 pin-Fotodioden

Fotodioden werden meist als pin-Dioden realisiert und in *Sperrichtung* betrieben. Durch Bestrahlen mit Licht werden in der Diode Elektron-Loch-Paare generiert, die im Feld der Raumladungszone voneinander getrennt werden und als Fotostrom $I_{h\nu}$ über die Kontakte abfließen. Das Schaltsymbol der Fotodiode ist in Abb. 6.8 dargestellt.

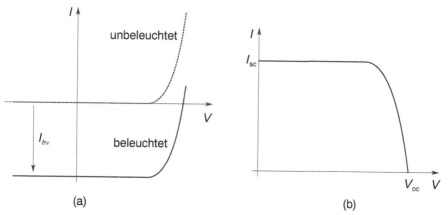

Abb. 6.9. Strom-Spannungs-Kennlinie einer pin-Diode im unbeleuchteten Zustand im (**a**) Verbrauchersystem und (**b**) Erzeugersystem (bei Beleuchtung)

Strom-Spannungs-Kennlinie und Empfindlichkeit

Die $I(V)$-Kennlinie einer beleuchteten Fotodiode ist, wie in Abb. 6.9a illustriert, gegenüber dem unbeleuchteten Fall um den Betrag des Fotostroms $I_{h\nu}$ nach unten verschoben. Mit der Diodenkennlinie folgt damit

$$I(V) = I_S \left[\exp\left(\frac{V}{NV_T}\right) - 1 \right] - I_{h\nu} \,. \qquad (6.29)$$

Bei Beleuchtung verläuft ein Teil der Kennlinie im vierten Quadranten. Hier befindet sich die Fotodiode im *Elementbetrieb*, d. h. sie gibt hier Leistung an einen angeschlossenen Verbraucher ab. Eine Darstellung dieses Teils der Kennlinie im Erzeugersystem ist in Abb. 6.9b zu sehen. Als charakteristische Punkte der Kennlinie treten Kurzschlußstrom $I_{sc} \approx I_{h\nu}$ und Leerlaufspannung V_{oc} auf.

Die *Empfindlichkeit S*, angegeben in A/W, bestimmt den bei einem gegebenen Wert der einfallenden Strahlungsleistung Φ_e fließenden Fotostrom

$$I_{h\nu} = S \, \Phi_e \,. \qquad (6.30)$$

Der Wert der Empfindlichkeit hängt von der Wellenlänge des eingestrahlten Lichts ab; Werte für die Empfindlichkeit einer Si-Diode bei der Wellenlänge 800 nm liegen beispielsweise in der Größenordnung von 0.5 A/W.

Nicht jedes auftreffende Photon erzeugt auch ein Elektron-Loch-Paar, das dann zum Fotostrom $I_{h\nu}$ beiträgt. Der *Quantenwirkungsgrad* η_Q bestimmt den Anteil dieser „wirksamen" Photonen, d. h. das Verhältnis der Rate der über den Kontakt abfließenden Elektronen zur Rate der auf die Diode auftreffenden Photonen. Mit η_Q folgt für die *Empfindlichkeit S* bei der Wellenlänge λ

$$S(\lambda) = \frac{I_{h\nu}}{\Phi_e} = \frac{e\eta_Q}{h\nu} = \frac{e\eta_Q}{hc} \lambda \,. \qquad (6.31)$$

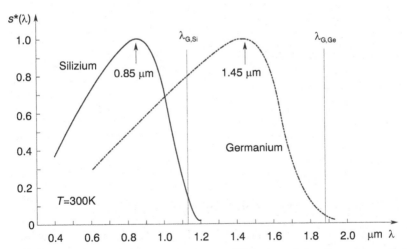

Abb. 6.10. Relative Empfindlichkeit für eine Silizium- und eine Germanium-pin-Diode

Ist der Quantenwirkungsgrad η_Q unabhängig von der Wellenlänge, so nimmt die Empfindlichkeit demnach proportional zur Wellenlänge zu. Da sich Verluste nie völlig vermeiden lassen, ist η_Q stets kleiner als eins; für die Empfindlichkeit $S(\lambda)$ resultiert hieraus die Ungleichung

$$S(\lambda) \; < \; 0.8065 \cdot \frac{\lambda}{\mu m} \frac{A}{W} \;.$$

Der Anstieg der Empfindlichkeit mit der Wellenlänge setzt sich nicht unbeschränkt fort: Für Photonen mit $\lambda > \lambda_G = hc/W_g$ ist die Photonenenergie kleiner als die Energielücke, d. h. die Energie derartiger Photonen reicht nicht aus für die Erzeugung von Elektron-Loch-Paaren. Die Empfindlichkeit einer pin-Fotodiode zeigt aus diesem Grund für große Wellenlängen einen steilen Abfall. Bezeichnet S_{max} die maximale Empfindlichkeit der Diode, so heißt

$$s^*(\lambda) \; = \; \frac{S(\lambda)}{S_{max}}$$

die *relative Empfindlichkeit*. Abbildung 6.10 zeigt die relative Empfindlichkeit $s^*(\lambda)$ als Funktion der Wellenlänge für eine Si- und eine Ge-Fotodiode.

Die Empfindlichkeit einer Fotodiode hängt von der Richtung ab, in der die einfallende Strahlung auf die Detektorfläche trifft. Für eine gegebene Bestrahlungsstärke ist sie bei senkrechtem Einfall maximal und nimmt (z. B. wegen zunehmender Reflexion) mit zunehmendem Einfallswinkel ab. Diese Richtungsabhängigkeit wird in Datenblättern in normierter Form als *Richtcharakteristik* spezifiziert. Als *Halbleistungspunkte* werden die Winkel bezeichnet, unter denen die Empfindlichkeit auf die Hälfte des Maximalwerts abgesunken ist.

Beiträge zum Fotostrom, Quantenwirkungsgrad

Abbildung 6.11 zeigt schematisch Aufbau und Bänderschema einer *pin-Fotodiode* bei Sperrpolung. Da sich die Raumladungszone nur wenig in die stark dotierten p- und n-Gebiete erstreckt, ist ihre Ausdehnung im wesentlichen durch die Dicke d_i der intrinsischen Schicht bestimmt. Bei der skizzierten Diode tritt das Licht auf der p-Seite ein. Diese wird möglichst dünn ausgeführt, so daß nur ein kleiner Bruchteil des einfallenden Lichts darin absorbiert wird. Der größte Teil der einfallenden Strahlung wird normalerweise in der intrinsischen Schicht absorbiert. Die dort erzeugten Elektron-Loch-Paare werden im elektrischen Feld getrennt: Elektronen fließen in Richtung des n-Bahngebiets, Löcher in Richtung des p-Bahngebiets ab. Dies geschieht so schnell im Vergleich zur Lebensdauer der Ladungsträger, daß die Rekombination vernachlässigt werden kann. Der in der Raumladungszone erzeugte Anteil I_{dr} des Fotostroms folgt einer Änderung der einfallenden Strahlungsleistung sehr schnell. Elektron-Loch-Paare, die im n-Bahngebiet generiert werden, können dagegen nur dann zum Fotostrom beitragen, wenn die erzeugten

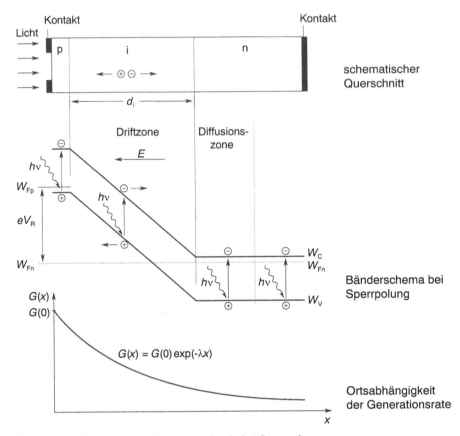

Abb. 6.11. Bänderschema für eine pin-Diode bei Sperrpolung

Löcher zum Sperrschichtrand *diffundieren*; dort werden sie vom elektrischen Feld der Raumladungszone erfaßt und zum p-Bahngebiet abtransportiert, was sich in einem Beitrag I_{diff} zum Fotostrom auswirkt. Sowohl I_{dr} als auch I_{diff} sind bei der Berechnung des Quantenwirkungsgrads zu bestimmen. Unter Vernachlässigung der im p-Bahngebiet generierten Ladungsträger ist der Quantenwirkungsgrad für sehr dicke n-Gebiete (vgl. [1,2])

$$\eta_Q = \frac{I_{\mathrm{dr}} + I_{\mathrm{diff}}}{e\Phi_{h\nu}(0)} = (1 - R)\left(1 - \frac{e^{-\alpha d_i}}{1 + \alpha L_{\mathrm{p}}}\right). \tag{6.32}$$

Zur Erzielung eines hohen Quantenwirkungsgrads sollte deshalb der Reflexionskoeffizient R klein sowie das Produkt αd_i aus Absorptionskoeffizient α und Dicke d_i der intrinsischen Schicht groß gegenüber eins sein. Der Fotostrom besteht dann hauptsächlich aus dem Driftanteil I_{dr}, der im Vergleich zum Diffusionsanteil I_{diff} sehr schnell auf Änderungen der einfallenden Strahlungsleistung reagiert.

Ersatzschaltung der pin-Diode

Ohne Lichteinfall kann das Verhalten der pin-Fotodiode mit der aus Kap. 5.1 bekannten Ersatzschaltung der pn-Diode beschrieben werden. Der durch Lichteinfall hervorgerufene Generationsstrom wird darin mittels einer zusätzlichen Stromquelle $i_{h\nu}$ erfaßt, wie dies in Abb. 6.12 a dargestellt ist. Für den

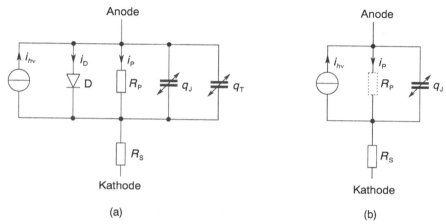

Abb. 6.12. Ersatzschaltung der pin-Diode. **(a)** Allgemein und **(b)** bei Sperrbetrieb

in der Praxis gewöhnlich vorliegenden Fall der *Sperrpolung* kann der Strom durch die Diode D und die Diffusionsladung q_T vernachlässigt werden. Die Ersatzschaltung nimmt dann die vereinfachte Form Abb. 6.12 b an. Eine weitere, häufig zulässige Vereinfachung ist es, den Parallelwiderstand R_p (der typischerweise Werte im Gigaohm-Bereich aufweist) zu vernachlässigen.

Ansprechgeschwindigkeit, Grenzfrequenz

Für die Diskussion des Frequenzverhaltens einer pin-Diode wird die in Abb. 6.13 a gezeigte Schaltung und die zugehörige Kleinsignalersatzschaltung Abb. 6.13 b betrachtet. Die einfallende Strahlungsleistung soll einen Gleichanteil Φ_{e0} und einen Wechselanteil ϕ_{e1} der Frequenz $f = \omega/2\pi$ aufweisen

$$\Phi_e(t) = \Phi_{e0} + \phi_{e1}(t) \quad \text{mit} \quad \phi_{e1}(t) = \mathrm{Re}(\underline{\phi}_{e1}) \,.$$

Der von der Diode gelieferte Fotostrom

$$i_{h\nu}(t) = I_{h\nu0} + i_{h\nu1}(t) \quad \text{mit} \quad i_{h\nu1}(t) = \mathrm{Re}(\underline{i}_{h\nu1})$$

weist dann einen Wechselanteil $i_{h\nu1}$ derselben Frequenz auf. Dieser teilt sich auf in einen Anteil, der zum Umladen der Sperrschichtkapazität benötigt wird, und einen Anteil, der über R_S abfließt. Sind die Eingangsimpedanz $\underline{Z}_i = 1/\underline{Y}_i$

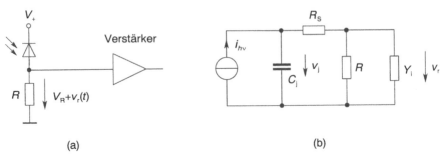

(a)   (b)

Abb. 6.13. Eingangsstufe eines Fotoempfängers mit pin-Diode. (a) Schaltplan und (b) Kleinsignalersatzschaltung

des Verstärkers und der Widerstand R groß im Vergleich zum Bahnwiderstand der Diode R_S, so kann dieser vernachlässigt werden. Mit dieser Annahme folgt $\underline{v}_j = \underline{v}_r$ und damit aus dem Knotensatz

$$\underline{i}_{h\nu 1} = j\omega c_j \underline{v}_r + \frac{\underline{v}_r}{R} + \underline{Y}_i \underline{v}_r \ ,$$

so daß

$$\frac{\underline{v}_r}{\underline{i}_{h\nu 1}} \approx \frac{R}{1 + R\underline{Y}_i + j\omega Rc_j} \ . \tag{6.33}$$

Ist $\underline{Y}_i = j\omega c_{in}$ nur durch die Eingangskapazität c_{in} des Verstärkers bestimmt, so resultiert ein einfaches Tiefpaßverhalten mit der *Grenzfrequenz*

$$f_g = \frac{1}{2\pi R(c_{in} + c_j)} \ . \tag{6.34}$$

Gleichung (6.33) liefert den Zusammenhang zwischen $\underline{i}_{h\nu 1}$ und $\underline{v}_r$. Für eine vollständige Beschreibung des Ansprechverhaltens wird nun noch ein Zusammenhang zwischen den komplexen Zeigern der einfallenden Strahlungsleistung $\underline{\phi}_{e1}$ und $\underline{i}_{h\nu 1}$ benötigt. Da die in der Driftzone der Dicke d_i erzeugten Ladungsträger lediglich mit der Sättigungsgeschwindigkeit v_{nsat} vorankommen, treten *Laufzeiten* in der Größenordnung der *Transitzeit* $t_{tr} = d_i/v_{nsat}$ auf. Bei gleichbleibender Amplitude der einfallenden Strahlung nimmt deshalb die Amplitude des Fotostroms mit zunehmender Frequenz ab; eine Kleinsignalanalyse der Halbleitergleichungen unter der vereinfachenden[5] Annahme einer ortsunabhängigen Generationsrate [1] ergibt

$$\underline{i}_{h\nu 1} = \frac{e}{h\nu} \frac{1 - e^{j\omega t_{tr}}}{j\omega t_{tr}} \underline{\phi}_{e1} \ .$$

Die hieraus resultierende *Grenzfrequenz* ist näherungsweise

---

[5]Eine genauere Analyse ist beispielsweise in [3] zu finden.

$$f_{\mathrm{tr}} \approx \frac{v_{\mathrm{nsat}}}{2d_{\mathrm{i}}} \; . \tag{6.35}$$

Solange $f \ll f_{\mathrm{tr}}$ gilt, brauchen Laufzeiteffekte in der intrinsischen Zone nicht berücksichtigt zu werden.

Realisierung von pin-Fotodioden

pin-Dioden werden vorzugsweise in *Planartechnik* hergestellt; ein einfaches Beispiel ist als Querschnitt in Abb. 6.14 dargestellt. Der Durchmesser des Kontaktfensters, über das das optische Signal eingekoppelt wird, ist für nachrichtentechnische Anwendungen auf den Durchmesser des Lichtleiters abgestimmt. Um Reflexionsverluste an der Oberfläche zu vermeiden, wird die Siliziumoberfläche im Bereich des Kontaktfensters optisch *vergütet*.[6] Das p-Bahngebiet ist an den Rändern mit einem, das Kontaktfenster ringförmig umschließenden, Kontakt metallisiert.

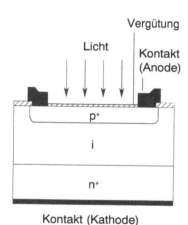

Abb. 6.14. Aufbau einer konventionellen pin-Fotodiode in Planartechnik

In *Heterostruktur-Fotodioden* werden für die p- und n-Bahngebiete Halbleiter mit größerer Energielücke verwendet als für die intrinsische Zone. Einfallendes Licht erzeugt damit nur in der intrinsischen Zone Elektron-Loch-Paare: Der Fotostrom weist deshalb nur einen Driftanteil auf, was sich in hoher *Ansprechgeschwindigkeit* auswirkt. Ein weiterer Vorzug solcher Heterostruktur-Fotodioden ist der geringe *Dunkelstrom*. Dieser ist als thermischer Generationsstrom zumindest proportional zur intrinsischen Dichte n_{i} und zum Generationsvolumen; da n_{i} jedoch exponentiell von der Energielücke W_{g} abhängt und das Volumen der Zone mit kleinem W_{g} gering ist, resultiert ein geringer Dunkelstrom.

---

[6]Hierzu braucht die Si-Schicht nur durch Oxidation mit einer SiO_2-Schicht der Dicke $\lambda/4$ überzogen zu werden.

Avalanche-Fotodioden (APDs)

Avalanche-Fotodioden (APDs) arbeiten im Prinzip wie pin-Dioden, weisen jedoch einen internen Verstärkungsmechanismus auf. Dieser beruht auf der Stoßionisation der durch Licht erzeugten Ladungsträger: Die an die Diode angelegte Sperrspannung ist so hoch, daß in der Nähe des metallurgischen Übergangs Ladungsträgermultiplikation auftritt. Die Empfindlichkeit s_{APD} der APD ist gegenüber derjenigen der pin-Diode s_{pin} um den *Multiplikationsfaktor* M erhöht

$$s_{APD} = M\, s_{pin} \, .$$

Da M abhängig von der angelegten Sperrspannung Werte von mehr als 100 annehmen kann, läßt sich die Empfindlichkeit gegenüber pin-Dioden um mindestens zwei Größenordnungen steigern.

Der Multiplikationsfaktor hängt stark von der Sperrspannung ab. Eine konstante Verstärkung (konstantes M) erfordert deshalb eine genaue Kontrolle der angelegten Sperrspannung. Wegen der Temperaturabhängigkeit des Multiplikationsfaktors bei konstanter Spannung muß die an die Diode angelegte Sperrspannung darüber hinaus einen definierten Temperaturgang aufweisen. Für den Betrieb von APDs werden deshalb bereits vorgefertigte Spannungsversorgungen mit entsprechenden Eigenschaften geliefert.

6.2.2 Fototransistoren

Fototransistoren sind Fotodetektoren, die wie APDs einen internen Verstärkungsmechanismus und damit eine höhere Empfindlichkeit als pin-Fotodioden aufweisen. Die Ansprechgeschwindigkeit ist wesentlich geringer als die der APDs, dafür kommen Fototransistoren mit einer geringen Versorgungsspannung aus und weisen eine nur wenig von der Versorgungsspannung abhängige Empfindlichkeit auf.

Abbildung 6.15 a zeigt schematisch den Aufbau eines bipolaren Fototransistors. Ladungsträger, die durch Licht in der ausgedehnten BC-Raumladungszone erzeugt werden, werden im Feld der Raumladungszone getrennt. Die Elektronen können über den Kollektor abfließen und verursachen dort einen Strom $I_{h\nu}$. Die in das p-Bahngebiet abfließenden Löcher haben bei offener Basis ($I_B = 0$) keine andere Möglichkeit, als die EB-Diode in Flußrichtung zu treiben und im Emitter zu rekombinieren. Dies kommt einem Basisstrom $I_{h\nu}$ im Transistor gleich. Dieser bedingt einen um die *Stromverstärkung* B_N verstärkten Transferstrom $B_N I_{h\nu}$, der ebenfalls zum Kollektorstrom beiträgt. Damit gilt für den Kollektorstrom

$$I_C = (B_N + 1) I_{h\nu} \, , \tag{6.36}$$

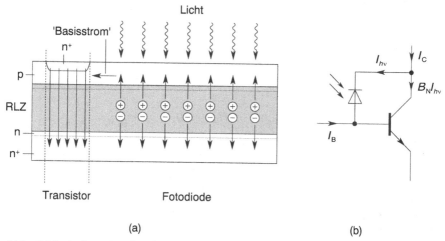

Abb. 6.15. Aufbau eines bipolaren Fototransistors. **(a)** Querschnitt und **(b)** Ersatzschaltung

d. h. der Fototransistor vergrößert den Strom der Fotodiode – Signalstrom und Dunkelstrom – um den Faktor $(B_N + 1)$. Typische Werte für die Stromverstärkung von Fototransistoren liegen bei 500. Wegen der Arbeitspunktabhängigkeit der Stromverstärkung besteht in der Regel ein nichtlinearer Zusammenhang zwischen Bestrahlungsstärke und Fotostrom.

Frequenzverhalten

Abbildung 6.16 a zeigt eine einfache Empfängerschaltung, bei der die Basis des Fototransistors nicht angeschlossen wird. Die zugehörige Kleinsignalersatzschaltung ist in Abb. 6.16 b zu sehen; eine an den Ausgang der Empfängerschaltung angeschlossene Last wurde dabei durch die Admittanz $\underline{Y}_L$ erfaßt. Zur Untersuchung des Frequenzverhaltens wird der Knotensatz für Knoten (1)

$$\underline{i}_r = -\frac{\underline{v}_a}{R} = \underline{i}_{h\nu} + g_m \underline{v}_\pi + \underline{Y}_L \underline{v}_a + j\omega c_\mu \underline{v}_{cb}$$

und der Knotensatz für Knoten (2)

$$\underline{i}_{h\nu} = (g_\pi + j\omega c_\pi) \underline{v}_\pi - j\omega c_\mu \underline{v}_{cb}$$

sowie der Maschensatz

$$\underline{v}_a = \underline{v}_\pi + \underline{v}_{cb}$$

verwendet. Durch Zusammenfassen dieser Gleichungen lassen sich die Variablen $\underline{v}_\pi$ und $\underline{v}_{cb}$ eliminieren. Unter Berücksichtigung von $\beta = g_m/g_\pi$ folgt so

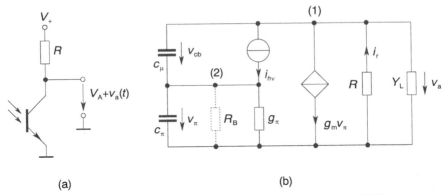

(a)   (b)

Abb. 6.16. Empfängerschaltung mit Fototransistor. (a) Schaltbild und (b) Kleinsignalersatzschaltung unter Vernachlässigung der Bahnwiderstände. Der gestrichelt eingezeichnete Widerstand R_B ist im Fall der offenen Basis nicht wirksam

der gesuchte Zusammenhang zwischen dem komplexen Zeiger $\underline{i}_{h\nu}$ des Fotostroms und dem komplexen Zeiger $\underline{v}_a$ der Ausgangsspannung

$$\frac{\underline{v}_a}{\underline{i}_{h\nu}} = -\frac{R(\beta + 1 + j\omega c_\pi/g_\pi)}{1 + j\omega R(\beta+1)c_\mu + R\underline{Y}_L + j\omega(1+R\underline{Y}_L)\frac{c_\pi+c_\mu}{g_\pi}}, \qquad (6.37)$$

wobei nur Terme erster Ordnung in ω berücksichtigt wurden. Mit

$$g_\pi = \frac{g_m}{\beta} \approx \frac{I_C}{\beta V_T}, \quad c_\pi = c_{je} + \tau_f \frac{I_C}{V_T} \quad \text{und} \quad c_\mu = c_{jc}$$

gilt

$$\frac{c_\pi + c_\mu}{g_\pi} \approx \beta\left[\tau_f + \frac{(c_{je}+c_{jc})V_T}{I_C}\right] = \frac{1}{2\pi f_\beta}.$$

Im Fall einer rein kapazitiven Last $\underline{Y}_L = j\omega c_L$ folgt aus Gl. (6.37) unter Vernachlässigung des frequenzabhängigen Terms im Zähler in 1. Ordnung von ω ein Tiefpaßverhalten

$$\frac{\underline{v}_a}{\underline{i}_{h\nu}} = -\frac{R(\beta + 1)}{1 + jf/f_g} \qquad (6.38)$$

mit der durch

$$\boxed{\frac{1}{2\pi f_g} = \frac{1}{2\pi f_\beta} + R(\beta+1)c_{jc} + Rc_L} \qquad (6.39)$$

bestimmten Grenzfrequenz f_g. Die Bedeutung der einzelnen Beiträge zur Grenzfrequenz wird im folgenden Beispiel erläutert.

Beispiel 6.2.1 Mit den typischen Werten $R = 100\,\Omega$, $\beta = 300$, $c_{je} = 20\,pF$, $c_{jc} = 30\,pF$, $\tau_f = 100\,ps$, $c_L = 20\,pF$ und $V_T = 25\,mV$ (Raumtemperatur) sowie dem Strom $I_C = 5\,mA$ im Arbeitspunkt [7] folgt

$$\beta R c_{jc} = 300 \cdot 100\,\Omega \cdot 30\,pF = 0.9\,\mu s$$

und

$$\frac{1}{2\pi f_\beta} = 300 \left(100\,ps + \frac{50\,pF \cdot 25\,mV}{5\,mA} \right) = 0.105\,\mu s \,,$$

d. h. in diesem Fall wird das Frequenzverhalten hauptsächlich durch den Term $\beta R c_{jc}$ bestimmt. Die Grenzfrequenz weist annähernd den Wert $59\,kHz$ auf; Anstiegs- und Abfallzeiten sind im betrachteten Beispiel größenordnungsmäßig

$$t_r, t_f \approx \frac{1}{2\pi f_g} \approx 1\,\mu s \,,$$

was deutlich oberhalb der mit pin-Fotodioden erreichbaren Werte liegt. Wäre der Empfänger statt mit einem Fototransistor mit einer Fotodiode der Sperrschichtkapazität c_{jc} aufgebaut worden, so wäre das Gl. (6.37) entsprechende Resultat

$$\frac{v_a}{i_{h\nu}} = -\frac{R}{1 + j\omega R(c_L + c_{jc})}$$

mit der 3 dB-Grenzfrequenz

$$f_g = \frac{1}{2\pi R(c_L + c_{jc})} \approx 31.83\,MHz \,.$$

Bei niederen Frequenzen wird demnach durch Einsatz des Fototransistors ein um den Faktor $\beta + 1$ vergrößerter Übertragungsfaktor beobachtet, die Grenzfrequenz des Verstärkers wird dafür bei vernachlässigbarer Last um annähernd denselben Faktor reduziert, so daß das Verstärkungs-Bandbreite-Produkt nicht wesentlich verändert wird.   △

Fototransistoren werden aufgrund ihrer hohen Empfindlichkeit in Sensoranwendungen, Lichtschranken etc. verwendet; wegen der geringen Grenzfrequenz werden sie in der Regel nicht in Nachrichtenübertragungssystemen eingesetzt.

Basisanschluß

Fototransistoren werden häufig mit externem *Basisanschluß* ausgeführt. Dies ermöglicht zum einen eine Einstellung des Arbeitspunkts bei geringer Bestrahlungsstärke (vgl. Abb. 6.17)). Zum anderen kann durch einen ohmschen Widerstand R_B parallel zur Emitter-Basis-Diode die Bandbreite der Empfängerschaltung erhöht werden – allerdings auf Kosten der Empfindlichkeit bei klei-

---

[7]Dieser wird in der angegebenen Schaltung durch den Gleichanteil des einfallenden Lichts bestimmt.

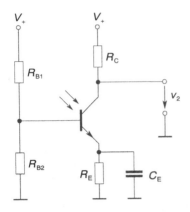

Abb. 6.17. Einstellen des Arbeitspunkts eines Fototransistors mit Basisanschluß

nen Frequenzen. In der Kleinsignalersatzschaltung Abb. 6.16b ist der Basisspannungsteiler als Widerstand $R_B = R_{B1} \parallel R_{B2}$ parallel zum Kleinsignalleitwert g_π zu berücksichtigen. Seine Wirkung entspricht einer Herabsetzung der Stromverstärkung $\beta = g_m/g_\pi$ auf den Wert

$$\beta' = \frac{g_m}{g_\pi + 1/R_B} = \frac{\beta}{1 + (R_B g_\pi)^{-1}} \, .$$

Mit dieser Ersetzung lassen sich die Ergebnisse für den Fototransistor mit unbeschalteter Basis direkt anwenden. Je niederohmiger der Basisspannungsteiler, desto kleiner der Wert von β': Dies wirkt sich einerseits in einer Erhöhung der Bandbreite, andererseits in einer reduzierten Empfindlichkeit aus. Für das *Verstärkungs-Bandbreite-Produkt* folgt unter Verwendung von (6.38) und (6.39) das Ergebnis

$$\frac{R\,(\beta'+1)}{\dfrac{1}{f_\beta} + 2\pi R(\beta'+1)c_{jc} + 2\pi R c_L} \approx \frac{R f_\beta}{\left(\dfrac{1}{\beta'+1} + 2\pi R\left(c_{jc} + \dfrac{c_L}{\beta'+1}\right)\right) f_\beta} \, .$$

Der Wert von β' beeinflußt das Verstärkungs-Bandbreite-Produkt demnach nur unwesentlich, solange $\beta' \gg 1$ gilt und die Lastkapazität c_L gering ist.

Als Grenzfall ist der Kurzschluß der EB-Diode ($R_B \to 0$) zu betrachten. Dann wird $\beta' = 0$, und der Ausdruck für die Grenzfrequenz geht über in

$$\frac{1}{2\pi f_g} = R(c_{jc} + c_L) \, ,$$

d. h. es ergibt sich gerade das Ergebnis der pin-Diode.

6.3 Solarzellen

Die von der Sonne an der Obergrenze der Erdatmosphäre ankommende optische Strahlung besitzt die Strahlungsflußdichte[8] $D_{e0} = 1353$ W/m². Die Größe D_{e0} wird üblicherweise als *Solarkonstante* bezeichnet. Die spektrale Verteilung entspricht weitgehend einem schwarzen Strahler der Temperatur $T = 5900$ K und wird gewöhnlich mit AM 0 gekennzeichnet.[9] Das AM 0 Spektrum ist maßgeblich für fotovoltaische Anwendungen im Weltraum (z.B. Stromversorgung von Satelliten).

Beim Durchgang der Sonnenstrahlung durch die Erdatmosphäre erfolgt eine *Abschwächung*. Mit AM 1 werden die Verhältnisse nach senkrechtem Durchlaufen der atmosphärischen Luftschichten gekennzeichnet. AM 1-Verhältnisse liegen nur bei senkrechtem Einfall der Strahlung zwischen den Wendekreisen vor.

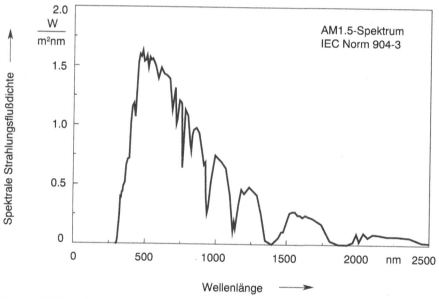

Abb. 6.18. Das AM 1.5-Strahlungsspektrum der Sonne

In Europa erfolgt die Lichteinstrahlung nie senkrecht; die größere Weglänge der Strahlung durch die Atmosphäre führt zu einer erhöhten Dämpfung. Die mittleren Verhältnisse in Europa entsprechen dem in Abb. 6.18 dargestellten AM 1.5-Spektrum; dieses weist deutliche Absorptionsbanden auf, die insbe-

---

[8]Dieser Wert ist u. a. wegen der Exzentrizität der Erdbahn um die Sonne leichten Schwankungen unterworfen und stellt einen Mittelwert dar.
[9]Diese Schreibweise kommt von englisch „air mass 0".

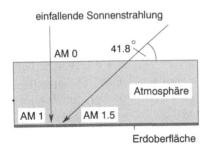

Abb. 6.19. Zur Definition des AM1- und AM1.5-Strahlungsspektrums der Sonne

sondere durch den H_2O- und CO_2-Gehalt der Atmosphäre bedingt sind. Das AM 1.5-Spektrum entspricht einer Bestrahlungsstärke von 1 kW/m^2; die spektrale Zusammensetzung der einfallenden Strahlung ist in der IEC-Spektrum-Norm 904-3 festgelegt. Wegen der jahreszeitlichen Schwankungen des Einfallswinkels sind AM 1.5-Verhältnisse nur als Mittelwert anzusehen; in der Bundesrepublik liegt der Maximalwert bei AM 1.15 (Sommersonnenwende), der Minimalwert bei AM 4 (Wintersonnenwende).

Solarzellen erlauben die Umwandlung der einfallenden Strahlungsleistung in elektrische Leistung. In ihrer Grundform stellen sie großflächige Fotodioden dar. Die erste Solarzelle mit diffundierten pn-Übergängen wurde 1954 von Chapin, Fuller und Pearson vorgestellt [4]. Bereits nach einem Jahr wurden Wirkungsgrade von ca. 6 % erreicht. Heute werden mit einkristallinen Siliziumsolarzellen Wirkungsgrade von mehr als 20 % erzielt. Als Ausgangsmaterial für Solarzellen wird derzeit vornehmlich Silizium verwendet. Abhängig von der Festkörperstruktur werden einkristalline, polykristalline und amorphe Solarzellen unterschieden. Die unterschiedlichen Typen unterscheiden sich im Wirkungsgrad, der Lebensdauer sowie dem zur Herstellung erforderlichen Energieeinsatz und den Kosten.

Der *Wirkungsgrad* der Solarzellen ist eine kritische Größe, da bei hohem Wirkungsgrad kleinere Kollektorflächen zur Deckung eines bestimmten Leistungsbedarfs ausreichen. Da ein großer Teil der Kosten eines fotovoltaischen Systems, wie Verkabelung, Montagekosten, Träger und Platzbedarf, proportional zur Fläche anwächst, macht sich ein hoher Wirkungsgrad bei den Gesamtkosten des Systems günstig bemerkbar.

6.3.1 Kenngrößen und Ersatzschaltung

Das elektrische Verhalten der Solarzelle läßt sich anhand einer einfachen Ersatzschaltung verstehen. Die Strom-Spannungs-Kennlinie der Solarzelle ergibt sich aus der in Abb. 6.20a dargestellten Ersatzschaltung der Fotodiode. Der von der Solarzelle an den Verbraucher – hier ein ohmscher Lastwiderstand R_L – abgegebene Strom ist gleich dem Fotostrom $I_{h\nu}$ abzüglich des Stroms durch D und R_P

$$I = I_{h\nu} - I_S \left[\exp\left(\frac{V'}{NV_T}\right) - 1 \right] - \frac{V'}{R_P} \, . \tag{6.40}$$

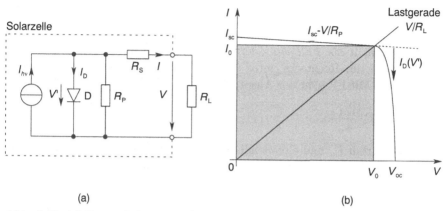

(a)   (b)

Abb. 6.20. (a) Ersatzschaltung und (b) Kennlinie einer Solarzelle

Die äußere Klemmenspannung und die Spannung V', die intern an der Diode abfällt, unterscheiden sich dabei um den Spannungsabfall am Serienwiderstand R_S

$$V' = V + R_S I \, . \tag{6.41}$$

Für den *Kurzschlußstrom* I_{sc} folgt aus $V' \approx V = 0$

$$\boxed{I_{sc} \approx I_{h\nu} \, ,} \tag{6.42}$$

während die *Leerlaufspannung* für große Werte von R_P aus $I = 0$ zu

$$\boxed{V_{oc} \approx NV_T \ln\left(1 + \frac{I_{h\nu}}{I_S}\right)} \tag{6.43}$$

folgt. Der Arbeitspunkt (V_0, I_0) wird festgelegt durch den Schnittpunkt von Kennlinie und Lastgerade. Die bei einem bestimmten Arbeitspunkt an den Verbraucher abgegebene Leistung $P = V_0 I_0$ ist in Abb. 6.20b als Fläche des markierten Rechtecks zu interpretieren. Die von der Solarzelle abgegebene Leistung hängt offensichtlich vom gewählten Arbeitspunkt ab. Der Punkt maximaler Leistungsabgabe MPP (*maximum power point*) liege bei (V_M, I_M).

Wegen der tageszeitlichen und witterungsbedingten Schwankungen der auf die Solarzelle treffenden Strahlungsleistung ist die *Leistungsabgabe* zeitlich nicht konstant. Als Maß für die unter optimalen Bedingungen, d.h. bei der Strahlungsflußdichte 1000 W/m² im MPP, abgegebene Leistung wird das W_{peak} verwendet. Bezeichnet Φ_e die auf die Solarzelle treffende Strahlungsleistung, so ist der Wirkungsgrad η der Zelle definiert durch

$$\eta = \frac{V_M I_M}{\Phi_e} \; . \tag{6.44}$$

Das Verhältnis

$$FF = \frac{V_M I_M}{V_{oc} I_{sc}} \tag{6.45}$$

wird gewöhnlich als *Füllfaktor* der Solarzelle bezeichnet. Dieser gibt den Flächenanteil des Rechtecks unter dem MPP (V_M, I_M) am Rechteck unter (V_{oc}, I_{sc}) an. Mit FF geht der Ausdruck für den Wirkungsgrad über in

$$\eta = FF \frac{V_{oc} I_{sc}}{\Phi_e} \; . \tag{6.46}$$

Kurzschlußstrom I_{sc} und einfallende Strahlungsleistung sind wie bei der Fotodiode über die Empfindlichkeit S miteinander verknüpft

$$I_{sc} = S \, \Phi_e = S A E_e \; . \tag{6.47}$$

Einsetzen von (6.43) und (6.47) in Gl. (6.46) führt auf

$$\eta = FF \, N V_T S \ln\left(1 + \frac{S E_e}{I_S/A}\right) \; . \tag{6.48}$$

Dies zeigt: Der Wirkungsgrad nimmt mit einfallender Bestrahlungsstärke leicht zu (logarithmischer Anstieg).

Die Kennlinie einer Solarzelle ist temperaturabhängig. Für den *Kurzschlußstrom* I_{sc} wird dabei gewöhnlich eine Zunahme mit der Temperatur beobachtet. Der Grund hierfür liegt zum einen in einer Abnahme der Energielücke mit der Temperatur, wodurch auch längerwellige Photonen Elektron-Loch-Paare erzeugen und damit zum Strom der Solarzelle beitragen können. Zum anderen muß die Mehrzahl der durch Licht erzeugten Elektronen erst zur Sperrschicht diffundieren, um zum Fotostrom beitragen zu können. Da die Ladungsträgerdiffusion wegen der stärkeren Wärmebewegung bei höheren Temperaturen bevorzugt abläuft, nimmt I_{sc} mit der Temperatur zu; der Temperaturkoeffizient des Kurzschlußstroms liegt dabei typischerweise bei $5 \cdot 10^{-4}$ K^{-1}. Die *Leerlaufspannung* V_{oc} nimmt mit zunehmender Temperatur ab. Der Grund ist die Temperaturabhängigkeit des Sättigungsstroms I_S und der Temperaturspannung V_T: Der Strom $I_{h\nu}$ fließt bereits bei kleineren Spannungen V' durch die Diode ab. Bei einer typischen Änderung -1.5 mV/K und der für Siliziumsolarzellen typischen Leerlaufspannung 600 mV ergibt sich für V_{oc} ein Temperaturkoeffizient der Größenordnung $-2.5 \cdot 10^{-3}$ K^{-1}. Da dieser betragsmäßig wesentlich größer ist als der Temperaturkoeffizient des Kurzschlußstroms, nimmt der Wirkungsgrad η der Solarzelle mit zunehmender Temperatur ab.

6.3.2 Einkristalline Solarzellen

Abbildung 6.21 zeigt schematisch den Aufbau einer einkristallinen Siliziumsolarzelle. Solche Zellen werden gewöhnlich aus Siliziumwafern, wie sie auch zur Verwendung integrierter Schaltungen benötigt werden, durch Diffusion eines pn-Übergangs und Kontaktierung hergestellt. Einkristalline Solarzellen weisen im Vergleich zu Solarzellen aus amorphem oder polykristallinem Silizium höhere Wirkungsgrade und eine sehr hohe Lebensdauer auf, erfordern allerdings auch den höchsten Energieeinsatz und sind am teuersten.

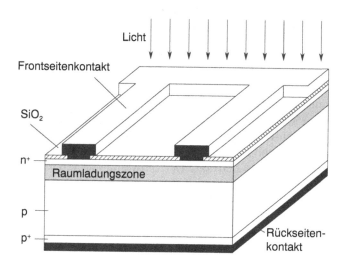

Abb. 6.21. Aufbau einer einfachen einkristallinen Siliziumsolarzelle mit pn-Übergang

Der *Wirkungsgrad* einer Solarzelle wird durch verschiedene Verlustmechanismen beschränkt. Von der einfallenden Strahlungsleistung kann eine Siliziumsolarzelle theoretisch höchstens 44 % ausnutzen; Verluste (vgl. Abb. 6.22) durch Reflexion an der Oberfläche der Solarzelle, Rekombinationsverluste sowie Verluste am Serienwiderstand reduzieren diesen Wert in sehr guten Solarzellen weiter auf etwas mehr als 20 %.

Die *Empfindlichkeit S* der Zelle wird bestimmt durch die *Reflexionsverluste* (beschrieben durch den Reflexionsgrad $R(\lambda)$), *Abschattungsverluste* (beschrieben durch den Anteil $\sigma \leq 1$ der Zellenoberfläche, die nicht von Metallisierungsstegen bedeckt ist) sowie den internen Quantenwirkungsgrad $\eta_Q(\lambda)$; da die Sonnenstrahlung nicht monochromatisch ist, ist die Empfindlichkeit $s(\lambda)$ bei den verschiedenen Wellenlängen mit der spektralen Bestrahlungsstärke zu wichten

$$S = \frac{1}{E_e} \int_0^\infty s(\lambda)\mathrm{d}\lambda = \frac{e\sigma}{hcE_e} \int_0^\infty [1 - R(\lambda)]\sigma\eta_Q(\lambda)\lambda E_{e,\lambda}\,\mathrm{d}\lambda \;. \quad (6.49)$$

Photonen, deren Energie knapp oberhalb der Energielücke liegt, tragen mit dem höchsten Wirkungsgrad zum Fotostrom bei, da nahezu die gesamte Ener-

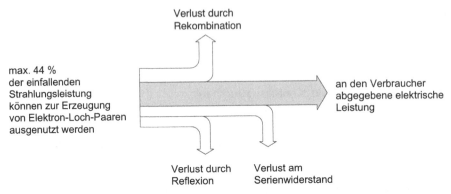

Abb. 6.22. In einer Solarzelle wirksame Verlustmechanismen

gie zur Erzeugung von Elektron-Loch-Paaren aufgewandt wird. Photonen mit Energien $h\nu < W_g$ können keine Elektron-Loch-Paare erzeugen und tragen nicht zum Fotostrom bei. Photonen mit Energien deutlich größer als W_g erzeugen zwar ein Elektron-Loch-Paar; dieses weist wegen der überschüssigen Energie jedoch eine große kinetische Energie auf, die über Gitterstöße zu einer unerwünschten Erwärmung der Zelle beiträgt. Der fotovoltaische *Grenzwirkungsgrad* η_∞ errechnet sich aus der Annahme, daß jedes Photon mit $h\nu > W_g$ ein Elektron-Loch-Paar erzeugt, das zum Fotostrom beiträgt.

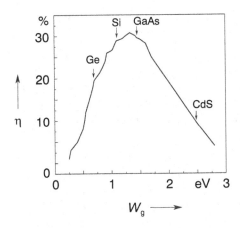

Abb. 6.23. Grenzwirkungsgrad von Solarzellen als Funktion der Energielücke

Wird die Energielücke verkleinert, so sind wegen der größer werdenden Grenzwellenlänge eine zunehmende Anzahl von Photonen in der Lage Elektron-Loch-Paare zu erzeugen, was sich in einer Zunahme des Kurzschlußstroms I_{sc} auswirkt. Auf der anderen Seite nimmt der Sättigungsstrom I_S der internen Diode mit abnehmendem W_g zu, was sich in einer Abnahme der Leerlaufspannung V_{oc} bemerkbar macht. Die maximal von der Solarzelle lieferbare Leistung FF·$V_{oc}I_{sc}$ wird deswegen mit abnehmender Energielücke nicht kontinuierlich ansteigen, sondern nach Überschreiten eines optimalen Werts wieder absinken. Trägt man den unter Berücksichtigung der in der Solarzelle auftretenden Rekombinationsverluste maximal erreichbaren Wirkungsgrad η über der Energielücke auf, so ergibt sich bei $T = 300$K und einer Bestrahlung mit AM 1.5 der in Abb. 6.23 gezeigte Verlauf. Der *optimale Wert der Energielücke* liegt demnach zwischen 1 eV und 1.5 eV.

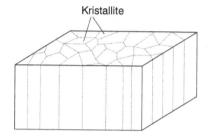

Kristallite

Abb. 6.24. Kolumnares polykristallines Gefüge

6.3.3 Polykristalline Siliziumsolarzellen

Bei polykristallinen Siliziumsolarzellen entfällt das Ziehen eines Siliziumeinkristalls nach dem Czochralski-Verfahren. Stattdessen wird das Silizium in Blöcke gegossen. Durch geeignete Temperaturführung beim Abkühlen unter die Schmelztemperatur kann erreicht werden, daß das Silizium als kolumnares polykristallines Gefüge mit sehr großen Körnern erstarrt (vgl. Abb. 6.24). Nach dem Erstarren wird das Material senkrecht zu den säulenförmigen Kristalliten in Scheiben gesägt und wie im Fall einkristalliner Solarzellen weiterbearbeitet. Die Korngrenzen verlaufen dann weitgehend senkrecht zur Siliziumscheibe; dies ist vorteilhaft, da parallel zur Oberfläche verlaufende Korngrenzen Leckströme bedingen[10] und damit zu einem verringerten Wirkungsgrad führen.

Polykristalline Solarzellen bieten Vorzüge bei der Verschaltung zu Arrays, da die polykristallinen Blöcke mit quadratischem Grundriß (typische Abmessungen 30×30 cm^2) gegossen werden können. So ergeben sich ohne Verschnitt quadratische Solarzellen (typische Abmessungen 10×10 cm^2), die sich leicht in Arrays nebeneinander anordnen lassen. Wegen der etwas schlechteren Kristallqualität des polykristallinen Materials resultiert eine höhere Störstellenkonzentration (insbesondere an den Korngrenzen), die zu einer Reduktion der Lebensdauer für Minoritäten und damit des Wirkungsgrads führt. Durch

---

[10]Insbesondere dann, wenn sie in der Sperrschicht zu liegen kommen.

geeignete Behandlung des polykristallinen Siliziums lassen sich mit dieser Technik dennoch Wirkungsgrade von mehr als 18 % erzielen.

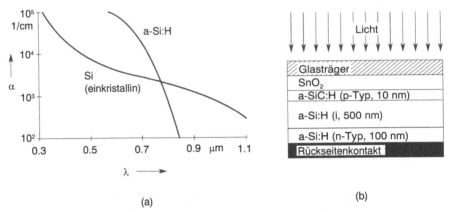

(a)   (b)

Abb. 6.25. (a) Absorptionskoeffizient von einkristallinem und amorphem Silizium, **(b)** typischer Aufbau einer Dünnschichtsolarzelle aus amorphem Silizium

6.3.4 Dünnschichtsolarzellen

In *Dünnschichtsolarzellen* werden nur dünne Halbleiterschichten mit Dicken der Größenordnung 1 µm verwendet. Diese werden in der Regel direkt aus der Gasphase auf einen Träger (i. allg. Glas) abgeschieden, wobei große Flächen bei hohem Durchsatz zu vergleichsweise niedrigen Kosten beschichtet werden können. Das Interesse an Dünnschichtsolarzellen konzentriert sich derzeit auf Solarzellen aus amorphem Silizium sowie Heterostrukturzellen aus binären und ternären Verbindungshalbleitern.

Amorphe Siliziumsolarzellen erfordern wegen des günstigen Absorptionsverhaltens des amorphen Siliziums (vgl. Abb. 6.25a) nur eine vergleichsweise geringe Schichtdicke. Dies wirkt sich günstig auf die zur Herstellung benötigte Energie aus. Ferner lassen sich Solarzellenarrays bereits bei der Herstellung der Zellen realisieren, wobei eine Rahmung und Abdichtung des Panels nicht erforderlich ist, da direkt auf Glas abgeschieden wird. Dies ist von besonderer Bedeutung bei verschalteten Solarzellen für den Betrieb von leistungsarmen MOS-Schaltungen (z. B. in Taschenrechnern oder Armbanduhren). Dort liegt derzeit auch das Hauptanwendungsgebiet amorpher Siliziumsolarzellen. Probleme gibt es allerdings noch mit der *Langzeitstabilität* – der elektrische Wirkungsgrad nimmt mit zunehmender Bestrahlung ab. Ursache der Verschlechterung des Wirkungsgrads ist eine Zunahme der Rekombinationszentren im Halbleiter durch die Bestrahlung (Staebler-Wronski-Effekt). Die Abnahme des Wirkungsgrads kann bis zu 30 % im ersten Betriebsjahr betragen.

6.4 Lichtemittierende Dioden

Lichtemittierende Dioden lassen sich in Leuchtdioden (LEDs) und Laserdioden unterteilen. Letztere emittieren kohärentes Licht und können im Vergleich zu Leuchtdioden schneller und mit höherem Wirkungsgrad moduliert werden.

6.4.1 Leuchtdioden (LEDs)

Wirkungsweise und Kenndaten

Leuchtdioden (LEDs) [11] sind Halbleiterdioden, die bei Flußpolung Licht aussenden. Dieses Licht entsteht bei der Rekombination von Elektron-Loch-Paaren im Halbleiter. Die Energie $h\nu$ der erzeugten Photonen ist i. allg. wenig größer als die Energielücke des Halbleitermaterials aus dem die Diode hergestellt ist. Damit das emittierte Licht im sichtbaren Bereich liegt, muß

$$W_g \geq \frac{hc}{760\,\text{nm}} \approx 1.7\,\text{eV}$$

sein. Die folgende Tabelle und die Abb. 6.26 gibt einige typische Halbleitermaterialien für LED-Anwendungen, deren Energielücken und die zugehörigen Wellenlängen an.

Material	ZnS	GaN	SiC	ZnSe	GaP	GaAs	InP
W_g/eV	3.66	3.36	3.0	2.67	2.26	1.43	1.34
λ/nm	340	370	415	465	550	870	925

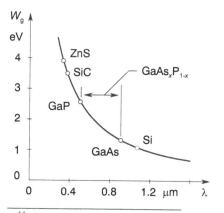

Abb. 6.26. Erforderliche Energielücke zur Emission von Photonen einer gegebenen Wellenlänge

[11] Abkürzend für englisch: light emitting diode.

GaAs-Leuchtdioden emittieren im Infraroten und werden vor allem für Übertragungsstrecken geringer Bandbreite (Glasfaser, Kopfhörer, Optokoppler) verwendet. Sie sind gut auf das Empfindlichkeitsmaximum ($\lambda \approx 850$ nm) von Si-Fotodioden abgestimmt und bieten eine vergleichsweise große Strahlungsausbeute bei günstigem Preis.

GaP-Leuchtdioden emittieren bei ca. 500 nm und liefern grünes Licht. Daneben lassen sich Mischkristalle $GaAs_xP_{1-x}$ herstellen, bei denen ein Teil der As-Atome des GaAs-Kristalls durch P-Atome ersetzt ist. Auf diesem Weg kann die Wellenlänge im Bereich von ca. 500 nm bis 870 nm variiert werden: Es entstehen gelbgrüne, orange oder rote Leuchtdioden für Anzeigezwecke.

Für nachrichtentechnische Anwendungen werden vorzugsweise Heterostruktur-Leuchtdioden verwendet. Hier sind insbesondere quaternäre Verbindungshalbleiter der Form $In_{1-x}Ga_xAs_yP_{1-y}$ von Bedeutung; die Wellenlänge kann dabei durch die Zusammensetzung im Intervall $0.92\,\mu m < \lambda < 1.65\,\mu m$ eingestellt werden. Rote Leuchtdioden mit Emissionsmaximum bei $\lambda = 660$ nm sind gut geeignet für Übertragungsstrecken mit Kunststoff-Lichtleitern, die in diesem Wellenlängenbereich eine geringe Dämpfung aufweisen.

Wegen der hohen Zuverlässigkeit und den mittlerweile guten Lichtausbeuten werden Leuchtdioden auch für Signalanwendungen und in großformatigen Displays eingesetzt. Rote Leuchtdioden beispielsweise bieten heute eine höhere Lichtausbeute als rot gefiltertes Glühlampenlicht, was diese Bauteile in der Kraftfahrzeugtechnik (Begrenzungsleuchten, Bremsanzeige) interessant macht.

Die Strahlstärke einer LED ist winkelabhängig. Die *Abstrahlcharakteristik* gibt die Winkelabhängigkeit in normierter Form (bezogen auf die maximale Strahlstärke) wieder. Abbildung 6.27 zeigt Abstrahlcharakteristika für eine LED mit großem Abstrahlwinkel (gute seitliche Sichtbarkeit) sowie für eine LED mit sehr kleinem Abstrahlwinkel (hohe Richtwirkung).

Bei Leuchtdioden soll ein möglichst großer Teil der Rekombinationsvorgänge strahlend, d. h. unter Emission eines Photons erfolgen. Als Kenngröße wird die *Quantenausbeute*

$$\eta_Q = \frac{R_{rad}}{R}$$

herangezogen, das ist der Anteil der strahlenden Rekombinationsvorgänge (beschrieben durch die Rekombinationsrate R_{rad}) an der Gesamtrekombination (beschrieben durch die Rekombinationsrate R). In der Regel bieten nur Halbleiter mit *direkter* Energielücke einen für den Bau von Leuchtdioden ausreichend großen Quantenwirkungsgrad η_Q. Die äußere Quantenausbeute η_{Qe} (äußerer Wirkungsgrad) einer LED ist kleiner als die Quantenausbeute η_Q aufgrund von Absorption im Halbleiter und Totalreflexion an der Oberfläche. Typische Werte für η_{Qe} liegen im Bereich weniger Prozent.

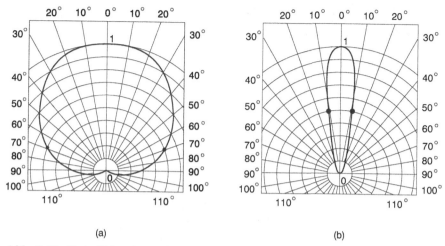

(a)   (b)

Abb. 6.27. Abstrahlcharakteristik für Leuchtdioden mit **(a)** großem Abstrahlwinkel (Halbleistungspunkte bei ca. 70°) und **(b)** geringem Abstrahlwinkel (Halbleistungspunkte bei ca. 10°)

Eine der Hauptursachen für den schlechten äußeren Wirkungsgrad ist der hohe Brechungsindex der Halbleitermaterialien. Dieser verursacht einen geringen Grenzwinkel der *Totalreflexion*, d. h. nur ein kleiner Teil der im Halbleiter erzeugten Photonen kann auch tatsächlich aus dem Halbleiter austreten. Der Grenzwinkel der Totalreflexion beim Übergang zwischen GaAs und Luft beträgt annähernd 16.2°, d. h. nur Photonen, die unter einem Einfallswinkel kleiner als ca. 16° auf die Halbleiterfläche treffen, werden auch tatsächlich aus der LED austreten.

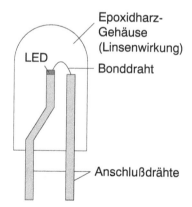

Abb. 6.28. Aufbau einer LED mit Epoxidharzgehäuse

Eine Verbesserung der ausgekoppelten Strahlungsleistung ist möglich durch Verwenden eines durchsichtigen Kunststoffgehäuses geeigneter Form (i. allg.

aus Epoxidharz, vgl. Abb. 6.28). Auf diesem Weg läßt sich einerseits eine Linsenwirkung erzielen und somit die Richtcharakteristik des ausgesandten Lichts beeinflussen, auf der anderen Seite liegt die Brechzahl des Epoxidharzes so, daß näherungsweise

$$n_{\text{epoxi}} \approx \sqrt{n_{\text{GaAs}}}$$

gilt. Dies führt zu einer Reduktion des Brechzahlsprungs an der Halbleiteroberfläche und damit zu einem größeren Grenzwinkel der Totalreflexion, weshalb ein größerer Anteil der erzeugten Photonen aus dem Halbleiterkristall austreten kann.

Das Spektrum einer LED ist *temperaturabhängig*. Dies hat zwei Ursachen: Zum einen nimmt der Wert der Energielücke W_{g} in der Regel mit abnehmender Temperatur zu. Dies bedingt eine Zunahme der Energie der Photonen, die bei der Rekombination von Elektron-Loch-Paaren emittiert werden, d. h. eine Verschiebung des Emissionsmaximums zu kleineren Wellenlängen. Zum anderen nimmt die mittlere kinetische Energie der Elektronen bzw. Löcher mit abnehmender Temperatur ab, d. h. die Elektronen und Löcher halten sich näher an den Bandkanten auf als bei höherer Temperatur. Die bei der Rekombination freiwerdende Energie ist damit geringeren statistischen Schwankungen unterworfen – die LED weist ein mit abnehmenden Temperaturen zunehmend *schmalbandigeres* Emissionsverhalten auf. Ein typischer Wert für die Breite des Emissionsspektrums bei Raumtemperatur ist $\Delta\lambda \approx 40$ nm für eine GaAs-LED.

Leuchtdioden zeigen ein Alterungsverhalten: Sie *degradieren* – die emittierte Strahlungsleistung nimmt bei konstantem Strom mit zunehmender Betriebsdauer ab. Der Grund für dieses Verhalten ist die Entstehung von Kristalldefekten, die als zusätzliche nichtstrahlende Rekombinationszentren wirken. Die Abnahme der Lichtstärke (bzw. der emittierten Strahlungsleistung) aufgrund der Alterung genügt in grober Näherung einem exponentiellen Zeitgesetz

$$\Phi_{\text{v}}(t) = \Phi_{\text{v}}(0)\, e^{-\beta t} .$$

Als *Lebensdauer* wird die Zeit definiert, nach der die Lichtstärke auf einen bestimmten Prozentsatz (i. allg. 50 %) ihres Anfangswerts abgesunken ist

$$\text{MTBF} = \frac{\ln(2)}{\beta} .$$

Dieser Wert hängt von der Betriebstemperatur T und vom Flußstrom I ab, wobei nach [5] gilt

$$\beta = \beta_0 I e^{-W_{\text{A}}/k_{\text{B}}T} .$$

Erfahrungswerte für W_{A} liegen dabei im Bereich von 0.5 eV bis 0.8 eV.

Modulation des ausgestrahlten Lichts

Bei Gleichbetrieb ist die ausgesandte Strahlungsleistung Φ_e (zumindest in der Umgebung des Arbeitspunkts) annähernd proportional zum Diodenstrom I. Die Änderung von Φ_e mit I wird als *Modulationssteilheit* bezeichnet

$$\boxed{\kappa = \frac{\mathrm{d}\Phi_e}{\mathrm{d}I}\,.} \tag{6.50}$$

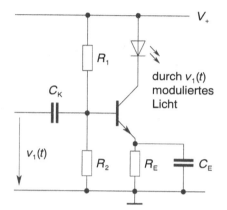

Abb. 6.29. Modulation des von einer LED ausgesandten Lichts

Aus diesem Grund ist eine Modulation mit der Stromquelle sinnvoll. Abbildung 6.29 zeigt eine entsprechende Schaltung. Ersetzt man die Ansteuerschaltung durch eine Stromquelle, so gelangt man zu der in Abb. 6.30a dargestellten Ersatzschaltung. Der von der Quelle gelieferte Strom i teilt sich auf in einen Wirkanteil i_D und zwei Blindanteile durch die Sperrschicht- und Diffusionskapazität. Bei Kleinsignalbetrieb ist der eingeprägte Strom von der Form

$$i(t) = I + i_1(t) \quad \text{mit} \quad i_1(t) = \mathrm{Re}\left(\hat{\underline{i}}_1 \mathrm{e}^{\mathrm{j}\omega t}\right) = \mathrm{Re}(\underline{i}_1)\,.$$

Für $\underline{i}_1$ folgt aus der in Abb. 6.30b dargestellten Kleinsignalersatzschaltung

$$\underline{i}_1 = (g_d + \mathrm{j}\omega c_d)\,\underline{v}'\,,$$

wobei $\underline{v}'$ den komplexen Zeiger der an der Diode D abfallenden Spannung bezeichnet. Mit dem komplexen Zeiger $\underline{\phi}_e$ der emittierten Strahlungsleistung

$$\underline{\phi}_e = \kappa \underline{i}_d = \kappa g_d \underline{v}'$$

folgt für die (komplexe) Modulationssteilheit $\underline{\kappa}$ bei der Kreisfrequenz ω

$$\underline{\kappa} = \frac{\underline{\phi}_e}{\underline{i}_1} = \frac{\kappa}{1 + \mathrm{j}\omega r_d c_d}\,, \tag{6.51}$$

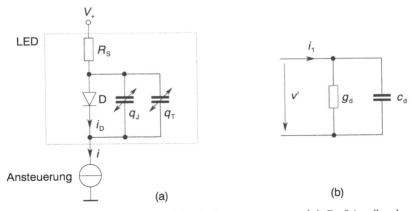

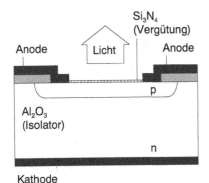

Abb. 6.30. Ersatzschaltung für LED mit Stromansteuerung. **(a)** Großsignalbeschreibung und **(b)** Kleinsignalbeschreibung

d. h. das Verhältnis der Amplitude von emittierter Strahlungsleistung zu eingeprägtem Diodenstrom zeigt ein *Tiefpaßverhalten.*

Abb. 6.31. Aufbau einer diffundierten LED

Bauformen

Diffundierte Dioden. Die einfachsten LEDs werden als diffundierte pn-Übergänge hergestellt, wie dies in Abb. 6.31 schematisch dargestellt ist. Die Abmessungen des vergüteten Austrittsfensters liegen typischerweise bei 0.2 mm · 0.2 mm, die Chipfläche bei 0.4 mm · 0.4 mm. Derartige Dioden wirken als Flächenemitter mit einer vergleichsweise großen Abstrahlfläche; in der Glasfaserübertragungstechnik können sie nur in Verbindung mit Multimodefasern verwendet werden. Die in die Faser eingekoppelte Strahlungsleistung ist wegen des großen Abstrahlwinkels vergleichsweise gering.

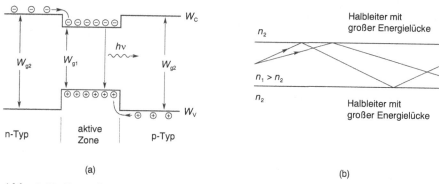

Abb. 6.32. Doppelheterostruktur-LED. (a) Bänderschema (Prinzip) bei starker Flußpolung und (b) Wellenleitereffekt

Heterostruktur-Leuchtdioden. Durch Änderung der Zusammensetzung von beispielsweise $GaAl_xAs_{1-x}$-Mischkristallen kann die Energielücke im Bereich von 1.42 eV ($x = 0$, GaAs) bis 2.2 eV verändert werden, ohne daß sich die Gitterkonstante nennenswert verändert. Dies ermöglicht die Herstellung von Leuchtdioden mit Heteroübergang. Die größte Verbreitung haben dabei die sog. *Doppelheterostruktur-LEDs* (DH-LEDs) gefunden, bei denen eine dünne Zone mit geringer Energielücke zwischen zwei unterschiedlich dotierten Bahngebieten eingebettet ist (vgl. Abb. 6.32a). Bei Flußpolung wird der sog. *aktive Bereich* mit Ladungsträgern überschwemmt – strahlende Rekombination von Elektron-Loch-Paaren findet hauptsächlich dort statt. DH-LEDs werden als Flächenemitter und als Kantenemitter hergestellt.

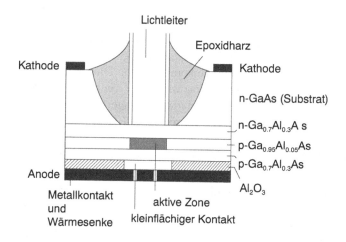

Abb. 6.33. Doppelheterostruktur-LED (Flächenemitter)

Abbildung 6.33 zeigt den Querschnitt durch eine *flächenemittierende* DH-LED für Anwendungen in der Glasfasertechnik. Der Stromfluß erfolgt in vertikaler Richtung, wird jedoch in seinem Querschnitt durch eine Isolatorschicht (im Beispiel Al$_2$O$_3$) stark eingeengt. Auf diesem Weg wird das Volumen, in dem die Rekombination stattfindet und aus dem Licht emittiert wird (aktive Zone), räumlich stark begrenzt, was die Einkopplung des erzeugten Lichts in eine Glasfaser verbessert. Da die Stromdichten in der aktiven Zone sehr groß werden können ($> 10^4$ A/cm^2), muß diese in der Nähe einer Wärmesenke (d. h. nahe der Rückseite des Halbleiterchips) plaziert werden, damit die anfallende Verlustleistung abgeführt werden kann.

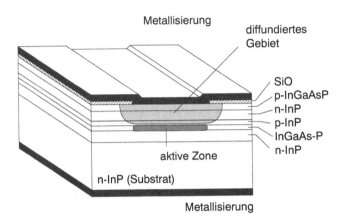

Abb. 6.34. Aufbau einer Superstrahlungs-Doppelheterostruktur-LED (kantenemittierend, nach [6])

Abbildung 6.34 zeigt eine *kantenemittierende* DH-LED. Das Licht tritt hier an der Seite aus und wird durch den Brechzahlsprung an den Heteroübergängen geführt (Wellenleitereffekt, vgl. Abb. 6.32b). Bei starker Flußpolung arbeiten derartige LEDs in der Regel als *Superstrahlungs-Leuchtdioden*, das sind kantenemittierende Leuchtdioden, mit einem extrem durch Elektronen und Löcher überschwemmten aktiven Bereich. Dort gelangen Elektron-Loch-Paare vermehrt durch *stimulierte Emission* zur Rekombination. Dies wirkt sich günstig auf die Quantenausbeute aus; daneben wird die Grenzfrequenz der Diode positiv beeinflußt, da die Trägerlebensdauer verringert wird: Superstrahlungs-LEDs ermöglichen Grenzfrequenzen größer als 1 GHz.

Blaue Leuchtdioden. *Blaue Leuchtdioden* erfordern Halbleiter mit einer Energielücke W_g im Bereich von 3 eV; Materialien, die dieser Anforderung genügen, sind Galliumnitrid (GaN), Zinksulfid (ZnS), Zinkselenid (ZnSe) und Siliziumkarbid (SiC). Trotz erheblicher Anstrengungen war es über lange Zeit nur mit SiC möglich, blau emittierende LEDs mit reproduzierbaren Eigenschaften herzustellen. Dieses Material kann in verschiedenen Modifikationen mit unterschiedlicher Energielücke vorkommen. Für optoelektronische Anwendungen wird die hexagonale Modifikation, die bei Raumtemperatur die Energielücke $W_g = 2.98$ eV aufweist, verwendet. Da es sich bei SiC um einen indirekten Halbleiter handelt, ist die Quantenausbeute gering. Der geringe Wirkungsgrad und der vergleichsweise hohe Preis begrenzten den Anwenderkreis dieser Bauelemente.

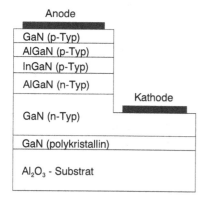

Abb. 6.35. Aufbau einer blauen LED mit GaN

Das im Zusammenhang mit blauen Leuchtdioden ebenfalls sehr intensiv untersuchte Galliumnitrid (GaN) [7,8] bietet als direkter Halbleiter eine höhere Quantenausbeute, läßt sich jedoch nur sehr schwer p-dotieren. Durch eine neu entwickelte Prozeßführung konnte das Problem überwunden werden, so daß mittlerweile blaue Leuchtdioden ($\lambda = 450$ nm) mit einem äußeren Quantenwirkungsgrad im Prozentbereich erhältlich sind. Der prinzipielle Aufbau einer solchen LED ist in Abb. 6.35 dargestellt; verwendet wird ein Doppel-Heteroübergang zwischen Zink-dotiertem InGaN (Indiumgalliumnitrid) und AlGaN (Aluminiumgalliumnitrid). Der Heteroübergang wird auf einer einkristallinen GaN-Schicht abgeschieden. Die Diode verwendet eine polykristalline Schicht aus GaN zwischen dem Al_2O_3-Substrat und dem pn-Übergang, da die Gitterkonstanten von GaN und Al_2O_3 so unterschiedlich sind, daß epitaktisch aufgewachsene Filme zwangsläufig eine hohe Defektdichte aufweisen. Mit diesem Aufbau wurden externe Quantenausbeuten von mehr als 2 % erzielt [9].

Blaue LEDs die von einer phosphoreszierenden Schicht umgeben sind, werden auch zur Realisierung von „weißen" LEDs herangezogen.[12] Als Beispiel kann die Diode LWE673 bzw. LWE67C der Firma OSRAM betrachtet werden. Dort wird das Spektrum einer blauen LED dem Emissionsspektrum der umgebenden phosphoreszierenden Schicht (gelb) überlagert (vgl. die im Datenblatt wiedergegebene spektrale Zusammensetzung der Strahlung), was einen annähernd weißen Lichteindruck vermittelt.

---

[12]Weiße LEDs lassen sich auch durch Mischen des Lichts von drei LEDs die in den Grundfarben strahlen, herstellen. Dies ist jedoch vergleichsweise aufwendig, da drei verschiedene Halbleiterbauelemente erforderlich sind, deren Abstrahlung zudem in genau kontrolliertem Verhältnis stehen muß.

6.4.2 Laserdioden

Die von Leuchtdioden emittierte Strahlung wird hauptsächlich durch spontane Emission, bei der zufällig zusammentreffende Elektron-Loch-Paare unter Aussendung eines Photons rekombinieren, hervorgerufen. Die emittierten Photonen sind in Frequenz und Phase statistisch verteilt, eine Situation, die auch als *inkohärente* Strahlung bezeichnet wird.

Laserdioden (LDs) nützen dagegen die stimulierte Emission von Photonen in Verbindung mit teildurchlässigen Spiegeln zur *Rückkopplung* eines Teils der Strahlungsleistung, um eine in sehr guter Näherung monochromatische und *kohärente* Strahlung (aus Photonen derselben Wellenlänge und Phase) zu erzeugen. Da durch den Mechanismus der stimulierten Emission ein zusätzlicher Mechanismus zum Abbau der Diffusionsladung vorliegt, können Laserdioden sehr viel *schneller* moduliert werden als gewöhnliche Leuchtdioden. Dies ist von Bedeutung für die Realisierung optischer Übertragungsstrecken mit Datenraten im Bereich mehrerer Gbit/s. Neben den Anwendungen in der Nachrichtentechnik sind Laserdioden Schlüsselbausteine in zahlreichen Massenprodukten wie Laserpointer, Barcode-Leser, Laserdrucker, CD-Spieler und CD-Brenner. In diesen Anwendungen wird insbesondere die gute Fokussierbarkeit des Laserlichts ausgenutzt; der Laser wird dabei entweder im Dauerstrichbetrieb eingesetzt (CD-Spieler) oder nur vergleichsweise langsam moduliert. Die geforderte Strahlungsleistung liegt hier je nach Anwendung zwischen 5 mW (CD-Spieler) und 30 mW (CD-Brenner).

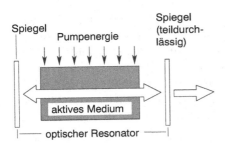

Abb. 6.36. Prinzipieller Aufbau eines Lasers

Prinzip des Lasers und Schwellenbedingung

Der prinzipielle Aufbau eines Lasers[13] ist in Abb. 6.36 dargestellt. Er besteht aus einem optischen Verstärker, dem *aktiven Medium*, in dem die stimulierte Emission die Absorption überwiegt, und zwei teildurchlässigen Spiegeln an den Enden, die einen *optischen Resonator* bilden. Bedingt durch die Spiegel, durchlaufen Photonen die sich *parallel* zur Strahlachse ausbreiten, das aktive Medium mehrfach, bevor sie aus dem optischen Resonator austreten können.

---

[13]Die Abkürzung Laser steht für light amplification by stimulated emission of radiation.

Aufgrund der Vervielfachung durch stimulierte Emission werden auf diesem Weg spezielle „Moden" bevorzugt – die „Eigenschwingungen" des Resonators. Die Länge des Resonators genügt dabei der Beziehung

$$L = \frac{m}{2} \cdot \frac{\lambda}{n},$$

d.h. in den Resonator „passen demnach $m/2$ Wellenlängen", die sich als stehende Wellen, sog. *Resonatormoden* (auch Fabry-Perot-Resonanzen) ausbilden können. Die ganze Zahl $m \gg 1$ wird als *Ordnung* der jeweiligen (longitudinalen) Resonatormode bezeichnet.

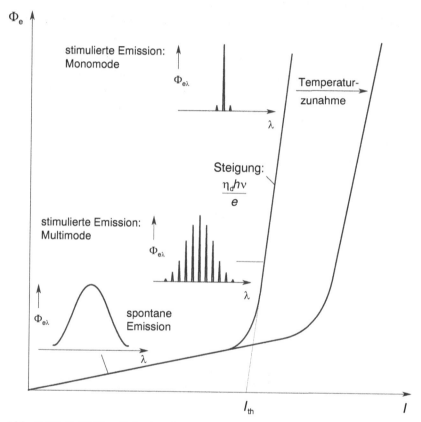

Abb. 6.37. $\Phi_e(I)$-Kennlinie einer Laserdiode, Bestimmung des Schwellstroms I_{th} und der Kleinsignal-Quantenausbeute η_q

Laserstrahlung wird nur emittiert, wenn im Halbleiter die stimulierte Emission die Absorption überwiegt, was das gleichzeitige Auftreten von zahlreichen Elektronen und Löchern in der aktiven Schicht, d.h. eine starke Flußpolung erfordert. Ist die Schwellenbedingung erreicht, so kommt es als Folge der stimulierten Emission zu einer vermehrten Rekombination von Elektron-Loch-Paaren. Die $\Phi_e(I)$-Kennlinie der Laserdiode verläuft in diesem Bereich annähernd linear, jedoch deutlich steiler als im Bereich kleiner Flußströme. Der *Schwellstrom* I_{th} der Laserdiode wird durch lineare Extrapolation der $\Phi_e(I)$-Kennlinie zu $\Phi_e = 0$ ermittelt (vgl. Abb. 6.37). Für $I > I_{th}$ arbeitet die Diode als Laserdiode und weist eine hohe Modulationssteilheit

$$\kappa = \frac{d\Phi_e}{dI} = \eta_q \frac{h\nu}{e} \qquad (6.52)$$

auf. Die *Kleinsignal-Quantenausbeute* η_q (auch differentielle Quantenausbeute) bestimmt den Anteil der zusätzlich eingebrachten Elektron-Loch-Paare, die bei der Rekombination mit einem Photon zur abgestrahlten Leistung beitragen. Der Wert von η_q liegt typischerweise im Bereich von $(60 - 90)\,\%$.

Durch die für $I > I_{th}$ mit dem Strom zunehmende stimulierte Emission „vervielfachen" sich die Photonen mit dem höchsten optischen Gewinn am effizientesten und „bedienen" sich bevorzugt bei den zur Rekombination anstehenden Elektron-Loch-Paaren. Dadurch geraten Photonen anderer Wellenlänge zunehmend ins Hintertreffen: Die Wellenlängenabhängigkeit des optischen Gewinns verändert sich so, daß weniger Moden die Schwellenbedingung erfüllen – die emittierte Strahlung setzt sich deshalb aus weniger Moden zusammen, bis im Grenzfall nur noch eine Mode übrigbleibt (vgl. Abb. 6.37).[14]

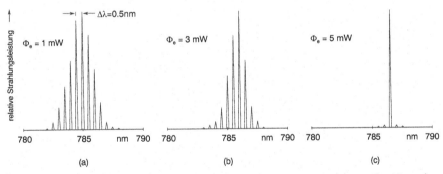

Abb. 6.38. Hochaufgelöstes Spektrum der von einer Laserdiode emittierten Strahlung (relative Darstellung) für unterschiedliche Werte der insgesamt emittierten Strahlungsleistung

Abbildung 6.38 zeigt dieses Verhalten am Beispiel der Laserdiode SLD111V: Sind bei $\Phi_e = 1$ mW noch ca. zehn Moden sichtbar, so besteht das Spektrum bei $\Phi_e = 5$ mW praktisch nur noch aus einer Mode (Monomodebetrieb); in diesem Fall ist nur für $\lambda = \lambda_m$ die Schwellenbedingung erfüllt. Die „Frequenzunschärfe" der emittierten Laserstrahlung liegt typischerweise in der

---

[14]Dieser Fall ist in der Regel bei kurzen indexgeführten Laserdioden (z.B. SLD111V) gegeben.

Größenordnung 100 MHz, was bei der Wellenlänge $\lambda = 800$ nm einer *Linienbreite* $\Delta\lambda = 2 \cdot 10^{-4}$ nm entspricht. Sie wird hauptsächlich durch statistische Schwankungen des optischen Gewinns sowie des Brechungsindex als Folge von Fluktuationen der Elektronenzahl im Resonatorvolumen bedingt.

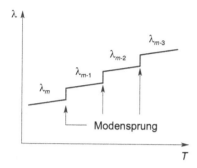

Abb. 6.39. Modenspringen im Monomodebetrieb als Folge von Temperaturänderungen

Temperaturabhängigkeit und Abstrahlcharakteristik

Die Wellenlänge der Laserstrahlung ändert sich mit der Temperatur. Dies hat verschiedene Ursachen: Zum einen ändern sich Brechungsindex und die Länge des Resonators mit der Temperatur (thermische Ausdehnung). Zum anderen ändert sich die Energielücke. Im Monomodebetrieb führt dies zum sog. *Modenspringen*, d.h. die Wellenlänge des emittierten Lichts ändert sich sprunghaft (vgl. Abb. 6.39).

Der *Schwellstrom* I_{th} der Laserdiode und die Kleinsignal-Quantenausbeute η_{q} sind ebenfalls temperaturabhängig (vgl. Abb. 6.37): Der Wert von I_{th} nimmt näherungsweise exponentiell mit der Temperatur zu; bei einer Temperaturerhöhung von 0 °C auf 50 °C erhöht sich I_{th} je nach Bauteil um 25 % bis 75 %. Die Kleinsignal-Quantenausbeute sinkt etwas mit ansteigender Temperatur, d.h. die Modulationssteilheit wird mit zunehmender Betriebstemperatur geringer.

Die von einer Laserdiode emittierte Strahlung ist nicht achsenparallel, sondern divergent. Der Grund hierfür liegt in der *Beugung* an der Austrittsöffnung. Diese weist Abmessungen D und W (vgl. Abb. 6.40a) von wenigen Mikrometern auf, was in der Größenordnung der emittierten Wellenlänge liegt. Die Beugung ist wegen der unterschiedlichen Abmessungen D und W in horizontaler und vertikaler Richtung unterschiedlich stark ausgeprägt: Die *Abstrahlcharakteristik* einer Laserdiode ist deshalb i. allg. nicht zylindersymmetrisch bezüglich der Strahlachse. In Datenblättern wird die Abstrahlcharakteristik aus diesem Grund durch zwei Winkelabhängigkeiten charakterisiert. Abbildung 6.40b zeigt eine typische Richtcharakteristik für einen indexgeführten Laser. Wegen der sehr geringen Lichtaustrittsöffnung genügt eine einfache

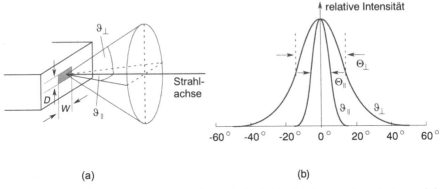

Abb. 6.40. Abstrahlcharakteristik einer Laserdiode. (**a**) Definition von $\vartheta_\perp$ und $\vartheta_\parallel$ und (**b**) Richtcharakteristiken

auf diese fokussierte Sammellinse, um die Strahldivergenz zu kompensieren und einen „Lichtstrahl" zu erzeugen, wie er in zahlreichen Anwendungen (z. B. Barcode-Scanner, CD-Abspielgerät, Laserdrucker) benötigt wird.

Alterung

Wie Leuchtdioden zeigen auch Laserdioden eine *Alterung* (Degradation), die sich in einer Zunahme des Schwellstroms und einer Abnahme der Kleinsignal-Quantenausbeute zeigt: Die bei konstantem Strom emittierte Strahlungsleistung nimmt demzufolge im Lauf der Zeit ab. Damit die emittierte Strahlungsleistung konstant bleibt, muß der Strom durch die Laserdiode mit zunehmender Betriebszeit erhöht werden. Der erforderliche Strom wird dabei in der Regel mittels einer gemeinsam mit der Laserdiode in ein Gehäuse integrierten Fotodiode (Monitordiode) ermittelt. Diese kann an der Rückseite der Laserdiode angebracht werden und liefert einen Fotostrom, der direkt proportional zur Strahlungsleistung Φ_e ist und ermöglicht so, eine Drift aufgrund von Temperaturverschiebungen und Alterungsvorgängen zu kompensieren. Die *Lebensdauer* MTBF einer Laserdiode wird über eine maximal zulässige Steigerung (i. allg. um 50 %) des für eine bestimmte Strahlungsleistung Φ_{e0} erforderlichen Stroms definiert. Bei Raumtemperatur ergeben sich so Lebensdauern größer als 10^5 Stunden, ein Wert, der mit zunehmender Temperatur deutlich abnimmt, wobei ein Arrhenius-Gesetz erfüllt wird

$$\text{MTBF} \sim \exp\left(\frac{W_A}{k_B T}\right).$$

Die Aktivierungsenergie W_A liegt dabei in der Regel zwischen 0.7 eV und 0.8 eV.

Bauformen

Die ersten Laserdioden wurden als hochdotierte pn-Übergänge in GaAs hergestellt. Die Schwellstromdichten dieser Laserdioden waren mit größenordnungsmäßig 10^5 A/cm^2 jedoch so groß, daß ein Dauerstrichbetrieb nicht möglich war. Mit der Entwicklung der Doppelheterostruktur-Laserdioden (DH-Laserdioden) konnte die Schwellstromdichte um mehr als eine Größenordnung verringert werden, was praktisch einsetzbare Laserdioden erbrachte. Die Schichtfolge einer DH-Laserdiode entspricht im wesentlichen der einer DH-LED: Eine dünne i. allg. p-dotierte Schicht eines Halbleiters (z. B. GaAs) wird dabei von einer n- bzw. p-dotierten Schicht eines Halbleiters mit größerer Energielücke (z. B. Ga$_{1-x}$Al$_x$As) begrenzt.

Im Resonator muß das Licht parallel zur Strahlachse geführt werden. In vertikaler Richtung geschieht dies in DH-Laserdioden durch den *Brechzahlsprung* an den Heteroübergängen (Wellenleitereffekt, vgl. Abb. 6.32b). In horizontaler Richtung wird ebenfalls eine Ortsabhängigkeit der Brechzahl zur Strahlführung ausgenützt. In den sog. *indexgeführten* Laserdioden wird eine laterale Begrenzung des aktiven Bereichs durch ein Medium mit geringerer Brechzahl verwendet, in den sog. *gewinngeführten* Laserdioden wird die Änderung der Brechzahl mit der Ladungsträgerdichte zur Strahlführung ausgenutzt: Im aktiven Bereich, in dem sehr viele Ladungsträger vorliegen, ist die Brechzahl größer als in den benachbarten Bereichen, so daß allein durch den Stromfluß eine Führung des Lichtstrahls gegeben ist.

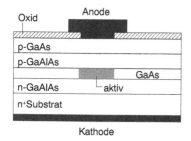

Abb. 6.41. Oxidstreifenlaser

Abbildung 6.41 zeigt einen sog. *Oxidstreifenlaser* als Beispiel für eine gewinngeführte Laserdiode. In diesem Beispiel wird der p-Kontakt einer GaAlAs-GaAs-GaAlAs-DH-Laserdiode über einen schmalen Streifen (typische Breite wenige Mikrometer) in einer Oxidschicht realisiert. Der aktive stromdurchflossene Bereich wird durch die Breite des Kontakts bestimmt. Da die Brechzahl in dem nicht vom Strom durchflossenen Gebiet geringer ist, ergibt sich eine Führung des Lichts. Wegen der Ladungsträgerdiffusion in lateraler Richtung erfolgt allerdings ein kontinuierlicher Übergang der Brechzahl, was sich in der *Abstrahlcharakteristik* der Laserdiode bemerkbar macht.

6.5 Optokoppler

Optokoppler dienen der Signalübertragung zwischen zwei galvanisch getrennten Kreisen. Dabei wird im Eingangskreis von einer LED ein Lichtsignal erzeugt, das im Ausgangskreis von einem Empfänger (Fotodiode oder Fototransistor) wieder in ein elektrisches Signal umgewandelt wird. Die Verkopplung von Eingangs- und Ausgangskreis ist damit rein optisch und erfordert keinerlei elektrische Verbindung. Die gebräuchlichsten Optokoppler bestehen

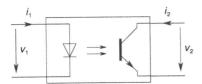

Abb. 6.42. Optokoppler

aus einer GaAs-LED und einem Si-Fototransistor (vgl. Abb. 6.42).[15] Die beiden Elemente werden in einem Gehäuse mit einem lichtleitenden, elektrisch isolierenden Kunststoff vergossen. Um Streulicht abzuschirmen, wird die Anordnung mit einer lichtundurchlässigen Kunststoffschicht überzogen. Die Isolation zwischen Eingangskreis und Ausgangskreis ist um so besser, je weiter Sendediode und Empfangselement voneinander entfernt sind. Typische Werte für diesen Abstand liegen bei 0.5 mm.

Der *Kopplungsfaktor* K des Optokopplers ist das Verhältnis des im Ausgangskreis fließenden Stroms i_2 zu dem im Eingangskreis fließenden Diodenstrom i_1. Der Wert des Kopplungsfaktors wird gewöhnlich bei $V_2 = 5\,\mathrm{V}$ spezifiziert und ist sowohl arbeitspunkt- als auch temperaturabhängig, da weder die von der LED emittierte Strahlungsleistung streng proportional zum Strom i_1 im Eingangskreis, noch die Stromverstärkung des Fototransistors eine arbeitspunktunabhängige Konstante ist. Weist die Diodenkennlinie bei kleinen Strömen einen Bereich mit erhöhtem Nichtidealitätsfaktor auf, so ist dieser häufig durch nichtstrahlende Rekombinationsvorgänge an Störstellen in der Raumladungszone bestimmt. Die externe Quantenausbeute η_{Qe} der LED ist hier gering und damit auch der im Fototransistor hervorgerufene „Basisstrom" $I_{h\nu} = \kappa I_1$. Für den Ausgangsstrom folgt mit der Stromverstärkung B_N im Arbeitspunkt

$$I_2 = \kappa(B_\mathrm{N} + 1)I_1 = K I_1\,.$$

Bei kleinen Strömen I_1 nimmt K zu (1), da hier sowohl die Quantenausbeute η_{Qe} als auch die Stromverstärkung mit dem Strom ansteigt. Ab einem bestimmten Strom ist die Quantenausbeute η_{Qe} der LED und damit κ häufig

---

[15]Daneben sind Optokoppler mit einer Fotodiode als Empfangselement erhältlich; für Schaltanwendungen der Leistungselektronik werden außerdem Optokoppler mit Thyristoren und TRIACs hergestellt (vgl. Kap. 7).

annähernd konstant, eine weitere Arbeitspunktabhängigkeit des Koppelfaktors ist dann nur noch durch die Stromverstärkung bestimmt. Diese bedingt zunächst einen weiteren Anstieg von K; erst bei großen Strömen wird dann ein Abfall des Koppelfaktors beobachtet, da hier die Stromverstärkung wieder abnimmt. Im üblicherweise verwendeten Arbeitsbereich kompensiert die Stromverstärkung $B_N \gg 1$ die geringe Quantenausbeute der LED und die Verluste der optischen Kopplung weitgehend, so daß $K \approx 1$ erzielt wird.

Optokoppler mit Fotodiode als Empfangselement[16] erlauben eine Verringerung der Arbeitspunktabhängigkeit von K. Bei diesen ist der Strom im Ausgangskreis weitgehend unabhängig von V_2 (kein Early-Effekt), was die Eignung für die Übertragung analoger Signale verbessert. Da das detektierte Signal keine interne Verstärkung erfährt, liegt der Koppelfaktor derartiger Bausteine jedoch typischerweise unter einem Prozent.

Zwischen Eingangs- und Ausgangskreis eines Optokopplers dürfen – je nach Typ – Gleichspannungen von mehreren Kilovolt angelegt werden. Die *Isolationsprüfspannung* spezifiziert den zugelassenen Grenzwert für die Potentialdifferenz zwischen Eingangs- und Ausgangskreis. Der *Isolationswiderstand* R_{is} wird zwischen den kurzgeschlossenen Eingangs- und den ebenfalls kurzgeschlossenen Ausgangsklemmen gemessen und ist normalerweise höher als 100 GΩ. Bei Einsatz des Optokopplers auf einer Leiterplatte kann der Isolationswiderstand des Optokopplers in der Regel als unendlich angenommen werden, da parallel zum Optokoppler größere Ströme über die Leiterplatte fließen.[17]

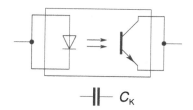

Abb. 6.43. Bestimmung der Koppelkapazität des Optokopplers

Bei höheren Frequenzen kann das Übertragungsverhalten des Optokopplers durch die *Koppelkapazität* C_K zwischen Eingangs- und Ausgangskreis beeinflußt werden. Diese wird mit kurzgeschlossenen Eingangs- und Ausgangsklemmen gemessen (vgl. Abb 6.43) und liegt gewöhnlich etwas unter 1 pF.

---

[16]Verfügt der Fototransistor im Ausgangskreis über einen Basisanschluß, so kann auch die BC-Diode des Fototransistors als Fotodiode eingesetzt werden.

[17]Störende Oberflächenströme bei großen Potentialdifferenzen zwischen Eingangs- und Ausgangskreis lassen sich vermeiden, wenn der Ausgang des Optokopplers von einer ringförmigen Leiterbahn umgeben wird, die auf annähernd demselben Potential liegt und von einer niederohmigen Spannungsquelle versorgt wird. Im einfachsten Fall genügt eine auf Massepotential liegende Leiterbahn.

6.6 Aufgaben

Aufgabe 6.1 Auf eine Empfängerfläche fällt Licht der Wellenlänge $\lambda = 500\,\text{nm}$ mit der Bestrahlungsstärke $70\,\text{mW/cm}^2$.
(a) Welcher Photononflußdichte entspricht dies? Wie groß ist die Beleuchtungsstärke (spektraler Hellempfindlichkeitsgrad $V(500\,\text{nm}) = 0.323$)?
(b) Wiederholen Sie die Rechnung für $\lambda = 700$ nm ($V(700\,\text{nm}) = 0.0041$) !

Aufgabe 6.2 Eine Fotodiode mit der lichtempfindlichen Fläche $0.3\,\text{cm}^2$ weist die Empfindlichkeit $0.4\,\text{mA/mW}$ auf. Sie wird mit Licht der Wellenlänge 600 nm und der Beleuchtungsstärke von 1000 lx beleuchtet. Wie groß ist der Fotostrom (spektraler Hellempfindlichkeitsgrad $V(600$ nm$) = 0.631$)?

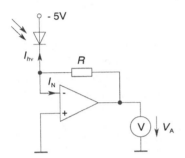

Abb. 6.44. Zu Aufgabe 6.3

Aufgabe 6.3 Die in der Abb. 6.44 dargestellte Schaltung soll als Belichtungsmesser verwendet werden. Die Fotodiode hat eine Empfindlichkeit von 10 nA/lx. Bestimmen Sie den Widerstand R in der Schaltung so, daß die am Ausgang in mV abgelesene Spannung den Wert der Beleuchtungsstärke in lx wiedergibt.

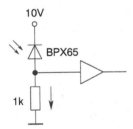

Abb. 6.45. Zu Aufgabe 6.5 und 6.10

Aufgabe 6.4 Eine Fotodiode BPX65 wird als Empfänger für monochromatisches Licht der Wellenlänge $\lambda = 600$ nm in der angegebenen Schaltung verwendet. Die auf die lichtempfindliche Fläche treffende Strahlungsleistung ist sinusförmig moduliert gemäß

$$\phi_e(t) = 10\,\mu\text{W} + 5\,\mu\text{W} \cdot e^{j2\pi ft} \ .$$

(a) Bestimmen Sie die Amplitude des Kleinsignalanteils der Spannung am Eingang des nachgeschalteten Verstärkers (Abb. 6.45) als Funktion der Frequenz. Die Eingangsimpedanz des Verstärkers darf dabei als rein kapazitiv mit $c_{\text{IN}} = 150\,\text{pF}$ angenommen werden.

(b) Ermitteln Sie Grenzfrequenz der Anordnung. Welcher Wert ergibt sich, falls die Versorgungsspannung auf 5 V verringert wird?

Aufgabe 6.5 Ein LED soll Licht der Wellenlänge $\lambda = 500\,\text{nm}$ isotrop in einen Kegel vom Öffnungswinkel 50° ($\alpha = 25°$) abstrahlen; die beim Strom $I_{\text{F}} = 5\,\text{mA}$ emittierte Lichtstärke sei 100 mcd.

(a) Welche Strahlungsleistung fällt auf einen Empfänger der Fläche 1 cm², der im Abstand von 80 cm von der LED (senkrecht zur Achse des Strahlkegels) aufgestellt ist?

(b) Berechnen Sie den Quantenwirkungsgrad der LED, d.h. die Anzahl der Photonen die im Mittel bei einem Rekombinationsprozeß erzeugt werden. Wie groß ist die Strahlungsausbeute der LED, falls an der LED die Spannung 2.1 V abfällt?

Angaben: Das Spektrum der LED darf als monochromatisch angenommen werden, der spektrale Hellempfindlichkeitsgrad bei der angegebenen Wellenlänge beträgt $V(\lambda) = 0.323$.

Aufgabe 6.6 Eine Glühbirne ($T = 2856\,\text{K}$) ist 1 m über einer Tischplatte aufgehängt und strahlt Licht der Lichtstärke 100 cd isotrop ab. Eine Fotodiode BPW21 (vgl. Datenblatt) sei nicht direkt unter der Glühbirne, sondern um 30 cm gegenüber diesem Punkt verschoben, auf der Tischplatte befestigt und parallel zu dieser ausgerichtet. Wie groß ist der in der Diode hervorgerufene Fotostrom?

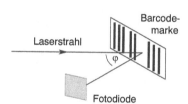

Abb. 6.46. Zu Aufgabe 6.7

Aufgabe 6.7 Eine Barcode-Marke wird an einem Laserstrahl (5 mW) vorbeigeführt (senkrechter Einfall der Strahlung). Das auf die Marke treffende Licht wird entsprechend dem Lambert-Beer-Gesetz

$$I_{\text{e}}(\vartheta) = I_{\text{e}}(0)\cos(\vartheta)$$

zurückgestreut und zwar zu 5 % von schwarzen Streifen und zu 85 % von weißen Streifen. Dabei bezeichnet ϑ den Winkel zur Normalen auf die Barcode-Marke und $I_{\text{e}}(0)$ die Strahlstärke der senkrecht zur Marke emittierten Strahlung. Das Licht trifft auf eine Fotodiode (Empfindlichkeit 0.5 A/W bei der Wellenlänge des Laserlichts, Detektorfläche $A_{\text{E}} = 5\,\text{mm}^2$), die in einer Entfernung von 40 cm unter dem Winkel $\varphi = 30°$ zur einfallenden Strahlung angeordnet ist (vgl. Abb. 6.46). Um welchen Wert ändert sich der Fotostrom beim Übergang von einem schwarzen zu einem weißen Streifen (der Durchmesser des Laserstrahls darf als vernachlässigbar angenommen werden).

Aufgabe 6.8 Eine (rote) Leuchtdiode om Typ LS5360-K (vgl. Datenblatt) wird mit dem Strom $I = 5\,\text{mA}$ betrieben.

(a) Welche Strahlungsleistung fällt mindestens auf eine Fläche von $1\,mm^2$ in einer Entfernung von 1 m, falls diese senkrecht zur Strahlrichtung unter dem Winkel $\varphi = 0°$ zur Strahlachse angeordnet ist.Welches Ergebnis resultiert für $\varphi = 30°$?

(b) Durch eine 10 cm vor der Fotodiode angebrachte Linse mit einem Durchmesser von 4 cm soll die auf die Empfängerfläche fallende Lichtleistung maximiert werden. Welche Brennweite ist zu wählen und wie groß ist der Gewinn?

(c) Welcher Strom würde von einer Fotodiode BPW34 (vgl. Datenblatt) geliefert werden (ohne Linse, $\varphi = 0°$)?

Aufgabe 6.9 Eine Leuchtdiode strahlt Licht der Wellenlänge $\lambda = 500$ nm in Richtung einer Fotodiode BPX65 (vgl. Datenblatt) ab; die Entfernung von Leuchtdiode und Fotodiode beträgt 30 cm. Wird die LED von einem Gleichstrom durchflossen, so beträgt die Lichtstärke in Richtung der Fotodiode, bezogen auf den durch die Diode fließenden Strom 1 mcd/mA . Der LED wird ein Gleichstrom von 10 mA eingeprägt, dem ein Wechselstrom der Amplitude 5 mA und der Frequenz 10 MHz überlagert ist.

(a) Berechnen Sie den Gleichanteil der Strahlstärke des emittierten Lichtes.

(b) Skizzieren Sie eine geeignete Kleinsignalersatzschaltung für die Diode und berechnen Sie den Wechselanteil der emittierten Strahlstärke unter der Annahme, daß die Kleinsignaldiodenkapazität im Arbeitspunkt durch $c_d = 5$ nF gegeben ist.

(c) Berechnen Sie den Gleichanteil und den Wechselanteil der auf die Fotodiode treffenden Strahlungsleistung.

(d) Bestimmen Sie den Arbeitspunkt der in Abb. 6.45 skizzierten Empfängerschaltung (unter der Annahme, daß nur Licht von der LED auf die Diode treffe) und lesen Sie den zugehörigen Wert der Kollektorsperrschichtkapazität aus dem Datenblatt ab.

(e) Wie groß ist die Amplitude des am Serienwiderstand R abfallenden Wechselsignals, falls R so gewählt wird, daß die Grenzfrequenz der Schaltung 50 MHz beträgt. Die Eingangsimpedanz des nachgeschalteten Verstärkers sei rein kapazitiv (Eingangskapazität 10 pF).

Hinweis: Der spektrale Hellempfindlichkeitsgrad $\lambda = 500$ nm beträgt 0.323. Die Temperaturspannung darf mit 25 mV angenommen werden, der Emissionskoeffizient der Diode mit eins.

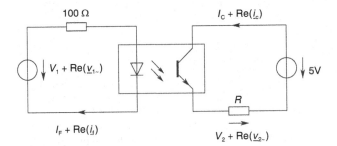

Abb. 6.47. Zu Aufgabe 6.11

Aufgabe 6.10 Ein Optokoppler wird eingangsseitig entsprechend Abb. 6.47 beschaltet. Dabei wird einer Gleichspannung V_1 eine sinusförmige Wechselspannung $\underline{v}_{1\sim} \cdot e^{j\omega t}$ überlagert. Die Gleichspannung V_1 bestimmt den Arbeitspunkt und sei so gewählt, daß im Arbeitspunkt der Strom $I_F = 5$ mA fließt. Der Koppelfaktor des Optokopplers im Arbeitspunkt sei 0.8 (für kleine Frequenzen). Die Transitzeit der LED sei $T_T = 10$ ns, die Sperrschichtkapazität $c_j = 40$ pF, der Emissionskoeffizient der Diode $N = 1$, die Temperatur betrage 300 K, Bahnwiderstandseffekte der LED dürfen vernachlässigt werden.

(a) Wie groß ist der Serienwiderstand R im Ausgangskreis zu wählen, damit die Spannungsverstärkung $|\underline{v}_{2\sim}/\underline{v}_{1\sim}|$ für kleine Frequenzen den Wert 1 aufweist? Welchen Wert weist V_2 dann auf?

(b) Unter welchen Bedingungen ist das der Ausgangsspannung V_2 überlagerte Ausgangssignal ein unverzerrtes Sinussignal?

(c) Zeichnen Sie die Kleinsignalersatzschaltung des Eingangskreises. Wie groß ist die 3 dB-Grenzfrequenz des Verhältnisses $\underline{i}_{d\sim}/\underline{v}_{1\sim}$? ($\underline{i}_{d\sim}$ bezeichnet den Kleinsignalanteil des Rekombinationsstroms durch die LED).

(d) Zeichen Sie ein Bode-Diagramm des Spannungsübertragungsfaktors $|\underline{v}_{2\sim}/\underline{v}_{1\sim}|$ unter der Annahme, daß der Fototransistor im Ausgangskreis die Kleinsignalstromverstärkung $\beta = 200$, die Vorwärtstransitzeit 1 ns und die BC-Sperrschichtkapazität $c_{jc} = 6$ pF aufweist (nur Verstärkungsmaß, der Einfluß der EB-Sperrschichtkapazität und der Bahnwiderstände soll vernachlässigt werden).

Aufgabe 6.11 Ein GaAlAs/GaAs/GaAlAs Doppel-Heterostruktur-Laser besitzt den Schwellstrom 50 mA; bei 60 mA ist die emittierte Leistung um 8 mW angestiegen.
(a) Ermitteln Sie die Kleinsignal-Quantenausbeute, unter der Annahme daß die Wellenlänge des emittierten Lichtes 840 nm beträgt.
(b) Wie hoch ist die Strahlungsausbeute des Bauelements falls 2 V angelegt werden müssen um den Flußstrom 60 mA zu erhalten?

Aufgabe 6.12 Betrachten Sie die hochauflösenden Emissionsspektren einer Laserdiode in Abb. 6.38. Wie kommt es zu den Veränderungen? Welche Länge weist der optische Resonator auf, falls die Brechzahl $n = 3.6$ beträgt?

6.7 Literaturverzeichnis

[1] S.M. Sze. *Physics of Semiconductor Devices*. Wiley, New York, 2nd edition, 1982.

[2] M. Reisch. *Elektronische Bauelemente*. Springer, Berlin, 2. Auflage, 2007.

[3] G. Lucovsky, R.F. Schwarz, R.B. Emmons. Transit-time considerations in p-i-n diodes. *J. appl. Phys.*, 35(3):622–628, 1964.

[4] D.M. Chapin, C.S. Fuller, G.L. Pearson. A new silicon p-n junction photocell for converting solar radiation into electrical power. *J. Appl. Phys.*, 25:676, 1954.

[5] Hamamatsu. Solid state emitters. *Druckschrift*, 1994.

[6] T.S. Moss (Hrsg.). *Handbook on Semiconductors, vol.4: Device Physics*. North-Holland, Amsterdam, 1993.

[7] R.F. Davis. III-V nitrides for electronic and optoelectronic applications. *Proc IEEE*, 79(5):702–703, 1991.

[8] S. Nakamura, G. Fasol. *The Blue Laser Diode - GaN Based Light Emitters and Lasers*. Springer, Berlin, 1997.

[9] K. Werner. Higher visibility for LEDs. *IEEE Spectrum*, (7):30–39, 1994.

7 Thyristoren

Thyristoren[1] sind steuerbare Silizium-Gleichrichter, die aus drei in Serie geschalteten pn-Übergängen aufgebaut sind (pnpn-Vierschichtstruktur). Die Bahngebiete werden üblicherweise mit p_1 (Anode), n_1 (Basis), p_2 (Gate) und n_2 (Kathode) bezeichnet, die pn-Übergänge mit J_1, J_2 und J_3. Das Schaltzeichen des Thyristors ähnelt dem der Diode (vgl. Abb. 7.1), im Unterschied dazu ist zusätzlich zu Anode (A) und Kathode (K) jedoch ein dritter Anschluß vorhanden, das sog. Gate (G).

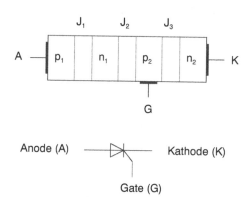

Abb. 7.1. Schaltsymbol des Thyristors

Thyristoren weisen für positive Spannungen v_{AK} ein *bistabiles Verhalten* auf: Durch einen positiven Steuerstrom i_G kann der Thyristor von einem hochohmigen Zustand in einen niederohmigen Zustand umgeschaltet werden. Dort kann er Stromdichten von mehreren 100 A/cm^2 bei einem Spannungsabfall von $(1-2)$ V führen. Der Thyristor bleibt im niederohmigen Zustand, bis die Spannung v_{AK} umgepolt wird. Zum Einschalten des Thyristors genügt im Gegensatz zum Bipolartransistorschalter ein kurzer Strompuls; der Effektivwert der erforderlichen Steuerleistung ist deshalb (abhängig von der Schaltfrequenz) um typischerweise fünf bis sechs Größenordnungen kleiner als die gesteuerte Leistung, die maximale Schaltfrequenz liegt zumeist im Kilohertzbereich. Im Gegensatz zu Bipolartransistoren können Thyristoren sehr großflächig ausgeführt werden und Ströme im Kiloamperebereich führen. Die erreichbaren Sperrspannungen liegen dabei im Kilovoltbereich, d.h. Thyristoren ermöglichen Schaltleistungen, die in den Megawattbereich reichen. Daneben werden *Kleinleistungsthyristoren* mit typischen Schaltleistungen im Kilowattbereich hergestellt.

---

[1]Der Name Thyristor steht abkürzend für Thyratron (das ist ein heute nicht mehr verwendetes Röhrenbauelement zum Schalten elektrischer Lasten) und Transistor. Die in den USA übliche Abkürzung SCR kommt von silicon controlled rectifier.

Thyristoren werden als *elektronische Schalter* z.B. für Helligkeitsregler, Frequenzumsetzer (50 Hz nach 16.6 Hz) und Drehzahlregler für Drehstrommotoren eingesetzt. Gegenstand dieses Kapitels ist der klassische (rückwärtssperrende) Thyristor sowie die daraus entwickelten Sonderformen wie GTOs, MOS-gesteuerte Thyristoren (MCTs), TRIACs.

7.1 Rückwärtssperrende Thyristoren

Abbildung 7.2 zeigt das sog. *Hauptstromkennlinienfeld* eines (rückwärtssperrenden) Thyristors – das ist die Auftragung des Anodenstroms I_A über V_{AK} für verschiedene Werte des Gatestroms.

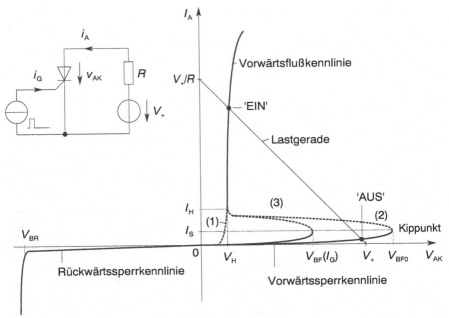

Abb. 7.2. Hauptstromkennlinie eines (rückwärtssperrenden) Thyristors (schematisch)

Im *Sperrbetrieb* ($V_{AK} < 0$) verhält sich der Thyristor wie eine pn-Diode: Abgesehen von dem i.allg. vernachlässigbaren Sperrstrom fließt bis zum Erreichen der Rückwärtsdurchbruchspannung V_{BR} kein Strom. Eine gewöhnliche pn-Diode würde bei *Vorwärtsbetrieb* mit Erreichen der Schleusenspannung einen starken Anstieg des Anodenstroms aufweisen (1). Der Thyristor weicht von diesem Verhalten ab: Liegt kein Gatestrom vor, so fließt bis zum Erreichen der *Nullkippspannung* (breakover voltage) V_{BF0} (oder V_{B0}) nur ein geringer Anodenstrom. Nach Überschreiten der Nullkippspannung bzw. des Kippstroms I_S springt der Thyristor in den leitenden Zustand und verhält sich annähernd wie eine Diode. In diesem Zustand verbleibt der Thyristor, bis der Haltestrom I_H bzw. die *Haltespannung* V_H unterschritten werden.

Die Schaltzustände bei ohmscher Last ergeben sich aus den Schnittpunkten der Lastkennlinie mit der Hauptstromkennlinie im Vorwärtsbetrieb. Ist die Versorgungsspannung V_+ kleiner als die Nullkippspannung und V_+/R größer als der *Haltestrom* I_H, so besitzt die Lastgerade drei Schnittpunkte mit der Hauptstromkennlinie. Von diesen entsprechen zwei stabilen Arbeitspunkten. Der Schnittpunkt mit der Vorwärtssperrkennlinie definiert den AUS-Zustand (*Blockierzustand*): Hier fällt nahezu die gesamte Versorgungsspannung V_+ am Thyristor ab und es fließt nur ein sehr geringer Strom durch die Last. Wird nun durch einen kurzen Gatestrompuls die Kippspannung auf Werte kleiner als V_+ abgesenkt (3), so wird der Thyristor niederohmig: Nun fällt nahezu die gesamte Versorgungsspannung V_+ an der Last ab – es fließt ein Strom, der im wesentlichen durch die anliegende Spannung und den Lastwiderstand bestimmt ist (EIN-Zustand, *Durchlaßzustand*).

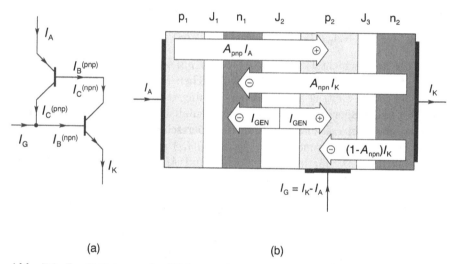

(a)   (b)

Abb. 7.3. Zur Erläuterung der Wirkungsweise eines Thyristors. (a) Ersatzschaltung zur Erläuterung des Prinzips und (b) Stromkomponenten

7.1.1 Aufbau und Wirkungsweise

Der bei Thyristoren beobachtete Schalteffekt läßt sich durch einen nichtlinearen internen Rückkopplungsmechanismus erklären. Abbildung 7.3a zeigt eine Ersatzschaltung für die pnpn-Vierschichtstruktur. Diese läßt sich auffassen als ein npn- und ein pnp-Transistor, die so miteinander verschaltet sind, daß die Basis des einen jeweils mit dem Kollektor des anderen verknüpft ist. Die

Basis des npn-Transistors kann über den Gateanschluß zusätzlich von außen versorgt werden. Im niederohmigen Zustand erhalten die beiden Transistoren die zum Einschalten erforderlichen Basisströme jeweils über den Kollektorstrom des anderen Transistors: Bezeichnet $A_{pnp} = B_{pnp}/(B_{pnp}+1)$ die Stromverstärkung des Transistors $p_1n_1p_2$ in Basisschaltung, so fließt ein Löcherstrom $A_{pnp}I_A$ in das Basisgebiet p_2 des Transistors $n_2p_2n_1$; umgekehrt liefert der Transistor $n_2p_2n_1$ mit der Stromverstärkung $A_{npn} = B_{npn}/(B_{npn}+1)$ einen Elektronenstrom $A_{npn}(I_A+I_G)$ in das Basisgebiet n_1 des $p_1n_1p_2$-Transistors.

Abbildung 7.3b zeigt einen schematischen Querschnitt durch die Thyristorstruktur einschließlich der verschiedenen Elektronen- und Löcherstromanteile. Ist $V_{AK} > 0$ und der Thyristor im Blockierzustand, so fällt nahezu die gesamte Spannung V_{AK} als Sperrspannung am Übergang J_2 ab; die pn-Übergänge J_1 und J_3 sind flußgepolt und weisen nur eine geringe Flußspannung auf. Im Folgenden wird deshalb lediglich der in der Sperrschicht J_2 auftretende Generationsstrom I_{GEN} berücksichtigt. Da Elektronen und Löcher paarweise rekombinieren, muß im stationären Zustand der in die GK-Diode fließende Löcherstrom gleich groß sein wie der dort rekombinierende Elektronenstrom

$$I_G + I_{GEN} + A_{pnp}I_A = (1 - A_{npn})(I_A + I_G) . \tag{7.1}$$

Der in der Sperrschicht J_2 generierte Strom I_{GEN} setzt sich aus dem thermisch generierten Strom I_{Gth} (der dem gewöhnlichen Sperrstrom der n_1p_2-Diode entspricht), dem Beitrag aufgrund der Ladungsträgermultiplikation (Stoßionisation) in der Sperrschicht sowie gegebenenfalls dem durch Licht bedingten Generationsstrom $I_{h\nu}$ zusammen. In die Sperrschicht wird der Löcherstrom $A_{pnp}I_A$ und der Elektronenstrom $A_{npn}(I_A + I_G)$ injiziert. Mit den Multiplikationsfaktoren M_p für injizierte Löcher und M_n für injizierte Elektronen resultiert für den Generationsstrom

$$I_{GEN} = I_{Gth} + I_{h\nu} + (M_p - 1)A_{pnp}I_A + (M_n - 1)A_{npn}(I_A + I_G) .$$

In Gl. (7.1) eingesetzt und nach I_A aufgelöst, erhält man für den Anodenstrom

$$\boxed{I_A = \frac{M_n A_{npn} I_G + I_{Gth} + I_{h\nu}}{1 - M_n A_{npn} - M_p A_{pnp}} .} \tag{7.2}$$

Mit zunehmendem Gatestrom I_G wächst der Anodenstrom I_A an. Die Ursache des Schalteffekts liegt in der Arbeitspunktabhängigkeit der Stromverstärkungen A_{npn} und A_{pnp}. Wie in Bipolartransistoren nehmen diese bei kleinen Stromdichten mit zunehmender Stromdichte zu. Abbildung 7.4 zeigt typische Verläufe für die Arbeitspunktabhängigkeit der Stromverstärkungen: Thyristoren sind so ausgelegt, daß im spezifizierten Spannungs- und Temperaturbereich bei kleinen Stromdichten die Ungleichung $A_{npn} + A_{pnp} < 1$ erfüllt ist. Die kritische Stromdichte J_{crit} bei der $A_{npn} + A_{pnp} = 1$ gilt, ist hier noch nicht erreicht, der Thyristor befindet sich im Blockierzustand. Um den Thyristor

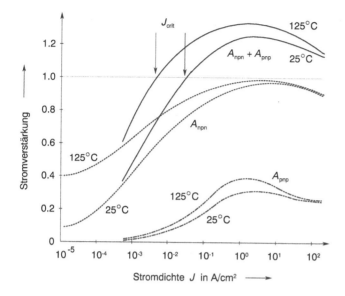

Abb. 7.4. Abhängigkeit der Stromverstärkungen im Thyristor von der Stromdichte für unterschiedliche Temperaturen (typischer Verlauf, nach [1])

zu zünden muß nach Gl. (7.2) $\Xi = M_n A_{npn} + M_p A_{pnp}$ den Wert 1 erreichen. Da M_n und M_p mit zunehmender Blockierspannung v_{AK} ansteigen, wird irgendwann die *Zündbedingung* $\Xi = 1$ erreicht. In diesem Fall findet eine sog. *Überkopfzündung* statt: Der Thyristor zündet, da v_{AK} die Nullkippspannung überschreitet. Wegen der stark temperaturabhängigen Nullkippspannung ist ein kontrolliertes Einschalten des Thyristors auf diesem Weg nicht möglich. Da es bei diesem Zündmechanismus außerdem zu einer lokal inhomogenen Stromverteilung mit örtlicher Überhitzung und der Gefahr der Zerstörung des Bauteils kommen kann, wird die Überkopfzündung in der Praxis nicht eingesetzt. Stattdessen wird üblicherweise durch Überschreiten der kritischen Stromdichte J_{crit} mit einem positiven Gatestrompuls gezündet: Mit zunehmendem Strom I_G erhöht sich I_A bzw. die Stromdichte und damit der Wert von $\Xi = M_n A_{npn} + M_p A_{pnp}$. Erreicht die Stromdichte den kritischen Wert J_{crit} so geht $\Xi \to 1$; der Nenner des Ausdrucks auf der rechten Seite von Gl. (7.2) geht gegen Null, d.h. der Ausdruck weist einen *Pol* auf. Zum Aufrechterhalten eines durch die Beschaltung bestimmten Anodenstroms I_A bedarf es dann keines äußeren Gatestroms mehr.

7.1.2 Herstellung von Thyristoren

Abbildung 7.5a zeigt den Aufbau eines einfachen Thyristors in der Draufsicht, die Abbildungen 7.5b und c den zugehörigen Querschnitt und Dotierstoffverlauf. Charakteristisch ist das ausgedehnte und sehr schwach dotierte n_1-Gebiet – die Basis des pnp-Transistors. Die Ausdehnung und die Dotierstoffkonzentration dieses Gebiets werden durch das verwendete Siliziumsubstrat

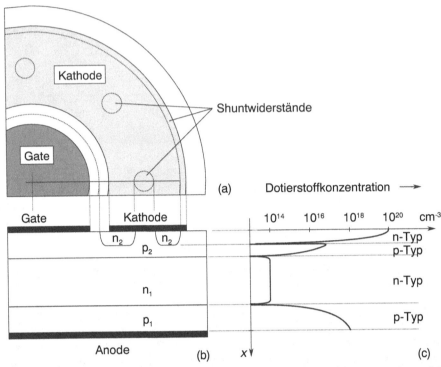

Abb. 7.5. Aufbau eines Thyristors. **(a)** Draufsicht, **(b)** Querschnitt (schematisch) und **(c)** Dotierstoffverteilung (prinzipieller Verlauf)

bestimmt; abhängig von der gewünschten Blockierspannung werden Dicken im Bereich von $(100-500)\,\mu m$ und Dotierstoffkonzentrationen im Bereich von $10^{13}\,cm^{-3}$ bis $10^{15}\,cm^{-3}$ verwendet.

In das n-dotierte Siliziumsubstrat werden zunächst von zwei Seiten p-Gebiete diffundiert, die der Realisierung von Anode und Gate dienen. Anschließend erfolgt bei kleineren Thyristoren ein Zersägen der Scheiben in einzelne Thyristortabletten. Bei Thyristoren für große Durchbruchspannungen werden die pn-Übergänge an der Seite der Tabletten abgeschrägt, da sich auf diesem Weg die Feldstärke am Rand der pn-Übergänge verringern läßt und Randdurchbrüche vermieden werden können. Dabei ist es besonders günstig, wenn der Querschnitt beim Übergang vom höher dotierten zum niedriger dotierten Gebiet abnimmt [2].

Durch thermische Oxidation wird die Tablette dann von einer Oxidschicht überzogen. Dort wo die *Kathodengebiete* zu liegen kommen wird die Oxidschicht wieder weggeätzt und ein stark n-dotiertes Gebiet diffundiert. Beim gezeigten Aufbau handelt es sich um einen Thyristor mit sog. *Kurzschlußemitter*: Die Kathode wird an verschiedenen Stellen mit dem p_2-Gebiet verbunden

– an diesen Stellen wird der n_2p_2-Übergang überbrückt. Dies wirkt sich aus wie ein parallel zur GK-Diode geschalteter *Shuntwiderstand R_{GK}*. Zweck dieser parallel geschalteten Shuntwiderstände ist es, die Stromverstärkung A_{npn} des npn-Transistors im Bereich kleiner Ströme zu verringern und damit eine definierte und weniger temperaturabhängige *Schaltschwelle* einzustellen. Abbildung 7.6 zeigt schematisch die Abhängigkeit der Stromverstärkung A_{npn}

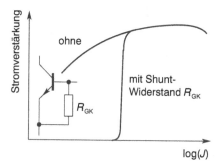

Abb. 7.6. Zur Wirkung eines EB-Shunt-Widerstands

von der Stromdichte mit und ohne Shuntwiderstand. Bei Anwesenheit eines Shuntwiderstands ist die kritische Stromstärke annähernd V_{GKon}/R_{GK}: Kleinere Ströme erzeugen an R_{GK} einen Spannungsabfall der kleiner ist als die Schleusenspannung V_{GKon} der GK-Diode, und fließen deswegen über R_{GK}.

Nach der n_2-Diffusion werden auch die Anoden- und Gateanschlußgebiete freigelegt und mit Metallkontakten versehen. [2] Das Layout der Gateelektrode hängt dabei von der Größe des Thyristors ab. In Kleinleistungsthyristoren wird die Gateelektrode in der Mitte angeordnet und ringförmig von der Kathode umgeben (vgl. Abb. 7.5). Bei großflächigen Thyristoren verwendet man in der Regel eine Gateelektrode, die aus zahlreichen Streifen aufgebaut ist, um die Zündausbreitungszeit zu verringern.

7.1.3 Zünden des Thyristors, Durchlaßzustand

Die Nullkippspannung eines Thyristors ist temperaturabhängig. Bei niederen Temperaturen wird ein leichter Anstieg beobachtet, da die Durchbruchspannung von J_2 durch den Lawineneffekt bestimmt ist und mit zunehmender Temperatur ansteigt. Bei hohen Temperaturen erfolgt ein steiler Abfall der Nullkippspannung. Der Grund hierfür liegt in der mit der Temperatur zunehmenden intrinsischen Dichte n_i: Das niedrig dotierte n_1-Gebiet verliert seinen p-Typ-Charakter sobald n_i vergleichbar zur Dotierstoffkonzentration N_{D1} in

---

[2]Für die Kontaktierung großflächiger Thyristoren wird häufig Molybdän verwendet, da dieses Metall annähernd dieselbe thermische Ausdehnung aufweist wie Silizium, so daß bei einer Erwärmung des Bauteils aufgrund der umgesetzten Verlustleistung nur geringe mechanische Spannungen auftreten.

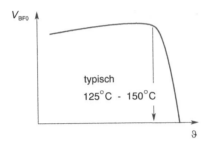

Abb. 7.7. Temperaturabhängigkeit der Nullkippspannung (schematisch)

der Basis wird. Der pn-Übergang J_2 verliert damit seine Sperrfähigkeit, und
der Thyristor zündet.

Thyristoren werden üblicherweise durch einen positiven Gatestrompuls
gezündet. Dieser muß so groß sein, daß die Schleusenspannung V_{GKon} der
GK-Diode erreicht wird. Da der Strom zwischen Gate und Kathode für
$V_{GK} < V_{GKon}$ bei den üblicherweise verwendeten Thyristoren mit Kurzschlußemitter über den Shuntwiderstand R_{GK} fließt, muß

$$I_G > I_{GT} \approx \frac{V_{GKon}}{R_{GK}}$$

gelten. Der Wert von I_{GT} wird als (oberer) *Zündstrom* bezeichnet: Überschreitet I_G diesen vom Hersteller spezifizierten Wert, so schaltet der Thyristor si-
cher vom Sperrzustand in den Durchlaßzustand. Die Dauer des Gatestrompulses ist dabei so zu bemessen, daß die mittlere Verlustleistung im Steuerkreis
kleiner ist als die im Mittel zugelassene Steuerverlustleistung P_{GAV}.

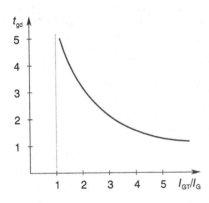

Abb. 7.8. Zündverzögerungszeit als Funktion
des zur Zündung verwendeten Gatestrompulses
I_G (schematisch)

In der Praxis werden üblicherweise Gatestrompulse mit $I_G \gg I_{GT}$ verwendet,
da sich auf diesem Weg die Zündverzugszeit t_{gd} (s.u.) verringern läßt; der
Zusammenhang ist in Abb. 7.8 schematisch dargestellt (nach [3]). Wegen der
Zunahme der Verlustleistung im Steuerkreis ist die Höhe des Gatestrompulses
begrenzt; als Kompromiß wird häufig $I_G \approx 5\,I_{GT}$ verwendet.

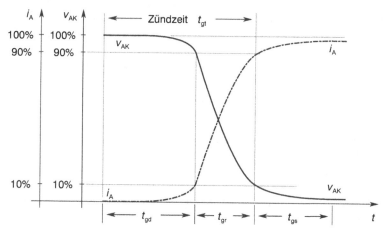

Abb. 7.9. Strom- und Spannungsverlauf beim Einschaltvorgang

Bis zur Zündung fällt nahezu die gesamte Spannung v_{AK} an der mittleren Sperrschicht J_2 ab. Beim Umschalten in den Durchlaßzustand muß die Sperrschicht J_2 abgebaut werden. Zu diesem Zweck müssen vom Anodengebiet über den Transistor $p_1 n_1 p_2$ Löcher in das p_2-Gebiet und vom Kathodengebiet über den Transistor $n_2 p_2 n_1$ Elektronen in das n_1-Gebiet injiziert werden. Wegen der Basistransitzeiten der beiden Transistoren erfolgt der Abbau der Sperrschicht deswegen mit einer bestimmten Verzögerung, der sog. *Zündverzugszeit* t_{gd}. Diese ist definiert als die Zeit, die vom Beginn des Zündpulses bis zur Abnahme des Spannungsabfalls am Thyristor auf 90 % verstreicht (vgl. Abb. 7.9). Nach dieser Zeit wächst die Ladungsträgerdichte im n_1-Gebiet über die Dotierstoffkonzentration an, und die Sperrschicht wird abgebaut. Nach der sog. *Durchschaltzeit* t_{gr} ist die Spannung v_{AK} dann auf 10 % ihres Ausgangswerts abgesunken (vgl. Abb. 7.9). Die Summe aus Zündverzugszeit und Durchschaltzeit wird als *Zündzeit* t_{gt} bezeichnet.

Beim Durchschalten des Thyristors leitet zunächst nur ein kleiner Teilbereich in der Nähe des Gateanschlusses, da in der p_2-Schicht ein Spannungsabfall auftritt, und die Flußspannung am $p_2 n_2$-Übergang mit zunehmendem Abstand vom Gatekontakt abnimmt [4]. Das leitende Gebiet dehnt sich dann lateral mit einer Geschwindigkeit von typischerweise $(50-100)\,\mu m/\mu s$ aus. Die *Zündausbreitungszeit* t_{gs} bestimmt die Zeit, nach der die gesamte Fläche unter dem Kathodenanschluß gezündet hat. Steigt der Strom $i_A(t)$ nun sehr schnell an, so kommt es zu einer lokal überhöhten Stromdichte und damit zu einer räumlich begrenzten starken Erwärmung (hot spot). Um eine Schädigung des Thyristors zu vermeiden, wird die zulässige Anstiegsgeschwindigkeit des Stroms deshalb vom Hersteller begrenzt: Die *kritische Stromsteilheit* $(di/dt)_{cr}$ bestimmt die maximal zulässige Anstiegsgeschwindigkeit des Stroms beim Schaltvorgang. Typische Werte für $(di/dt)_{cr}$ liegen im Bereich von $100\,A/\mu s$

bis zu mehreren $1000\,\mathrm{A/\mu s}$, abhängig von der Bauform des Thyristors. Überschreitet $\mathrm{d}i_{\mathrm{A}}/\mathrm{d}t$ diesen Wert, so muß mit einer Schädigung des Thyristors gerechnet werden.

Im *Durchlaßzustand* liegt bei großen Flußströmen in den Bahngebieten n_1 und p_2 *Hochinjektion* vor, d.h. die Ladungsträgerdichte in diesen Bereichen ist groß im Vergleich zur jeweiligen Dotierstoffkonzentration. Elektronen- und Löcherdichte weisen hier annähernd denselben Wert auf – es ist unter diesen Bedingungen nicht mehr sinnvoll von einem n-Typ oder p-Typ Halbleiter zu sprechen. Das elektrische Verhalten des Thyristors ähnelt unter diesen Bedingungen der pin-Diode bei Hochinjektion. Dies wird sowohl durch Simulationen als auch durch Messungen bestätigt. Abbildung 7.10 zeigt schematisch die Dotierstoffkonzentration sowie die Verteilung der Elektronen und Löcher im Thyristor bei Durchlaßbetrieb. Wie bei der pin-Diode befindet sich zwischen den beiden hochdotierten Gebieten eine von Ladungsträgern überschwemmte Zone mit $n(x) \approx p(x)$. Die Hauptstromkennlinie eines Thyristors im Durchlaßzustand entspricht für große Ströme deshalb weitgehend der einer pin-Diode.

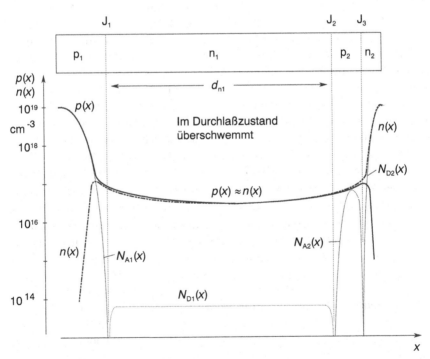

Abb. 7.10. Dotierstoffkonzentration und Ladungsträgerdichten in einem Thyristor im Durchlaßzustand (typischer Verlauf)

Maßgeblich für die Ladungsträgerdichten in den niedrig dotierten Bahngebieten ist die Lebensdauer für Elektronen und Löcher. Im Fall einer geringen Lebensdauer werden injizierte Elektronen und Löcher schnell durch Rekombination abgebaut, was in der Mitte zu niedrigen Ladungsträgerdichten und damit zu einem erhöhten Widerstand bzw. Spannungsabfall im Durchlaßzustand führt.

7.1.4 Löschen des Thyristors

Um den Thyristor abzuschalten (zu löschen) muß der Durchlaßstrom unter den Haltestrom I_H abgesenkt werden. In der Praxis erfolgt dies durch Umpolen von v_{AK} (*Kommutierung*). [3] Bei Gleichspannungsbetrieb kann die Kommutierung mit einem *Löschkondensator* erfolgen.

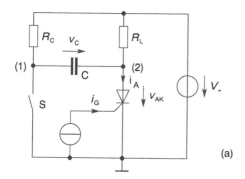

(a)

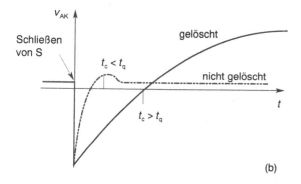

(b)

Abb. 7.11. Abschalten eines Thyristors mit Löschkondensator, **(a)** Prinzipieller Schaltungsaufbau, **(b)** zeitabhängiger Spannungsabfall am Thyristor für verschiedene Werte der Schonzeit t_c

Abbildung 7.11 zeigt den prinzipiellen Aufbau einer Schaltung zum Zünden und Löschen eines Thyristors bei Gleichbetrieb; der Schalter S sei zunächst geöffnet. Befindet sich der Thyristor im Blockierbetrieb, so fällt die Versorgungsspannung V_+ am Thyristor ab. Durch einen positiven Gatestrompuls

---

[3]Nur Kleinleistungsthyristoren und spezielle sog. Gate Turn-Off Thyristoren können durch einen negativen Gatestrom gelöscht werden (vgl. Kap.10.2.2).

$i_G(t)$ wird der Thyristor gezündet – er bleibt auch nach Abschalten des Gatestroms niederohmig. Die Versorgungsspannung V_+ fällt nun größtenteils
am Lastwiderstand R_L ab. Die Anode des Thyristors (2) liegt damit näherungsweise auf Massepotential und der Kondensator C lädt sich über R_C auf
$v_C \approx V_+$ auf. Wird nun der Schalter S geschlossen, so wird der Knoten (1) auf
Masse gelegt, d.h. wegen des Spannungsabfalls am Kondensator folgt direkt
nach dem Schließen des Schalters $v_{AK} = -v_C(0) \approx -V_+$. Für $t > 0$ wird der
Kondensator über R_L umgeladen[4]

$$v_{AK}(t) \approx V_+ - [V_+ + v_C(0)]\, e^{-t/\tau} \quad \text{mit} \quad \tau = R_L C \,.$$

Die am Thyristor abfallende Spannung v_{AK} ist demnach kleiner Null, solange

$$t < t_c = R_L C \ln\left(\frac{V_+ + v_C(0)}{V_+}\right) \approx R_L C \ln(2)$$

gilt. Ist die sog. *Schonzeit* t_c größer als die *Freiwerdezeit* t_q des Thyristors,
so sperrt dieser zuverlässig: Die Spannung $v_{AK}(t)$ verläuft in diesem Fall gegen die Versorgungsspannung V_+. Gilt dagegen $t_c < t_q$, so wird der Thyristor nicht gelöscht, die Spannung $v_{AK}(t)$ läuft unter diesen Umständen gegen
den Spannungsabfall im Durchlaßzustand. In praktischen Schaltungen wird
der Schalter S mit einem zweiten Thyristor, dem sog. *Löschthyristor* ausgeführt. Dieser Thyristor kann wesentlich kleiner sein als der Hauptthyristor.
Die Schonzeit t_c wird üblicherweise um ca. 50 % größer gewählt als die vom
Hersteller spezifizierte Freiwerdezeit.

Die Freiwerdezeit t_q wird benötigt um die im Flußbetrieb im Thyristor
gespeicherte Ladung zu entfernen und die Sperrschicht J_1 aufzubauen. Elektronen und Löcher fließen dabei – sofern sie nicht paarweise rekombinieren
– über den Kathoden- bzw. Anodenkontakt ab. Abbildung 7.12 zeigt den
Abbau der Elektronendichte für $t > 0$ und den Aufbau der Sperrschicht.

7.1.5 Phasenanschnittsteuerung mit Thyristoren

In Wechselspannungsschaltungen erfolgt eine periodische Kommutierung: Je-
de negative Halbwelle bringt den Thyristor in Rückwärtsbetrieb ($v_{AK} < 0$)
und löscht ihn damit. Abbildung 7.13a zeigt eine mögliche Anwendung des
Thyristors in einer Schaltung zur sog. *Phasenanschnittsteuerung*. Der Thyristor ist hier in Serie zu einer Last R in einem Wechselstromkreis mit einer
Spannungsamplitude $\hat{v}_0 < V_{BR}$ angeordnet. Der Strom durch den Thyristor

---

[4]Diese Rechnung vernachlässigt die in der Praxis unvermeidlichen Zuleitungsinduktivitäten sowie die aus dem Thyristor abließende Ladung. Letzteres ist gerchtfertigt, solange
die im Thyristor im Durchlaßzustand gespeicherte Ladung $\tau I_A \approx \tau V_+/R_L$ (τ = Lebensdauer für Elektron-Loch-Paare) klein ist im Vergleich zur Kondensatorladung CV_+. Dies
ist für $\tau \ll R_L C$ der Fall. Da die Freiwerdezeit t_q aber ein Mehrfaches der Lebensdauer τ
beträgt, ist die Rechnung für Schonzeiten $t_c > t_q$ gerechtfertigt.

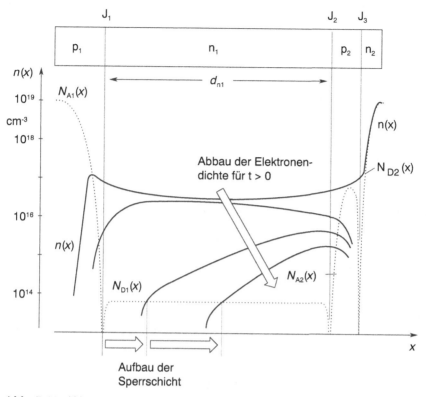

Abb. 7.12. Abbau der im Thyristor gespeicherten Ladung bei Kommutierung ($v_{AK} < 0$)

während der positiven Halbwelle ist zunächst null, bis dieser – um τ_d gegenüber dem Nulldurchgang verzögert – gezündet wird. Nach dem Zünden wird der Thyristor niederohmig, der Strom durch die Reihenschaltung wird dann weitgehend durch R bestimmt

$$i(t) = \frac{\hat{v}_0 \sin(\omega t)}{R} .$$

Dieser Strom fließt bis zum nächsten Nulldurchgang. Während der dann folgenden negativen Halbwelle sperrt der Thyristor ($i_A = 0$). Der Effektivwert P der an R abgegebenen Leistung ist

$$P = \frac{1}{R}\frac{1}{\tau} \int_0^\tau v^2(t)\,\mathrm{d}t = \frac{1}{R}\frac{1}{\tau} \int_{\tau_d}^{\tau/2} v^2(t)\,\mathrm{d}t = \frac{\hat{v}_0^2}{R}\frac{1}{\tau} \int_{\tau_d}^{\tau/2} \sin^2(\omega t)\,\mathrm{d}t .$$

Ausführen des Integrals ergibt mit $\omega\tau = 2\pi$ und dem *Stromflußwinkel*

$$\theta = \omega\left(\frac{\tau}{2} - \tau_d\right) = \pi - \omega\tau_d ,$$

das Ergebnis

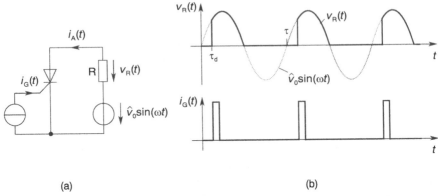

(a)   (b)

Abb. 7.13. Phasenanschnittsteuerung mit Thyristor. **(a)** Grundschaltung, **(b)** zeitlicher Verlauf des Spannungsabfalls $v_R(t)$ an der Last sowie des Triggerstroms $i_G(t)$

$$P = \frac{\hat{v}_0^2}{4\pi R}\left(\theta - \frac{\sin 2\theta}{2}\right) . \tag{7.3}$$

Abhängig von der Wahl des Zündzeitpunkts τ_d läßt sich P zwischen dem Wert null (für $\theta = 0$ bzw. $\tau_d = \tau/2$) und dem Wert $\hat{v}_0^2/(4R)$ (für $\theta = \pi$ bzw. $\tau_d = 0$) verändern.

7.2 Asymmetrisch sperrende Thyristoren, RCTs

Häufig wird antiparallel zum Thyristor eine Diode geschaltet – eine hohe Durchbruchspannung V_{BR} ist dann nicht erforderlich. In diesen Fällen kann die Schaltgeschwindigkeit des Thyristors auf Kosten der Rückwärtsdurchbruchspannung erhöht werden. Zur Verringerung der Freiwerdezeit t_q wird die Dicke der n_1-Zone verringert und zwischen den p_1n_1-Übergang des Thyristors eine stark n-dotierte Schicht eingefügt. Diese verhindert ein Durchgreifen der p_2n_1-Raumladungszone zum p_1-Gebiet im Vorwärtsblockierbetrieb, so daß V_{BF0} groß gleibt; wegen der erhöhten Dotierung im Übergang J_3 wird V_{BR} dafür auf typischerweise 20 V verringert, weswegen derartige Thyristoren auch asymmetrisch sperrend (ASCR) heißen.

RCTs[5] sind rückwärtsleitende Thyristoren: Im Vorwärtsbetrieb zeigen sie ein Verhalten wie konventionelle Thyristoren, weisen im Rückwärtsbetrieb aber keine Sperrfähigkeit auf. Das elektrische Verhalten eines RCT entspricht demnach einem konventionellen Thyristor mit Antiparalleldiode. Ursache hierfür ist ein Kurzschluß des p_1n_1-Gebiets am Anodenkontakt. Auf diesem Weg kann bei Rückwärtsbetrieb (Anode negativ vorgespannt) ein großer Elektronenstrom in das Bauteil fließen, wodurch der interne pnp-Transistor

---

[5]Die Abkürzung RCT steht für **r**everse **c**onducting **t**hyristor.

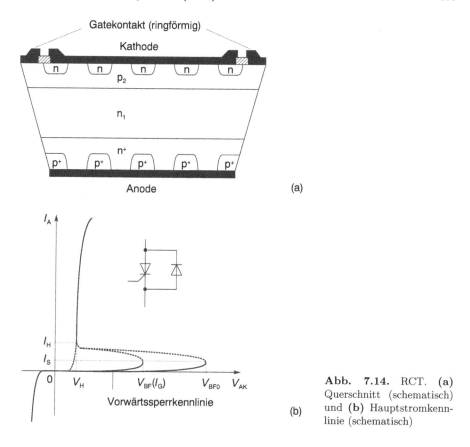

Abb. 7.14. RCT. (a) Querschnitt (schematisch) und (b) Hauptstromkennlinie (schematisch)

niederohmig wird und die niedrig dotierten Bahngebiete des Thyristors mit Ladungsträgern überschwemmt. Da die für eine gegebene Nullkippspannung V_{BF0} erforderliche Schichtdicke d_{n1} verringert ist, weist der RCT eine geringere Freiwerdezeit (Reduktion um typischerweise 40 %) sowie eine geringere Durchlaßspannung (Reduktion um typischerweise 30 %) auf. Da der pn-Übergang J_2 wegen der stark n-dotierten Schicht seine Sperrfähigkeit auch bei höherer Temperatur nicht verliert, sind RCTs für höhere Sperrschichttemperaturen geeigneter als konventionelle Thyristoren.

7.3 Gate Turn-Off Thyristoren (GTO)

Ein GTO (Gate Turn-Off Thyristor) läßt sich wie ein konventioneller Thyristor mit einem positiven Gatestrompuls zünden; im Gegensatz zu diesem kann er aber durch einen negativen Gatestrompuls wieder gelöscht werden. Abbildung 7.15 zeigt das prinzipielle Ausschaltverhalten: Durch einen negativen Gatestrom werden Löcher aus dem p_2-Gebiet extrahiert und dadurch ein Abschalten des npn-Transistors erzwungen. Der Anodenstrom bleibt während der *Speicherzeit* t_s zunächst weitgehend unverändert und beginnt erst nach dem Abschalten des npn-Transistors zu fallen, da nun der „Basisstrom" des pnp-Transistors ausbleibt. Während der *Abfallzeit* t_f wird die Sperrschicht J_2 aufgebaut. Die im Basisgebiet des pnp-Transistors vorliegende Diffusionsladung wird dann während der Abklingzeit t_t ausgeräumt; da der npn-Transistor hier bereits vollständig sperrt, muß dies über den Gateanschluß erfolgen.

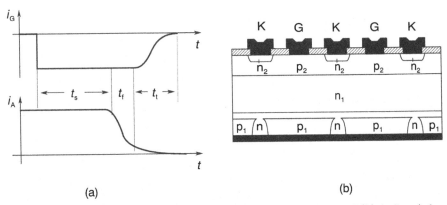

(a)   (b)

Abb. 7.15. Gate Turn-Off Thyristor (GTO). **(a)** Ausschaltverhalten und **(b)** Aufbau (schematisch) eines rückwärtsleitenden GTO

Um den Transistor im niederohmigen Zustand zu halten muß im npn-Transistor der „Basisstrom" $(1-A_{npn})(I_A+I_G)$ aufgebracht werden. Dieser setzt sich zusammen aus dem „Kollektorstrom" $A_{pnp}I_A$ des pnp-Transistors und dem von außen zugeführten Gatestrom I_G. Gilt

$$A_{pnp}I_A + I_G < (1-A_{npn})(I_A+I_G)$$

bzw. [6]

$$-I_G > A_{pnp}I_A - (1-A_{npn})I_K \, ,$$

so schaltet der Thyristor ab. Mit $I_K = I_A + I_G$ führt diese Forderung auf

$$B = -\frac{I_A}{I_G} \leq \frac{A_{npn}}{A_{npn}+A_{pnp}-1} = B_{off}$$

Die Größe B_{off} auf der rechten Seite der Ungleichung wird als *Abschaltstromverstärkung* bezeichnet; ihr Wert soll möglichst groß sein. In der Praxis erreichte Werte liegen zwischen 3 und 10, d.h. es werden erhebliche Gateströme benötigt, um einen großen Anodenstrom abzuschalten.

---

[6]Ein nach außen fließender Gatestrom besitzt negatives Vorzeichen.

Große Werte von B_{off} erfordern $A_{\mathrm{npn}} \approx 1$ und $A_{\mathrm{pnp}} \ll 1$ sowie einen geringen Serienwiderstand der GK-Diode, um beim Abschalten die von der Basis
des pnp-Transistor injizierten Löcher zuverlässig abtransportieren zu können.
Aus diesem Grund werden GTOs streifenförmig aufgebaut mit alternierenden
Gate- und Kathodenanschlüssen; Kurzschlußemitter sind wegen $A_{\mathrm{npn}} \approx 1$ nicht
einsetzbar. Abbildung 7.15b zeigt den prinzipiellen Aufbau eines GTOs. Die
n-dotierten Gebiete zwischen Anode und Basis des pnp-Transistors stellen
einen Parallelleitwert zur EB-Diode des pnp-Transistors dar, was für geringe
Stromdichten einen geringen Wert der Stromverstärkung A_{pnp} bedingt und
wie bei RCTs eine Verringerung der Speicherzeit ermöglicht. Diese Technik
wird bei GTOs häufig angewandt; daneben werden GTOs mit symmetrischem
Sperrverhalten ($V_{\mathrm{BR}} \approx V_{\mathrm{BF0}}$) hergestellt, die allerdings langsamer sind.

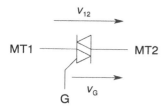

Abb. 7.16. Schaltysmbol eines TRIAC

7.4 TRIACs

TRIACs [7] sind Thyristoren, die eine symmetrische Hauptstromkennlinie aufweisen (vgl. Abb. 7.17a). Sie weisen wie konventionelle Thyristoren drei Anschlüsse auf: die den Hauptstrom führenden als Hauptanschlüsse (main ter-
minal) bezeichneten Anschlüsse MT1 und MT2 (auch Anode1 und Anode2)
sowie den als Kontrollelektrode dienenden Gateanschluß (G). Prinzipiell kann
ein TRIAC als zwei antiparallel geschaltete, in einem Bauelement verschmol-
zene Thyristoren aufgefaßt werden; diese werden in Abb. 7.17b als Normal-
thyristor und Antiparallelthyristor bezeichnet.

TRIACs können sowohl bei positiver als auch bei negativer Spannung zwischen den Hauptanschlüssen gezündet werden; da dies sowohl mit positi-
vem als auch mit negativem Gatestrom möglich ist, bestehen insgesamt vier
verschiedene Zündarten, die in Abb. 7.18 in den jeweiligen Quadranten der
($V_{\mathrm{G}}|V_{12}$)-Ebene dargestellt sind.

Normal-Plus-Zündung: Hier ist $v_{12} > 0$ und $v_{\mathrm{G}} > 0$ bzw. $i_{\mathrm{G}} > 0$ (1.
Quadrant); über den Gatekontakt fließen Löcher in das p_2-Gebiet, was
zum Zünden des Normalthyristors führt. Die Verhältnisse entsprechen der
Zündung eines konventionellen Thyristors durch einen Gatestrompuls. Der

---

[7]Von englisch: <u>tri</u>ode for <u>a</u>lternating <u>c</u>urrent.

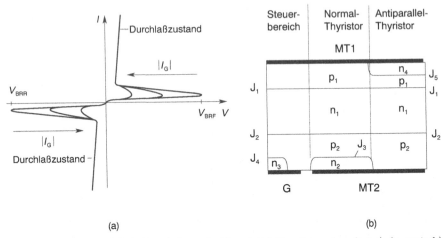

Abb. 7.17. TRIAC. **(a)** Aufbau (schematisch) und **(b)** Hauptstromkennlinie (schematisch)

pn-Übergang J_3 sperrt und beeinflußt das Verhalten des Bauteils nicht. Da J_5 ebenfalls sperrt, bleibt der Antiparallelthyrisor inaktiv.

Normal-Minus-Zündung: Hier ist $v_{12} > 0$ und $v_G < 0$ bzw. $i_G < 0$ (2. Quadrant). Der pn-Übergang J_4 ist hier in Flußrichtung gepolt: Über J_4 werden Elektronen in das p_2-Gebiet injiziert, vom MT2-Kontakt Löcher. Der MT2-Kontakt entspricht damit dem Gateanschluß des „Hilfsthyristors" $p_1 n_1 p_2 n_3$, der nach Überschreiten des entsprechenden Zündstroms niederohmig wird. Über diesen Hilfsthyristor fließen nun so viele Ladungsträger in die Bahngebiete des Normalthyristors, daß dieser ebenfalls zündet.

Anti-Minus-Zündung: Hier ist $v_{12} < 0$ und $v_G < 0$ bzw. $i_G < 0$ (3. Quadrant); der Antiparallelthyristor wird über den im Sättigungsbetrieb arbeitenden Transistor $n_3 p_2 n_1$ gezündet. Über den flußgepolten pn-Übergang J_4 werden Elektronen in das p_2-Gebiet injiziert. Diese können zur Sperrschicht J_2 diffundieren und werden dort vom Feld der Raumladungszone zum n_1-Gebiet abtransportiert. Das n_1-Gebiet lädt sich auf diesem Weg negativ auf, und der pn-Übergang J_2 gerät in Flußpolung. Der Transistor $p_2 n_1 p_1$ führt deswegen einen mit dem Gatestrom ansteigenden Strom und zündet nach Überschreiten der kritischen Stromdichte den Thyristor $p_2 n_1 p_1 n_4$.

Anti-Plus-Zündung: Hier ist $v_{12} < 0$ und $v_G > 0$ bzw. $i_G > 0$ (4. Quadrant); der pn-Übergang J_3 wird flußgepolt und Elektronen vom n_2-Gebiet in das p_2-Gbiet injiziert. Diese diffundieren in das n_1-Gebiet, das sich negativ auflädt und den pn-Übergang J_2 in Flußrichtung polt, wodurch der Antiparallelthyristor gezündet wird.

Die Hauptanwendung von TRIACs liegt in der Phasenanschnittsteuerung von Wechselstromschaltungen (Licht-Dimmer, Motorsteuerungen, Temperaturregelungen, etc.). TRIACs weisen schlechtere Zündeigenschaften auf als

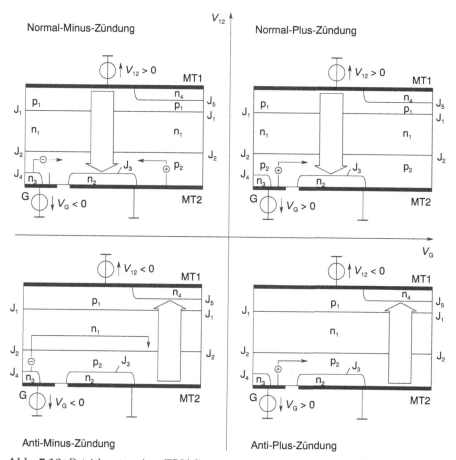

Abb. 7.18. Betriebsarten eines TRIAC

Thyristoren und nützen die Halbleiterfläche weniger effektiv als diese. Sie werden deshalb nicht für große Schaltleistungen verwendet (typische Werte für die Dauergrenzströme liegen im Bereich einiger Ampere). Bidirektionale Schalter für große Ströme werden in der Regel durch zwei antiparallel geschaltete Thyristoren verwirklicht.

7.5 Literaturverzeichnis

[1] A. Möschwitzer, K. Lunze. *Halbleiterelektronik.* Verlag Technik, Berlin, 6.Auflage, 1984.

[2] S.M. Sze. *Physics of Semiconductor Devices.* Wiley, New York, 2nd edition, 1982.

[3] T.S. Moss (Hrsg.). *Handbook on Semiconductors, vol.4: Device Physics.* North-Holland, Amsterdam, 1993.

[4] W. Gerlach. *Thyristoren.* Springer, Berlin, 1981.

[5] B.K. Bose. Power electronics - a technology review. *Proc. IEEE*, 80(8):1303–1334, 1992.

Index